Step By Step
파이토치

Deep Learning Programming with PyTorch

PART 1

딥러닝 프로그래밍

김동근 지음

KM 좋은 책·알찬 내용
가메 출판사

Step By Step 파이토치

Deep Learning Programming with PyTorch

딥러닝 프로그래밍 PART 1

지은이   김동근
펴낸이   이병렬
펴낸곳   도서출판 가메 https://www.kame.co.kr
주소   서울시 마포구 성지5길 5-15, 206호
전화   02-322-8317
팩스   0303-3130-8317
이메일   km@kame.co.kr

등록   제313-2009-264호
발행   2024년 3월 13일 초판 1쇄 발행
정가   **28**,000원

ISBN   978-89-8078-316-8

표지 / 편집 디자인   편집디자인팀

지금은 인공지능 딥러닝 시대입니다.

최근 공개된 챗봇 ChatGPT는 인공지능에 대한 폭발적인 관심을 일으켰습니다. 컴퓨터가 발명된 이래, 인간의 행위를 모방할 수 있는 인공지능 artificial intelligence, AI에 대한 개발과 연구는 지속적으로 발전되어 왔습니다. 인공지능 분야는 지식기반 전문가 시스템, 인공 신경망, 퍼지로직, 로보틱스, 자연어 처리(음성인식), 컴퓨터 비전, 패턴인식, 기계학습, 딥러닝 등의 인간의 모든 지적인 학습활동, 의사결정 활동 등을 포함합니다.

인공지능의 발전은 컴퓨터의 발전단계와 밀접합니다. 초창기에 기계번역, 일반적인 문제 해결 등 사람과 같은 시스템을 개발하려고 노력하였으나 실패하고, 문제의 범위를 좁힌 전문가 시스템이 개발되었습니다. 다양한 기계학습 알고리즘이 음성인식, 영상인식, 패턴인식 등의 분야를 중심으로 발전해 왔습니다.

영상 또는 음성을 분류, 인식하는 식별형 discriminative 인공지능 시대를 넘어, 인간처럼 학습한 데이터를 기반으로 새로운 컨텐츠를 생성해내는 생성형 generative 인공지능 시대가 활짝 열렸 습니다.

딥러닝 deep learning은 인공 뉴런에 기초한 단일 퍼셉트론, 다층 퍼셉트론을 다루는 전통적인 신경망 neural network을 발전시켜 더 깊게 다층으로 쌓아 학습하는 인공지능 분야입니다.

최근에는 Tensorflow/Keras(Google), Pytorch(Meta) 등의 다양한 딥러닝 프레임워크가 오픈소스로 제공되어 쉽게 딥러닝으로 문제를 해결할 수 있게 되었습니다.

이 책에서는 사용자가 가장 많은 메타의 파이토치 PyTorch를 사용한 딥러닝 프로그래밍에 대해 설명합니다. 파이토치는 Lua 언어기반의 Torch를 파이썬 Python으로 포팅한 오픈소스 딥러닝 프레임워크입니다. 파이토치의 장점은 일반적인 파이썬 프로그래밍 작성과 유사하게 사용할 수 있으며, 간결하고 직관적이어서 이해하기 쉽고 편리하여, 최근 개발자 및 연구자들 사이에서 인기가 많은 딥러닝 프레임 워크입니다.

이 책은 Part 1과 Part 2의 2권으로 구성되어 있습니다.

Part 1은 다층신경망, 합성곱신경망, 순환신경망, 오토인코더, GAN 등의 모델을 생성하고, 최적화를 통한 학습, 과적합, 사전학습모델 등의 파이토치 기초에 대해 설명합니다.

1장에서 인공지능, 딥러닝, 파이토치 설치에 대해 설명합니다.

2장은 파이토치에서 텐서 생성, 모양변경, 기초 연산을 설명합니다.

3장은 자동미분 autograd, 경사하강법 gradient decent, 최적화 optimization에 대해 설명합니다.

4장은 데이터의 오차를 최소화하는 모델(함수)을 찾는 회귀 regression에 대해 설명합니다.

5장은 선형모델, 클래스 상속으로 모델을 생성하고 모델 저장 및 로드에 대해 설명합니다.

6장은 다층연결망(MLP)에 의한 모델분류 classification를 다루고, 7장은 과적합을 해결하기 위한 가중치 초기화, 배치정규화, 가중치 규제, 드롭아웃에 대해 설명합니다. 8장은 합성곱 신경망(CNN)을 설명합니다.

9장은 오토인코더와 적대적 생성모델(GAN)을 설명합니다.

10장은 순환신경망(RNN)을 설명합니다.

11장은 영상분류, 분할을 위한 사전학습모델 pre-trained model을 설명하고, 전이학습 transfer learning에 대해 설명합니다.

12장은 조기종료, 학습률 스케줄링, 텐서보드를 설명합니다.

Part 1은 "텐서플로 딥러닝 프로그래밍, 가메출판사, 2020"을 파이토치로 변경하였으며, 보다 풍부한 내용을 포함하고 있습니다.

Part 2는 파이토치 Lightning, U-Net 영상 분할, SiamerseNet, SimCLR, Attention, Multi-head Attention, Transformer, Segformer, einsum, einops 등의 다양한 딥러닝을 다루었습니다.

끝으로, 책 출판에 수고하신 가메출판사 담당자 여러분께 감사드리며, 독자 여러분의 파이토치를 이용한 딥러닝 프로그래밍 공부에 많은 도움이 되길 바랍니다.

2024년 3월
필자 김동근

Contents

PART 1

PART 2

CHAPTER 01

인공지능 · 딥러닝 · 파이토치 설치

STEP 01 인공지능과 딥러닝
STEP 02 파이토치 설치

인공지능과 딥러닝

1 인공지능·기계학습·딥러닝

인공지능 AI; Artificial Intelligence은 Oxford와 Longman 영영사전에 다음과 같이 정의되어 있다.

- 인간의 행위를 모방할 수 있는 컴퓨터 시스템의 개발과 연구
  The study and development of computer systems that can copy intelligent human behaviour. Oxford Advanced Learner's Dictionary

- 생각하고 의사결정 같은 사람이 할 수 있는 지적인 것을 컴퓨터가 하도록 하는 연구
  The study of how to make computers do intelligent things that people can do, such as think and make decisions. Longman Dictionary of Contemporary English

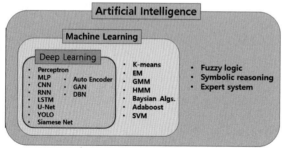

△ 그림 1.1 ▶ 인공지능·기계학습·딥러닝

[그림 1.1]은 대략적인 인공지능, 기계학습, 딥러닝의 관계이다. 인공지능 AI은 좁은 의미로 인간의 언어, 인지, 학습 등의 지능을 대신할 수 있는 기계 컴퓨터와 관련된 모든 하드웨어, 소프트웨어 기술, 기법, 시스템을 포함한다.

넓은 의미로는 인공지능은 자연어 처리 음성인식, 전문가 시스템, 인공신경망, 퍼지로직, 로보틱스, 컴퓨터 비전, 패턴인식, 기계학습, 딥러닝 등의 다양한 분야를 포함한다.

기계학습 machine learning은 인공지능의 부분집합으로 인간과 같이 학습할 수 있도록 하는 알고리즘 개발과 관련된 분야이다. 최근에는 전통적인 퍼지 로직, 심볼 추론, 전문가 시스템에서도 학습기능을 포함하고 있다. 인공지능의 소프트웨어적인 알고리즘은 모두 기계학습이라 할 수 있다.

딥러닝 deep learning은 다층 신경망이 발전하여 깊고, 다양한 형태의 뉴런을 이용한 인공 신경망을 이용한 기계학습 분야이다. [그림 1.2]는 인공지능, 딥러닝 관련 주요 발전단계이고, [그림 1.3]은 딥러닝의 주요 발전과정이다.

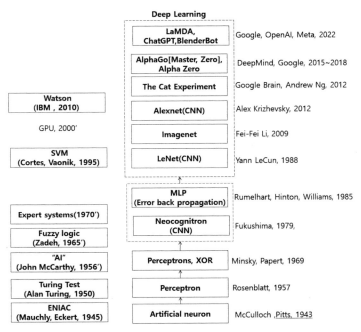

△ 그림 1.2 ▶ 인공지능과 딥러닝의 발전단계

인공지능의 발전은 컴퓨터의 발전단계와 밀접한 관련이 있다. 초기에 기계번역 또는 일반적인 문제해결 등 사람과 같은 시스템을 개발하려고 노력하였으나 실패하고, 문제의 범위를 좁힌 전문가 시스템이 개발되었다. 다양한 기계학습 알고리즘이 전문가 시스템, 음성인식, 영상인식, 패턴인식 등의 분야를 중심으로 발전해 왔다.

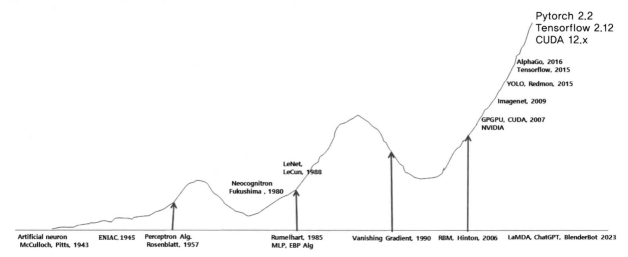

△ 그림 1.3 ▶ 딥러닝의 발전과정

맥클록과 피츠 McCulloch, Pitts, 1943는 현재 신경망과 딥러닝에서 사용하는 뉴런과 유사한 인공 뉴런 구조를 제안했다. 로젠블랫 Rosenblatt, 1957은 하나의 뉴런을 학습할 수 있는 퍼셉트론 알고리즘을 개발하였다.

민스키와 페퍼트 Minsky, Papert, 1969는 하나의 퍼셉트론으로는 XOR 문제를 풀 수 없음을 보이고 다층구조에 의한 해결 가능성에 대해 언급하였다.

다층 신경망 MLP의 학습은 럼멜하트 Rumelhart, 1985에 의해 역전파 알고리즘을 적용하여 해결되었다. 그러나 다층 신경망에서 그래디언트 소실 문제로 인해 신경망을 깊게 쌓을 수 없었다. 이러한 문제는 가중치 초기화, 배치 정규화, 전이학습 등에 의해 2000년 이후에 해결되어 딥러닝 시대가 열렸다. 힌튼 Hinton, 벤지오 Bengio), 르쿤 LeCun 등이 초창기 딥러닝 연구를 주도했다.

후쿠시마 Fukushima, 1980는 Neocognitron에서 현재의 합성곱 신경망 CNN에서 사용하는 합성곱과 풀링을 처음 사용하였다. LeNet Yann LeCun, 1988은 2개의 합성곱 층과 2개의 풀링 층, 완전 연결 층으로 손글씨 숫자 인식을 위해 개발된 합성곱 신경망이다.

Imagenet Fei-Fei Li, 2009은 딥러닝 학습을 위해 14,197,122장의 영상이 약 20,000개 종류 synset, subcategories의 레이블로 구성되어 있다 레이블이 없는 영상도 있다. 2010년

부터 ILSVRC ^{ImageNet Large Scale Visual Recognition Challenge} 대회에서 1000개 종류의 선별된 Imagenet 영상으로 대회를 개최하였다. 합성곱 신경망(CNN) 기반 Alexnet ²⁰¹²이 ILSVRC-2012에서 Top-5 오류 15.3%로 우승한 이후, ZFNet ^{Clarifai, 2013}, Inception-v1 ^{GoogLeNet, 2014}, VGG ²⁰¹⁴, ResNet ²⁰¹⁵, Inception-v4 ^{Inception-ResNet, 2016}, Xception ²⁰¹⁶, SENet ²⁰¹⁷, NasNet ²⁰¹⁷ 등의 CNN 기반 모델이 우승하거나 좋은 성적을 거두었다.

The Cat Experiment ^{Google Brain, Andrew Ng, 2012}는 딥 오토 인코더 ^{autoencoder}를 사용하여 레이블이 없이 유튜브 비디오를 통해 스스로 학습하여 고수준 특징 ^{high level features}을 구축하는 실험으로 고양이를 찾는 실험을 수행하였다.

구글의 딥마인드에서 개발한 알파고 ^{AlphaGo}와 우리나라 이세돌 9단의 바둑대전 ²⁰¹⁶은 인공지능 시대를 세상에 알리는 계기가 되었다. 알파고 마스터 ²⁰¹⁷는 커제 9단과 대결하여 승리하고, 알파고 제로 ^{AlphaGo Zero, 2017}는 인간의 기보 지식 없이 바둑 규칙을 통해 학습하였고, 알파 제로 ^{Alpha Zero, 2018}는 자가 학습을 통해 체스, 쇼기 ^{shogi, 일본체스}, 바둑을 마스터하는 범용 강화학습으로 구현된 인공지능이다.

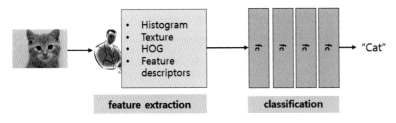

(a) Machine learning(MLP)

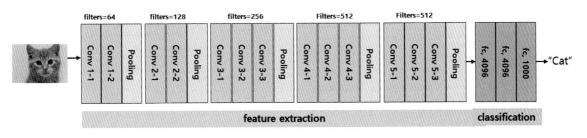

(b) Deep learning [VGG16, 2014]

△ 그림 1.4 ▶ 기계학습과 딥러닝

최근 대화형 인공지능 분야에서 구글의 람다2 LaMDA, 2022, OpenAI의 ChatGPT Generative Pre-Trained Transformer, 2022, 메타의 블렌더봇3 BlenderBot, 2022 등의 챗봇이 일반인에게 공개되어 화재가 되고 있다.

[그림 1.4]는 전통적인 기계학습과 딥러닝에 의한 분류의 차이를 보인다. 전통적인 기계학습은 영상으로부터 사람이 특징을 추출하고, 분류기(MLP, SVM 등)를 이용하여 분류한다. 딥러닝(예 CNN)은 모델의 깊이가 깊고, 모델 안에 특징 추출 부분을 포함하고 있어 학습을 통해 특징을 추출하고 분류한다.

2 감독학습 · 무감독학습 · 강화학습

[그림 1.5]는 감독학습, 무감독학습, 강화학습 등이 있다. 감독학습은 다량의 레이블 데이터가 필요하다. 소량의 레이블 데이터와 다량의 레이블 없는 데이터가 있을 경우에 자기감독학습 self-supervised learning과 준감독학습 semi-supervised learning을 사용할 수 있다.

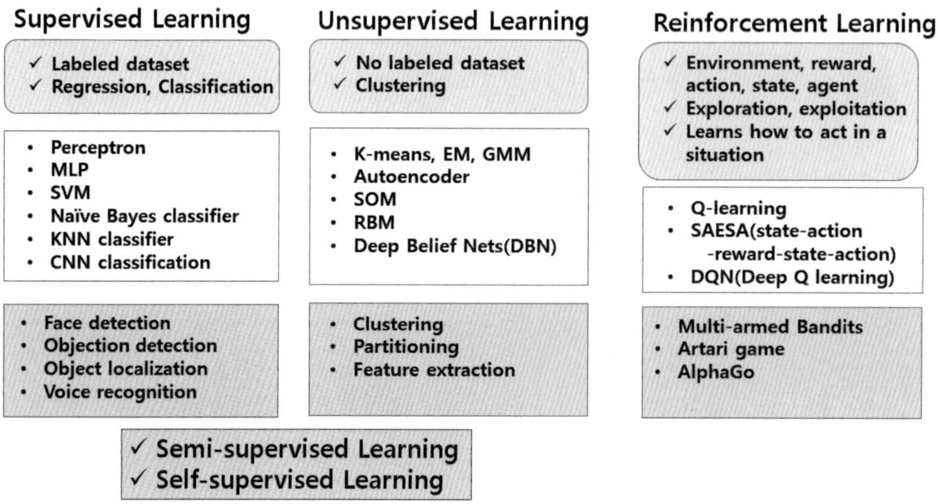

Supervised Learning
- ✓ Labeled dataset
- ✓ Regression, Classification

- Perceptron
- MLP
- SVM
- Naïve Bayes classifier
- KNN classifier
- CNN classification

- Face detection
- Objection detection
- Object localization
- Voice recognition

Unsupervised Learning
- ✓ No labeled dataset
- ✓ Clustering

- K-means, EM, GMM
- Autoencoder
- SOM
- RBM
- Deep Belief Nets(DBN)

- Clustering
- Partitioning
- Feature extraction

Reinforcement Learning
- ✓ Environment, reward, action, state, agent
- ✓ Exploration, exploitation
- ✓ Learns how to act in a situation

- Q-learning
- SAESA(state-action -reward-state-action)
- DQN(Deep Q learning)

- Multi-armed Bandits
- Artari game
- AlphaGo

✓ **Semi-supervised Learning**
✓ **Self-supervised Learning**

△ 그림 1.5 ▶ 기계학습방법 maching learning method

1 감독학습

감독학습 supervised learning은 레이블된 labeled 데이터 셋을 사용한다. 즉, 입력에 대해 기대되는 목표값(정답)을 사용하여, 반복적인 최적화 알고리즘으로 모델 출력과 목표값 사이의 오차를 최소화하는 모델 파라미터를 학습하여 찾는다. 물체 인식과 분류 등에 사용한다. [그림 1.6]은 감독학습 단계이다. 레이블된 훈련 데이터 셋을 감독학습 알고리즘을 이용하여 모델을 학습한다.

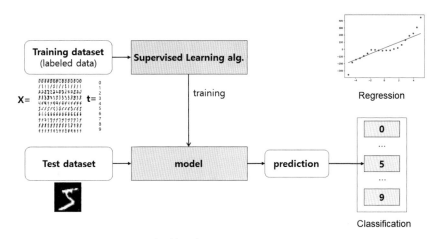

△ 그림 1.6 ▶ 감독학습 supervised learning

2 무감독학습

무감독학습 unsupervised learning은 레이블 없는 unlabeled 데이터 셋을 사용하여 유사한 특징을 갖는 데이터의 분포 distribution, 군집 clustering, 분할 partition 등을 계산한다. 대표적인 간단한 방법이 k-mean 클러스터링 알고리즘이다. [그림 1.7]은 무감독 학습에 의한 특징 데이터 클러스터링이다.

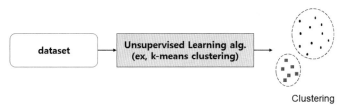

△ 그림 1.7 ▶ 무감독학습 unsupervised learning

3 강화학습

강화학습 reinforcement learning은 환경 environment과 상호작용하면서 누적보상을 최대화하기 위한 상태 state에서의 최적의 행동 action인 정책 policy을 학습한다. 정책은 상태 state에서 행동 action에 대한 결정을 의미한다([그림 1.8]). OpenAI Gym은 강화학습 알고리즘 개발환경을 제공한다.

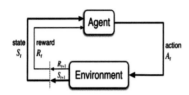

△ 그림 1.8 ▶ 강화학습 reinforcement learning

4 자기감독학습

자기감독학습 self-supervised learning은 레이블 없는 unlabeled 데이터에 대해 pretext task를 수행하며 데이터의 기본특성 underlying structure을 사전 학습하고, 목표인 downstream task에 전이 transfer하여 소량의 레이블 데이터로 목적에 맞게 모델을 미세조정 fine-tuning한다.

5 준감독학습

준감독학습 semi-supervised learning은 다량의 레이블 없는 unlabeled 데이터를 레이블 labeled 데이터로 변환하여 학습한이다. 자기훈련 self-training과 일치성 규제 consistency regularization 방법 등이 있다. 자기훈련 self-training 방법은 레이블 없는 데이터에 클러스터 생성, 그래프 기반 레이블 전파 propagation 등을 적용하여 임시레이블 pseudo label을 생성한다. 일치성 규제 consistency regularization는 레이블 데이터의 손실함수와 레이블 없는 데이터에 대해 데이터(x)와 랜덤 확장 augmentation 데이터(x') 사이의 모델 출력을 일치하도록 하는 규제 손실함수에 추가하여 학습한다.

3 기계학습-딥러닝 프레임워크

사이킷런 scikit-learn은 SVM, KNN, Naive Bayes, MLP 등의 감독학습과 GMM, 분포 추정, RBM Restricted Boltzmann machines 등의 무감독학습, Self-Training, Label-Propagation

등의 준감독학습을 위한 전통적인 기계학습 분야의 대표적인 프레임워크이다.

최근 딥러닝 분야의 대표적인 프레임워크는 Torch/PyTorch, Tensorflow, Keras 등이 있다. 이 책에서는 파이토치 PyTorch를 이용한 딥러닝 프로그래밍을 설명한다.

파이토치 PyTorch는 Meta AI에서 개발되었다. Lua 언어기반의 Torch를 파이썬 인터페이스로 제공하는 오픈소스 딥러닝 프레임워크이다.

파이토치의 장점은 일반적인 파이썬 프로그래밍 작성과 유사하게 사용할 수 있으며, 간결하고 직관적이어서 이해하기 쉽고 편리하여, 최근 개발자 및 연구자들 사이에서 많이 사용된다.

파이토치 설치

이 책에서는 64비트 윈도우즈(x64) 운영체제에서 파이썬 3.9에서 PyTorch 2.2를 설치하여 사용한다.

파이토치 설치는 파이토치 공식 사이트의 https://pytorch.org/get-started/locally/ 페이지에서 [그림 2.1]과 같이 [PyTorch Build], [Your OS], [Package], [Language], [Compute Platform]을 선택하면 [Run this Command]에 설치명령을 생성한다.

[그림 2.1]은 Stable(2.2.0), Windows, pip, Python, CUDA 12.1을 선택하여 [Run this Command]에 생성된 명령을 보여준다.

"pip3 install torch torchvision torchaudio --index-url https:// download.pytorch.org/whl/cu121"

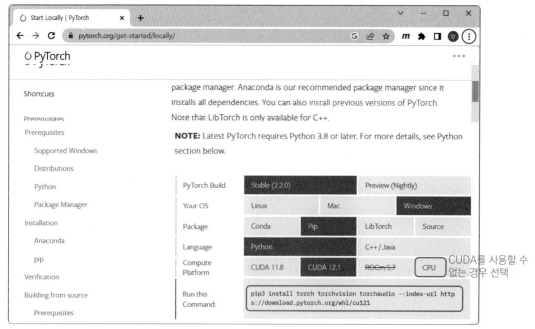

△ 그림 2.1 ▶ PyTorch 설치 명령 복사

마우스로 명령을 복사하여 명령창에서 실행하면 인터넷에서 필요한 파일을 다운로드하며 파이토치를 설치한다.

NVIDIA 그래픽 카드에 맞는 CUDA 버전과 cuDNN 라이브러리를 설치한다. NVIDIA CUDA를 사용할 수 없으면, [그림 2.1]의 [Compute Platform]에서 CPU 버전을 선택하여 설치한다. [표 2.1]은 이 책에서 사용한 주요 설치환경이다.

▽ 표 2.1 ▶ 주요 설치환경

이름	버전	설명
OS	Windows 10 64bit	-
Python	3.9.13 64비트(x86-64)	2022년 5월
PyTorch	2.2.0	2024년 1월
CUDA Toolkit	CUDA 12.2	NVIDIA GPU SDK
cuDNN	cuDNN 8.9.7	딥러닝 GPU 가속 라이브러리
GPU	NVIDIA GTX 3090 (24GB)	데스크탑 PC의 그래픽 카드

[그림 2.2]는 파이썬 IDLE에서 설치된 파이토치 패키지의 버전을 확인한 결과이다.

```
IDLE Shell 3.9.13
File  Edit  Shell  Debug  Options  Window  Help
Python 3.9.13 (tags/v3.9.13:6de2ca5, May 17 2022, 16:36:42) [MSC v.1929 64 bit (AMD64)] on win32
Type "help", "copyright", "credits" or "license()" for more information.
>>> import torch
>>> torch.__version__
'2.2.0+cu121'
>>> from importlib.metadata import version
>>> version('torch')
'2.2.0+cu121'
>>> version('torchvision')
'0.17.0+cu121'
>>> version('numpy')
'1.26.3'
>>> version('matplotlib')
'3.8.2'
>>> version('pillow')
'10.2.0'
>>> torch.cuda.is_available()
True
```

△ 그림 2.2 ▶ torch 패키지 임포트 및 버전 확인

PyTorch

Deep Learning Programming with ***PyTorch*: PART 1**

CHAPTER 02

파이토치 기초

텐서 생성

파이토치 PyTorch의 torch.Tensor는 넘파이 numpy의 ndarray과 유사한 다차원 배열이다. 텐서의 항목은 모두 같은 자료형이고, 인덱싱과 슬라이싱이 가능하다. [표 3.1]은 파이토치 PyTorch의 주요 자료형이다.

▽ 표 3.1 ▶ PyTroch 주요 자료형

자료형	dtype	CPU tensor	GPU tensor
논리형	torch.bool	torch.BoolTensor	torch.cuda.BoolTensor
정수형	torch.uint8	torch.ByteTensor	torch.cuda.ByteTensor
	torch.int8	torch.CharTensor	torch.cuda.CharTensor
	torch.int16 torch.short	torch.ShortTensor	torch.cuda.ShortTensor
	torch.int32 torch.int	torch.IntTensor	torch.cuda.IntTensor
	torch.int64 torch.long	torch.LongTensor	torch.cuda.LongTensor
실수형	torch.float32 torch.float	torch.FloatTensor	torch.cuda.FloatTensor
	torch.float64 torch.double	torch.DoubleTensor	torch.cuda.DoubleTensor
복소수형	torch.complex64 torch.complex128		

넘파이 배열과의 차이점으로 텐서는 CPU 뿐만 아니라 GPU에 업로드하여 계산 속도를 가속화 할 수 있으며, 자동미분할 수 있어 최적화에 쉽게 사용할 수 있다. 텐서와 넘파이 배열 사이에 변환이 가능하다. 여기서는 간단한 파이토치 텐서 생성에 대해 설명한다.

▷ 예제 03-01 ▶ torch.tensor(): scalar 텐서(0-차원 텐서)

```
01 import torch
02 #1
03 x = torch.tensor(1)
04 print('x=', x)
```

```
05  print('x.dtype = ', x.dtype)
06  print('x.dim() = ', x.dim())
07  print('x.shape = ', x.shape)        # x.size()
08  print('x.data = ', x.data)
09  print('x.numel()=', x.numel())
10  print('x.numpy()= ', x.numpy())     # numpy.ndarray
11  print('x.item()=', x.item())        # only one element tensors
12
13  #2
14  y = torch.tensor(1.0)
15  print('y=', y)
16  print('y.dtype = ', y.dtype)
17
18  #3
19  z = torch.tensor(1, dtype = torch.double)
20  print('z=', z)
21  print('z.dtype = ', z.dtype)
22
23  #4: create a new object
24  print('Before: id(x)=', id(x))
25  x = torch.tensor(10)
26  print('x=', x)
27  print('After: id(x)=', id(x))
28
29  #5: update the same object
30  print('Before: id(y)=', id(y))
31  y.data = torch.tensor(20)
32  print('After: id(y)=', id(y))
33  print('y=', y)
34  print('y.dtype = ', y.dtype)
```

▷▷ 실행결과

```
#1
x= tensor(1)
x.dtype =  torch.int64
x.dim() =  0
x.shape =  torch.Size([])
x.data =  tensor(1)
x.numel()= 1
x.numpy()=  1
x.item()= 1

#2
y= tensor(1.)
y.dtype =  torch.float32
```

```
#3
z= tensor(1., dtype=torch.float64)
z.dtype =  torch.float64

#4
id(x)= 2088975967680
x= tensor(10)
id(x)= 2088978057952

#5
id(y)= 2088978063312
id(y)= 2088978063312
y= tensor(20)
y.dtype =  torch.int64
```

▷▷▷ 프로그램 설명

1 #1의 x = torch.tensor(1)는 0-차원인 스칼라 텐서 x를 생성한다. x.dtype = torch.int64 이고, 차원은 x.dim() = 0, 모양(크기)은 x.size(), x.shape = torch.Size([])이다. x.data는 데이터이고, x.numel()은 항목의 개수, x.numpy()는 넘파이 배열을 반환한다. x.item()은 항목이 하나인 텐서를 파이썬 스칼라로 변환한다.

2 #2의 y = torch.tensor(1.0)은 y.dtype = torch.float32의 0-차원 스칼라 텐서 y를 생성한다.

3 #3의 z = torch.tensor(1, dtype = torch.double)은 dtype = torch.double 자료형의 0-차원 스칼라 텐서 z를 생성한다.

4 #4의 x = torch.tensor(10)은 텐서 x를 생성한다. 지정문에 의해 id(x)가 변경된다. 즉, 객체가 새로 생성된다.

5 #5의 y.data = torch.tensor(20)은 #2에서 생성된 객체 y를 변경하지 않고, 데이터만 변경한다. 지정문 앞뒤의 id(y)가 같다.

▷ 예제 03-02 ▶ torch.tensor(): 1D 텐서(list로 생성)

```
01 import torch
02 #1
03 data = [0, 1, 2, 3, 4]
04 x = torch.tensor(data)  # torch.tensor(data, dtype=tourch.int64)
05 print('x=', x)
06 print('x.dtype = ', x.dtype)
07 print('x.dim() = ', x.dim())
08 print('x.shape = ',x.shape)          # x.size()
09 print('x.data = ' , x.data)
10 print('x.numel()= ', x.numel())
```

```
11  print('x.numpy() = ', x.numpy())              # numpy.ndarray
12
13  #2
14  y = torch.tensor(data, dtype=torch.int)    # torch.int32
15  z = torch.tensor(data, dtype=torch.float)  # torch.float32
16  print('y=', y)
17  print('z=', z)
```

▷▷ 실행결과

```
#1
x= tensor([0, 1, 2, 3, 4])
x.dtype =  torch.int64
x.dim() =  1
x.shape =  torch.Size([5])
x.data =  tensor([0, 1, 2, 3, 4])
x.numel()= 5
x.numpy() =  [0 1 2 3 4]

#2
y= tensor([0, 1, 2, 3, 4], dtype=torch.int32)
z= tensor([0., 1., 2., 3., 4.])
```

▷▷▷ 프로그램 설명

1 #1은 파이썬 리스트 data로 1-차원 텐서 x를 생성한다.

x의 자료형은 x.dtype = torch.int64이고, 차원은 x.dim() = 1, 모양(크기)은 x.size(), x.shape = torch.Size([5])이다. x.data는 데이터이고, 항목(요소)의 개수는 x.numel() = 5, x.numpy()는 넘파이 배열을 반환한다.

2 #2는 리스트 data와 자료형 dtype을 명시하여 1-차원 텐서 y, z를 생성한다. y.dtype = torch.int32, z.dtype = torch.float32이다.

▷ 예제 03-03 ▶ torch.tensor(): 1D 텐서(numpy 배열로 생성)

```
01  import torch
02  import numpy as np
03  #1
04  np_arr = np.array([0, 1, 2, 3, 4])
05  x = torch.tensor(np_arr)              # torch.from_numpy(np_arr)
06  print('x=', x)
07  print('x.dtype = ', x.dtype)
08  print('x.dim() = ', x.dim())
09  print('x.shape = ', x.shape)          # x.size()
```

```
11  print('x.data = ', x.data)
12  print('x.numel()=', x.numel())
13  print('x.numpy()=', x.numpy())    # numpy.ndarray
14
15  #2
16  y = torch.tensor(np_arr, dtype=torch.int)
17  z = torch.tensor(np_arr, dtype=torch.float)
18  print('y=', y)
19  print('z=', z)
```

▷▷ 실행결과

```
#1
x= tensor([0, 1, 2, 3, 4], dtype=torch.int32)
x.dtype =  torch.int32
x.dim() =  1
x.shape =  torch.Size([5])
x.data =  tensor([0, 1, 2, 3, 4], dtype=torch.int32)
x.numel()= 5
x.numpy()= [0 1 2 3 4]

#2
y= tensor([0, 1, 2, 3, 4], dtype=torch.int32)
z= tensor([0., 1., 2., 3., 4.])
```

▷▷▷ 프로그램 설명

1 #1은 넘파이 배열 np_arr로 1-차원 텐서 x를 생성한다.

2 #2는 넘파이 배열 np_arr과 자료형(dtype) 명시하여 1-차원 텐서 y, z를 생성한다.

▷ 예제 03-04 ▶ torch.tensor(): 2D 텐서 생성

```
01  import torch
02  import numpy as np
03  #1
04  data = [[0, 1, 2],
05         [3, 4, 5]]
06  x = torch.tensor(data)
07  #np_arr = np.array(data)
08  #x = torch.tensor(np_arr)
09
10  #2
11  print('x=', x)
12  print('x.dtype = ', x.dtype)
```

```
11  print('x.dim() = ', x.dim())
12  print('x.shape = ', x.shape)      # x.size()
13  print('x.data  = ', x.data)
14  print('x.numel()=', x.numel())    # x.shape[0] * x.shape[1]
15  print('x.numpy() = ', x.numpy())
16
17  #3
18  print('x.stride()= ', x.stride())
19  print('x.storage_offset()= ', x.storage_offset())
20  print('x.storage()= ', x.storage())
21  print('x.storage().data_ptr()=', x.storage().data_ptr())
```

▷▷ 실행결과

```
#2
x= tensor([[0, 1, 2],
           [3, 4, 5]])
x.dtype =  torch.int64
x.dim() =  2
x.shape =  torch.Size([2, 3])
x.data  =  tensor([[0, 1, 2],
                   [3, 4, 5]])
x.numel()= 6
x.numpy() = [[0 1 2]
             [3 4 5]]

#3
x.stride()= (3, 1)
x.storage_offset()= 0
x.storage()= 0 1 2 3 4 5
[torch.LongStorage of size 6]
```

▷▷▷ 프로그램 설명

1 #1은 리스트 data 또는 넘파이 배열 np_arr로 2-차원 텐서 x를 생성한다.

2 #2에서 x의 자료형은 x.dtype = torch.int64이고, 차원은 x.dim() = 2, 모양(크기)은 x.shape = torch.Size([2, 3])로 2행(row), 3열(column)이다. x.numel()는 항목개수 6을 반환하고, x.numpy()는 넘파이 배열을 반환한다.

3 #3의 stride(보폭)는 각 차원의 다음 항목의 위치를 명시한다. x.stride() = (3, 1)이다. dim = 0의 다음 항목 위치는 x.stride(0) = 3 항목 뒤에 있다. dim = 1의 다음 항목 위치는 x.stride(1) = 1 항목 뒤에 있다.

4 x.storage()는 실제항목을 저장하고 있는 메모리를 반환한다. x.storage().data_ptr()은 메모리 주소를 반환한다. x.storage_offset() = 0은 메리상의 옵셋이다. x.storage().data_ptr()는 메모리 포인터를 반환한다.

▷ 예제 03-05 ▶ 0, 1로 초기화된 텐서 생성

```
01  '''
02  torch.zeros(*size, *,        dtype = None, ...) -> Tensor
03  torch.ones(*size, *,         dtype = None, ...) -> Tensor
04  torch.zeros_like(input, *, dtype = None, ...) -> Tensor
05  torch.ones_like(input,  *, dtype = None, ...) -> Tensor
06  Tensor.zero_() -> Tensor
07  '''
08
09  import torch
10  #1
11  x1 = torch.zeros(6)     # size = (6,),  dtype = torch.float
12  x2 = torch.zeros(size = (2, 3))
13  print('x1=', x1)
14  print('x2=', x2)
15
16  #2
17  y1 = torch.ones(6)      # size = (6,) , dtype = torch.float
18  y2 = torch.ones(size = (2, 3))
19  print('y1=', y1)
20  print('y2=', y2)
21
22  #3
23  z1 = torch.zeros_like(x1)          # dtype = torch.float
24  z2 = torch.ones_like(x2)
25  print('z1=', z1)
26  print('z2=', z2)
27  print('x2.shape = ', x2.shape)     # x2.size()
28
29  #4
30  w = torch.ones(6).zero_()
31  print('w=', w)
32
33  y1.zero_() # torch.zero_(y1)
34  print('y1=', y1)
```

▷▷ 실행결과

```
#1
x1= tensor([0., 0., 0., 0., 0., 0.])
x2= tensor([[0., 0., 0.],
            [0., 0., 0.]])
#2
y1= tensor([1., 1., 1., 1., 1., 1.])
y2= tensor([[1., 1., 1.],
            [1., 1., 1.]])
```

```
#3
z1= tensor([0., 0., 0., 0., 0., 0.])
z2= tensor([[1., 1., 1.],
            [1., 1., 1.]])

#4
w= tensor([0., 0., 0., 0., 0., 0.])
y1= tensor([0., 0., 0., 0., 0., 0.])
```

▷▷▷ 프로그램 설명

1 #1은 0으로 초기화된 텐서 x1, x2를 생성한다.

x1은 x1.shape = torch.Size([6])의 1-차원 텐서이다. x2는 x2.shape = torch.Size([2, 3])의 2-차원 텐서이다.

2 #2는 1로 초기화된 텐서 y1, y2를 생성한다. y1은 y1.shape = torch.Size([6])의 1-차원 텐서이다. y2는 y2.shape = torch.Size([2, 3])의 2-차원 텐서이다.

3 #3의 z1 = torch.zeros_like(x1)는 x1과 같은 모양(크기), 같은 자료형의 0으로 초기화된 텐서 z1을 생성한다. z2 = torch.ones_like(x2)는 x2와 같은 모양(크기), 같은 자료형의 1로 초기화된 텐서 z2를 생성한다.

4 #4의 w = torch.ones(6).zero_()는 1로 초기화된 텐서를 생성한 후에, 다시 0으로 변경하여 텐서 w를 생성한다. y1.zero_(), torch.zero_(y1)는 #2에서 생성한 y1의 값을 0으로 변경한다. 즉, #2에서 생성한 텐서 id(y1)가 변경되지 않는다.

▷ 예제 03-06 ▶ 초기화되지 않은 텐서와 value로 채워진 텐서

```
01  '''
02  torch.empty(*size, *,           dtype = None, ...) -> Tensor
03  torch.full(size, fill_value, *, dtype = None, )    -> Tensor
04  torch.full_like(input, fill_value, \*, dtype = None, ...) -> Tensor
05  Tensor.fill_(value) -> Tensor
06  '''
07  import torch
08  #1
09  x = torch.empty(6)        # (6,)
10  print('x=', x)
11
12  #2
13  torch.fill_(x, 0.0)       # x.fill_(0.0)
14  print('x=', x)
15
16  #3
17  y = torch.full((2, 3), 0)
```

```
18  print('y=', y)
19
20  #4
21  z = torch.full_like(y, 1.0)
22  print('z=', z)
```

▷▷ 실행결과

```
#1
x= tensor([0., 0., 0., 0., 0., 0.])
#2
x= tensor([0., 0., 0., 0., 0., 0.])
#3
y= tensor([[0, 0, 0],
           [0, 0, 0]])
#4
z= tensor([[1, 1, 1],
           [1, 1, 1]])
```

▷▷▷ 프로그램 설명

1 #1은 초기화되지 않은 torch.Size([6])의 1-차원 텐서 x를 생성한다. 임의 항목의 값이 있을 수 있다.

2 #2의 torch.fill_(x, 0.0)은 #1에서 생성한 x를 0.0으로 초기화한다. id(x)는 변경되지 않는다.

3 #3의 y = torch.full((2, 3), 0)은 0으로 초기화한 torch.Size([2, 3])의 2-차원 텐서 y를 생성한다.

4 #4의 z = torch.full_like(y, 1.0)는 y와 같은 모양(크기), 같은 자료형의 1.0으로 초기화된 텐서 z를 생성한다.

▷ 예제 03-07 ▶ torch.arange(start = 0, end, step = 1),
              ▶ torch.linspace(start, end, steps)

```
01  import torch
02  #1
03  x1 = torch.arange(end = 5) # dtype = torch.int64
04  x2 = torch.arange(start = 1, end = 5)
05  x3 = torch.arange(start = 1, end = 5, step = 0.5)
06                          # dtype = torch.float32
07  print('x1=', x1)
08  print('x2=', x2)
09  print('x3=', x3)
```

```
10  #2
11  y1 = torch.linspace(start = 0, end = 10, steps = 1)
12                          # dtype = torch.float
13  y2 = torch.linspace(start = 0, end = 10, steps = 2)
14  y3 = torch.linspace(start = 0, end = 10, steps = 5)
15  print('y1=', y1)
16  print('y2=', y2)
17  print('y3=', y3)
```

▷▷ 실행결과

```
#1
x1= tensor([0, 1, 2, 3, 4])
x2= tensor([1, 2, 3, 4])
x3= tensor([1.0000, 1.5000, 2.0000, 2.5000, 3.0000, 3.5000, 4.0000, 4.5000])

#2
y1= tensor([0.])
y2= tensor([ 0., 10.])
y3= tensor([ 0.0000,  2.5000,  5.0000,  7.5000, 10.0000])
```

▷▷▷ 프로그램 설명

1 torch.arange(start, end, step)은 start에서 end(포함하지 않음)까지 step씩 증가한 1차원 텐서를 생성한다.

2 torch.linspace(start, end, steps)은 start와 end를 포함하여 균등간격으로 steps개의 균등한 1차원 텐서를 생성한다. steps는 정수이다.

▷ 예제 03-08 ▶ 난수 텐서 생성

```
01  '''
02  torch.manual_seed(seed)
03  torch.rand(*size, *,  dtype = None, ...) -> Tensor
04  torch.randn(*size, *, dtype = None, ...) -> Tensor
05  torch.randint(low=0, high, size, \*, dtype = None, ...) -> Tensor
06  torch.randperm(n, *, dtype = torch.int64, ...) -> Tensor
07  torch.rand_like(input, *, dtype = None, ...) -> Tensor
08  torch.randn_like(input, *, dtype = None, ...) -> Tensor
09  torch.randint_like(input, low = 0, high, \*, dtype = None,...)
10                                      -> Tensor
11  torch.normal(mean, std, *, generator = None, out = None) -> Tensor
12  Tensor.random_(from = 0, to = None, *, generator = None) -> Tensor
13  '''
14  import torch
```

```
15  #1
16  torch.set_printoptions(precision = 2)    # threshold = 5, edgeitems = 2
17  torch.manual_seed(0)
18
19  #2
20  x = torch.empty(6)          # size = (6,)
21  x1 = torch.rand(3)
22  x2 = torch.rand((2, 3))
23  x3 = torch.rand_like(x)
24  print('x1=', x1)
25  print('x2=', x2)
26  print('x3=', x3)
27
28  #3
29  y1 = torch.randn(3)
30  y2 = torch.randn((2, 3))
31  y3 = torch.randn_like(x)
32  print('y1=', y1)
33  print('y2=', y2)
34  print('y3=', y3)
35
36  #4
37  z1 = torch.randperm(4)
38  z2 = torch.randint(high = 5, size = (10,))
39  z3 = torch.randint_like(x, high = 5)
40  print('z1=', z1)
41  print('z2=', z2)
42  print('z3=', z3)
43
44  #5
45  w1 = torch.normal(mean = 2, std = 3, size = (10,))
46  print('w1=', w1)
47
48  #6
49  w2 = torch.empty(10, )
50  w2.random_(1, 5)
51  print('w2=', w2)
```

▷▷ 실행결과

```
#2
x1= tensor([0.50, 0.77, 0.09])
x2= tensor([[0.13, 0.31, 0.63],
        [0.49, 0.90, 0.46]])
x3= tensor([0.63, 0.35, 0.40, 0.02, 0.17, 0.29])
```

```
#3
y1= tensor([ 0.60,  0.81, -0.05])
y2= tensor([[ 0.88,  1.05, -0.04],
        [-0.72,  2.87, -0.57]])人
y3= tensor([ 0.16, -0.03,  1.07,  2.26, -0.92, -0.23])

#4
z1= tensor([3, 0, 1, 2])
z2= tensor([0, 4, 3, 1, 1, 0, 3, 1, 1, 2])
z3= tensor([4., 1., 3., 4., 0., 0.])

#5
w1= tensor([ 9.04,  3.97,  4.82,  5.40,  0.06, -3.31,  2.64,  0.39,  3.76,
6.82])

#6
w2= tensor([2., 2., 4., 3., 4., 4., 3., 3., 4., 1.])
```

▷▷▷ 프로그램 설명

1 #1의 torch.set_printoptions(precision = 2)는 실수의 소수점 이하 precision = 2 자리 출력을 설정한다. 항목개수가 threshold보다 크면 요약 출력하고, 양 끝에 edgeitems 개수의 항목을 표시한다. torch.manual_seed(0)는 난수 생성 seed = 0으로 초기화한다.

2 #2의 torch.rand()는 [0, 1] 구간의 균등분포 난수로 채워진 size 크기의 텐서를 생성한다.

3 #3의 torch.randn()는 평균(0), 분산(1)인 size 크기의 표준정규분포 난수 텐서를 생성한다.

4 #4의 torch.randperm(4)은 0에서 3까지의 정수의 난수 순열을 반환한다.

5 torch.randint(high = 5, size = (10,))는 low = 0(포함), high = 5(포함하지 않음) 구간의 균등분포 정수 난수로 채워진 size = (10,) 크기의 텐서를 생성한다.

6 torch.rand_like(), torch.randn_like(), torch.randint_like()는 입력 텐서와 같은 모양의 난수 텐서를 생성한다.

7 #5의 torch.normal()은 평균 mean, 표준편차 std인 size 크기의 정규분포 난수 텐서를 생성한다.

8 #6의 w.random_(1, 5)는 [1, 4] 범위의 균등분포 정수 난수로 텐서 w를 채운다. id(w)는 변경되지 않는다.

▷ 예제 03-09 ▶ torch.IntTensor, torch.FloatTensor 생성

```
01  import torch
02  #1
03  x1 = torch.IntTensor(6)        # x1.dtype = torch.int32
04  x2 = torch.IntTensor([0, 1, 2, 3, 4, 5])
```

```
05
06  N, C, H, W = 2, 1, 3, 4
07  x3 = torch.IntTensor(N, C, H, W).zero_()
08  print('x1=', x1)
09  print('x2=', x2)
10  print('x3.shape=', x3.shape)
11
12  #2
13  y1 = torch.FloatTensor(6)        # y1.dtype = torch.float32
14  y2 = torch.FloatTensor([0, 1, 2, 3, 4, 5])
15  y3 = torch.FloatTensor(N, C, H, W).fill_(0)
16  print('y1=', y1)
17  print('y2=', y2)
18  print('y3.shape=', y3.shape
```

▷▷ 실행결과

```
#1
x1= tensor([0, 0, 0, 0, 0, 0], dtype=torch.int32)
x2= tensor([0, 1, 2, 3, 4, 5], dtype=torch.int32)
x3.shape= torch.Size([2, 1, 3, 4])

#2
y1= tensor([0., 0., 0., 0., 0., 0.])
y2= tensor([0., 1., 2., 3., 4., 5.])
y3.shape= torch.Size([2, 1, 3, 4])
```

▷▷▷ 프로그램 설명

1 #1은 [표 3.1]의 CPU 텐서 torch.IntTensor로 정수 텐서를 생성한다. x1, x2는 1차원 정수 텐서이다. x3.shape = torch.Size([2, 1, 3, 4])의 정수 텐서를 생성하고, 0으로 초기화한 정수 텐서 x3을 생성한다.

2 #2는 CPU 텐서 torch.FloatTensor를 이용하여 실수 텐서를 생성한다. y1, y2는 1차원 실수 텐서이다. y3.shape = torch.Size([2, 1, 3, 4])의 실수 텐서를 생성하고, 0.0으로 초기화한 실수 텐서 y3을 생성한다.

▷ 예제 03-10 ▶ 텐서 자료형 변환

```
01  import torch
02  #1
03  x = torch.tensor([1, 2, 3, 4], dtype = torch.int)
04  y = torch.tensor([1, 2, 3, 4]).float()
05  z = torch.tensor([1, 2, 3, 4]).to(torch.double)
```

```
06  print('x.dtype=', x.dtype)
07  print('y.dtype=', y.dtype)
08  print('z.dtype=', z.dtype)
09
10  #2
11  x1 = x.float()
12  x2 = x.to(torch.double)
13  print('x1.dtype=', x1.dtype)
14  print('x2.dtype=', x2.dtype)
```

▷▷ 실행결과

```
#1
x.dtype= torch.int32
y.dtype= torch.float32
z.dtype= torch.float64


#2
x1.dtype= torch.float32
x2.dtype= torch.float64
```

▷▷▷ 프로그램 설명

1 #1의 x는 1-차원 정수 텐서이다.

2 y는 1-차원 dtype= torch.float32의 실수 텐서이다.

3 z는 1-차원 dtype= torch.float64의 실수 텐서이다.

4 #2의 x1 = x.float()는 x를 실수(dtype = torch.float32)로 변경하여 x1을 생성한다.

5 x2 = x.to(torch.double)는 x를 실수(dtype = torch.float64)로 변경하여 x2를 생성한다.

▷ 예제 03-11   ▶ 텐서 객체를 이용한 새로운 텐서 생성

```
01  '''
02  Tensor.new_tensor(data, dtype = None, ...) -> Tensor
03  Tensor.new_empty(size, dtype = None, ...)  -> Tensor
04  Tensor.new_zeros(size, dtype = None, ...)  -> Tensor
05  Tensor.new_ones(size, dtype = None, ...)   -> Tensor
06  Tensor.new_full(size, fill_value, dtype = None, ...) -> Tensor
07  '''
08  import torch
09  #1
10  x = torch.tensor(())       # 0-D, size 0, dtype = torch.float32
11  print('x= ', x)
12
```

```
13 #2
14 y = x.new_tensor(data= [1, 2])
15 print('y= ', y)
16
17 #3
18 z = x.new_zeros((5,))
19 print('z= ', z)
20
21 #4
22 s = x.new_ones((5,))
23 print('s= ', s)
24
25 #5
26 t = x.new_full((5,), 10.0)
27 print('t= ', t)
```

▷▷ 실행결과

```
x= tensor([])
y= tensor([1., 2.])
z= tensor([0., 0., 0., 0., 0.])
s= tensor([1., 1., 1., 1., 1.])
t= tensor([10., 10., 10., 10., 10.])
```

▷▷▷ 프로그램 설명

1 #1의 x = torch.tensor(())는 x.dtype = torch.float32, x.shape = torch.Size([0])의 스칼라(0-D) 텐서 x를 생성한다.

2 #2는 x를 이용하여 data = [1, 2]를 갖는 새로운 텐서 y를 생성한다.

3 #3은 x를 이용하여 0으로 초기화된 새로운 텐서 z를 생성한다.

4 #4는 x를 이용하여 1로 초기화된 새로운 텐서 s를 생성한다.

5 #5는 x를 이용하여 10.0으로 초기화된 새로운 텐서 t를 생성한다.

6 y, z, s, t의 자료형 dtype은 x.dtype = torch.float32이다.

▷ 예제 03-12 ▶ 텐서 복사

```
01 '''
02 torch.clone(input, *, memory_format = torch.preserve_format) -> Tensor
03 Tensor.detach()
04 Tensor.copy_(src, non_blocking = False) -> Tensor
05 '''
06 import torch
```

```
07  #1
08  x = torch.tensor([0, 1, 2, 3, 4])
09  print('x=', x)
10
11  #2
12  y = troch.zeros_like(x)
13  y.copy_(x)
14  print('y=', y)
15
16  #3
17  z = x.clone()
18  print('z=', z)
19
20  #4
21  w = x.detach()
22  print('w=', w)
```

▷▷ 실행결과

```
x= tensor([0, 1, 2, 3, 4])
y= tensor([0, 1, 2, 3, 4])
z= tensor([0, 1, 2, 3, 4])
w= tensor([0, 1, 2, 3, 4])
```

▷▷▷ 프로그램 설명

1 #2의 y.copy_(x)는 x의 항목을 y에 복사한다.

2 #3의 z = x.clone()는 x를 z에 복사한다.

3 #4의 w = x.detach()는 x를 현재 계산그래프에서 분리하여 새로운 텐서를 w에 저장한다. detech()하면 뒤에서 설명할 자동미분을 계산하지 않는다.

4 x.clone().detach()는 x.detach().clone()과 같이 사용할 수 있다.

▷ 예제 03-13 ▶ CUDA 텐서 생성과 변환

```
01  import torch
02  #1
03  print(torch.cuda.is_available())
04  x_gpu = torch.tensor([1, 2, 3, 4], device = 'cuda')
05  y_gpu = torch.tensor([1, 2, 3, 4]).to(device = 'cuda')
06  print('x_gpu=', x_gpu)
07  print('y_gpu=', y_gpu)
08
```

```
09  #2
10  x_cpu = torch.tensor([1, 2, 3, 4])       # device = 'cpu'
11  x_gpu = x_cpu.cuda()                       # cuda(0)
12  #x_gpu = x_cpu.to(device = 'cuda:0')
13  print('x_gpu=', x_gpu)
14
15  x_cpu = x_gpu.cpu()
16  #x_cpu = x_gpu.to(device = 'cpu')
17  print('x_cpu=', x_cpu)
18
19  #3
20  DEVICE = 'cuda' if torch.cuda.is_available() else 'cpu'
21  x = torch.tensor([1, 2, 3, 4]).to(DEVICE)
22  print('x=', x)
23  print('x.is_cuda=', x.is_cuda)
```

▷▷ 실행결과

```
#1
True
x_gpu= tensor([1, 2, 3, 4], device='cuda:0')
y_gpu= tensor([1, 2, 3, 4], device='cuda:0')

#2
x_gpu= tensor([1, 2, 3, 4], device='cuda:0')
x_cpu= tensor([1, 2, 3, 4])

#3
x= tensor([1, 2, 3, 4], device='cuda:0')
x.is_cuda= True
```

▷▷▷ 프로그램 설명

1 #1의 torch.cuda.is_available()이 True이면 CUDA를 사용할 수 있다.

2 CUDA 텐서는 device = 'cuda'를 명시하여 생성하거나, CPU 텐서에서 to(device = 'cuda') 메서드를 이용하여 변환한다.

3 #2과 같이 CUDA 사용이 가능한 GPU가 여러 개 일 경우 x_cpu.cuda(0), x_cpu.to(device = 'cuda:0')과 같이 번호를 명시할 수 있다.

4 x_gpu.cpu(), x_gpu.to(device = 'cpu')는 CPU 텐서로 변환한다.

5 #3과 같이 CUDA 사용 가능 여부에 따라 DEVICE에 문자열을 저장하고, to(DEVICE)를 이용하여 생성하면 편리하다. CUDA 텐서이면 x.is_cuda = True이다.

▷ 예제 03-14 ▶ CUDA 메모리 할당 확인

```
01 import torch
02 #1
03 DEVICE = 'cuda' if torch.cuda.is_available() else 'cpu'
04 print(torch.cuda.is_available())
05 #x = torch.tensor([1, 2, 3, 4], device = DEVICE)
06 x = torch.rand((1024), dtype = torch.float32).to(DEVICE)
07
08 allocated = torch.cuda.memory_allocated()    # device = DEVICE
09 reserved = torch.cuda.memory_reserved()      # device = DEVICE
10 print(f'allocated= {allocated} bytes')
11 print(f'reserved ={reserved // 1024} KB')
12
13 #2
14 mem_summary = torch.cuda.memory_summary(device = DEVICE,
15                                         abbreviated = True)
16 print('mem_summary=', mem_summary)
```

▷▷ 실행결과

```
True
allocated= 4096 bytes
reserved =2048 KB
```

▷▷▷ 프로그램 설명

1 torch.cuda.memory_allocated()는 현재 CUDA 디바이스(torch.cuda.current_device())의 메모리 할당 바이트를 반환한다.

2 torch.cuda.memory_reserved()는 예약된 캐시 메모리 바이트를 반환한다.

3 torch.cuda.memory_summary()는 현재 메모리 할당상태를 문자열로 반환한다.

텐서 모양변경

텐서의 모양 shape을 다양한 방법으로 변경할 수 있다. 텐서의 메모리가 연속으로 할당된 경우에 Tensor.view(*shape)를 사용하면 텐서를 다른 모양의 뷰 view로 변경할 수 있다. torch.flatten()은 다차원 텐서를 1차원 텐서로 변경한다. [그림 4.1]은 텐서의 차원과 모양을 설명한다.

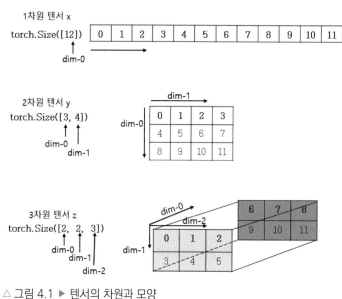

△ 그림 4.1 ▶ 텐서의 차원과 모양

▷ 예제 04-01 ▶ torch.Tensor.view(*shape)

```
01  import torch
02  #1
03  x = torch.arange(12)
04  print(x.is_contiguous())        # True
05  print('x.shape=', x.shape)
06  print('x=', x)
07
08  #2
09  y = x.view(3, -1)               # (3, 4)
10  print('y.shape=', y.shape)
11  print('y=', y)
```

```
12  #3
13  z = x.view(2, 2, -1)              # (2, 2, 3)
14  print('z.shape=', z.shape)
15  print('z=', z)
16
17  #4
18  x[0] = 10
19  print(x[0], y[0, 0], z[0, 0, 0])
20  print(x.storage().data_ptr() == y.storage().data_ptr())    # True
```

▷▷ 실행결과

```
#1
True
x.shape= torch.Size([12])
x= tensor([ 0,  1,  2,  3,  4,  5,  6,  7,  8,  9, 10, 11])

#2
y.shape= torch.Size([3, 4])
y= tensor([[ 0,  1,  2,  3],
           [ 4,  5,  6,  7],
           [ 8,  9, 10, 11]])

#3
z.shape= torch.Size([2, 2, 3])
z= tensor([[[ 0,  1,  2],
            [ 3,  4,  5]],

           [[ 6,  7,  8],
            [ 9, 10, 11]]])

#4
tensor(10) tensor(10) tensor(10)
True
```

▷▷▷ 프로그램 설명

1 Tensor.view()는 메모리복사 없이 텐서의 모양을 변경한 뷰 view를 생성할 수 있다. x.is_contiguous()는 True이다.

2 #2의 y = x.view(3, -1)는 x의 (3, 4) 뷰 view를 생성하여, 2차원 텐서 y를 생성한다. y.shape = torch.Size([3, 4])이다.

3 #3의 z = x.view(2, 2, -1)는 x의 (2, 2, 3) 뷰 view를 생성하여, 3차원 텐서 y를 생성한다. z.shape = torch.Size([2, 2, 3])이다.

4 #4의 x[0] = 10은 x, y, z가 메모리를 공유하기 때문에 x[0], y[0, 0], z[0, 0, 0]은 모두 10이다.

▷ 예제 04-02 ▶ torch.flatten(input, start_dim = 0, end_dim = -1)

```python
01  import torch
02  #1
03  x = torch.arange(6)
04  y = x.view(1, 2, -1)            # (1, 2, 3)
05  print('y.shape=', y.shape)
06
07  #2
08  y2 = y.flatten()               # torch.flatten(y)
09  print('y2.shape=', y2.shape)
10  print('y2=', y2)
11
12  #3
13  y3 = y.flatten(1)
14  print('y3.shape=', y3.shape)
15  print('y3=', y3)
16
17  #4
18  y4 = y.flatten(0, 1)
19  print('y4.shape=', y4.shape)
20  print('y4=', y4)
21
22  #5
23  x[0] = 10
24  print('y=', y)
25  print('y2=', y2)
26  print('y3=', y3)
27  print('y4=', y4)
```

▷▷ 실행결과

```
y.shape= torch.Size([1, 2, 3])
#2
y2.shape= torch.Size([6])
y2= tensor([0, 1, 2, 3, 4, 5])

#3
y3.shape= torch.Size([1, 6])
y3= tensor([[0, 1, 2, 3, 4, 5]])

#4
y4.shape= torch.Size([2, 3])
y4= tensor([[0, 1, 2],
            [3, 4, 5]])
```

```
#5
y= tensor([[[10,  1,  2],
           [ 3,  4,  5]]])
y2= tensor([10,  1,  2,  3,  4,  5])
y3= tensor([[10,  1,  2,  3,  4,  5]])
y4= tensor([[10,  1,  2],
           [ 3,  4,  5]])
```

▷▷▷ 프로그램 설명

1 torch.flatten()은 input 텐서를 start_dim에서 end_dim(포함하지 않음)까지 평평하게 1차원으로 모양을 변경한다. #1은 텐서 x의 3차원 뷰 y를 생성한다.

2 #2의 y2 = y.flatten()은 3차원 텐서 y의 모양을 1차원 텐서로 변경하여 y2를 생성한다.

3 #3의 y3 = y.flatten(1)은 start_dim = 1부터 1차원 텐서로 변경하여 y3.shape = torch.Size([1, 6])이다.

4 #4의 y4 = y.flatten(0, 1)은 start_dim = 0부터 end_dim = 1까지 1차원 텐서로 변경하여 y4.shape = torch.Size([2, 3])이다.

5 #5의 x[0] = 10은 메모리공유 때문에 x, y, y2, y3, y4의 항목이 변경되어 보인다.

▷ 예제 04-03   ▶ torch.reshape(input, shape),
              ▶ torch.transpose(input, dim0, dim1)

```
01  import torch
02  #1
03  x = torch.arange(6)
04  y = x.reshape( shape = (-1, 3) )  # torch.reshape(x, shape = (2, 3))
05  print('x=', x)
06  print('y=', y)
07  print(y.is_contiguous())              # True
08
09  #2
10  z = y.transpose(dim0 = 0, dim1 = 1) # torch.transpose(y, 0, 1)
11  print('z=', z)
12  print(z.is_contiguous())              # False
13
14  #3
15  x[0] = 10
16  print('z=', z) # print('y=', y)
17
18  #4
19  z = z.contiguous()                    # 새로운 메모리에 연속으로 할당
20  print(z.is_contiguous())              # True
21  print('z.view(-1, 3)=', z.view(-1, 3))
```

▷▷ 실행결과

```
#1
x= tensor([0, 1, 2, 3, 4, 5])
y= tensor([[0, 1, 2],
           [3, 4, 5]])
True
#2
z= tensor([[0, 3],
           [1, 4],
           [2, 5]])
False
#3
z= tensor([[10,  3],
           [ 1,  4],
           [ 2,  5]])
#4
True
z.view(-1, 3)= tensor([[10,  3,  1],
                       [ 4,  2,  5]])
```

▷▷▷ 프로그램 설명

1 torch.reshape(input, shape)은 input 텐서를 shape 모양으로 변경한다. #1의 y = x.reshape(shape = (-1, 3))은 x의 모양을 shape = (2, 3)로 변경하여 y에 저장한다. x와 y는 메모리를 공유한다.

2 torch.transpose(input, dim0, dim1)은 input 텐서의 dim0, dim1을 교환한다. #2의 z = y.transpose(dim0 = 0, dim1 = 1)는 dim0 = 0, dim1 = 1을 교환하여 2차원 텐서 y의 행과 열을 교환한다. y.shape = torch.Size([2, 3]), z.shape = torch.Size([3, 2])이다. x, y, z는 메모리를 공유한다. z.is_contiguous() = False로 뷰를 변경할 수 없다.

3 #3의 x[0] = 10은 메모리공유 때문에 x, y, z의 항목이 변경되어 보인다.

4 #4의 z = z.contiguous()는 텐서 z를 새로운 메모리에 연속으로 변경한다. z.is_contiguous()는 True이다. 메모리 연속이므로 z.view(-1, 3)를 사용할 수 있다.

▷ 예제 04-04 ▶ torch.squeeze(input, dim = None)
▶ torch.unsqueeze(input, dim)

```
01  import torch
02  #1
03  x = torch.arange(6).view(1, -1, 1)      # (1, 6, 1)
04  print('x.shape=', x.shape)
05
```

```
06  #2
07  y = torch.squeeze(x)
08  print('y.shape=', y.shape)
09  print('y=', y)
10
11  #3
12  z = torch.squeeze(x, dim = 0)       # torch.squeeze(x, dim = -3)
13  print('z.shape=', z.shape)
14
15  #4
16  w = torch.unsqueeze(z, dim = 0)
17  print('w.shape=', w.shape)
```

▷▷ 실행결과

```
x.shape= torch.Size([1, 6, 1])
y.shape= torch.Size([6])
y= tensor([0, 1, 2, 3, 4, 5])
z.shape= torch.Size([6, 1])
w.shape= torch.Size([1, 6, 1])
```

▷▷▷ 프로그램 설명

1 torch.squeeze(input, dim = None)는 input 텐서에서 dim이 1인 차원을 삭제한다. dim = None이면 1인 모든 차원을 삭제한다.

2 torch.unsqueeze(input, dim)는 input 텐서에서 dim의 차원을 확장한다.

3 #2의 y = torch.squeeze(x)는 x에서 1인 차원을 모두 삭제하여 y.shape = torch.Size([6])이다.

4 z = torch.squeeze(x, dim = 0)는 dim = 0의 1차원만 삭제하여 z.shape= torch.Size([6, 1])이다. 만약 dim 차원이 1이 아니면 삭제되지 않는다.

5 #5의 w = torch.unsqueeze(z, dim = 0)는 z에서 dim = 0을 확장하여 w.shape = torch.Size([1, 6, 1])이다.

▷ 예제 04-05 ▶ torch.cat(tensors, dim = 0)

```
01  import torch
02  #1
03  #x = torch.arange(4).view(-1, 2)
04  x = torch.tensor([[0, 1],
05                    [2, 3]])
06  y = torch.tensor([4, 5])
07  print('y.shape=', y.shape)
08
```

```
09  #2
10  z = torch.cat((x, y.reshape(1, 2))) # dim=0
11  #z = torch.concat((x, y.reshape(1, 2)))
12  print('z.shape=', z.shape)
13  print('z=', z)
14
15  #3
16  w = torch.cat((x, y.reshape(2, 1)), dim=1)
17  print('w.shape=', w.shape)
18  print('w=', w)
```

▷▷ 실행결과

```
y.shape= torch.Size([2])

#2
z.shape= torch.Size([3, 2])
z= tensor([[0, 1],
           [2, 3],
           [4, 5]])
#3
w.shape= torch.Size([2, 3])
w= tensor([[0, 1, 4],
           [2, 3, 5]])
```

▷▷▷ 프로그램 설명

1 torch.cat()은 텐서를 dim차원으로 연결한다. 텐서모양이 연결 가능해야 한다.

2 #2는 x의 dim = 0에 y.reshape(1, 2)를 연결한다. z.shape = torch.Size([3, 2])이다. 2차원 텐서 x의 마지막 행에 y의 모양을 변경하여 연결한다.

3 #3은 x의 dim = 1에 y.reshape(2, 1)를 연결한다. 2차원 텐서 x의 마지막 열에 y의 모양을 변경하여 연결한다.

▷ 예제 04-06   ▶ torch.stack(tensors, dim = 0)

```
01  import torch
02  #1
03  x = torch.tensor([[0, 1],
04                    [2, 3]])
05  print('x.shape=', x.shape)
06
07  #2
08  y = torch.stack((x, x, x))      # dim = 0
```

```
09  print('y.shape=', y.shape)
10  print('y=', y)
11
12  #3
13  z = torch.stack((x, x, x), dim = 1)
14  print('z.shape=', z.shape)
15  print('z=', z)
```

▷▷ 실행결과

```
#1
x.shape= torch.Size([2, 2])

#2
y.shape= torch.Size([3, 2, 2])
y= tensor([[[0, 1],
          [2, 3]],

         [[0, 1],
          [2, 3]],

         [[0, 1],
          [2, 3]]])
#3
z.shape= torch.Size([2, 3, 2])
z= tensor([[[0, 1],
          [0, 1],
          [0, 1]],

         [[2, 3],
          [2, 3],
          [2, 3]]])
```

▷▷ 프로그램 설명

1 torch.stack(tensors, dim = 0)은 새로운 차원 dim으로 확장하여 텐서를 쌓는다. 쌓을 텐서의 모양이 연결 가능해야 한다.

2 #2는 dim = 0을 생성하여 x를 3번 쌓아 y = torch.Size([3, 2, 2]) 모양의 텐서를 생성한다.

3 #3은 dim = 1을 생성하여 x를 3번 쌓아 z = torch.Size([2, 3, 2]) 모양의 텐서를 생성한다.

▷ 예제 04-07 ▶ 텐서 확장(expand, broadcast)

```
01  '''
02  torch.Tensor.expand(*sizes)  -> Tensor
```

```
03  torch.broadcast_to(input, shape) -> Tensor
04  '''
05  import torch
06  #1
07  x = torch.tensor([0, 1, 2])
08  print('x.shape=', x.shape)        # torch.Size([3])
09
10  #2
11  y = x.expand(2, 3)                # torch.broadcast_to(x, (2, 3))
12  print('y=', y)
13
14  #3
15  x = x.view(3, 1)
16  z = x.expand(3, 2)                # torch.broadcast_to(x, (3, 2))
17  print('z=', z)
18
19  #4
20  x[0] = 10
21  print('y=', y)
22  print('z=', z)
```

▷▷ 실행결과

```
x.shape= torch.Size([3])
#2
y= tensor([[0, 1, 2],
           [0, 1, 2]])
#3
z= tensor([[0, 0],
           [1, 1],
           [2, 2]])

#4
y= tensor([[10,  1,  2],
           [10,  1,  2]])
z= tensor([[10, 10],
           [ 1,  1],
           [ 2,  2]])
```

▷▷▷ 프로그램 설명

1 Tensor.expand()는 텐서에서 dim = 1인 텐서를 (size) 크기로 확장한다. 메모리는 새로 할당되지 않고 공유한다. torch.broadcast_to(input, shape)와 같다.

2 #2는 dim = 0 방향으로 x를 2행 확장하여 y.shape = torch.Size([2, 3])이다.

3 #3은 x.shape = torch.Size([3, 1])로 변경하고, z = x.expand(3, 2)는 dim = 1 방향 으로 x를 2열 확장하여 z.shape = torch.Size([3, 2])이다.

4 #4의 x[0] = 10은 메모리공유 때문에 x, y, z의 항목이 변경되어 보인다.

▷ 예제 04-08 ▶ torch.Tensor.repeat(*sizes)

```
01  import torch
02  #1
03  x = torch.tensor([0, 1, 2])
04  print('x.shape=', x.shape)        # torch.Size([3])
05
06  #2
07  y = x.repeat(2, 3)
08  print('y=', y)
09  print('y.shape=', y.shape)
10
11  #3
12  x = x.view(3, 1)
13  z = x.repeat(2, 3)
14  print('z=', z)
15  print('z.shape=', z.shape)
```

▷▷ 실행결과

```
x.shape= torch.Size([3])
#2
y= tensor([[0, 1, 2, 0, 1, 2, 0, 1, 2],
           [0, 1, 2, 0, 1, 2, 0, 1, 2]])
#3
z= tensor([[0, 0, 0],
           [1, 1, 1],
           [2, 2, 2],
           [0, 0, 0],
           [1, 1, 1],
           [2, 2, 2]])
```

▷▷▷ 프로그램 설명

1 Tensor.repeat(*sizes)은 텐서를 (size) 크기로 확장한다. 메모리는 새로 할당된다.

2 #2는 x를 dim = 0으로 2번 반복하고 dim = 1로 3번 반복하여, y.shape = torch.Size([2, 9])이다.

3 #3은 x.shape = torch.Size([3, 1])로 변경하고, z = x.repeat(2, 3)는 dim = 0으로 2번 반복, dim = 1로 3번 반복하여 z.shape = torch.Size([6, 3])이다.

인덱싱 · 슬라이싱

넘파이 numpy의 ndarray과 유사하게 파이토치 텐서 tensors에서 인덱싱 indexing과 슬라이싱 slicing을 사용할 수 있다. 인덱싱은 텐서 항목을 접근하고, 슬라이싱은 부분 텐서를 생성한다.

x[start:end:step]에서 start와 end는 0 또는 양의 정수이고, step은 양의 정수만 가능하다.

▷ 예제 05-01   ▶ 인덱싱, 슬라이싱: 1D 텐서

```
01  import torch
02  #1
03  x = torch.arange(10)
04  print('x=', x)
05
06  #2
07  print('x[0]=',    x[0])
08  print('x[-1]=',   x[-1])
09  print('x[2:5]=', x[2:5])
10  print('x[:5]=',   x[:5])
11  print('x[5:]=',   x[5:])
12  print('x[::2]=', x[::2])
13  print('x[[1, 2, 5]]=', x[[1, 2, 5]])
14
15  #3
16  x[0] = 10
17  print('x=', x)
18
19  #4
20  x[2:5] = torch.tensor([20, 30, 40])
21  print('x=', x)
```

▷▷ 실행결과

```
x= tensor([0, 1, 2, 3, 4, 5, 6, 7, 8, 9])
#2
x[0]= tensor(0)
x[-1]= tensor(9)
x[2:5]= tensor([2, 3, 4])
```

```
x[:5]= tensor([0, 1, 2, 3, 4])
x[5:]= tensor([5, 6, 7, 8, 9])
x[::2]= tensor([0, 2, 4, 6, 8])
x[[1, 2, 5]]= tensor([1, 2, 5])

#3
x= tensor([10,  1,  2,  3,  4,  5,  6,  7,  8,  9])

#4
x= tensor([10,  1, 20, 30, 40,  5,  6,  7,  8,  9])
```

▷▷▷ 프로그램 설명

1 넘파이 처럼 텐서에서 인덱싱과 슬라이싱이 가능하다. x[0]은 x의 첫 항목, x[-1]은 마지막 항목이다. start와 end는 음수가 가능하지만, step > 0 이어야 한다.

2 x[2:5], x[:5], x[5:], x[::2]와 같이 슬라이싱 할 수 있다.

▷ 예제 05-02 ▶ 인덱싱, 슬라이싱: 2D, 3D 텐서

```
01  import torch
02  #1: 2D tensor
03  x = torch.arange(9).reshape((3, 3))
04  print('x=', x)
05
06  print('x[0, 0]=', x[0, 0])
07  print('x[0, :]=', x[0, :])          # x[0]
08  print('x[:, 0]=', x[:, 0])
09  print('x[:, [0, 2]]=', x[:, [0, 2]])
10
11  #2
12  print('x[0:2, 0:2]=', x[0:2, 0:2])
13
14  print('x[..., 0]=', x[..., 0])
15
16  #3: 3D tensor
17  y = torch.arange(9).reshape((1, 3, 3))
18  print('y[0,0, 0]=', y[0, 0, 0])
19  print('y[:,:, 0]=', y[:, :, 0])
20  print('y[..., 0]=', y[..., 0])
```

▷▷ 실행결과

```
x= tensor([[0, 1, 2],
           [3, 4, 5],
           [6, 7, 8]])
```

```
#2
x[0, 0]= tensor(0)
x[0, :]= tensor([0, 1, 2])
x[:, 0]= tensor([0, 3, 6])
x[:, [0, 2]]= tensor([[0, 2],
                      [3, 5],
                      [6, 8]])
#3
x[0:2, 0:2]= tensor([[0, 1],
                     [3, 4]])
x[..., 0]= tensor([0, 3, 6])

#4
y[0,0, 0]= tensor(0)
y[:,:, 0]= tensor([[0, 3, 6]])
y[..., 0]= tensor([[0, 3, 6]])
```

▷▷▷ 프로그램 설명

1 넘파이 같이 텐서에서 인덱싱과 슬라이싱이 가능하다.

2 #1의 x는 x.shape = torch.Size([3, 3])의 2-D 텐서이다. x[0, 0] = tensor(0)이고, x[0, :])은 0행, x[:, 0]은 0열이다.

3 #2의 x[0:2, 0:2]와 같이 슬라이싱 할 수 있다. x[..., 0] = tensor([0, 3, 6])이다.

4 #3의 y는 y.shape = torch.Size([1, 3, 3])의 3-D 텐서이다. y[:, :, 0]과 y[..., 0]는 같다.

▷ 예제 05-03 ▶ 인덱스에 의한 텐서 행 교환

```
01  import torch
02  #1
03  x = torch.arange(12).reshape(3, 4)
04  print('x = ', x)
05
06  #2
07  indices = torch.randperm(x.shape[0])
08  print('indices = ', indices)
09
10  y = x[indices]
11  print('y = ', y)
```

▷▷ 실행결과

```
x =  tensor([[ 0,  1,  2,  3],
             [ 4,  5,  6,  7],
             [ 8,  9, 10, 11]])
```

```
#2
indices = tensor([1, 2, 0])
y = tensor([[ 4,  5,  6,  7],
            [ 8,  9, 10, 11],
            [ 0,  1,  2,  3]])
```

▷▷▷ 프로그램 설명

1 y = x[indices]는 indices 순서로 x의 행을 교환하여 y를 생성한다.

▷ 예제 05-04 ▶ 인덱스에 의한 텐서 선택

```
01 '''
02 torch.index_select(input, dim, index, *, out = None)  -> Tensor
03 '''
04 import torch
05
06 #1: 1D
07 x = torch.arange(1, 10)
08 print('x=', x)
09
10 indx  = range(x.shape[0])[::-1]
11 indx  = torch.IntTensor(indx)          # LongTensor(indx)
12 print('indx =', indx )
13
14 y = torch.index_select(x, 0, indx)    # x.index_select(0, indx )
15 print('y=', y)
16
17 #2: 2D
18 x = x.view(-1, 3)                       # (3, 3)
19 print('x=', x)
20
21 indx = torch.IntTensor([0, 1])
22 y = x.index_select(0, indx)           # torch.index_select(x, 0, indx)
23 print('y=', y)
24
25 z = x.index_select(1, indx)           # torch.index_select(x, 1, indx)
26 print('z=', z)
```

▷▷ 실행결과

```
x= tensor([1, 2, 3, 4, 5, 6, 7, 8, 9])
indx = tensor([8, 7, 6, 5, 4, 3, 2, 1, 0], dtype=torch.int32)
y= tensor([9, 8, 7, 6, 5, 4, 3, 2, 1])
```

```
x= tensor([[1, 2, 3],
           [4, 5, 6],
           [7, 8, 9]])
y= tensor([[1, 2, 3],
           [4, 5, 6]])
z= tensor([[1, 2],
           [4, 5],
           [7, 8]])
```

▷▷▷ 프로그램 설명

1 #1은 1-D 텐서 x를 정수 인덱스 텐서 indx를 이용하여 x의 역순 텐서 y를 생성한다.

y = x[::-1]과 같이 사용할 수 없다. step > 0이다.

2 #2는 2-D 텐서 x에서 indx에 명시된 dim을 선택한다.

y = torch.index_select(x, 0, indx)는 x의 dim = 0(행)에서 indx의 0, 1행을 y에 저장한다. z = torch.index_select(x, 1, indx)는 x의 dim = 1(열)에서 indx의 0, 1열을 z에 저장한다.

텐서 요소별 연산

텐서 tensors의 요소별 element-wise 연산에 대해 설명한다. 텐서의 모양이 같은 경우 연산할 수 있고, 텐서 모양이 다른 경우는 확장 broadcasting이 가능해야 연산을 할 수 있다.

▷ 예제 06-01 ▶ 산술연산

```
01  import torch
02  torch.set_printoptions(precision=2)
03
04  #1
05  x = torch.tensor([1, 2])
06  print('x+1 =', x + 1)       # torch.add(x, 1)
07  print('x-1 =', x - 1)       # torch.sub(x, 1)
08  print('x*2 =', x * 2)       # torch.mul(x, 2)
09  print('x/2 =', x / 2)       # torch.div(x, 2)
10  print('x**2=', x ** 2)      # torch.pow(x, 2), x.square()
11
12  #2
13  y = torch.tensor([3, 4])
14  print('x+y =', x + y)
15  print('x-y =', x - y)
16  print('x*y =', x * y)
17  print('x/y =', x / y)
18  print('x**y=', x ** y)
19
20  #3
21  x = torch.tensor([[1, 2], [3, 4]])
22  y = torch.tensor([1, 2])
23  print('x+y =', x + y)
24  print('x-y =', x - y)
25  print('x*y =', x * y)
26  print('x/y =', x / y)
27  print('x**y=', x**y)
```

▷▷ 실행결과

```
#1
x+1 = tensor([2, 3])
x-1 = tensor([0, 1])
```

```
x*2 = tensor([2, 4])
x/2 = tensor([0.50, 1.00])
x**2= tensor([1, 4])

#2
x+y = tensor([4, 6])
x-y = tensor([-2, -2])
x*y = tensor([3, 8])
x/y = tensor([0.33, 0.50])
x**y= tensor([ 1, 16])

#3
x+y = tensor([[2, 4],
              [4, 6]])
x-y = tensor([[0, 0],
              [2, 2]])
x*y = tensor([[1, 4],
              [3, 8]])
x/y = tensor([[1., 1.],
              [3., 2.]])
x**y= tensor([[ 1,  4],
              [ 3, 16]])
```

▷▷▷ 프로그램 설명

1 #1은 텐서 x와 스칼라의 산술연산을 수행한다. [그림 6.1]같이 스칼라를 확장하여 연산한다.

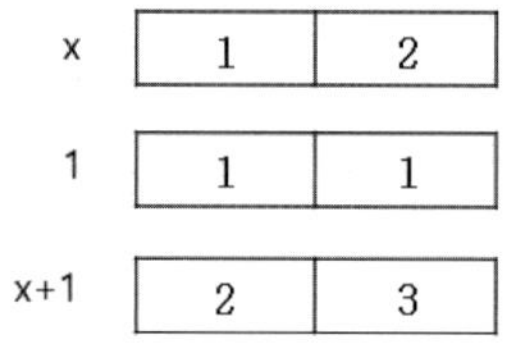

x	1	2
1	1	1
x+1	2	3

△ 그림 6.1 ▶ x + 1

2 #2는 모양이 같은 1-D 텐서 x, y의 산술연산을 수행한다.

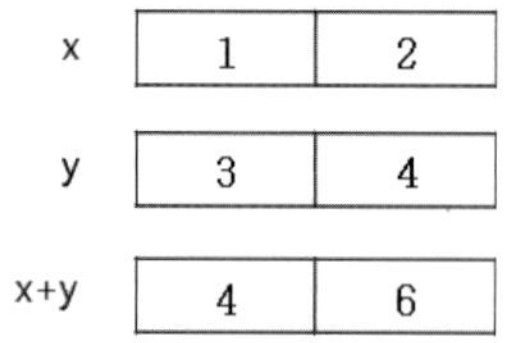

x	1	2
y	3	4
x+y	4	6

△ 그림 6.2 ▶ x + y

3 #3은 2-D텐서 x와 1-D텐서 y의 산술연산을 수행한다. y.shape = torch.Size([2, 2])로 확장 broadcast하여 요소별로 연산한다.

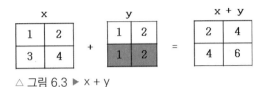

△ 그림 6.3 ▶ x + y

▷ 예제 06-02 ▶ 비교연산

```
01  import torch
02  x = torch.tensor([1, 4, 5, 6])
03  y = torch.tensor([2, 3, 5, 7])
04
05  #1
06  print('x==1 =', x == 1)          # torch.eq(x, 1)
07  print('x==y =', x == y)          # torch.eq(x, y)
08  print('x!=y =', x != y)          # torch.ne(x, y)
09
10  print('x>1 =',  x > 1)           # torch.gt(x, 1)
11  print('x>y =',  x > y)           # torch.gt(x, y)
12  print('x>=y =', x >= y)          # torch.ge(x, y)
13  print('x<y =',  x < y)           # torch.lt(x, y)
14  print('x<=y =', x <= y)          # torch.le(x, y)
15  print('~(x<=y) =', ~(x <= y))    # x > y
16
17  #2: boolean indexing
18  z = torch.tensor([-1, 1, 2, -2, -3])
19  print('z>0 =', z > 0)
20  print('z[z>0] =', z[z > 0])
21
22  z[z < 0] = 0                     # torch.tensor([0])
23  print('z =', z)
```

▷▷ 실행결과

```
#1
x==1 = tensor([ True, False, False, False])
x==y = tensor([False, False,  True, False])
x!=y = tensor([ True,  True, False,  True])
x>1 = tensor([False,  True,  True,  True])
x>y = tensor([False,  True, False, False])
```

```
x>=y = tensor([False,  True,  True, False])
x<y = tensor([ True, False, False,  True])
x<=y = tensor([ True, False,  True,  True])
~(x<=y) = tensor([False,  True, False, False])
#2: boolean indexing
z>0 = tensor([False,  True,  True, False, False])
z[z>0] = tensor([1, 2])
z = tensor([0, 1, 2, 0, 0])
```

▷▷▷ 프로그램 설명

1 #1은 비교연산을 텐서 요소별로 계산한다. x == 1은 torch.eq(x, 1), x.eq(1)과 같다.

2 #2는 불리안 인덱싱 예제이다. z[z > 0]은 z에서 z > 0 조건을 만족하는 텐서 tensor([1, 2])
이다. z[z < 0] = 0은 음수 항목을 0으로 변경하여 z = tensor([0, 1, 2, 0, 0])이다.

▷ 예제 06-03 ▶ 논리연산

```
01  import torch
02  x = torch.tensor([True, True, False, False])
03  y = torch.tensor([True, False,True, False])
04
05  print('and(x, y) =', torch.logical_and(x, y))
06  print(' or(x, y) =', torch.logical_or(x, y))
07  print(' not(x) =',   torch.logical_not(x))
```

▷▷ 실행결과

```
and(x, y) = tensor([ True, False, False, False])
 or(x, y) = tensor([ True,  True,  True, False])
 not(x) = tensor([False, False,  True,  True])
```

▷▷▷ 프로그램 설명

1 torch.logical_and(), torch.logical_or(), torch.logical_not()은 각각 논리곱 AND,
논리합 OR, 논리부정 NOT을 계산한다.

▷ 예제 06-04 ▶ 비트연산

```
01  import torch
02
03  #1
04  x = torch.tensor([True, True,  False, False])
05  y = torch.tensor([True, False, True,  False])
```

```
06
07 print('bit_and(x, y)=', torch.bitwise_and(x, y))
08 print('bit_or(x, y) =', torch.bitwise_or(x, y))
09 print('bit_not(x)   =', torch.bitwise_not(x))
10
11 #2
12 x = torch.tensor([1, 2, 3, -1], dtype = torch.int8)
13 y = torch.tensor([2, 3, 4, -2], dtype = torch.int8)
14
15 print('bit_and(x, y)=', torch.bitwise_and(x, y))       # x & y
16 print('bit_or(x, y) =', torch.bitwise_or(x, y))        #  x | y
17 print('bit_not(x)   =', torch.bitwise_not(x))          # ~x
18
19 print('x<<2 =', torch.bitwise_left_shift(x, 2))        # x << 2
20 print('x>>2 =', torch.bitwise_right_shift(x, 2))       # x >> 2
```

▷▷ 실행결과

```
#1
bit_and(x, y)= tensor([ True, False, False, False])
bit_or(x, y) = tensor([ True,  True,  True, False])
bit_not(x)   = tensor([False, False,  True,  True])

#2
bit_and(x, y)= tensor([ 0,  2,  0, -2], dtype=torch.int8)
bit_or(x, y) = tensor([ 3,  3,  7, -1], dtype=torch.int8)
bit_not(x)   = tensor([-2, -3, -4,  0], dtype=torch.int8)
x<<2 = tensor([ 4,  8, 12, -4], dtype=torch.int8)
x>>2 = tensor([ 0,  0,  0, -1], dtype=torch.int8)
x<<2 tensor([ 4,  8, 12, -4], dtype=torch.int8)
x>>2 tensor([ 0,  0,  0, -1], dtype=torch.int8)
```

▷▷▷ 프로그램 설명

1 #1은 불리안 텐서에서 비트 연산으로 [예제 6-03]의 논리연산과 같다.

2 #2는 정수 텐서에서 비트별 논리곱, 논리합, 부정, 쉬프트 연산이다.

텐서 함수 기초

torch.min( ), torch.max( ), torch.argmin( ), torch.argmax( ) torch.sum( ), torch.mean( ), torch.std( ) 등의 텐서 함수를 설명한다.

텐서 함수의 인수에서 dim을 명시하여 축소 reduce할 차원을 지정할 수 있다. keepdim = False(default)이면, dim = 1인 차원을 제거 squeeze한다. keepdim = True이면, 출력 차원을 유지한다.

▷ 예제 07-01　▶ 최소값

```
01  ‘ ‘ ‘
02  torch.min(input) -> Tensor
03  torch.min(input, dim, keepdim = False, *, out = None) -> values, indices
04  torch.min(input, other, *, out = None) -> Tensor
05  torch.minimum(input, other, *, out = None) -> Tensor
06  ’ ’ ’
07  import torch
08  #1
09  x = torch.tensor([[0, 1, 2],
10                    [5, 4, 3],
11                    [7, 8, 6]])
12  print(‘x.min()=’, x.min())
13
14  #2
15  values, indices = x.min(dim = 0)        # torch.min(x, dim=0)
16  print(‘values=’,  values)
17  print(‘indices=’, indices)
18
19  #3
20  values, indices = x.min(dim = 0, keepdim = True)
21                            # torch.min(x, dim = 0, keepdim = True)
22  print(‘values=’,  values)  # values.shape = torch.Size([1, 3])
23  print(‘indices=’, indices) # indices.shape = torch.Size([1, 3])
24
25  #4
26  values, indices = x.min(dim = 1, keepdim = True)
27                            # torch.min(x, dim = 1, keepdim = True)
```

```
28  print('values=', values)   # values.shape = torch.Size([3, 1])
29  print('indices=', indices) # indices.shape = torch.Size([3, 1])
30
31  #5
32  x = torch.tensor([1, 4, 5])
33  y = torch.tensor([2, 3, 6])
34  print(torch.min(x, y))      # torch.minimum(x, y)
```

▷▷ 실행결과

```
#1
x.min()= tensor(0)
#2
values= tensor([0, 1, 2])
indices= tensor([0, 0, 0])
#3
values= tensor([[0, 1, 2]])
indices= tensor([[0, 0, 0]])
#4
values= tensor([[0],
                [3],
                [6]])
indices= tensor([[0],
                 [2],
                 [2]])
#5
tensor([1, 3, 5])
```

▷▷▷ 프로그램 설명

1 #1에서 x.min()은 텐서 x의 최소값인 tensor(0)를 반환한다.

2 #2에서 x.min(dim = 0)은 dim = 0 방향(열)의 최소값 values = tensor([0, 1, 2])와 인덱스 indices = tensor([0, 0, 0])를 계산한다.

3 #3에서 x.min(dim = 0, keepdim = True)은 최소값과 인덱스를 계산하고 차원을 유지한다. values.shape = torch.Size([1, 3]), indices.shape = torch.Size([1, 3])이다.

4 #4에서 x.min(dim = 1, keepdim = True)은 dim = 1 방향(행)의 최소값과 인덱스를 계산하고 차원을 유지한다. values.shape = torch.Size([3, 1]), indices.shape = torch.Size([3, 1])이다.

5 #5에서 torch.min(x, y)은 모양이 같은 두 텐서 x, y에서 요소별 최소값을 계산한다.

▷ 예제 07-02 ► 최대값

```
01  '''
02  torch.max(input) -> Tensor
03  torch.max(input, dim, keepdim = False,
04          *, out = None) -> values, indices
05  torch.max(input, other, *, out = None) -> Tensor
06  torch.maximum(input, other, *, out = None) -> Tensor
07  '''
08  import torch
09  #1
10  x = torch.tensor([[0, 1, 2],
11                    [5, 4, 3],
12                    [7, 8, 6]])
13  print('x.max()=', x.max())
14
15  #2
16  values, indices = x.max(dim = 0)    # torch.max(x, dim = 0)
17  print('values=', values)
18  print('indices=', indices)
19
20  #3
21  values, indices = x.max(dim = 0, keepdim = True)
22                            # torch.max(x, dim = 0, keepdim = True)
23  print('values=', values)  # values.shape = torch.Size([1, 3])
24  print('indices=', indices) # indices.shape = torch.Size([1, 3])
25
26  #4
27  values, indices = x.max(dim = 1, keepdim = True)
28                            # torch.max(x, dim = 1, keepdim = True)
29  print('values=', values)  # values.shape = torch.Size([3, 1])
30  print('indices=', indices) # indices.shape = torch.Size([3, 1])
31
32  #5
33  x = torch.tensor([1, 4, 5])
34  y = torch.tensor([2, 3, 6])
35  print(torch.max(x, y))    # torch.maximum(x, y)
```

▷▷ 실행결과

```
#1
x.max()= tensor(8)
#2
values= tensor([7, 8, 6])
indices= tensor([2, 2, 2])
#3
values= tensor([[7, 8, 6]])
```

```
indices= tensor([[2, 2, 2]])
#4
values= tensor([[2],
                [5],
                [8]])
indices= tensor([[2],
                 [0],
                 [1]])
#5
tensor([2, 4, 6])
```

▷▷▷ 프로그램 설명

1 #1에서 x.max()은 텐서 x의 최대값 tensor(8)를 반환한다.

2 #2에서 x.max(dim = 0)은 dim = 0 방향(열)의 최대값 values = tensor([7, 8, 6])와 인덱스 indices = tensor([2, 2, 2])를 계산한다.

3 #3에서 x.max(dim = 0, keepdim = True)은 최대값과 인덱스를 계산하고 차원을 유지한다. values.shape = torch.Size([1, 3]), indices.shape = torch.Size([1, 3])이다.

4 #4에서 x.max(dim = 1, keepdim = True)은 dim = 1 방향(행)의 최대값과 인덱스를 계산하고 차원을 유지한다. values.shape = torch.Size([3, 1]), indices.shape = torch.Size([3, 1])이다.

5 #5에서 torch.max(x, y)은 모양이 같은 두 텐서 x, y에서 요소별 최대값을 계산한다.

▷ 예제 07-03   ▶ 최대인덱스(argmax), 최소 인덱스(argmin)

```
01 '''
02 torch.argmax(input) -> LongTensor
03 torch.argmax(input, dim, keepdim = False) -> LongTensor
04 torch.argmin(input, dim = None, keepdim = False) -> LongTensor
05 '''
06 import torch
07 #1
08 x = torch.tensor([[0, 1, 2],
09                   [5, 4, 3],
10                   [7, 8, 6]])
11 print('x.argmin()=', x.argmin())
12 print('x.argmax()=', x.argmax())
13
14 #2
15 print(x.argmin(dim = 0))      # torch.argmin(x, dim = 0)
16 print(x.argmax(dim = 0))      # torch.argmax(x, dim = 0)
17
```

```
18  #3
19  print(x.argmin(dim = 0, keepdim = True))
20  print(x.argmax(dim = 0, keepdim = True))
21
22  #4
23  print(x.argmin(dim = 1, keepdim = True))
24  print(x.argmax(dim = 1, keepdim = True))
```

▷▷ 실행결과

```
#1
x.argmin()= tensor(0)
x.argmax()= tensor(7)
#2
tensor([0, 0, 0])
tensor([2, 2, 2])
#3
tensor([[0, 0, 0]])
tensor([[2, 2, 2]])
#4
tensor([[0],
        [2],
        [2]])
tensor([[2],
        [0],
        [1]])
```

▷▷▷ 프로그램 설명

1 #1에서 x.argmin()은 텐서 x의 최소값의 위치 tensor(0), x.argmax()은 텐서 x의 최대값의 위치를 반환한다.

2 #2에서 x.argmin(dim = 0), x.argmax(dim = 0)은 각각 dim = 0 방향(열)의 최소값, 최대값의 위치 인덱스를 계산한다.

3 #3은 keepdim = True로 dim = 0 방향(열)의 최소값, 최대값의 위치 인덱스를 계산하고 차원을 유지한다.

4 #4는 keepdim = True로 dim = 1 방향(행)의 최소값, 최대값의 위치 인덱스를 계산하고 차원을 유지한다.

▷ 예제 07-04   ▶ 합계(sum), 곱셈(prod)

```
01  '''
02  torch.sum(input, *, dtype = None) -> Tensor
03  torch.sum(input, dim, keepdim = False, *, dtype = None) -> Tensor
```

```
04  torch.prod(input, *, dtype = None) -> Tensor
05  torch.prod(input, dim, keepdim = False, *, dtype = None) -> Tensor
06  '''
07  import torch
08  #1
09  x = torch.arange(1, 7).reshape(2, 3)
10  print('x = ', x)
11
12  #2
13  print('x.sum()=', x.sum())  # torch.sum(x)
14  print('x.prod()=',x.prod()) # torch.prod(x)
15
16  #3
17  print(x.sum(dim=0)) # torch.sum(x, dim=0)
18  print(x.sum(dim=1)) # torch.sum(x, dim=0)
19
20  #4
21  print(x.prod(dim=0)) # torch.prod(x, dim=0)
22  print(x.prod(dim=1)) # torch.prod(x, dim=0)
```

▷▷ 실행결과

```
#1
x =  tensor([[1, 2, 3],
             [4, 5, 6]])
#2
x.sum()= tensor(21)
x.prod()= tensor(720)

#3
tensor([5, 7, 9])
tensor([ 6, 15])

#4
tensor([ 4, 10, 18])
tensor([  6, 120])
```

▷▷▷ 프로그램 설명

1 torch.sum()은 합계, torch.prod()은 곱셈을 계산한다. dim을 이용하여 dim = 0 방향(열), dim = 1 방향(행)의 계산을 할 수 있다. keepdim = True는 출력 텐서의 차원을 유지한다.

2 #2에서 x.sum() = tensor(21), x.prod() = tensor(720)이다.

3 #3에서 x.sum(dim = 0), x.sum(dim = 1)은 각각 dim = 0 방향(열), dim = 1 방향(행)의 합계를 계산한다.

4 #4에서 x.prod(dim = 0), x.prod(dim = 1)은 각각 dim = 0 방향(열), dim = 1 방향(행)의 곱셈을 계산한다.

▷ 예제 07-05 ▶ 평균(mean), 분산(var), 표준편차(std)

```
01  '''
02  torch.mean(input, *, dtype = None) -> Tensor
03  torch.mean(input, dim, keepdim = False,
04            *, dtype = None, out = None) -> Tensor
05
06  torch.var(input, unbiased) -> Tensor
07  torch.var(input, dim, unbiased, keepdim = False,
08            *, out = None) -> Tensor
09  torch.var_mean(input, unbiased) -> var, mean
10  torch.var_mean(input, dim, unbiased,
11                keepdim = False, *, out = None) -> var, mean
12
13  torch.std(input, unbiased) -> Tensor
14  torch.std(input, dim, unbiased,
15            keepdim = False, *, out = None) -> Tensor
16  torch.std_mean(input, unbiased) -> std, mean
17  torch.std_mean(input, dim, unbiased,
18                keepdim = False, *, out = None) -> std, mean
19  '''
20  import torch
21  torch.set_printoptions(precision = 2)
22  #1
23  x = torch.arange(6).reshape(2, 3).float()    # to(torch.float)
24  print('x = ', x)
25
26  #2
27  print('x.mean()=', x.mean())
28  print(x.mean(dim = 0))              # torch.mean(x, dim = 0)
29  print(x.mean(dim = 1))              # torch.mean(x, dim = 1)
30
31  #3
32  print('x.var()=', x.var())          # unbiased = True
33  var = torch.sum((x - x.mean()) ** 2) / (torch.numel(x) - 1)
34  print('var=', var)
35
36  print(x.var(dim = 0))               # torch.var(x, dim = 0)
37  print(x.var(dim = 1))               # torch.var(x, dim = 1)
38
```

```
39  #4
40  print('x.std()=', x.std())          # unbiased = True
41  torch.std(x, dim = 0)
42  print(x.std(dim = 1))                # torch.std(x, dim = 1)
43
44  #5
45  var, mean = torch.var_mean(x)     # unbiased = True
46  print(f'mean={mean}, var={var}')
47
48  std, mean = torch.std_mean(x)     # unbiased=True
49  print(f'mean={mean}, std={std}')
```

▷▷ 실행결과

```
#1
x =  tensor([[0., 1., 2.],
             [3., 4., 5.]])
#2
x.mean()= tensor(2.50)
tensor([1.50, 2.50, 3.50])
tensor([1., 4.])

#3
x.var()= tensor(3.50)
var= tensor(3.50)
tensor([4.50, 4.50, 4.50])
tensor([1., 1.])

#4
x.std()= tensor(1.87)
tensor([2.12, 2.12, 2.12])
tensor([1., 1.])

#5
mean=2.5, var=3.5
mean=2.5, std=1.8708287477493286
```

▷▷▷ 프로그램 설명

1 2D 실수 텐서 x를 생성하고 평균, 분산, 표준편차를 계산한다. dim을 이용하여 dim = 0 방향 (열), dim = 1 방향(행)의 계산을 할 수 있다.

2 #2의 x.mean()은 x의 평균을 계산한다. x.mean(dim = 0), x.mean(dim = 1)은 각각 dim = 0 방향(열), dim = 1 방향(행)의 평균을 계산한다.

3 #3의 x.var()은 unbiased = True로 표본분산 sample variance, n-1을 계산한다. var에 직접 표본분산을 계산한다.

> 4 #4의 x.std()은 unbiased = True로 표본 표준편차 sample standard deviation, n-1를 계산한다.

> 5 #5의 torch.var_mean(x)은 분산과 평균을 계산하고, torch.std_mean(x)은 표준편차와 평균을 계산한다.

▷ 예제 07-06 ▶ torch.where(condition, x, y) -> Tensor

```
01  import torch
02  #1
03  x = torch.tensor([-1, 2, -3, 4, 5], dtype = torch.float)
04  y = torch.ones(5, dtype = torch.float)
05  print('x = ', x)
06  print('y = ', y)
07
08  #2
09  z = torch.where(x > 0, x, y)
10  print('z = ', z)
11
12  #3
13  w = torch.where(x > 0, x, torch.tensor(0).float())
14  print('w = ', w)
```

▷▷ 실행결과

```
#1
x =  tensor([-1.,  2., -3.,  4.,  5.])
y =  tensor([1., 1., 1., 1., 1.])

#2
z =  tensor([1., 2., 1., 4., 5.])
w =  tensor([0., 2., 0., 4., 5.])
```

▷▷▷ 프로그램 설명

> 1 torch.where(condition, x, y)는 condition이 True이면 x 요소(항목), False이면 y의 요소 항목를 사용하여 결과 텐서를 생성한다.

> 2 #2의 z = torch.where(x > 0, x, y)는 x의 음수를 y의 1로 변경한다.

> 3 #3의 w = torch.where(x > 0, x, torch.tensor(0).float())는 x의 음수를 0으로 변경한다. torch.tensor(0).float()로 x의 자료형과 같은 실수 float로 변경한다.

▷ 예제 07-07 ▶ 정렬(sort, argsort)

```
01  '''
02  torch.sort(input, dim = -1, descending = False,
03             stable = False, *, out = None)
04  torch.argsort(input, dim = -1, descending = False) -> LongTensor
05  '''
06  import torch
07  torch.manual_seed(0)
08  #1
09  x = torch.randperm(6)
10  print('x = ', x)
11
12  #2
13  sorted, indices = torch.sort(x)        # descending = False
14  print('sorted=', sorted)
15  print('indices=', indices)
16  print(x.argsort())                     # torch.argsort(x)
17
18  #3
19  x = torch.randperm(12).reshape(3, 4)
20  print('x = ', x)
21  sorted, indices = torch.sort(x)        # dim = 1
22  print('sorted=', sorted)
23  print('indices=', indices)
24  print(x.argsort(dim = 1))              # torch.argsort(x, dim = 1)
25
26  #4
27  sorted, indices = torch.sort(x, dim = 0)
28  print('sorted=', sorted)
29  print('indices=', indices)
30  print(x.argsort(dim = 0))              # torch.argsort(x, dim = 0)
```

▷▷ 실행결과

```
#1
x =  tensor([2, 5, 3, 0, 1, 4])

#2
sorted= tensor([0, 1, 2, 3, 4, 5])
indices= tensor([3, 4, 0, 2, 5, 1])
tensor([3, 4, 0, 2, 5, 1])

#3
x = tensor([[ 3,  5,  1,  4],
            [ 7,  0,  8,  6],
            [11, 10,  9,  2]])
```

```
sorted= tensor([[ 1,  3,  4,  5],
                [ 0,  6,  7,  8],
                [ 2,  9, 10, 11]])
indices= tensor([[2, 0, 3, 1],
                 [1, 3, 0, 2],
                 [3, 2, 1, 0]])
tensor([[2, 0, 3, 1],
        [1, 3, 0, 2],
        [3, 2, 1, 0]])
#4
sorted= tensor([[ 3,  0,  1,  2],
                [ 7,  5,  8,  4],
                [11, 10,  9,  6]])
indices= tensor([[0, 1, 0, 2],
                 [1, 0, 1, 0],
                 [2, 2, 2, 1]])
tensor([[0, 1, 0, 2],
        [1, 0, 1, 0],
        [2, 2, 2, 1]])
```

▷▷▷ 프로그램 설명

1 torch.sort()는 데이터를 정렬하고, 정렬결과 sorted, 인덱스 indices를 반환한다. torch.argsort()는 정렬 인덱스를 반환한다. descending = False는 오름차순 정렬한다. dim = 0 방향(열), dim = 1 방향(행)의 정렬을 할 수 있다.

2 #2는 1D 텐서 x를 정렬한다. indices와 x.argsort()는 같다.

3 #3은 2D 텐서 x를 dim = 1(행)로 오름차순 정렬한다.

4 #4는 2D 텐서 x를 dim = 0(열)로 오름차순 정렬한다.

텐서 행렬 연산(선형대수)

torch.matmul()은 일반적인 벡터 또는 행렬의 곱셈, torch.mm()은 행렬 곱셈, torch. bmm()은 배치 행렬 곱셈을 계산한다. torch.linalg 모듈은 다양한 선형대수 연산이 구현되어 있다. 여기서는 행렬의 특성, 선형방정식의 해 등에 대해 설명한다.

▷ 예제 08-01　▶ 행렬 곱셈: matmul(), mm(), bmm()

```
01  '''
02  torch.matmul(input, other, *, out = None) -> Tensor # Matrix product
03  torch.mm(input, mat2, *, out = None) -> Tensor
04                  # matrix multiplication: (nxm) (mxp) -> (nxp)
05  torch.bmm(input, mat2, *, out = None) -> Tensor
06                  # batch matrix product
07  '''
08  import torch
09
10  #1: inner product
11  A = torch.tensor([1, 2], dtype = torch.float)
12  B = torch.tensor([3, 4], dtype = torch.float)
13  C = A.matmul(B)            # torch.matmul(A, B), A @ B
14  print('C = ', C)
15
16  #2: vector-matrix multiplication
17  A= torch.tensor([1, 2], dtype = torch.float)
18  B = torch.tensor([[1, 2], [3, 4]], dtype = torch.float)
19
20  D1 = A @ B                 # A.matmul(B), torch.matmul(A, B)
21  D2 = B @ A                 # B.matmul(A), torch.matmul(B, A)
22  D3 = B @ A.view(2,1)       # B.matmul(A.view(2,1)), torch. matmul(B, A)
23
24  print('D1 = ', D1)
25  print('D2 = ', D2)
26  print('D3 = ', D3)
27  print(torch.allclose(D1, D2))         # False
28  print(torch.allclose(D2, D3.flatten()))   # True
29
30  #3: matrix-matrix multiplication
31  A = torch.tensor([[1, 0], [0, -1]], dtype = torch.float)
```

```
32 B = torch.tensor([[1, 2], [3, 4]], dtype = torch.float)
33
34 E1 = A @ B            # A.matmul(B), torch.matmul(A, B)
35 E2 = A.mm(B)          # torch.mm(A, B)
36 print('E1 = ', E1)
37 print('E2 = ', E2)
38 print(torch.allclose(E1, E2))      # True
39
40 #4: batch-matrix-matrix multiplication
41 A = torch.stack((A, A, A))         # dim = 0
42 B = torch.stack((B, B, B))         # dim = 0
43 print('A.shape=', A.shape)
44 print('B.shape=', B.shape)
45
46 F1 = torch.matmul(A, B)
47 F2 = A.bmm(B)   # torch.bmm(A, B)
48
49 print('F1.shape=', F1.shape)
50 print('F1=', F1)
51
52 print('F2.shape=', F2.shape)
53 print('F2=', F2)
54 print(torch.allclose(F1, F2))      # True
```

▷▷ 실행결과

```
#1: inner product
C =  tensor(11.)
#2: vector-matrix multiplication
D1 =  tensor([ 7., 10.])
D2 =  tensor([ 5., 11.])
D3 =  tensor([[ 5.],
              [11.]])
False
True
#3: matrix-matrix multiplication
E1 =  tensor([[ 1.,  2.],
              [-3., -4.]])
E2 =  tensor([[ 1.,  2.],
              [-3., -4.]])
True
#4: batch-matrix-matrix multiplication
A.shape= torch.Size([3, 2, 2])
B.shape= torch.Size([3, 2, 2])
F1.shape= torch.Size([3, 2, 2])
```

```
F1= tensor([[[ 1.,  2.],
            [-3., -4.]],

           [[ 1.,  2.],
            [-3., -4.]],

           [[ 1.,  2.],
            [-3., -4.]]])
F2.shape= torch.Size([3, 2, 2])
F2= tensor([[[ 1.,  2.],
            [-3., -4.]],

           [[ 1.,  2.],
            [-3., -4.]],

       [[ 1.,  2.],
        [-3., -4.]]])
True
```

▷▷▷ 프로그램 설명

1 torch.matmul()은 일반적인 벡터 또는 행렬의 곱셈, torch.mm()은 행렬 곱셈, torch.bmm()은 배치 행렬 곱셈을 계산한다. @ 연산자는 torch.matmul()과 같다.

2 #1에서 A.matmul(B), torch.matmul(A, B), A @ B는 모두 벡터 A, B의 내적을 계산한다. C = 1 * 3 + 2 * 4 = 11의 텐서이다.

3 #2는 벡터 A와 행렬 B의 곱셈을 계산한다. D3 = B @ A.view(2, 1)는 B(2, 2), A.view(2, 1)을 곱셈하여 D3(2, 1) 모양의 결과를 갖는다. 행렬 곱셈에서 교환법칙이 성립하지 않는다. torch.allclose(D1, D2) = False이다. torch.allclose(D2, D3.flatten())) = True 이다.

4 #3은 행렬 A와 행렬 B의 곱셈을 계산한다. torch.allclose(E1, E2) = True이다.

5 #4는 3개의 배치 행렬 A와 배치 행렬 B의 곱셈을 한 번에 계산한다. F1, F2의 모양은 torch.Size([3, 2, 2])이다. torch.allclose(F1, F2) = True이다.

▷ 예제 08-02 ▶ norm(), det(), matrix_rank(), inverse(), matmul()

```
01 '''
02 torch.linalg.norm(A, ord = None, dim = None, keepdim = False,
03                   *, out = None, dtype = None) -> Tensor
04 torch.linalg.matrix_rank(A, *, atol = None, rtol = None,
05                   hermitian = False, out = None) -> Tensor
06
07 torch.det(input) -> Tensor
08 torch.linalg.det(A, *, out = None) -> Tensor
```

```
09
10  torch.inverse(input, *, out = None) -> Tensor
11  torch.linalg.inv(A, *, out = None) -> Tensor
12
13  torch.dist(input, other, p = 2) -> Tensor
14                          # p-norm of (input - other)
15  torch.allclose(input, other, rtol = 1e-05,
16              atol = 1e-08, equal_nan = False) -> bool
17  '''
18  import torch
19  from torch import linalg as LA
20  #1
21  A = torch.tensor([[2, 3], [4, 7]], dtype = torch.float)
22  print(LA.norm(A))      # torch.norm(A), A.norm(), A.flatten().norm()
23
24  #2
25  print(A.T)             # A.t(), A.transpose(1, 0)
26  print(LA.det(A))       # A.det(), torch.det(A)
27  print(LA.matrix_rank(A))
28
29  #3
30  A1 = LA.inv(A)         # A.inverse(), torch.inverse(A)
31  print('A1=', A1)
32  I = A @ A1             # torch.matmul(A, A1)
33  print('I=', I)
34
35  print(torch.dist(I, torch.eye(2)))        # p=2 norm
36  print(torch.allclose(I, torch.eye(2)))    # atol=1e-08
```

▷▷ 실행결과

```
#1
tensor(8.8318)
tensor(8.8318)
#2
tensor([[2., 4.],
        [3., 7.]])
tensor(2.)
tensor(2)
#3
A1= tensor([[ 3.5000, -1.5000],
            [-2.0000,  1.0000]])
I= tensor([[1., 0.],
           [0., 1.]])
tensor(0.)
True
```

▷▷▷ 프로그램 설명

1 #1에서 LA.norm(A)는 행렬 A의 놈 norm을 계산한다.

2 #2에서 A.T는 전치행렬, LA.det(A)는 행렬식, LA.matrix_rank(A)는 랭크 독립인 열(행)벡터의 개수를 계산한다.

3 #3에서 A1 = LA.inv(A)는 행렬 A의 역행렬을 A1에 계산한다. I = A @ A1은 단위행렬 I를 계산한다. torch.dist(I, torch.eye(2)) = tensor(0.)이다. torch.allclose(I, torch.eye(2)) = True이다.

▷ 예제 08-03 ▶ 선형방정식의 해

```
01  ' ' '
02  torch.lu(*args, **kwargs)
03  torch.linalg.solve(A, B, *, out = None) -> Tensor
04
05  torch.lu_solve(b, LU_data, LU_pivots, *, out = None) -> Tensor
06  torch.lu_unpack(LU_data, LU_pivots, unpack_data = True,
07                  unpack_pivots = True, *, out = None)
08  ' ' '
09  import torch
10  from torch import linalg as LA
11  #1
12  A = torch.tensor([[1, 4, 1], [1, 6, -1], [2, -1, 2]],
13                   dtype = torch.float)
14  b = torch.tensor([7, 13, 5], dtype = torch.float)
15  print(LA.det(A))              # non-zero
16  print(LA.matrix_rank(A))     # 3
17
18  #2
19  x1 = LA.inv(A) @ b
20  x2 = LA.solve(A, b)
21  print('x1=', x1)
22  print('x2=', x2)
23
24  #3
25  LU, pivots = LA.lu_factor(A)   # torch.lu(A)
26  x3 = torch.lu_solve(b.reshape(3, 1), LU, pivots)
27  print('LU =', LU)
28  print('pivots =', pivots)
29  print('x3=', x3)
30
31  #4: lu_unpack
32  P, L, U = torch.lu_unpack(LU, pivots)
```

```
33 print('P =', P)
34 print('L =', L)
35 print('U =', U)
36 print('P@L@U = ', P@L@U)            # A = PLU
37
38 #5: direct lu_unpack
39 # A = torch.tensor([[1, 6, -1], [1, 4, 1], [2, -1, 2]],
40 #                   dtype = torch.float)       # incorrect
41 # L = torch.tril(LU)
42 # L = L.fill_diagonal_(1)
43 # U = torch.triu(LU)
44
45 # # reconstruct P from pivots
46 # P = torch.eye(pivots.shape[0], dtype = LU.dtype)
47 # for i in range(pivots.shape[0]):
48 #     idx = torch.arange(pivots.shape[0])    # LongTensor([0,1,2])
49 #     a, b = idx[i], pivots[i] - 1
50 #     tmp = idx.clone()
51 #     idx[a], idx[b] = tmp[b], tmp[a]
52 #     P = P[idx]
53
54 # print('P =', P)
55 # print('L =', L)
56 # print('U =', U)
57 # print('P@L@U = ', P@L@U)
```

▷▷ 실행결과

```
#1
tensor(-18.)
tensor(3)
#2
x1= tensor([ 5.0000,  1.0000, -2.0000])
x2= tensor([ 5.,  1., -2.])
#3
LU = tensor([[ 2.0000, -1.0000,  2.0000],
             [ 0.5000,  6.5000, -2.0000],
             [ 0.5000,  0.6923,  1.3846]])
pivots = tensor([3, 2, 3], dtype=torch.int32)
x3= tensor([[ 5.],
            [ 1.],
            [-2.]])
#4: lu_unpack
P = tensor([[0., 0., 1.],
            [0., 1., 0.],
            [1., 0., 0.]])
```

```
L = tensor([[1.0000, 0.0000, 0.0000],
            [0.5000, 1.0000, 0.0000],
            [0.5000, 0.6923, 1.0000]])
U = tensor([[ 2.0000, -1.0000,  2.0000],
            [ 0.0000,  6.5000, -2.0000],
            [ 0.0000,  0.0000,  1.3846]])
P@L@U =  tensor([[ 1.,   4.,   1.],
                 [ 1.,   6.,  -1.],
                 [ 2.,  -1.,   2.]])
```

▷▷▷ 프로그램 설명

░ 1 [수식 8.1]의 선형방정식을 [수식 8.2]의 행렬로 표현한다. #1에서 행렬 A는 정방행렬 square matrix이고, LA.det(A) ≠ 0, LA.matrix_rank(A) = 3 full rank이므로 역행렬이 존재하고, 유일한 해 solution가 존재한다.

$$x_1 + 4x_2 + \ x_3 = 7$$
$$x_1 + 6x_2 - \ x_3 = 13$$
$$2x_1 - \ x_2 + 2x_3 = 5$$

◁ 수식 8.1

$$Ax = b$$

◁ 수식 8.2

$$\begin{bmatrix} 1 & 4 & 1 \\ 1 & 6 & -1 \\ 2 & -1 & 2 \end{bmatrix} \begin{bmatrix} x_1 \\ x_2 \\ x_3 \end{bmatrix} = \begin{bmatrix} 7 \\ 13 \\ 5 \end{bmatrix}$$

░ 2 #2에서 x1 = LA.inv(A) @ b의 역행렬을 이용한 해 x1과 x2 = LA.solve(A, b)에 의한 해 x2는 같다.

░ 3 #3은 A = PLU로 분해하여 해를 계산한다.
LU, pivots = LA.lu_factor(A)는 행렬 A를 LU, pivots으로 분해하고, x3 = torch.lu_solve(b.reshape(3, 1), LU, pivots)는 해 x3을 계산한다.

░ 4 #4에서 P, L, U = torch.lu_unpack(LU, pivots)은 행렬 P, L, U를 계산한다.
A = P@L@U이다.

░ 5 선형방정식의 해 x1, x2, x3은 모두 tensor([5, 1, -2])이다.

▷ 예제 08-04 ▶ 최소자승 해 least square solution로 직선 찾기

```
01 '''
02 torch.linalg.lstsq(A, B, rcond = None, *, driver = None)
03 '''
04 import torch
05 from torch import linalg as LA
06 torch.set_printoptions(precision = 2)
07 #1
08 A = torch.tensor([[0, 1], [1, 1], [2, 1]], dtype = torch.float)
09 b = torch.tensor([6, 0, 0], dtype = torch.float)
10
11 C = torch.matmul(A.T, A)          # A.T @ A
12 x1 = LA.solve(C, A.T@b)
13 print('x1=', x1)
14
15 #2:Pseudoinverse1
16 x2 = torch.matmul(torch.matmul(LA.inv(C), A.T), b)
17 print('x2=', x2)
18
19 #3:Pseudoinverse2
20 Apinv = LA.pinv(A)               # torch.matmul(LA.inv(A.T @ A), A.T)
21 x3 = torch.matmul(Apinv, b)
22 print('x3=', x3)
23
24 #4: LU-decomposition
25 LU, pivots = torch.lu(C)
26 x4 = torch.lu_solve(torch.matmul(A.T, b.reshape(3, 1)), LU, pivots)
27 print('x4=', x4)
28
29 #5: lstsq
30 x5, residuals, rank, singular_values = LA.lstsq(A, b)
31 print('x5=', x5)
32
33 #6: draw the line
34 m, c = x5.numpy()               # m = -3, c = 5
35
36 import matplotlib.pyplot as plt
37 plt.title('least square fits: line')
38 plt.gca().set_aspect('equal')
39 plt.scatter(x = A.numpy()[:, 0], y = b.numpy())
40
41 t = torch.linspace(-1.0, 3.0, steps = 51)
42 b = m * t + c
43 plt.plot(t, b, "b-")
44 plt.axis([-1, 10, -1, 10])
45 plt.show()
```

▷▷ 실행결과

```
x1= tensor([-3.00,  5.00])
x2= tensor([-3.00,  5.00])
x3= tensor([-3.00,  5.00])
x4= tensor([[-3.00],
            [ 5.00]])
x5= tensor([-3.00,  5.00])
```

▷▷▷ 프로그램 설명

1 Gilbert strang의 "Introduction to LINEAR ALGEBRA", 4판의 예제, 3개의 2차원 좌표 (0, 6), (1, 0), (2, 0)에 가장 가까운 오차를 최소로 하는 직선 $b = mt + c$을 계산한다. $A^TAx = A^Tb$을 이용한 tf.linalg.solve(), 의사 역행렬(pseudo inverse matrix), $A = PLU$ 분해, tf.linalg.lstsq()의 4가지 방법으로 직선의 파라미터 (m, c)를 계산한다.

$$(0, 6) \ : \ 6 = m \times 0 + c \qquad\qquad ◁ 수식 8.3$$

$$(1, 0) \ : \ 0 = m \times 1 + c$$

$$(2, 0) \ : \ 0 = m \times 2 + c$$

$$Ax = b$$

$$A = \begin{bmatrix} 0 & 1 \\ 1 & 1 \\ 2 & 1 \end{bmatrix}, \qquad x = \begin{bmatrix} m \\ c \end{bmatrix}, \qquad b = \begin{bmatrix} 6 \\ 0 \\ 0 \end{bmatrix}$$

$$A^TAx = A^Tb \qquad\qquad ◁ 수식 8.4$$

$$Cx = A^Tb$$

여기서, $C = A^TA = \begin{bmatrix} 0 & 1 & 2 \\ 1 & 1 & 1 \end{bmatrix}\begin{bmatrix} 0 & 1 \\ 1 & 1 \\ 2 & 1 \end{bmatrix} = \begin{bmatrix} 5 & 3 \\ 3 & 3 \end{bmatrix}$, $A^Tb = \begin{bmatrix} 0 & 1 & 2 \\ 1 & 1 & 1 \end{bmatrix}\begin{bmatrix} 6 \\ 0 \\ 0 \end{bmatrix} = \begin{bmatrix} 0 \\ 6 \end{bmatrix}$

$$\begin{bmatrix} 5 & 3 \\ 3 & 3 \end{bmatrix}x = \begin{bmatrix} 0 \\ 6 \end{bmatrix}$$

$$x = \begin{bmatrix} m \\ c \end{bmatrix} = \begin{bmatrix} -3 \\ 5 \end{bmatrix}$$

2 #1에서 C = torch.matmul(A.T, A)은 $C = A^T A$을 계산한다. x1 = LA.solve(C, A.T@b)는 $Cx = A^T b$의 해 x를 x1에 계산한다.

3 #2는 의사 역행렬 pseudo inverse matrix인 $(A^T A)^{-1} A^T$을 이용하여 해(x2)를 계산한다.

$$x2 = (A^T A)^{-1} A^T b = C^{-1} A^T b \qquad \triangleleft 수식 8.5$$

4 #3에서 Apinv = LA.pinv(A)는 의사 역행렬 pseudo inverse matrix을 계산한다.

5 #4는 $C = PLU$로 분해하여 해(x4)를 계산한다.

6 #5는 LA.lstsq(A, b)로 최소 자승해 x5를 계산한다.

7 #6은 주어진 좌표를 plt.scatter(x = A[:, 0], y = b)로 점으로 표시하고, 최소 자승해를 직선의 기울기(m), y-절편(c)에 저장하고 , 배열 t에서 직선의 좌표 b를 생성하여, plt.plot()로 직선을 표시한다([그림 8.1]).

8 신경망(딥러닝)의 선형회귀 linear regression에서는 반복적인 최적화 방법으로 오차함수를 최소화하는 직선을 계산한다. 일반적으로 신경망(딥러닝)은 많은 데이터를 사용하고, 역행렬을 계산하기 어려운 문제를 처리한다.

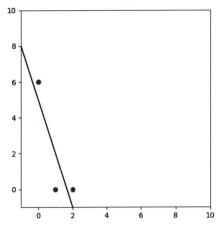

△ 그림 8.1 ▶ 최소자승 해 직선: $b = -3t + 5$

PyTorch

CHAPTER 03

자동미분 · 경사하강법 · 최적화

자동미분 autograde

파이토치의 torch.autograd는 경사하강법 gradient decent에 의한 최적화에서 필요한 미분 경사, 변화율, gradient을 자동으로 계산할 수 있다. [수식 9.1]의 $\nabla f(x)$는 다변수 함수 $f(x)$의 편미분 구성된 그래디언트 gradient 벡터이다. $\nabla f(x)$는 x 위치에서 함수 $f(x)$의 변화가 가장 큰 방향과 크기를 의미한다. 파이토치의 텐서의 인덱스는 0부터 시작하지만, 편의상 수식에서 1부터 시작하는 첨자를 사용한다.

$$\nabla f(x) = \begin{bmatrix} \dfrac{\partial f}{\partial x_1} \\ ... \\ \dfrac{\partial f}{\partial x_n} \end{bmatrix}, \; x = (x_1, x_2, ..., x_n) \qquad \triangleleft \text{수식 9.1}$$

파이토치에 의해 구성되는 신경망의 계산 그래프 computation graph에서 미분을 연쇄법칙 chain rule을 사용하여 자동으로 계산한다. 자동미분 계산은 Tensor.backward() 또는 torch.autograd.grad()로 계산할 수 있다. Tensor.backward()는 역전파 back-propagation에서 필요한 계산 그래프의 역방향으로 미분을 자동으로 계산한다.

자동미분 계산은 실수 float, 복소수 complex 텐서이어야 하며, 텐서를 생성할 때 requires_grad = True를 설정하거나, 나중에 requires_grad_(True) 메서드를 사용한다. requires_grad = True인 텐서는 detach()로 계산그래프에서 떼고, numpy()를 사용한다. 중간노드 텐서의 미분을 유지하기 위해서는 retain_grad() 메서드를 호출한다.

```
Tensor.backward(gradient = None, retain_graph = None,
                create_graph = False, inputs = None)
```
backward()는 현재 텐서의 그래디언트를 계산한다. 모델의 예측 prediction과 정답 target, label의 손실오차 loss를 계산하고, 손실오차 텐서의 backward()를 호출하여 모델 파라미터에 대한 변화율을 역방향으로 계산한다. 텐서 객체를 연속적으로 사용할 때는 grad.zero_() 메서드로 grad 속성을 0으로 초기화한다. gradient = None이면 스칼라에 대한 미분을 계산한다. 벡터 텐서는 gradient에 텐서와 같은 크기의 1로 초기화된 텐서를 전달한다.

torch.autograd.grad(outputs, inputs, grad_outputs = None, retain_graph = None, ...)
inputs에 대한 outputs 그래디언트의 합계를 계산하여 반환한다.

▷ 예제 09-01 ▶ 수치미분 계산

```
01  import torch
02  #1
03  def f1(x):
04      return x ** 2
05
06  def diff(f, x):
07      h = 0.001
08      # return (f(x + h) - f(x)) / h          # forward difference
09      return (f(x + h) - f(x - h)) / (2 * h)    # central difference
10
11  x = torch.tensor(2.0)
12  dx = diff(f1, x)                         # diff(lambda x: x ** 2, x)
13  print('dx=', dx)
14
15  #2
16  def f2(x):
17      return torch.sum(x ** 2)
18
19  def gradient(f, x):
20      h = 0.001
21      grad = torch.zeros_like(x)
22      for i in range(x.shape[0]):
23          tmp = float(x[i])              # scalar
24          x[i] = tmp + h
25          f1 = f(x)
26          x[i] = tmp - h
27          f2 = f(x)
28          grad[i] = (f1 - f2) / (2 * h)   # central difference
29          x[i] = tmp
30      return grad
31
32  #3
33  x = torch.tensor([2.0])
```

```
34 grad1 = gradient(f2, x)
35 print('grad1=', grad1)
36
37 #4
38 x = torch.tensor([2.0, 3.0])
39 grad2 = gradient(f2, x)
40 print('grad2=', grad2)
41
42 #5
43 x = torch.tensor([2.0, 3.0, 4.0])
44 grad3 = gradient(f2, x)
45 print('grad3=', grad3)
```

▷▷ 실행결과

```
#1:
dx= tensor(3.9999)
#3
grad1= tensor([3.9999])
#4
grad2= tensor([4.0002, 5.9996])
#5
grad3= tensor([4.0007, 5.9996, 8.0004])
```

▷▷▷ 프로그램 설명

1 미분 differentiation은 함수의 순간변화율이다. [그림 9.1]은 수치미분 계산을 설명한다. h가 무한히 0으로 작아질 때, x에서 접선의 기울기 $f'(x)$이다. [수식 9.2]는 $f(x+h) - f(x)$의 차분을 간격 로 나누는 전방차분(forward difference)으로 수치미분을 계산한다. h는 0이 아닌 작은 값을 사용한다. [수식 9.3]은 중심차분 central difference을 사용한 수치미분이다.

$$f'(x) = \frac{d}{dx} f(x) = \lim_{h \to 0} \frac{f(x+h) - f(x)}{h} \simeq \frac{f(x+h) - f(x)}{h} \qquad \lhd \text{수식 9.2}$$

$$f'(x) \simeq \frac{f(x+h) - f(x-h)}{2h} \qquad \lhd \text{수식 9.3}$$

2 #1은 [수식 9.4]를 수치미분으로 계산한다. diff(f, x)는 1-변수 함수에서 수치미분을 계산한다. x = 2.0에서 정확한 미분은 $f'(2.0) = 4.0$ 이다. dx = diff(f1, x)는 근사값 dx= tensor(3.9999)를 계산한다.

$$f(x) = x^2 \qquad \lhd \text{수식 9.4}$$

$$f'(x) = 2x$$

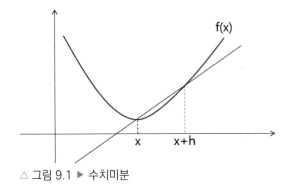

△ 그림 9.1 ▶ 수치미분

3 #2는 [수식 9.5]의 n-변수 제곱 함수의 그래디언트를 중심 차분으로 계산한다.

$$f(x) = x_1^2 + x_2^2 + \dots x_n^2 \qquad \qquad \triangleleft 수식 9.5$$

$$\nabla f(x) = (2x_1, 2x_2, \dots, 2x_n)$$

4 #3은 [수식 9.5]에서 n = 1의 그래디언트를 계산한다. grad1[0]은 #1의 dx와 같다.

5 #4는 [수식 9.5]에서 n = 2의 그래디언트를 계산한다.

6 #5는 [수식 9.5]에서 n = 4의 그래디언트를 계산한다.

▷ 예제 09-02 ▶ backward(gradient = None) 자동미분 계산 1

```
01  ' ' '
02  Tensor.backward(gradient = None, retain_graph = None,
03                  create_graph = False, inputs = None)
04  ' ' '
05  import torch
06  #1
07  x = torch.tensor(2.0, requires_grad = True)       # [2.0]
08  y = x ** 2
09  print('x =', x)
10  print('y =', y)
11  print('x.detach().numpy() =', x.detach().numpy())
12  print('y.detach().numpy() =', y.detach().numpy())
13
14  #2
15  y.retain_grad()
16  y.backward()
17  print('x.grad=', x.grad)
18  print('y.grad=', y.grad)
```

▷▷ 실행결과

```
#1:
x = tensor(2., requires_grad=True)
y = tensor(4., grad_fn=<PowBackward0>)

#2: x = torch.tensor(2.0, requires_grad=True)
x.grad= tensor(4.)
y.grad= tensor(1.)
```

▷▷▷ 프로그램 설명

1 텐서의 backward() 메서드에서 gradient = None으로 1-변수 함수의 자동미분을 계산한다. #1은 requires_grad = True를 가지고 하나의 값(2.0)을 갖는 실수 텐서 x를 생성한다. y = x ** 2를 계산한다. requires_grad = True인 텐서 x, y는 x.detach().numpy(), y.detach().numpy()와 같이 계산 그래프에서 떼고, numpy()를 사용해야 한다.

2 #2의 y.retain_grad()는 계산그래프의 중간 변수 노드인 y의 미분을 유지하기 위해 설정한다. y.backward()는 [수식 9.6]의 미분을 계산한다.
y.grad = tensor(1.), x.grad는 $\partial y/\partial x = 2x = 2(2.0) = 4.0$이다.

$$\frac{\partial y}{\partial y} = 1, \ \frac{\partial y}{\partial x} = 2x$$

◁ 수식 9.6

3 x = torch.tensor([2.0], requires_grad = True)이면,
실행결과는 x.grad = tensor([4.]), y.grad = tensor([1.])이다.

▷ 예제 09-03 ▶ backward(gradient = None) 자동미분 계산 2

```
01 import torch
02 #1
03 x = torch.tensor(2.0, requires_grad=True)
04 y = x**2
05 y.backward()
06 print('x =', x)
07 print('x.grad=', x.grad)
08
09 #2
10 x.grad.zero_()
11 print('x.grad=', x.grad)
12
13 #3
14 z = x**3
15 z.backward()
16 print('x.grad=', x.grad)
```

▷▷ 실행결과

```
#1:
x = tensor(2., requires_grad=True)
y = tensor(4., grad_fn=<PowBackward0>)
x.grad= tensor(4.)


#2
x.grad= tensor(0.)


#3
x.grad= tensor(12.)
```

▷▷▷ 프로그램 설명

1 #1은 [예제 09-02]의 [수식 9.6]의 미분을 계산한다. x.grad = tensor(4.)는 x = 2.0에서 미분이다.

2 #2의 x.grad.zero_()는 x.grad = tensor(0.)로 설정한다.

3 #3은 [수식 9.7]의 미분을 계산한다. x.grad는 $\partial z / \partial x = 3x^2 = 3(2.0 ** 2) = 12.0$ 이다.

$$\frac{\partial z}{\partial x} = 3x^2$$

◁ 수식 9.7

4 만약, #2의 x.grad.zero_()가 없다면 #1의 미분값(4.0)이 누적되어, x.grad = tensor(16.) 이다.

▷ 예제 09-04 ▶ backward(gradient = None) 자동미분 계산 3

```
01  import torch
02  #1
03  x = torch.tensor(2.0, requires_grad = True)
04  y = torch.tensor(3.0, requires_grad = True)
05  z = x ** 2 + y ** 2
06  z.backward()
07
08  print('x =', x)
09  print('y =', y)
10  print('z =', z)
11  print('x.grad=', x.grad)
12  print('y.grad=', y.grad)
13
```

```
14  #2
15  z = torch.tensor(4.0, requires_grad = True)
16  f = (x - y) * z
17  x.grad.zero_()
18  y.grad.zero_()
19  f.backward()
20
21  print('x.grad=', x.grad)
22  print('y.grad=', y.grad)
23  print('z.grad=', z.grad)
```

▷▷ 실행결과

```
#1:
x = tensor(2., requires_grad=True)
y = tensor(3., requires_grad=True)
z = tensor(13., grad_fn=<AddBackward0>)
x.grad= tensor(4.)
y.grad= tensor(6.)

#2
x.grad= tensor(4.)
y.grad= tensor(-4.)
z.grad= tensor(-1.)
```

▷▷▷ 프로그램 설명

1 ① #1은 [수식 9.8]의 편미분 partial derivative을 계산한다.

$$z = x^2 + y^2 \qquad\qquad \triangleleft \text{수식 9.8}$$

$$\frac{\partial z}{\partial x} = 2x$$

$$\frac{\partial z}{\partial y} = 2y$$

2 x.grad = tensor(4.)는 $\partial z / \partial x = 2x = 2(2.0) = 4.0$ 이다.
y.grad = tensor(6.)는 $\partial z / \partial y = 2y = 2(3.0) = 6.0$이다.

3 #2는 [수식 9.9]의 연쇄 법칙에 의한 편미분을 계산한다.

$$f = (x - y)z \qquad \triangleleft \text{수식 9.9}$$

$$f = tz, \ t = x - y$$

$$\frac{\partial f}{\partial t} = z, \quad \frac{\partial t}{\partial x} = 1, \frac{\partial t}{\partial y} = -1$$

$$\frac{\partial f}{\partial x} = \frac{\partial f}{\partial t}\frac{\partial t}{\partial x} = z$$

$$\frac{\partial f}{\partial y} = \frac{\partial f}{\partial t}\frac{\partial t}{\partial y} = -z$$

$$\frac{\partial f}{\partial z} = t = (x - y)$$

4 #1의 x, y 미분을 누적하지 않기 위해 x.grad.zero_(), y.grad.zero_()로 x.grad = tensor(0.), y.grad = tensor(0.)로 설정하고, f.backward()로 편미분을 계산한다.

x.grad = tensor(4.)는 $\partial f / \partial x = z = 4.0$이다.

y.grad = tensor(-4.)는 $\partial f / \partial y = -z = -4.0$이다.

z.grad = tensor(-4.)는 $\partial f / \partial z = x - y = -1.0$이다.

▷ 예제 09-05 ▶ backward(gradient = None) 자동미분 계산 4: 합계, 평균

```
01  import torch
02  #1
03  x = torch.tensor([2.0, 3.0, 4.0], requires_grad = True)
04  print('x =', x)
05
06  #2
07  y = x.sum()                      # torch.sum(x)
08  print('y =', y)
09
10  y.backward()
11  print('x.grad=', x.grad)
12
13  #3
14  z = x.mean()                     # torch.mean(x)
15  print('z =', z)
16
```

```
17  x.grad.zero_()
18  z.backward()
19  print('x.grad=', x.grad)
20
21  #4
22  x.grad.zero_()
23  w = (x ** 2).mean()          # torch.mean(x**2)
24  print('w =', w)
25
26  w.backward()
27  print('x.grad=', x.grad)
```

▷▷ 실행결과

```
#1:
x = tensor([2., 3., 4.], requires_grad=True)

#2
y = tensor(9., grad_fn=<SumBackward0>)
x.grad= tensor([1., 1., 1.])

#3
z = tensor(3., grad_fn=<MeanBackward0>)
x.grad= tensor([0.3333, 0.3333, 0.3333])

#4
w = tensor(9.6667, grad_fn=<MeanBackward0>)
x.grad= tensor([1.3333, 2.0000, 2.6667])
```

▷▷▷ 프로그램 설명

1 #1은 requires_grad = True를 가지고 1-차원 실수 텐서 x를 생성한다.

2 #2는 [수식 9.10]의 텐서 x의 합계(y)와 미분(x.grad)을 계산한다.
x.grad = tensor([1., 1., 1.])이다.

$$y = \sum_{i=1}^{3} x_i = (x_1 + x_2 + x_3)$$

◁ 수식 9.10

$$\frac{\partial y}{\partial x_i} = 1, \; i = 1, 2, 3$$

3 #3은 [수식 9.11]의 텐서 x의 평균(z)과 미분(x.grad)을 계산한다. x.grad = tensor([0.3333, 0.3333, 0.3333])이다. x.grad.zero_()는 x.grad = 0으로 초기화한다.

$$y = \frac{1}{3}\sum_{i=1}^{3} x_i = \frac{1}{3}(x_1 + x_2 + x_3) \qquad \triangleleft \text{수식 9.11}$$

$$\frac{\partial y}{\partial x_i} = \frac{1}{3}, \; i = 1, 2, 3$$

4 #4는 [수식 9.12]의 텐서 x의 제곱평균(w)과 미분(x.grad)을 계산한다.

x.grad.zero_()은 x.grad.zero_()는 x.grad = 0으로 초기화한다.

x.grad = tensor([1.3333, 2.0000, 2.6667])이다.

$$z = \frac{1}{3}\sum_{i=1}^{4} x_i^2 = \frac{1}{3}(x_1^2 + x_2^2 + x_3^2) \qquad \triangleleft \text{수식 9.12}$$

$$\frac{\partial z}{\partial x_i} = \frac{1}{3}2x_i = \frac{2}{3}x_i, \; i = 1, 2, 3$$

▷ 예제 09-06 ▶ backward(gradient) 자동미분 계산 5: 벡터 그래디언트

```
01 import torch
02 #1
03 x = torch.tensor([2.0, 3.0, 4.0], requires_grad = True)
04 print('x =', x)
05 print('x.detach().numpy() =', x.detach().numpy())
06
07 #2
08 y = x ** 2
09 y.sum().backward(retain_graph = True)
10 print('y =', y)
11 print('y.sum() =', y.sum())
12 print('x.grad =', x.grad)
13
14 #3
15 x.grad.zero_()
16 #y = x ** 2
17 y.backward(gradient = torch.ones_like(y))print('x.grad =', x.grad)
18
19 #4
20 x.grad.zero_()
21 y = torch.tensor([-1.0, -2.0, -3.0], requires_grad = True)
22 z = x ** 2 + y ** 2
```

```
23  z.backward(torch.ones_like(z))
24  print('z =', z)
25  print('x.grad =', x.grad)
26  print('y.grad =', y.grad)
```

▷▷ 실행결과

```
#1:
x = tensor([2., 3., 4.], requires_grad=True)
x.detach().numpy() = [2. 3. 4.]

#2
y = tensor([ 4.,  9., 16.], grad_fn=<PowBackward0>)
y.sum() = tensor(29., grad_fn=<SumBackward0>)
x.grad = tensor([4., 6., 8.])

#3
x.grad = tensor([4., 6., 8.])

#4
z = tensor([ 5., 13., 25.], grad_fn=<AddBackward0>)
x.grad = tensor([4., 6., 8.])
y.grad = tensor([-2., -4., -6.])
```

▷▷ 프로그램 설명

1 한 항목이 아닌 텐서는 backward() 메서드에서 gradient에 텐서 크기와 같은 1로 초기화된 텐서를 입력한다. 야코비안 Jacobian 행렬에 gradient를 편미분에 곱셈하여 반환한다.

2 #2의 y.sum().backward(retain_graph = True)는 스칼라인 f.sum()을 이용하여 [수식 9.13]의 미분을 계산한다. retain_graph = True는 그래프를 유지하여 #3에서 y = x ** 2를 다시 사용하지 않기 위해서이다. x.grad = tensor([4., 6., 8.])이다.

$$y.sum() = \sum_{i=1}^{3} x_i^2 = (x_1^2 + x_2^2 + x_3^2) \qquad \triangleleft \ \text{수식 9.13}$$

$$\frac{\partial\, y.sum()}{\partial\, x_i} = 2x_i,\ i = 1, 2, 3$$

3 #3의 y.backward(gradient = torch.ones_like(y))는 야코비안 Jacobian 행렬에 gradient = torch.ones_like(y)를 곱셈한 [수식 9.14]의 미분을 계산한다. #2의 계산 결과와 같다. $\partial y/\partial x = 2x = 2[2.0, 3.0, 4.0] = [4.0, 6.0, 8.0]$로 생각할 수 있다.

$$\frac{\partial y}{\partial x} = J_f(x)v(x) = \begin{bmatrix} 2x_1 & 0 & 0 \\ 0 & 2x_2 & 0 \\ 0 & & 2x_3 \end{bmatrix} \begin{bmatrix} 1 \\ 1 \\ 1 \end{bmatrix} = \begin{bmatrix} 2x_1 \\ 2x_2 \\ 2x_3 \end{bmatrix} \qquad \triangleleft 수식\ 9.14$$

여기서, $x = \begin{bmatrix} x_1 \\ x_2 \\ x_3 \end{bmatrix}$, $f(x) = y = \begin{bmatrix} y_1 \\ y_2 \\ y_3 \end{bmatrix} = \begin{bmatrix} x_1^2 \\ x_2^2 \\ x_3^2 \end{bmatrix}$

$$J_f(x) = \begin{bmatrix} \dfrac{\partial f}{\partial x_1} & \dfrac{\partial f}{\partial x_2} & \dfrac{\partial f}{\partial x_3} \end{bmatrix} = \begin{bmatrix} \dfrac{\partial y_1}{\partial x_1} & \dfrac{\partial y_1}{\partial x_2} & \dfrac{\partial y_1}{\partial x_3} \\[2mm] \dfrac{\partial y_2}{\partial x_1} & \dfrac{\partial y_2}{\partial x_2} & \dfrac{\partial y_2}{\partial x_3} \\[2mm] \dfrac{\partial y_3}{\partial x_1} & \dfrac{\partial y_3}{\partial x_2} & \dfrac{\partial y_3}{\partial x_3} \end{bmatrix} = \begin{bmatrix} 2x_1 & 0 & 0 \\ 0 & 2x_2 & 0 \\ 0 & & 2x_3 \end{bmatrix}$$

▨ **4** #4 z.backward(torch.ones_like(z))는 x, y, z가 한 항목 이상의 텐서인 [수식 9.15]에서 미분을 계산한다. gradient에 z와 같은 모양의 1로 초기화된 텐서를 전달한다. $\partial z/\partial x$는 [수식 9.16]과 같이 계산한다. x.grad = tensor([4., 6., 8.])이다. $\partial z/\partial y$는 [수식 9.17]과 같이 계산한다. y.grad = tensor([-2.,-4.,-6.])이다.

$\partial z/\partial x = 2x = [4.0,\ 6.0,\ 8.0]$, $\partial z/\partial y = 2y = [-2.0,-4.0,-6.0]$와 같다.

$$z = \begin{bmatrix} z_1 \\ z_2 \\ z_3 \end{bmatrix} = \begin{bmatrix} x_1^2 + y_1^2 \\ x_2^2 + y_2^2 \\ x_3^2 + y_3^2 \end{bmatrix} \qquad \triangleleft 수식\ 9.15$$

$$\frac{\partial z}{\partial x} = J_f(x)v(x) = \begin{bmatrix} 2x_1 & 0 & 0 \\ 0 & 2x_2 & 0 \\ 0 & & 2x_3 \end{bmatrix} \begin{bmatrix} 1 \\ 1 \\ 1 \end{bmatrix} = \begin{bmatrix} 2x_1 \\ 2x_2 \\ 2x_3 \end{bmatrix}$$ ◁ 수식 9.16

$$\frac{\partial z}{\partial y} = J_f(y)v(y) = \begin{bmatrix} 2y_1 & 0 & 0 \\ 0 & 2y_2 & 0 \\ 0 & & 2y_3 \end{bmatrix} \begin{bmatrix} 1 \\ 1 \\ 1 \end{bmatrix} = \begin{bmatrix} 2y_1 \\ 2y_2 \\ 2y_3 \end{bmatrix}$$ ◁ 수식 9.17

▷ 예제 09-07   ▶ torch.autograd.grad() 1

```
01  '''
02  torch.autograd.grad(outputs, inputs, grad_outputs = None,
03                      retain_graph = None, ...)
04  '''
05  import torch
06  #1
07  x = torch.tensor(2.0, requires_grad = True)
08  y = torch.tensor(3.0, requires_grad = True)
09  z = x ** 2 + y ** 2
10
11  #2
12  dz_dx = torch.autograd.grad(z, x)
13  print('dz_dx=', dz_dx)
14  print('dz_dx[0]=', dz_dx[0])
15  #print('x.grad=', x.grad)          # None
16
17  #3
18  dz_dy = torch.autograd.grad(z, y)
19  print('dz_dy=', dz_dy)
20  print('dz_dy[0]=', dz_dy[0])
21  #print('y.grad=', y.grad)          # None
```

▷▷ 실행결과

```
#2
dz_dx= (tensor(4.),)
dz_dx[0]= tensor(4.)
```

```
#3
dz_dy= (tensor(6.),)
dz_dy[0]= tensor(6.)
```

▷▷▷ 프로그램 설명

1 torch.autograd.grad()를 이용하여 스칼라 텐서 x, y, z에서 미분을 계산한다([예제 09-02]의 #1 참조). torch.autograd.grad()는 미분을 계산하여 반환한다. 텐서의 grad 속성을 변경하지 않는다.

2 #2의 dz_dx = torch.autograd.grad(z, x)는 $\partial z/\partial x = 2x$를 계산한다.

3 #3의 dz_dy = torch.autograd.grad(z, y)는 $\partial z/\partial y = 2y$를 계산한다.

▷ 예제 09-08　▶ torch.autograd.grad() 2: 벡터

```
01  '''
02  torch.autograd.grad(outputs, inputs, grad_outputs = None,
03                      retain_graph = None, ...)
04  '''
05  import torch
06  #1
07  x = torch.tensor([2.0, 3.0, 4.0], requires_grad = True)
08  y = torch.tensor([-1.0, -2.0, -3.0], requires_grad = True)
09  z = x ** 2 + y ** 2
10  print('x =', x)
11  print('y =', y)
12  print('z =', z)
13  print('x.detach().numpy() =', x.detach().numpy())
14  print('y.detach().numpy() =', y.detach().numpy())
15  print('z.detach().numpy() =', z.detach().numpy())
16
17  #2
18  dz_dx = torch.autograd.grad(outputs = z, inputs = x,
19                      grad_outputs = torch.ones_like(z),
20                      retain_graph = True)
21  print('dz_dx=', dz_dx)
22  #print('x.grad=', x.grad)              # None
23
24  #3
25  dz_dy = torch.autograd.grad(outputs = z, inputs = y,
26                      grad_outputs = torch.ones_like(z),
27                      retain_graph = True)
28  print('dz_dy=', dz_dy)
29
```

```
30 #4: need retain_graph = True in #2, #3
31 v = grad_outputs = torch.ones_like(z)
32 w = 2 * x + 3 * y
33 dzw_dxy = torch.autograd.grad(outputs = [z, w], inputs = [x, y],
34                                grad_outputs = [v, v])
35 print('dzw_dxy[0]=', dzw_dxy[0])
36 print('dzw_dxy[1]=', dzw_dxy[1])
```

▷▷ 실행결과

```
#1
x = tensor([2., 3., 4.], requires_grad=True)
y = tensor([-1., -2., -3.], requires_grad=True)
z = tensor([ 5., 13., 25.], grad_fn=<AddBackward0>)
x.detach().numpy() = [2. 3. 4.]
y.detach().numpy() = [-1. -2. -3.]
z.detach().numpy() = [ 5. 13. 25.]


#2
dz_dx= (tensor([4., 6., 8.]),)


#3
dz_dy= (tensor([-2., -4., -6.]),)


#4
dzw_dxy[0]= tensor([ 6.,  8., 10.])
dzw_dxy[1]= tensor([ 1., -1., -3.])
```

▷▷▷ 프로그램 설명

1 torch.autograd.grad()를 이용하여 벡터 텐서 x, y, z에서 미분을 계산한다([예제 09-06] 참조). #2, #3의 retain_graph = True는 #4에서 x, y를 다시 사용하기 위해 필요하다.

2 #2는 벡터에서 dz_dx에 $\partial z / \partial x = 2x$ 를 계산한다.

3 #3의 벡터에서 dz_dy에 $\partial z / \partial y = 2y$ 를 계산한다.

4 #4의 outputs = [z, w], inputs = [x, y]는 [수식 9.18]의 그래디언트 합계를 반환한다.

$$dzw\_dxy[0] = \frac{\partial z}{\partial x} + \frac{\partial w}{\partial x} = 2x + 2 \,, \quad \triangleleft 수식 9.18$$

$$dzw\_dxy[1] = \frac{\partial z}{\partial y} + \frac{\partial w}{\partial y} = 2y + 3$$

▷ 예제 09-09 ▶ 자동미분 계산: y = sin(x), dydx = cos(x)

```
01  import torch
02  import matplotlib.pyplot as plt
03
04  #1
05  x = torch.linspace(0, 2 * torch.pi, 100, requires_grad = True)
06  y = x.sin()                              # torch.sin(x)
07
08  #2
09  y.sum().backward(retain_graph = True)
10  dydx = x.grad
11  print(torch.allclose(x.cos(), dydx))      # True
12
13  #3
14  x.grad.zero_()
15  y.backward(torch.ones_like(y), retain_graph = True)
16  dydx2 = x.grad
17  print(torch.allclose(dydx, dydx2))        # True
18
19  #4
20  dydx3 = torch.autograd.grad(outputs = y, inputs = x,
21                              grad_outputs = torch.ones_like(y))[0]
22
23  print(torch.allclose(dydx, dydx3))        # True
24
25  #5
26  xa = x.detach().numpy()
27  ya = y.detach().numpy()
28  plt.plot(xa, ya, label='y = sin(x)')
29  plt.plot(xa, dydx,label='dy/dx = cos(x)')
30  plt.legend()
31  plt.show()
```

▷▷ 실행결과

```
True
True
True
```

▷▷▷ 프로그램 설명

1 $y = \sin(x)$의 미분 $y' = \cos(x)$를 계산하고, 그래프로 표시한다. #2, #3, #4의 retain_graph = True는 뒤의 계산을 위해 그래프를 유지하기 위해서이다.

2 dydx, dydx2, dydx3은 모두 x.cos()와 같다.

3 #5는 [그림 9.2]의 그래프를 표시한다. xa = x.detach().numpy(), ya = y.detach(). numpy()와 같이 계산 그래프에서 뗀 후에 넘파이 배열로 변경한다.

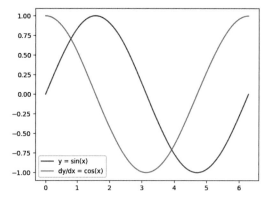

△ 그림 9.2 ▶ $y = \sin(x)$, $y' = \cos(x)$

▷ 예제 09-10 ▶ `torch.autograd.functional.jacobian()`

```python
'''
torch.autograd.functional.jacobian(func, inputs, ...)
'''
import torch
from torch.autograd.functional import jacobian

#1
def f(x1, x2, x3):
    return (x1 ** 2, x2 ** 2, x3 ** 2)
x1 = torch.tensor(2.0)
x2 = torch.tensor(3.0)
x3 = torch.tensor(4.0)
J1 = jacobian(f, (x1, x2, x3))
print('J1=', J1)

#2
def f(x):
    return x ** 2
x = torch.tensor([2.0, 3.0, 4.0])
J2 = jacobian(f, x)
print('J2=', J2)

#3
def f(x, y):
    return x ** 2 + y ** 2
y = torch.tensor([-1.0, -2.0, -3.0])
J = jacobian(f, (x, y))
```

```
28  print('Jx = J[0]=', J[0])
29  print('Jy = J[1]=', J[1])
```

▷▷ 실행결과

```
#1
J1= ( (tensor(4.), tensor(0.), tensor(0.)),
      (tensor(0.), tensor(6.), tensor(0.)),
      (tensor(0.), tensor(0.), tensor(8.)))
#2
J2= tensor([[4., 0., 0.],
            [0., 6., 0.],
            [0., 0., 8.]])
#3
Jx = J[0]= tensor([[4., 0., 0.],
                   [0., 6., 0.],
                   [0., 0., 8.]])
Jy = J[1]= tensor([[-2., -0., -0.],
                   [-0., -4., -0.],
                   [-0., -0., -6.]])
```

▷▷▷ 프로그램 설명

1 torch.autograd.functional.jacobian()은 야코비안 행렬을 계산한다.

2 #1의 J1 = jacobian(f, (x1, x2, x3))은 스칼라 텐서의 튜플(x1, x2, x3)과 함수 f(x1, x2, x3)를 이용하여 [수식 9.14]의 야코비안 행렬을 J1에 계산한다.

3 #2의 J2 = jacobian(f, x)은 1-차원 텐서 x를 이용하여 #1과 같이 [수식 9.14]의 야코비안 행렬을 J2에 계산한다.

4 #3의 f(x, y)는 [수식 9.15]의 함수를 정의한다. J = jacobian(f, (x, y))은 1-차원 텐서 x, y를 이용하여, [수식 9.16]과 [수식 9.17]의 야코비안 행렬을 J에 계산한다.

경사하강법

경사하강법 gradient decent은 STEP 9에서 설명한 편미분 벡터인 그래디언트를 이용하여 함수 $f(x)$의 최소값을 찾는 최적화 optimization방법이다. 경사하강법은 주어진 초기값에서 시작하여 변화가 큰 그래디언트 gradient 방향으로 내려가면서 최소값을 찾는다. 초기값에 따라 함수 전체의 최소값 global minimum을 찾지 못할 수 있다. 그럼에도 불구하고, 기계학습, 딥러닝 등의 최적화에서 경사하강법 기반의 최적화 optimization 방법을 사용한다.

[수식 10.1]은 경사하강법 수식이다. 현재 값 x_k에서 그래디언트 방향으로 α만큼 움직여 다음 값을 x_{k+1}계산하는 과정을 반복한다. 초기값 x_0는 사용자에 의해 임의로 주고, 학습률 learning rate은 $0 < lr \le 1$로 설정한다. 허용오차 tol을 설정하고 $|x_{k+1} - x_k| < tol$ 이면 반복을 멈춘다. 무한 반복을 방지하기 위하여 최대반복 횟수 maxiter를 설정한다. 학습률(lr)이 크면, 적은 반복으로 빠르게 값이 작은 쪽으로 이동하지만, 최소값을 지나치거나 수렴하지 않을 수 있다. 학습률이 너무 작으면 더 많은 반복이 필요하고, 작은 극소값을 탈출할 수 없을 수 있다. 최적화 알고리즘에서 다양한 학습률 스케줄링 방법을 사용할 수 있다.

$$x_{k+1} = x_k - lr \, \nabla f(x_k)$$

◁ 수식 10.1

▷ 예제 10-01　▶ 경사하강법 1

$$f(x) = x^4 - 3x^3 + 2$$

```
01  import torch
02  #1
03  def f(x):
04      return x ** 4 - 3 * x ** 3 + 2
05
06  def diff(f, x):
07      h = 0.001
08      # return (f(x + h) - f(x)) / h          # forward difference
09      return (f(x + h) - f(x - h)) / (2 * h)  # central difference
10
```

```
11  #2
12  k = 0
13  max_iters = 1000
14  lr = 0.001
15  tol = 1e-5
16
17  x_old = torch.tensor(0)
18  x = torch.tensor(4.0, requires_grad = True)  # initial value, -2.0
19  x_list= [x.item()]              # x_list = [float(x.detach().numpy())]
20
21  while True:
22      k += 1
23      x_old.data = x
24
25      #2-1: by numerical differentiation
26      # step = lr * diff(f, x)
27
28      #2-2: by Tensor.backward()
29      y = f(x)
30      y.backward()              # calculate x.grad
31      step = lr * x.grad
32      x.grad.zero_()
33
34      #2-3
35      x.data = x.data - step    # update by gradient decent
36
37      #2-4: check stop
38      if abs(x_old-x)<tol or k > max_iters:     # torch.abs(x_old-x)
39          break;
40      #2-5
41      x_list.append(x.item())  # float(x.detach().numpy())
42      #print(f'k={k}: f({x})={f(x)}')
43
44  #3: check solutions
45  print(f'k={k}: f({x})={f(x)}')        # final solution
46  print("[f(-2), f(0), f(9/4), f(4)]=", [f(-2), f(0), f(9/4), f(4)])
47
48  #4: draw graph
49  import matplotlib.pyplot as plt
50  plt.title('gradient decent')
51  #4-1: f(x)
52  xs = torch.linspace(-2.0, 4.0, steps = 101)
53  plt.plot(xs, f(xs), 'b-')
54
```

```
55  #4-2: f(x_list), updated solutions
56  x_list = torch.tensor(x_list, dtype = torch.float)
57  plt.plot(x_list, f(x_list), 'ro')
58  plt.show()
```

▷▷ 실행결과

```
#1: x = torch.tensor(4.0, requires_grad=True)  # initial value
k=351: f(2.2504734992980957)=-6.542964935302734
[f(-2), f(0), f(9/4), f(4)]= [42, 2, -6.54296875, 66]


#2: x = torch.tensor(-2.0, requires_grad=True) # initial value
k=1001: f(-0.09404118359088898)=2.002573251724243
```

▷▷▷ 프로그램 설명

1 [수식 10.2]의 함수 $f(x)$의 최소값을 경사하강법으로 계산한다. #1은 함수 f(x)를 정의하고, diff(x)는 수치미분을 계산한다.

$$f(x) = x^4 - 3x^3 + 2 \qquad \triangleleft 수식 10.2$$

$$f'(x) = 4x^3 - 9x^2 = x^2(4x - 9)$$

2 #2는 [수식 10.1]의 경사하강법을 구현한다. 자동미분 계산 가능(requires_grad = True)한 스칼라 텐서 x에 4.0을 초기화한다. x_old는 변경 전의 x를 위한 텐서이다. x_list는 중간결과 그래프를 그리기 위해 x.item()을 x_list에 리스트에 추가한다.

#2-1은 diff(f, x)의 수치미분으로 step을 계산한다.

#2-2는 y.backward()를 이용하여, x.grad를 계산하여 step을 계산한다. x.grad.zero_()는 x.grad에 누적되지 않게 0으로 초기화한다.

#2-3의 x.data = x.data - step는 x를 step 만큼 갱신한다.

#2-4의 abs(x_old-x)<tol or k > max_iters이 True이면 반복을 종료한다.

x_old.data, x.data와 같이 텐서의 data 속성을 사용하여 새로운 객체를 생성하지 않았다.

3 #3은 최종 계산결과를 출력하고, [-2, 4] 범위에서 f(x) 함수의 최소값을 확인한다. [수식 10.2]에 의해 $f(x)$는 x = 0, x = 9 / 4에서 극값(극대, 극소)을 갖는다. 극값과 양쪽 경계에서 함수값은 [f(-2), f(0), f(9/4), f(4)] = [42, 2, -6.54296875, 66]이며, x = 9 / 4에서 최소값은 -6.54296875이다.

4 #4는 f(xs), f(x_list)를 그래프로 표시한다. x = 4.0의 결과는 k = 351: f(2.25) = -6.54로 근사적으로 최소값을 찾는다([그림 10.1](a)). 그러나, x = -2.0의 결과는 x = 0 근처의 극값으로 수렴한다([그림 10.1](b)). 이처럼 경사하강법은 초기값에 따라 다른 지역 극소값을 찾을 수 있다. .

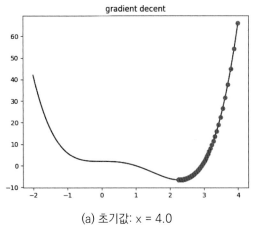 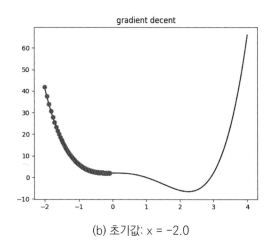

(a) 초기값: x = 4.0   (b) 초기값: x = -2.0

△ 그림 10.1 ▶ 경사하강법: 1차원 함수의 최소값

▷ 예제 10-02   ▶ 경사하강법 2
$$f(x) = x[0]^2 + x[1]^2$$

```
01  import torch
02  #1
03  def f(x):
04      return torch.sum(x ** 2)
05
06  def gradient(f, x):              # central difference
07      h = 0.001
08      grad = torch.zeros_like(x)
09      for i in range(x.shape[0]):
10          with torch.no_grad():
11              tmp = float(x[i])    # scalar
12              x[i] = tmp + h
13              f1 = f(x)
14              x[i] = tmp - h
15              f2 = f(x)
16              grad[i] = (f1- f2) / (2 * h)
17              x[i] = tmp
18      return grad
19
20  #2
21  k = 0
22  max_iters = 1000
23  lr = 0.1                         # 0.01
24  tol = 1e-5
25
```

```python
26 x_old = torch.ones(2)
27 x = torch.tensor([4.0, 4.0], requires_grad = True) # initial value
28 x_list= [tuple(x.detach().numpy())]
29
30 while True:
31     k += 1
32     x_old.data = x
33
34     #2-1: by numerical differentiation
35     # step = lr * gradient(f, x)
36
37     #2-2: by Tensor.backward()
38     y = f(x)
39     y.backward()              # calculate x.grad
40     step = lr * x.grad
41     x.grad.zero_()
42
43     #2-3
44     x.data = x.data - step     # update by gradient decent method
45
46     #2-4: check stop
47     error = torch.dist(x_old, x)
48     if error < tol or k > max_iters:
49         break;
50
51     #2-5
52     x_list.append(tuple(x.detach().numpy()))
53     #print(f'k={k}: f({x})={f(x)}')
54
55 print(f'k={k}: f({x})={f(x)}')   # final solution # final solution
56
57 #3: draw graph
58 import matplotlib.pyplot as plt
59 plt.title('gradient decent: $f(x) = x[0]^2 + x[1]^2$')
60 ax = plt.axes(projection = '3d')
61
62 #3-1: graph z = f(x, y)
63 xs = torch.linspace(-5, 5, steps = 50)
64 ys = torch.linspace(-5, 5, steps = 50)
65 x, y = torch.meshgrid(xs, ys, indexing = 'xy')
66 z = x ** 2 + y ** 2
67 ax.plot_surface(x.numpy(), y.numpy(), z.numpy(), alpha = 0.4)
68 #ax.plot_wireframe(x.numpy(), y.numpy(), z.numpy(),
69 #                     rstride = 10, cstride = 10, color = 'k')
70
```

```
71 #3-2: z = f(x_list)
72 unzipped_object = zip(*x_list)
73 x, y = list(unzipped_object)
74 x = torch.tensor(x)
75 y = torch.tensor(y)
76 z = x ** 2 + y ** 2
77 ax.plot(x.numpy(), y.numpy(), z.numpy(), 'ro')
78 ax.plot(x.numpy(), y.numpy(), z.numpy(), 'b-')
79 plt.show()
```

▷▷ 실행결과

```
lr = 0.1, x_new = torch.tensor([4.0, 4.0])
k=54: f(tensor([2.3384e-05, 2.3384e-05],
              requires_grad=True))=1.0936258565408252e-09
```

▷▷▷ 프로그램 설명

1 [수식 10.3]의 벡터 x의 함수 $f(x)$의 최소값을 경사하강법으로 계산한다. #1의 f(x)는 [수식 10.3]의 함수를 정의하고, gradient(f, x)는 중심차분으로 수치미분을 계산한다. x는 1차원 텐서이다. 미분 계산 가능한 텐서 x의 값을 직접 변경하기 위해서 with torch.no_grad() 블록 내에서 편미분을 계산한다.

$$f(x) = x[0]^2 + x[1]^2$$ ◁ 수식 10.3

2 #2는 [수식 10.1]의 경사하강법을 구현한다. 자동미분 계산 가능(requires_grad = True)한 1차원 벡터 텐서 x를 [4.0, 4.0]으로 초기화한다. x_old는 변경전의 x를 위한 텐서이다. x_list는 중간결과 그래프를 그리기 위해 tuple(x.detach().numpy())을 x_list에 리스트에 추가한다.

#2-1은 gradient(f, x)의 수치미분으로 step을 계산한다.

#2-2는 y.backward()로 x.grad를 계산하여 step을 계산한다. x.grad.zero_()는 x.grad에 누적되지 않게 0으로 초기화한다.

#2-3의 x.data = x.data - step는 x를 step 만큼 갱신한다.

#2-4의 error = torch.dist(x_old, x)는 갱신 전, 후의 오차(error)를 계산한다. (error < tol or k > max_iters)이 True이면 반복을 종료한다.

x_old.data, x.data와 같이 텐서의 data 속성을 사용하여 새로운 객체를 생성하지 않는다.

3 #3은 함수와 중간결과를 3d 그래프로 표시한다 ([그림 10.2]).

함수 최소값은 f(0, 0) = 0이다. lr = 0.1, x = torch.tensor([4.0, 4.0])에서 근사 해를 계산한다.

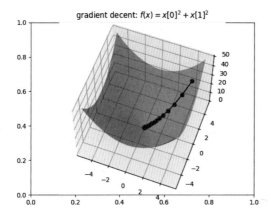

△ 그림 10.2 ▶ 경사하강법: 벡터 함수의 최소값
(lr = 0.1, x = torch.tensor([4.0, 4.0], requires_grad = True))

torch.optim 패키지에는 SGD, Adagrad, Adam, RMSprop 등의 다양한 경사하강법에 기반의 최적화 알고리즘이 구현되어 있다.

SGD ^{stochastic gradient optimizer}는 기본적인 경사하강법과 모멘텀이 적용된 경사하강법이다.

Adagrad ^{adaptive gradient, 2011}은 학습 파라메터 별로 과거 그래디언트 제곱합을 적용하여 학습률을 줄여가는 적응형 그래디언트 방법이다.

RMSprop ^{root mean squared propagation, 2012}는 AdaGrad에서 학습률이 급격히 줄어드는 것을 개선한 방법이다.

Adam ^{adaptive momentum estimation, 2015}은 AdaGrad와 RMSProp의 장점을 갖는 가장 일반적으로 사용되는 최적화 방법이다.

최적화 알고리즘에 많은 인수가 있다. 일반적인 경우 학습률(lr)을 변경하고, 대부분의 인수는 디폴트 값을 사용한다.

경사하강법의 개요는 Sebastian Ruder의 "An overview of gradient descent optimization algorithms, 2017"을 참고하고, 여기서는 기본적인 SGD의 수식과 알고리즘, Adam을 간단히 설명한다.

[수식 11.1]은 기본적인(vanilla) 경사하강법의 파라미터 갱신 수식으로 STEP 10의 [수식 10.1]과 같다. w는 최적화할 파라미터이고, lr는 학습률, $\nabla f(\theta_t)$는 최적화할 함수의 그래디언트이다. 기본적인 경사하강법은 반복에 의한 최적화 경로가 진동 ^{oscillation}하며 수렴한다.

$$\theta_{t+1} = \theta_t - lr \cdot \nabla f(\theta_t)$$ ◁ 수식 11.1

[수식 11.2]는 Polyak의 모멘텀 momentum, the heavy ball algorithm을 갖는 경사하강법 수식이다. 모멘텀 μ, 가속도 velocity v_t을 이용하여 갱신한다(초기값 $v_0 = 0$). 언덕 높은 곳에서 아래로 무거운 공 ball을 굴릴 때, 공이 구르던 방향으로 관성을 가지고 움직이는 효과에 비유할 수 있다. 모멘텀 방법은 진동 oscillation을 최소화하여 빠르고, 부드럽게 수렴한다.

$$Momentum: \quad v_{t+1} = \mu\, v_t - lr \, \nabla f(\theta_t)$$

◁ 수식 11.2

$$\theta_{t+1} = \theta_t + v_{t+1}$$

[수식 11.3]은 NAG Nesterov's accelerated gradient 방법이다. Ilya Sutskever의 "On the importance of initialization and momentum in deep learning, 2013" 참고한다. $\theta_t + \mu\, v_t$ 위치에서 그래디언트를 계산하여 보다 빠르게 수렴한다.

$$NAG(Sutskever): \quad v_{t+1} = \mu v_t - lr \, \nabla f(\theta_t + \mu\, v_t)$$

◁ 수식 11.3

$$\theta_{t+1} = \theta_t + v_{t+1}$$

[수식 11.4]는 Bengio의 "Advances in Optimizing Recurrent Networks, arXiv: 1212.0901v2, 2012"에 간소화된 NAG 수식이다.

$$NAG(Bengio): \quad \theta_{t+1} = \theta_t + \mu\,\mu\, v_t - (1 + \mu) lr \nabla f(\theta_t)$$

◁ 수식 11.4

$$= \theta_t + \mu\,(\mu\, v_t - lr \nabla f(\theta_t)) - lr \nabla f(\theta_t)$$

$$\Downarrow$$

$$v_{tmp} = \mu\, v_t - lr \nabla f(\theta_t)$$

$$v_{t+1} = \mu v_{tmp} - lr \, \nabla f(\theta_t)$$

$$\theta_{t+1} = \theta_t + v_{t+1}$$

```
torch.optim.SGD( params, lr = ⟨required parameter⟩, momentum = 0,
                 dampening = 0, weight_decay = 0, nesterov = False, *,
                 maximize = False, foreach = None)
```

torch.optim.SGD( )는 [수식 11.1], [수식 11.2], [수식 11.4]가 모두 구현되어 있다. [그림 11.1]은 알고리즘이다. θ_0는 최적화할 파라미터이고, $f(\theta)$는 최적화할 목적함수이다. $\nabla_{f_t}(\theta_{t-1})$는 목적함수의 그래디언트이다. g_t에 함수의 그래디언트를 초기화하고, λ weight decay의 가중치(파라미터) 감소, 모멘텀 μ momentum, τ dampening의 그래디언트 크기 감쇄, nesterov의 NAG Nesterov's Accelerated Gradient)을 고려하여 g_t를 변경하고, 디폴트로 maximize = False에 의해 경사하강법을 수행한다.

momentum = 0, dampening = 0, weight_decay = 0, nesterov = False, maximize = False의 torch.optim.SGD(params, lr)은 [수식 11.1]과 같다.

λ weight_decay는 가중치를 감소시켜 그래디언트에 덧셈하여 과적합 overfitting을 방지하는 L2 규제 regularization를 적용한다(STEP 22 참조). μ momentum은 빠르고 부드럽게 수렴하도록 한다. τ dampening은 그래디언트 크기를 감쇄 dampening시킨다.

$$\text{input: } \theta_0(\text{params}), \ f(\theta)(\text{objective}), \ \lambda(\text{weight decay})$$
$$\mu(\text{momentum}), \ \tau(\text{dampening}), \ \gamma \ (\text{lr})$$
$$\text{nesterov, maximize}$$

$$\text{for t = 1 to ... do}$$
$$g_t = \nabla f_t(\theta_{t-1}) \quad \#gradient$$
$$\text{if } \lambda \neq 0 \qquad \#weight\ decay$$
$$g_t = g_t + \lambda\theta_{t-1}$$
$$\text{if } \mu \neq 0 \qquad \#momentum$$
$$\text{if } t > 1$$
$$b_t = \mu\, b_{t-1} + (1-\tau)\, g_t$$
$$else$$
$$b_t = g_t$$

△ 그림 11.1 ▶ torch.optim.SGD 알고리즘(계속)

$$\text{if } nesterov$$
$$g_t = g_t + \mu\, b_t$$
$$else$$
$$g_t = b_t$$

$$\text{if } \text{maximize}$$
$$\theta_t = \theta_{t-1} + \gamma\, g_t$$
$$else$$
$$\theta_t = \theta_{t-1} - \gamma\, g_t \quad \# gradient\, decent$$

$$\textbf{return } \theta_t$$

△ 그림 11.1 ▶ torch.optim.SGD 알고리즘
(https://pytorch.org/docs/stable/generated/torch.optim.SGD.html 참조)

torch.optim.Adam(params, lr = 0.001, betas = (0.9, 0.999), eps = 1e−08,
weight_decay = 0, amsgrad = False, *, foreach = None,
maximize = False, capturable = False)

Adam $^{\text{adaptive moment estimation}}$은 [수식 11.5]의 m_t은 1차 모멘트, v_t는 2차 모멘트이고, [수식 11.6]의 , $\widehat{m_t}$, $\hat{v_t}$는 바이어스 정정된 값이다. $m_0 = 0$, $v_0 = 0$이다. g_t에 $\nabla_{f_t}(\theta_{t-1})$는 목적함수의 그래디언트를 초기화하고, weight_decay ≠ 0이면 가중치 (파라미터)를 감소시켜 g_t에 덧셈한다([그림 11.1]). STEP 22의 L2 가중치 규제 ^{regularization}를 적용한다. [수식 11.7]은 Adam의 파라미터 갱신 수식이다.

$$m_t = \beta_1 m_{t-1} + (1 - \beta_1)g_t \qquad \qquad \triangleleft \text{수식 11.5}$$

$$v_t = \beta_2 v_{t-1} + (1 - \beta_2)g_t^2$$

$$\widehat{m_t} = \frac{m_t}{1 - \beta_1^t} \qquad \qquad \triangleleft \text{수식 11.6}$$

$$\hat{v_t} = \frac{v_t}{1 - \beta_2^t}$$

$$\theta_{t+1} = \theta_t - lr \cdot \frac{\widehat{m_t}}{\sqrt{\hat{v_t}} + \epsilon}$$

◁ 수식 11.7

▷ 예제 11-01 ▶ torch.optim: $f(x) = x^4 - 3x^3 + 2$ 최소화

```python
01  import torch
02  import torch.optim as optim
03
04  #1
05  def f(x):
06      return x ** 4 - 3 * x ** 3 + 2
07  #2
08  x = torch.tensor(4.0, requires_grad = True) # initial value , -2.0
09  x_list = [x.item()]
10
11  #3
12  optimizer = optim.SGD(params = [x], lr = 0.001)
13  # optimizer = optim.Adagrad(params = [x])      # default lr = 0.01
14  # optimizer =optim.RMSprop( params = [x])      # default lr = 0.01
15  # optimizer = optim.Adam(params = [x])         # default lr = 0.001
16  print('optimizer.defaults=', optimizer.defaults)
17                                  # optimizer.defaults['lr']
18
19  #4: update using optimizer
20  iters = 10000
21  for i in range(iters):
22      loss = f(x)
23
24      optimizer.zero_grad()
25      loss.backward()
26      optimizer.step()
27
28      x_list.append(x.item())
29      #print('x=', x)
30  print(f'f({x})= {f(x)}') # final solution
31
32  #5: draw graph
33  import matplotlib.pyplot as plt
34  plt.title('gradient decent')
35
36  #4-1: f(x)
37  xs = torch.linspace(-2.0, 4.0, steps = 101)
38  plt.plot(xs, f(xs),  'b-')
```

```
39
40  #4-2: f(x_list), updated solutions
41  x_list = torch.tensor(x_list, dtype = torch.float)
42  plt.plot(x_list, f(x_list), 'ro')
43  plt.show()
```

▷▷ 실행결과

```
#1: optimizer = optim.SGD(params=[x], lr=0.001)
optimizer.defaults= {'lr': 0.001, 'momentum': 0, 'dampening': 0, 'weight_
decay': 0, 'nesterov': False, 'maximize': False}
f(2.2500057220458984)= -6.542966842651367

#2: optimizer = optim.Adam(params=[x])      # lr=0.001
optimizer.defaults= {'lr': 0.001, 'betas': (0.9, 0.999), 'eps': 1e-08,
'weight_decay': 0, 'amsgrad': False, 'maximize': False}
f(2.2500040531158447)= -6.542966842651367
```

▷▷▷ 프로그램 설명

1 #1은 최소화할 함수 f(x)를 정의한다.

2 #2는 자동미분 계산 가능(requires_grad = True)한 스칼라 텐서 x에 4.0을 초기화한다.

3 #3은 최적화할 텐서를 params = [x], 학습률 lr = 0.001로 설정하여, optim.SGD 최적화
객체 optimizer를 생성한다. optimizer.defaults는 설정된 디폴트 값의 사전 dict이다.

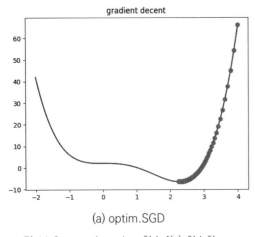

(a) optim.SGD

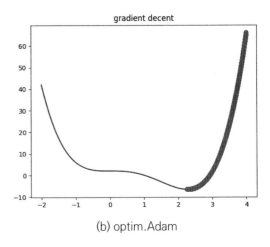

(b) optim.Adam

△ 그림 11.2 ▶ torch.optim: 함수 f(x) 최소화

4 #4는 iters = 10000회 반복하여 함수 f(x)의 최소값을 계산한다.

loss = f(x)는 현재 함수값 f(x)를 loss에 계산한다.

loss.backward()로 미분을 계산하기 전에 optimizer.zero_grad()로 파라미터의 그래디언트를 0(x.grad = 0)으로 초기화한다. loss.backward()는 자동미분으로 그래프의 역방향을 따라 가며 그래디언트(x.grad)를 계산한다. optimizer.step()은 파라미터(x)를 optimizer의 최적화 방법으로 한 단계 갱신한다.

5 #5는 f(xs), f(x_list)를 그래프로 표시한다([그림 11.2]). [그림 11.2](a)는 optim. SGD(params = [x], lr = 0.001)의 결과이다. [그림 11.2](b)는 optim.Adam(params = [x])의 결과이다. 학습률 lr = 0.01로 하면 보다 빠르게 수렴한다.

▷ 예제 11-02 ▶ torch.optim: $f(x, y) = x^2 + y^2$의 최소화

```
01  import torch
02  import torch.optim as optim
03  #1
04  def f(x, y):
05      return x ** 2 + y ** 2
06
07  #2
08  x = torch.tensor(4.0, requires_grad = True)
09  y = torch.tensor(4.0, requires_grad = True)
10  xy_list = [(x.item(), y.item())]
11
12  #3
13  optimizer = optim.SGD(params = [x, y], lr = 0.1)        # lr 0.01
14  # optimizer = optim.Adagrad(params = [x, y], lr = 0.1)
15  # optimizer = optim.RMSprop( params = [x, y], lr = 0.1)
16  # optimizer = optim.Adam(params = [x, y], lr = 0.1)
17  #print('optimizer.defaults=', optimizer.defaults)
18                                  # optimizer.defaults['lr']
19
20  #4: update using optimizer
21  iters = 1000
22  for i in range(iters):
23      loss = f(x, y)
24
25      optimizer.zero_grad()
26      loss.backward()                      # x.grad, y.grad
27      optimizer.step()
28
29      xy_list.append((x.item(), y.item()))
30      # print(f'f({x}, {y})= {f(x, y)}')
31
32  print(f'f({x}, {y})= {f(x, y)}') # final solution
33  # print('x_list=', x_list)
```

```
34
35  #5: draw graph
36  import matplotlib.pyplot as plt
37  plt.title('gradient decent: $f(x) = x ^ 2 + x ^ 2$')
38  ax = plt.axes(projection = '3d')
39
40  #5-1: z = f(x, y)
41  xs = torch.linspace(-5, 5, steps = 50)
42  ys = torch.linspace(-5, 5, steps = 50)
43  x, y = torch.meshgrid(xs, ys, indexing='xy')
44  z = x**2 + y**2
45  ax.plot_surface(x.numpy(), y.numpy(), z.numpy(), alpha = 0.4)
46
47  #5-2: z = f(xy_list)
48  unzipped_object = zip(*xy_list)
49  x, y = list(unzipped_object)
50  x = torch.tensor(x)
51  y = torch.tensor(y)
52  z = x**2 + y**2
53  ax.plot(x.numpy(), y.numpy(), z.numpy(), 'ro')
54  ax.plot(x.numpy(), y.numpy(), z.numpy(), 'b-')
55  plt.show()
```

▷▷ 실행결과

```
#1: optimizer = optim.SGD(params=[x, y], lr=0.1)
 f(2.802596928649634e-45, 2.802596928649634e-45)= 0.0

#2: optimizer = optim.Adam(params=[x, y], lr=0.1)
 f(5.758432172623715e-23, 5.758432172623715e-23)=
  5.605193857299268e-45
```

▷▷▷ 프로그램 설명

1 파이토치 최적화(torch.optim) 방법으로 #1의 함수 f(x, y)의 최소화 값을 계산한다.

2 #2는 자동미분 계산 가능(requires_grad = True)한 스칼라 텐서 x, y에 4.0을 초기화한다.

3 #3은 최적화할 텐서를 params = [x, y], 학습률 lr = 0.1로 설정하여 optim.SGD 최적화 객체 optimizer를 생성한다. optimizer.defaults는 설정된 디폴트 값의 사전 dict이다.

4 #4는 iters = 1000회 반복하여 함수 f(x, y)의 최소값을 계산한다.

loss = f(x, y)는 현재 함수값 f(x, y)를 loss에 계산한다.

optimizer.zero_grad()은 파라미터(x, y)의 그래디언트를 0으로 초기화한다.

loss.backward()는 자동미분으로 그래디언트(x.grad, y.grad)를 계산한다. optimizer.step()은 파라미터(x, y)를 optimizer의 최적화 방법으로 한 단계 갱신한다.

5 #5는 z = f(x, y), z = f(xy_list)를 3차원 그래프로 표시한다([그림 11.3]).

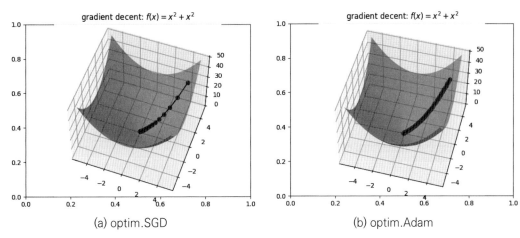

(a) optim.SGD   (b) optim.Adam

△ 그림 11.3 ▶ torch.optim: 함수 f(x, y) 최소화

▷ 예제 11-03　▶ torch.optim: $f(x) = x[0]^2 + x[1]^2$의 최소화

```
01  import torch
02  import torch.optim as optim
03  #1
04  def f(x):
05      return torch.sum(x ** 2)
06
07  #2
08  x = torch.tensor([4.0, 4.0], requires_grad = True) # initial value
09  x_list = [tuple(x.detach().numpy())]
10
11  #3
12  optimizer = optim.SGD(params = [x], lr = 0.1)          # lr = 0.01
13  # optimizer = optim.Adagrad(params = [x], lr = 0.1)
14  # optimizer = optim.RMSprop(params = [x], lr = 0.01)
15  # optimizer = optim.Adam(params = [x], lr = 0.1)
16  #print('optimizer.defaults=', optimizer.defaults)
17                                  # optimizer.defaults['lr']
18
19  #4
20  iters = 1000
21  for i in range(iters):
22      loss = f(x)
23
24      optimizer.zero_grad()
25      loss.backward()             # x.grad
```

```
26     optimizer.step()
27     x_list.append(tuple(x.detach().numpy()))
28     # print(f'f({x})= {f(x)}')
29
30 print(f'f({x})= {f(x)}')        # final solution
31 # print('x_list=', x_list)
32
33 #5: draw graph
34 import matplotlib.pyplot as plt
35 plt.title('gradient decent: $f(x) = x[0]^2 + x[1]^2$')
36 ax = plt.axes(projection = '3d')
37
38 #5-1: z = f(x, y)
39 xs = torch.linspace(-5, 5, steps = 50)
40 ys = torch.linspace(-5, 5, steps = 50)
41 x, y = torch.meshgrid(xs, ys, indexing = 'xy')
42 z = x ** 2 + y ** 2
43 ax.plot_surface(x.numpy(), y.numpy(), z.numpy(), alpha = 0.4)
44
45 #5-2: z = f(x_list)
46 unzipped_object = zip(*x_list)
47 x, y = list(unzipped_object)
48 x = torch.tensor(x)
49 y = torch.tensor(y)
50 z = x ** 2 + y ** 2
51 ax.plot(x.numpy(), y.numpy(), z.numpy(), 'ro')
52 ax.plot(x.numpy(), y.numpy(), z.numpy(), 'b-')
53 plt.show()
```

▷▷ 실행결과

```
#1: optimizer = optim.SGD(params=[x], lr=0.1)
f(tensor([2.8026e-45, 2.8026e-45], requires_grad=True))= 0.0

#2: optimizer = optim.Adam(params=[x], lr=0.1)
f(tensor([5.7584e-23, 5.7584e-23], requires_grad=True))=
5.605193857299268e-45
```

▷▷▷ 프로그램 설명

1 [예제 10-02], [예제 11-02]를 벡터 텐서 x를 이용하여 구현한다. #1은 최소화할 함수 f(x)를 정의한다.

2 #2는 자동미분 계산 가능(requires_grad = True)한 1-차원 벡터 텐서 x에 [4.0, 4.0]을 초기화한다.

3 #3은 optimizer = optim.SGD(params = [x], lr = 0.001)는 params = [x]는 최적화할 텐서 x, 학습률 lr = 0.1로 SGD 최적화 객체 optimizer를 생성한다.

4 #4는 iters = 1000회 반복하여 함수 f(x)의 최소값을 계산한다.

loss = f(x)는 f(x)를 loss에 계산하고, optimizer.zero_grad()은 파라미터(x)의 그래디언트를 0으로 초기화한다. loss.backward()는 자동미분으로 그래디언트 계산한다. optimizer.step()은 파라미터(x)를 optimizer의 최적화 방법으로 한 단계 갱신한다.

5 실행결과는 [예제 10-02], [예제 11-02]와 유사하다.

PyTorch

Deep Learning Programming with *PyTorch*: **PART 1**

CHAPTER 04

회귀 Regression

회귀 regression는 훈련 데이터 training data의 오차를 최소화하는 모델 함수을 찾는 방법이다. 즉, 데이터에 맞는 모델을 찾는 문제이다 model fitting. 모델이 직선, 평면 등과 같이 선형이면 선형회귀 linear regression이다.

선형대수의 최소자승법 least square method으로 선형회귀 모델의 해 solution를 계산할 수 있다. 여기서는 인공 뉴런을 이용한 최적화 알고리즘으로 손실함수를 반복적으로 최소화하여 선형회귀의 해를 계산한다. 선형회귀는 입력과 출력의 목표값의 훈련 데이터로 학습하는 감독학습 supervised learning 방법이다.

훈련 데이터는 입력 와 목표값 label으로 구성된다. 모델 파라미터을 초기화하고, 모델의 출력인 예측값 prediction을 계산하고, 오차 를 최소하도록 파라미터를 반복 학습한다.

이 장에서는 단순 simple 선형회귀, 다변수 multi-variable 선형회귀, 다항식 polynomial 회귀, 미니 배치 mini-batch를 파이토치 최적화(torch.optim) 방법으로 계산한다.

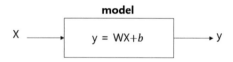

△ 그림 C4.1 ▶ 그림 캡션 넣어 주세요

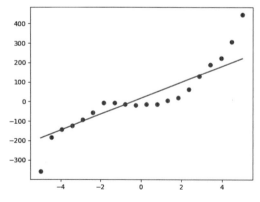

△ 그림 C4.2 ▶ 그림 캡션 넣어 주세요

단순 선형회귀

[그림 12.1]의 $y = wx + b$는 스칼라 입력 x, 가중치 w, 바이어스 b를 갖는 단순 선형 모델 simple linear regression, 2차원 직선이다.

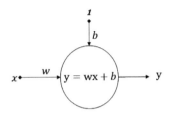

△ 그림 12.1 ▶ 단순 선형 모델:

훈련 데이터 training data인 $(x_i, \ t_i)$를 이용하여, [수식 12.1]의 손실함수 loss function인 평균 제곱 오차 mean squared error, MSE를 최소화하는 w와 b를 학습으로 계산한다.

[표 12.1]은 개의 훈련 데이터 $(x_i, \ t_i)$에서 평균 제곱 오차를 계산한다. 훈련 데이터 모두를 모델에 한번 적용하는 것을 1 에폭 epoch이라 한다.

$$MSE = \frac{1}{N} \sum_i (y_i - t_i)^2 = \frac{1}{N} \sum_i (wx_i + b - t_i)^2 \qquad \triangleleft \text{수식 12.1}$$

▽ 표 12.1 ▶ 평균 제곱 오차 계산: $w = 0.5, b = 0$

i	x_i	t_i	$y_i = wx_i + b$	$e_i = y_i - t_i$	e_i^2
1	1	1	0.5	-0.5	0.25
2	2	2	1.0	-1	1
3	3	3	1.5	-1.5	2.25
4	4	4	2.0	-2	4

$$MSE = \frac{1}{4}(0.25 + 1.0 + 2.25 + 4) = 1.875$$

▷ 예제 12-01 ▶ 손실함수 loss function: 평균제곱오차(MSE)

```
01  import torch
02  #1
03  t = torch.tensor([1.0, 2.0, 3.0, 4.0])
04  y = torch.tensor([0.5, 1.0, 1.5, 2.0])
05
06  #2
07  def MSE(y, x):
08      return torch.mean((y - x) ** 2)
09      #return torch.sum((y - x) ** 2) / x.numel()
10  print('MSE(y, t)=', MSE(y, t))
11
12  #3
13  MSELoss = torch.nn.MSELoss()
14  print('MSELoss(y, t)=', MSELoss(y, t))
15
16  #4
17  import torch.nn.functional as F
18  print('mse_loss(y, t)=', F.mse_loss(y, t))
```

▷▷ 실행결과

```
#2: MSE(y, t)= tensor(1.8750)
#3: MSELoss(y, t)= tensor(1.8750)
#4: mse_loss(y, t)= tensor(1.8750)
```

▷▷▷ 프로그램 설명

1 손실함수 loss function 또는 비용함수 cost function는 목표값 t와 모델이 출력한 예측값 y사이의 오차이다. 여기서는 [수식 12.1]의 평균 제곱 오차 mean squared error, MSE에 의한 손실함수를 설명한다.

2 #2는 MSE(y, x) 함수를 구현하여, MSE(y, t)로 계산한다.

3 #3은 MSELoss(y, t)로 계산한다.

4 #4는 F.mse_loss(y, t)로 계산한다.

▷ 예제 12-02 ▶ 단순 선형회귀: 직선

```
01  import torch
02  import torch.optim as optim
03  import torch.nn.functional as F
04
05  #1: train data, [예제 08-04]
06  # x = torch.tensor([0, 1, 2], dtype = torch.float)
```

```
07 # t = torch.tensor([6, 0, 0], dtype = torch.float)
08
09 #2: train data, t = x + rand()
10 n_data = 12                          # train_size
11 torch.manual_seed(1)
12 x = torch.arange(n_data, dtype = torch.float)
13 t = torch.arange(n_data, dtype = torch.float)
14 t += torch.randn_like(t)
15     # torch.normal(mean = 0, std = 1, size = (n_data,))
16
17 #3: initialize parameters
18 w = torch.tensor(0.5, requires_grad = True)
19 b = torch.tensor(0.0, requires_grad = True)
20
21 #4:
22 # optimizer = optim.SGD(params = [w, b], lr = 0.01)
23 optimizer = optim.Adam(params = [w, b], lr = 0.01)
24 loss_fn = torch.nn.MSELoss()
25 loss_list = []
26
27 #5: update using optimizer
28 EPOCHS = 1000
29 for epoch in range(EPOCHS):
30     y = x * w + b                 # predict y(x) with current w, t
31     loss = loss_fn(y, t)          # F.mse_loss(y, t)
32
33     optimizer.zero_grad()
34     loss.backward()
35     optimizer.step()
36     loss_list.append(loss.item())
37
38 print('w=', w)                       # final solution
39 print('b=', b)
40
41 #6: draw graph
42 import matplotlib.pyplot as plt
43 plt.title('loss')
44 plt.plot(loss_list)
45 plt.show()
46
47 plt.title(f'linear regression: $y = {w:.2f}x + {b:.2f}$')
48 plt.gca().set_aspect('equal')
49 plt.scatter(x.numpy(), t.numpy())
50
51 x = torch.linspace(-1.0, 10.0, steps = 51)
```

```
52  y = w * x + b
53  plt.plot(x, y.detach().numpy(), "b-")
54  plt.axis([-1, 10, -1, 10])
55  plt.show()
```

▷▷ 실행결과

```
#1:
w= tensor(-2.9327, requires_grad=True)
b= tensor(4.8950, requires_grad=True)

#2:
w= tensor(0.8957, requires_grad=True)
b= tensor(0.3495, requires_grad=True)
```

▷▷▷ 프로그램 설명

1 #1의 훈련 데이터(x, t)는 [예제 08-04]의 최소자승 해에서 사용한 데이터이다.

2 #2는 t = x + rand()로 n_data = 12개의 훈련 데이터를 생성한다.

3 #3은 파라미터인 requires_grad =True, 스칼라 텐서 x, y를 초기화한다.

4 #4는 최적화할 파라미터 텐서 params = [w, b], 학습률 lr = 0.01로 Adam 최적화 객체 optimizer를 생성한다. torch.nn.MSELoss() 손실함수를 loss_fn에 저장한다.

5 #5는 EPOCHS = 1000회 반복하여 훈련 데이터를 이용하여 최소값을 계산한다. 반복에서 매번 모든 훈련 데이터를 사용하여 손실을 계산한다.

y = x * w + b는 현재의 w, b에 대한 모델의 출력 y를 계산한다.

loss = loss_fn(y, t)는 모델의 출력 y와 목표값 t의 손실 loss을 계산한다.

optimizer.zero_grad(), loss.backward(), optimizer.step()는 손실 loss이 최소가 되도록 파라미터(w, b)를 optimizer의 최적화 방법으로 한 단계 갱신한다.

6 #6의 plt.plot(loss_list)는 손실함수(loss_list)를 표시한다.

plt.scatter(x.numpy(), t.numpy())는 훈련 데이터를 표시한다.

계산된 파라미터(w, b)를 사용하여 x = torch.linspace(-1.0, 10.0, steps = 51), y = w * x + b로 데이터를 생성하고 plt.plot(x, y.detach().numpy(), "b-")로 직선을 표시한다.

7 [그림 12.2](a)는 #1의 훈련 데이터를 사용한 결과이다. [그림 12.2](b)는 #2의 훈련 데이터를 사용한 결과이다. 에폭을 반복하면서 손실이 점점 0으로 수렴한다. #1을 사용한 [그림 12.2](a)는 [예제 08-04]의 결과와 유사하다.

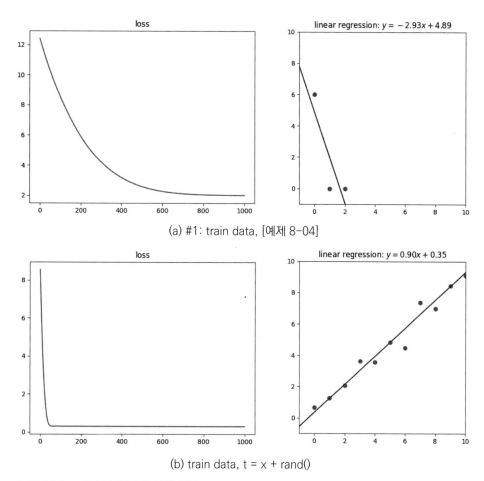

(a) #1: train data, [예제 8-04]

(b) train data, t = x + rand()

△ 그림 12.2 ▶ 단순 선형회귀: 직선 찾기

다변수 선형회귀

일반적인 다변수 선형 모델 multi variable linear regression의 회귀 학습에 대해 설명한다. [수식 13.1]과 [그림 13.1]은 n차원 입력 벡터 X를 갖는 다변수 선형 모델이다. 선형 모델 $y = WX^T + b$의 가중치 W는 n차원 벡터이고, 바이어스 b는 실수, y는 실수 스칼라이다. WX는 두 벡터의 내적 inner product이다.

n = 1의 선형 모델은 STEP 12의 [그림 12.1]의 단순 선형 모델이다. n = 2의 선형 모델은 3차원 공간의 평면 plane이고, $n \geq 3$이면 초평면 hyper-plane이다.

$$y = b + w_1 x_1 + w_2 x_2 + ..., w_n x_n \qquad \triangleleft \text{수식 13.1}$$

$$y = WX^T + b = XW^T + b$$

$$W = [w_1, w_2, ..., w_n]$$

$$X = [x_1, \ x_2, ..., \ x_n]$$

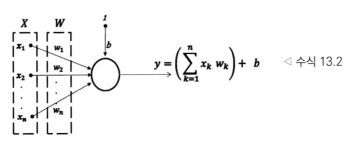

$$y = \left(\sum_{k=1}^{n} x_k w_k \right) + b \qquad \triangleleft \text{수식 13.2}$$

△ 그림 13.1 ▶ 다변수 선형 모델

▷ 예제 13-01 ▶ n = 2 변수 선형회귀

```
01  import torch
02  import torch.optim as optim
03  #1
04  train_data  = torch.tensor([ # t = 1 * x1 + 2 * x2 + 3
05                              #x1, x2, t
```

```
06                              [1, 0, 4],
07                              [2, 0, 5],
08                              [3, 0, 5],
09                              [4, 0, 7],
10                              [1, 1, 6],
11                              [2, 1, 7],
12                              [3, 1, 8],
13                              [4, 1, 9]], dtype = torch.float)
14 X = train_data[:, :-1]
15 t = train_data[:, -1:]
16 # print('X=', X)
17 # print('t=', t)
18
19 #2: initialize parameters
20 torch.manual_seed(1)
21 W = torch.randn(size = (2, 1), requires_grad = True)
22 b = torch.randn(size = (1,), requires_grad = True)
23 # print('W=', W)
24 # print('b=', b)
25
26 #3
27 # optimizer = optim.SGD(params = [W, b], lr = 0.01)
28 optimizer = optim.Adam(params = [W, b], lr = 0.01)
29 loss_fn   = torch.nn.MSELoss()
30 loss_list = []
31
32 #4: update using optimizer
33 EPOCHS  = 1000
34 for epoch in range(EPOCHS):
35     optimizer.zero_grad()
36     y = torch.matmul(X, W) + b        # X@W + b
37     loss = loss_fn(y, t)
38     loss.backward()
39     optimizer.step()
40     loss_list.append(loss.item())
41 #5
42 print('W=', W)                        # final solution
43 print('b=', b)
44 W = W.flatten()                       # W.shape = torch.Size([2])
45 print(f'y={W[0]:.2f}*x1 + {W[1]:.2f}*x1 + {b[0]:.2f}')
46
47 #6: draw graph
48 import matplotlib.pyplot as plt
49 plt.title('loss')
50 plt.plot(loss_list)
51 plt.show()
```

▷▷ 실행결과

```
W= tensor([[1.1603],
        [2.4123]], requires_grad=True)
b= tensor([2.1894], requires_grad=True)
y=1.16*x1 + 2.41*x1 + 2.19
```

▷▷▷ 프로그램 설명

1 [수식 13.1]에서 n = 2의 선형회귀로 가중치 W와 바이어스 b를 계산한다. 훈련 데이터(train_data)는 8개이다. 훈련 데이터(train_data)에서 입력(X)과 목표값(t)을 분리한다. 목표값은 t = 1 * X[:, 0] + 2 * X[:, 1] + 3으로 생성한 값이다.

2 #2는 가중치 벡터 W와 바이어스 b 파라미터를 requires_grad = True이고, torch.randn()의 표준정규분포 난수로 초기화한 텐서를 생성한다.

3 #3은 최적화할 파라미터 params = [W, b], 학습률 lr = 0.01의 Adam 최적화 객체 optimizer를 생성한다. torch.nn.MSELoss() 손실함수를 loss_fn에 저장한다.

4 #4는 EPOCHS = 1000회 반복하여 훈련 데이터를 이용하여 손실이 최소가 되는 파라미터를 계산한다.

y = torch.matmul(X, W) + b는 현재의 W, b에 대한 모델의 출력 y를 계산한다. loss = loss_fn(y, t)는 모델의 출력 y와 목표값 t의 손실 $loss$을 계산한다. optimizer.zero_grad(), loss.backward(), optimizer.step()는 손실 $loss$이 최소가 되도록 파라미터(W, b)를 optimizer의 최적화 방법으로 한 단계 갱신한다.

5 #5의 W = W.flatten()은 W.shape = torch.Size([2])로 변경한다.

학습결과는 y = 1.16 * x1 + 2.41 * x1 + 2.19이다.

다항식 회귀

[수식 14.1]은 일반적인 n-차 다항식 ^{polynomial} 함수이다. 여기서 는 단순한 스칼라 실수로 가정한다. n = 1은 직선, n = 2는 포물선, n = 3은 3차 다항식이다. 훈련 데이터에 정규분포 잡음을 추가하여 구현한다.

$$y = b + w_1 x + w_2 x^2 + ... + w_n x^n \qquad \lhd \text{수식 14.1}$$

$$y = WX^T = XW^T$$

$$\text{여기서, } W = [b \ w_1 \ w_2 \ ... \ w_n]$$

$$X = [1 \ x \ x^2 \ ... \ x^n]$$

▷ 예제 14-01 ▶ n-차 다항식 회귀

```
01 import torch
02 import torch.optim as optim
03 #1: y = W * X
04 def f(x):
05     y = torch.zeros_like(x)
06     for i in range(W.shape[0]):
07         y += W[i] * (x ** (i + 1))
08     y += b                      # bias
09     return y
10
11 #2: create the train data
12 torch.manual_seed(1)
13 n_data = 20  # number of train data
14 x = torch.linspace(-5.0, 5.0, steps=n_data)
15
16 w_true = torch.tensor([1.0, 2.0, 3.0])
17 b_true = torch.tensor([4.0])
18 t = b_true + w_true[0] * x + w_true[1] * x ** 2 + w_true[2] * x ** 3
19 t += torch.normal(mean=0.0, std = 30, size = (n_data,))
20
21 #3: initialize parameters
22 n = 3                           # n-th polynomial curve, n=1, 2, 3, ...
```

```
23 W = torch.randn(size = (n,), requires_grad = True)
24 b = torch.randn(size = (1,), requires_grad = True)
25
26 #4
27 # optimizer = optim.SGD(params = [W, b], lr = 0.01)
28 optimizer   = optim.Adam(params = [W, b], lr = 0.01)
29 loss_fn      = torch.nn.MSELoss()
30 loss_list    = []
31
32 #5: update using optimizer
33 EPOCHS  = 10000
34 for epoch in range(EPOCHS):
35     y = f(x)
36     loss = loss_fn(y, t)
37     optimizer.zero_grad()
38     loss.backward()
39     optimizer.step()
40     loss_list.append(loss.item())
41 #6
42 print('W=', W)                 # final solution
43 print('b=', b)
44 y_str = f'{b[0]:.2f}'
45 for i in range(W.shape[0]):
46     y_str += ' + '  if W[i]>= 0.0 else ' - '
47     y_str += f'{abs(W[i]):.2f} x**{i+1}'
48 print('y = ', y_str)
49
50 #7: draw graph
51 import matplotlib.pyplot as plt
52 #7-1: loss
53 plt.title('loss')
54 plt.plot(loss_list)
55 plt.show()
56
57 #7-2
58 plt.scatter(x, t.numpy())     # train data
59 t_pred = f(x)
60 plt.plot(x, t_pred.detach().numpy(), 'red')     # polynomial curve
61 plt.show()
```

▷▷ 실행결과

```
#1: n=1
W= tensor([53.9771], requires_grad=True)
b= tensor([22.4814], requires_grad=True)
y =  22.48 + 53.98 x**1
```

```
#2: n=2
W= tensor([53.9771,  1.1621], requires_grad=True)
b= tensor([11.7782], requires_grad=True)
y =  11.78 + 53.98 x**1 + 1.16 x**2

#3: n=3
W= tensor([-6.3875,  1.1621,  3.6537], requires_grad=True)
b= tensor([11.7782], requires_grad=True)
y =  11.78 - 6.39 x**1 + 1.16 x**2 + 3.65 x**3

#4: n=4
W= tensor([-6.3875, -3.4891,  3.6537,  0.1983], requires_grad=True)
b= tensor([24.4105], requires_grad=True)
y =  24.41 - 6.39 x**1 - 3.49 x**2 + 3.65 x**3 + 0.20 x**4
```

▷▷▷ 프로그램 설명

1 [수식 14.1]의 n-차 다항식 회귀를 구현한다. #1은 y = W * X를 계산한다. x의 각 항목에 대해 X를 생성하여 계산해야 한다.

2 #2는 x에서 다항식의 참값이 w_true, b_true인 [수식 14.2]의 3차 다항식에 mean = 0.0, std = 30의 정규분포 잡음을 추가하여 훈련 데이터의 목표값(t)를 생성한다.

$$t = b\_true + w\_true[0] \times x + w\_true[1] \times x^2 + w\_true[2] \times x^3 \quad \triangleleft \text{수식 14.2}$$

3 #3은 가중치 벡터 W와 바이어스 b 파라미터를 requires_grad = True이고, 표준정규분포 난수로 초기화한 텐서를 생성한다.

4 #4는 최적화할 파라미터 params = [W, b], 학습률 lr = 0.01의 Adam 최적화 객체 optimizer를 생성한다. torch.nn.MSELoss() 손실함수를 loss_fn에 저장한다.

5 #5는 EPOCHS = 10000회 반복하여 훈련 데이터 (x, t)를 이용하여 손실(loss)이 최소가 되는 파라미터 (W, b)를 계산한다.

6 #6은 학습된 W, b를 출력하고, 다항식을 y_str에 문자열로 생성하여 출력한다.

7 #7은 손실함수 (loss_list), 훈련 데이터 (x, t), 학습에 의해 예측 prediction한 W, b를 이용하여 생성한 다항식 데이터 (x, t_pred)를 그래프로 표시한다.

8 [그림 14.1]은 n-차 다항식 회귀의 결과이다. 훈련 데이터를 3차 다항식을 기반으로 생성하여, n = 3, n = 4인 [그림 14.1](c), [그림 14.1](d)은 잘 학습된 것을 알 수 있다. 큰 n에 대한 다항식 회귀의 고차계수는 아주 작은 값으로 계산된다. 차수가 커짐에 따라 손실함수가 아주 큰 값으로 계산되어, 학습률을 줄이고 에폭을 크게 해도 지역극값에 빠질 수 있다. 데이터 정규화 normalization, 파라미터 규칙화 regularization로 성능을 개선할 수 있다.

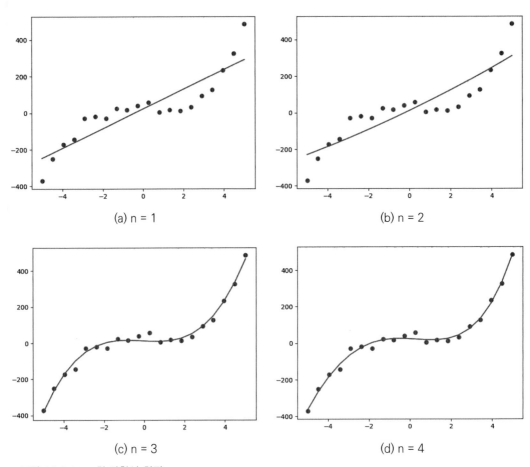

(a) n = 1   (b) n = 2

(c) n = 3   (d) n = 4

△ 그림 14.1 ▶ n-차 다항식 회귀

미니 배치학습

확률적 경사하강법 stochastic gradient decent, SGD은 각 반복 epoch에서 매번 훈련 데이터 모두를 적용하지 않고, 일정 개수를 샘플링하여 경사하강법으로 학습한다. 샘플 크기를 1로 하면 최적해를 찾을 수 없을 수도 있으며, GPU 성능을 활용하지 못하는 단점이 있다.

일반적으로 일정 개수 이상의 배치 크기로 랜덤 샘플링하는 미니 배치 mini batch 학습으로 구현한다. 미니 배치 확률적 경사하강법의 장점은 지역극값을 부분적으로 회피할 수 있고, 훈련 데이터가 아주 많을 때 효과적이다.

미니 배치는 배치 데이터를 직접 샘플링하여 데이터를 생성할 수 있다. 보다 편리한 방법은 torch.utils.data의 Dataset, DataLoader를 사용하는 방법이다.

▷ 예제 15-01 ▶ 단순 선형회귀: 미니 배치

```
01  import math
02  import torch
03  import torch.optim as optim
04
05  #1: train data, t = x + rand()
06  n_data = 12
07  torch.manual_seed(1)
08  x = torch.arange(n_data, dtype = torch.float)
09  t = x+ torch.randn(x.size())            # x.clone()
10
11  #2: initialize parameters
12  w = torch.tensor(0.5, requires_grad = True)
13  b = torch.tensor(0.0, requires_grad = True)
14
15  #3:
16  # optimizer = optim.SGD(params = [w, b], lr = 0.01)
17  optimizer = optim.Adam(params = [w, b], lr = 0.01)
18  loss_fn = torch.nn.MSELoss()
19  loss_list = []
20
```

```
21  #4: update using optimizer
22  EPOCHS = 100
23  train_size = x.size(0)        # n_data, x.shape[0]
24  batch_size = 5
25  K =  math.ceil(train_size / batch_size)
26  print(f'train_size={train_size}, batch_size={batch_size}, K={K}')
27
28  for epoch in range(EPOCHS):
29      batch_loss = 0.0
30      for i in range(K):        # update by mini-batch sample
31  #4-1
32          mask = torch.randint(high = train_size, size = (batch_size,))
33                          # with replace
34          # mask = torch.randperm(train_size)[:batch_size]
35                          # without replace
36          x_batch = x[mask]
37          t_batch = t[mask]
38          #print(f'x_batch={x_batch}, t_batch = {t_batch}')
39                          # batch sample
40  #4-2
41          y_batch = x_batch * w + b
42          loss = loss_fn(y_batch, t_batch)
43  #4-3
44          optimizer.zero_grad()
45          loss.backward()
46          optimizer.step()
47          batch_loss += loss.item()
48
49      loss_list.append(batch_loss / K)        # average batch_loss
50
51  print('w=', w)                # trained weights
52  print('b=', b)
53  sLine = f'y = {w.detach().numpy():.2f}x + {b.detach().numpy():.2f}'
54  print(sLine)
55
56  #5: draw graph
57  import matplotlib.pyplot as plt
58  plt.xlabel('epoch')
59  plt.ylabel('loss')
60  plt.plot(loss_list)
61  plt.show()
62
63  plt.title(sLine)
64  plt.gca().set_aspect('equal')
65  plt.scatter(x.numpy(), t.numpy())
```

```
66
67  x = torch.linspace(-1.0, 10.0, steps = 51)
68  y = w * x + b
69  plt.plot(x, y.detach().numpy(), "b-")
70  plt.axis([-1, 10, -1, 10])
71  plt.show()
```

▷▷ 실행결과

```
train_size=12, batch_size=5, K=3
w= tensor(0.8905, requires_grad=True)
b= tensor(0.3560, requires_grad=True)
y = 0.89x + 0.36
```

▷▷▷ 프로그램 설명

1 [예제 12-02]를 미니 배치학습한다. train_size = 12개의 훈련 데이터에 대해 각 에폭 (epoch)에서, batch_size 크기로 K번 샘플링하여 배치학습하면 train_size 만큼 학습한 것 이다. 즉, 1 에폭을 학습한다.

2 #4는 미니 배치 샘플 x_batch, t_batch를 이용하여 최적화한다.

range(EPOCHS)의 반복문 안에서 range(K) 반복한다. 각 에폭의 batch_loss의 평균 (batch_loss / K)을 loss_list에 추가한다.

3 #4-1에서 랜덤 인덱스를 mask에 생성하고, x[mask], t[mask]로 미니 배치 훈련 데이터 x_batch, t_batch에 샘플링한다.

4 #4-2는 x_batch, t_batch에 대한 손실 (loss)을 계산한다.

5 #4-3은 손실이 최소가 되되록 optimizer의 최적화 방법으로 한 단계 갱신한다.

6 [그림 15.1]은 미니 배치에 의한 단순 선형회귀의 결과로 미니 배치학습에 의해 손실함수가 위아래로 진동하며 0으로 감소한다.

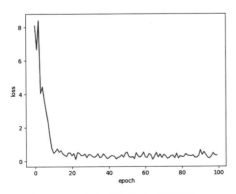
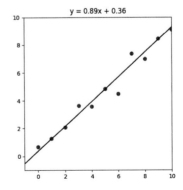

△ 그림 15.1 ▶ 미니 배치: 단순 선형회귀

▷ 예제 15-02 ▶ 단순 선형회귀: 미니 배치(TensorDataset, DataLoader)

```
01  import torch
02  import torch.optim as optim
03  from torch.utils.data import TensorDataset, DataLoader
04
05  #1: (x, t)
06  n_data = 12
07  torch.manual_seed(1)
08  x = torch.arange(n_data, dtype = torch.float)
09  t = x + torch.randn(x.size())          # x.clone()
10
11  #2: dataset and data loader
12  ds = TensorDataset(x, t)
13  # for i in range(len(ds)):
14  #     print(f'ds[{i}] : {ds[i]}')')
15
16  data_loader = DataLoader(dataset = ds, batch_size = 4,
17                          shuffle = True)
18  # for i, (X, y) in enumerate(data_loader):
19  #     print(f'i={i}: X={X}, y = {y}')          # batch sample
20  # data_loader.batch_sampler.batch_size
21  print('len(data_loader)=', len(data_loader))    # 3
22  print('data_loader.batch_size=', data_loader.batch_size)     # 4
23  print('data_loader.batch_sampler.sampler.num_samples=',
24        data_loader.batch_sampler.sampler.num_samples)
25                                          # len(ds) = 12
26
27  #3: initialize parameters
28  w = torch.tensor(0.5, requires_grad = True)
29  b = torch.tensor(0.0, requires_grad = True)
30
31  #4:
32  # optimizer = optim.SGD(params = [w, b], lr = 0.01)
33  optimizer = optim.Adam(params = [w, b], lr = 0.01)          # 0.1
34  loss_fn = torch.nn.MSELoss()
35  loss_list = []
36
37  #5: update using optimizer
38  EPOCHS = 100
39  K = len(data_loader)          # ceil(len(ds)/data_loader.batch_size)
40  print('K=', K)               # 3
41  for epoch in range(EPOCHS):
42
43      batch_loss = 0.0
44      for X, y in data_loader: # update by mini-batch sample
```

```
45              # print(f'X={X}, y = {y}')  # batch sample
46              y_pred = X * w + b
47              loss = loss_fn(y_pred, y)
48
49              optimizer.zero_grad()
50              loss.backward()
51              optimizer.step()
52              batch_loss += loss.item()
53          loss_list.append(batch_loss / K)        # average batch_loss
54
55  print('w=', w) # trained weights
56  print('b=', b)
57  sLine = f'y = {w.detach().numpy():.2f}x + {b.detach().numpy():.2f}'
58  print(sLine)
59
60  #6: draw graph
61  import matplotlib.pyplot as plt
62  plt.xlabel('epoch')
63  plt.ylabel('loss')
64  plt.plot(loss_list)
65  plt.show()
66
67  plt.title(sLine)
68  plt.gca().set_aspect('equal')
69  plt.scatter(x.numpy(), t.numpy())
70
71  x = torch.linspace(-1.0, 10.0, steps=51)
72  y = w * x + b
73  plt.plot(x, y.detach().numpy(), "b-")
74  plt.axis([-1, 10, -1, 10])
75  plt.show()
```

▷▷ 실행결과

```
len(data_loader)= 3
data_loader.batch_size= 4
data_loader.batch_sampler.sampler.num_samples= 12
K= 3
# lr=0.01
w= tensor(0.8922, requires_grad=True)
b= tensor(0.3748, requires_grad=True)
y = 0.89x + 0.37
```

▷▷▷ 프로그램 설명

1 TensorDataset, DataLoader를 이용한 미니 배치학습으로 [예제 15-01]을 변경한다.

2 #2는 TensorDataset로 훈련 데이터 (x, t)의 데이터셋 ds를 생성한다. ds[i]와 같은 인덱스를 이용하여 접근할 수 있다.

DataLoader(dataset = ds, batch_size = 4, shuffle = True)로 데이터로더(data_loader)를 생성한다. 데이터로더는 dataset = ds에서 batch_size = 4 크기의 배치 샘플을 반환한다.

3 #5는 데이터로더(data_loader)를 이용한 미니 배치 샘플 X, y를 이용하여 파라미터를 최적화한다. 각 에폭에서 K = len(data_loader)회 반복한다.

4 [그림 15.2]는 데이터로더를 이용한 미니 배치의 단순 선형회귀의 손실함수이다. [그림 15.2](a)의 lr = 0.1에서는 진동이 약간 크고, lr = 0.01에서는 진동이 작게 나타난 결과이다.

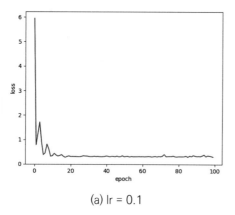

(a) lr = 0.1

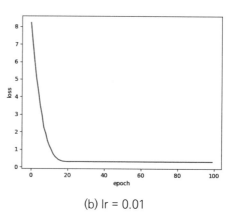

(b) lr = 0.01

△ 그림 15.2 ▶ 미니 배치(DataLoader): 단순 선형회귀

▷ 예제 15-03 ▶ 변수 선형회귀(n = 2): 미니 배치(TensorDataset, DataLoader)

```
01  import torch
02  import torch.optim as optim
03  from torch.utils.data import TensorDataset, DataLoader
04  #1
05  train_data  = torch.tensor([ # t = 1 * x1 + 2 * x2 + 3
06                              # x1, x2, t
07                              [1, 0, 4],
08                              [2, 0, 5],
09                              [3, 0, 5],
10                              [4, 0, 7],
11                              [1, 1, 6],
12                              [2, 1, 7],
13                              [3, 1, 8],
```

```
14                              [4, 1, 9]], dtype = torch.float)
15
16  x_train = train_data[:, :-1]
17  y_train = train_data[:, -1:]
18
19  #2: dataset and data loader
20  ds = TensorDataset(x_train, y_train)
21  data_loader = DataLoader(dataset = ds, batch_size = 4,
22                           shuffle = True)
23
24  #3: initialize parameters
25  torch.manual_seed(1)
26  W = torch.randn(size = (2, 1), requires_grad = True)
27  b = torch.randn(size = (1,), requires_grad = True)
28
29  #4:
30  # optimizer = optim.SGD(params = [W, b], lr = 0.01)
31  optimizer = optim.Adam(params = [W, b],  lr = 0.01)
32  loss_fn   = torch.nn.MSELoss()
33  loss_list = []
34
35  #5: update using optimizer
36  EPOCHS = 1000
37  K = len(data_loader)      # ceil(len(ds) / data_loader.batch_size)
38  print('K=', K)            # 3
39  for epoch in range(EPOCHS):
40
41      batch_loss = 0.0
42      for X, y in data_loader:  # update by mini-batch sample
43          y_pred = torch.matmul(X, W) + b        # X@W + b
44          loss = loss_fn(y_pred, y)
45
46          optimizer.zero_grad()
47          loss.backward()
48          optimizer.step()
49
50          batch_loss += loss.item()
51
52      loss_list.append(batch_loss/K)                # average batch_loss
53
54  #6
55  print('W=', W)              #  trained weights
56  print('b=', b)
57  W = W.flatten()             # W.shape = torch.Size([2])
58  print(f'y={W[0]:.2f}*x1 + {W[1]:.2f}*x1 + {b[0]:.2f}')
```

```
59  #7: draw graph
60  import matplotlib.pyplot as plt
61  plt.xlabel('epoch')
62  plt.ylabel('loss')
63  plt.plot(loss_list)
64  plt.show()
```

▷▷ 실행결과

```
K= 2
W= tensor([[0.9759],
        [2.2795]], requires_grad=True)
b= tensor([2.7836], requires_grad=True)
y=0.98*x1 + 2.28*x1 + 2.78
```

▷▷▷ 프로그램 설명

1 [예제 13-01]의 n = 2 변수 선형회귀를 TensorDataset, DataLoader를 이용하여 미니 배치학습한다.

2 #2는 TensorDataset로 훈련 데이터 (x_train, y_train)의 데이터셋 ds를 생성한다. DataLoader(dataset = ds, batch_size = 4, shuffle = True)로 데이터로더 (data_loader)를 생성한다.

3 #5는 데이터로더 (data_loader)를 이용한 미니 배치 샘플 X, y를 이용하여 최적화한다. 각 에폭에서 K = len(data_loader)회 반복한다.

PyTorch

CHAPTER 05

모델(torch.nn.Linear) 회귀

STEP 16 선형 모델: 1-뉴런

STEP 17 nn.Module 상속 클래스 모듈

STEP 18 모델 저장·로드·평가 모드

선형 모델: 1-뉴런

지금까지는 텐서 변수, 수식, 함수를 모델 ^{model}을 생성하고, 최적화를 위한 파라미터를 requires_grad = True 인수를 갖는 텐서로 생성하였다.

파이토치의 torch.nn에는 다양한 그래프 모델을 생성할 수 있는 모듈, 클래스가 정의되어 있다. torch.nn.Module는 신경망 $^{neural\ network}$ 모듈의 기반 클래스이다. 모델을 생성하면 파라미터 $^{가중치,\ 바이어스}$가 자동으로 생성된다.

nn.Linear 클래스를 이용하여 하나의 뉴런을 갖는 선형 모델을 생성하여, 4장의 회귀 문제를 처리한다. [그림 16.1]은 torch.nn.Linear(in_features, out_features = 1, bias = True)의 1-뉴런(node, unit)을 갖는 신경망 네트워크 그래프의 구조이다. 여러 개의 batch 데이터를 행렬 연산으로 한 번에 계산한다. n은 입력 특징의 차원이다.

> nn.Linear(in_features, out_features, bias = True, device = None, dtype = None)
> ① in_features, out_features는 입력, 출력의 차원이다.
> ② bias = True이면 뉴런 노드의 바이어스를 사용한다.
> ③ 그래프에서 뉴런 노드은 out_features개 있다. 가중치 (weight, W)는 in_features * out_features개 있다. bias = True이면 뉴런(노드)의 개수 (out_features) 만큼 바이어스가 있다.

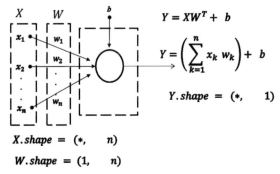

$$Y = XW^T + b$$

$$Y = \left(\sum_{k=1}^{n} x_k\, w_k\right) + b$$

$$Y.shape = (*, \quad 1)$$

$$X.shape = (*, \quad n)$$

$$W.shape = (1, \quad n)$$

△ 그림 16.1 ▶ torch.nn.Linear(in_features=n, out_features=1, bias = True)

▷ 예제 16-01 ▶ nn.Linear() 선형 모델

```
01  import torch
02  import torch.nn as nn
03  #1
04  x = torch.tensor([[1, 5],
05                    [2, 4],
06                    [3, 3],
07                    [4, 2],
08                    [5, 1]], dtype = torch.float)    # (5, 2)
09  n = x.size(1)                                      # n = 2
10
11  #2
12  model = nn.Linear(in_features = n, out_features = 1, bias = True)
13  print('model.weight.shape=', model.weight.shape)
14  print('model.bias.shape=', model.bias.shape)
15
16  #3: change weight, feed forward model
17  # model.weight.data = torch.tensor([[1.0, 2.0]])
18  # model.bias.data   = torch.tensor([1.0])
19  model.weight = nn.Parameter(torch.tensor([[1.0, 2.0]]))
20  model.bias   = nn.Parameter(torch.tensor([1.0]))
21  # with torch.no_grad():
22  #     y = model(x)
23  y = model(x)
24  print('y=', y)
25
26  #4
27  y2 = torch.matmul(x, model.weight.T) + model.bias
28  print('y2=', y2)
29  print(torch.allclose(y, y2))
```

▷▷ 실행결과

```
model.weight.shape= torch.Size([1, 2])
model.bias.shape= torch.Size([1])
y= tensor([[12.],
           [11.],
           [10.],
           [ 9.],
           [ 8.]], grad_fn=<AddmmBackward0>)
y2= tensor([[12.],
            [11.],
            [10.],
            [ 9.],
            [ 8.]], grad_fn=<AddBackward0>)
True
```

▷▷▷ 프로그램 설명

1 #1은 torch.Size([5, 2]) 모양의 텐서 x를 생성한다. x는 2차원을 특징을 갖는 5개의 데이터로 생각할 수 있다. n = 2이다.

2 #2는 [그림 16.1]에서 n = 2의 1-뉴런 (node, unit)을 갖는 신경망 네트워크 모델 (model)을 생성한다. model.weight.shape = torch.Size([1, 2]), model.bias.shape = torch.Size([1]) 이다.

3 #3은 model.weight, model.bias를 변경하고, y = model(x)로 입력 x의 모델 출력 y를 계산한다. with torch.no_grad() 블록으로 자동미분을 해제하고 출력을 계산할 수 있다.

4 #4는 y2 = torch.matmul(x, model.weight.T) + model.bias로 선형 모델의 출력을 계산한다. y와 y2는 같다.

▷ 예제 16-02 ▶ nn.Linear(): 단순 선형회귀, 미니 배치

```
01  import math
02  import torch
03  import torch.nn as nn
04  import torch.optim as optim
05
06  #1: (x, t)
07  n_data = 12
08  torch.manual_seed(1)
09  x = torch.arange(n_data, dtype = torch.float).view(-1, 1)
10  t = x + torch.randn(x.size())        # x.clone()
11
12  #2: model
13  model = nn.Linear(in_features = 1, out_features = 1) # bias = True
14  # print(list(model.parameters()))
15  #initial weights
16  # print('model.weight.data=', model.weight.data)     # torch.Tensor
17  # print('model.bias.data=', model.bias.data)
18
19  #3:
20  optimizer = optim.Adam(params = model.parameters(), lr = 0.01)
21  loss_fn = nn.MSELoss()
22  loss_list = []
23
24  #4: update using optimizer
25  EPOCHS = 100
26  train_size = x.size(0)                 # n_data, x.shape[0]
27  batch_size = 5
28  K =  math.ceil(train_size / batch_size)
```

```
29  print(f'train_size={train_size}, batch_size={batch_size}, K={K}')
30
31  for epoch in range(EPOCHS):
32
33      batch_loss = 0.0
34      for i in range(K):                      # update by mini-batch sample
35          mask = torch.randint(high = train_size,
36                                  size = (batch_size,))  # with replace
37          # mask = torch.randperm(train_size)[:batch_size]
38          # without replace
39          x_batch = x[mask]
40          t_batch = t[mask]
41  #4-2
42          y_batch  = model(x_batch)    # y_pred
43          loss = loss_fn(y_batch, t_batch)
44  #4-3
45          optimizer.zero_grad()
46          loss.backward()
47          optimizer.step()
48          batch_loss += loss.item()
49      loss_list.append(batch_loss / K)     # average batch_loss
50
51  #5: trained weights
52  # print(list(model.parameters()))
53  state = model.state_dict()              # collections.OrderedDict
54  w = state['weight'].flatten()[0]        # model.weight.data.flatten()[0]
55  b = state['bias'][0]                    # model.bias.data[0]
56  print('w=', w)
57  print('b=', b)
58  sLine = f'y = {w.numpy():.2f}x + {b.numpy():.2f}'
59  print(sLine)
60  # print('state.items()=', state.items())
61  # print('state.keys()=', state.keys())
62  # print('state.values()=', state.values())
63
64  #6: draw graph
65  import matplotlib.pyplot as plt
66  plt.xlabel('epoch')
67  plt.ylabel('loss')
68  plt.plot(loss_list)
69  plt.show()
70
71  plt.title(sLine)
72  plt.gca().set_aspect('equal')
73  plt.scatter(x.numpy(), t.numpy())
```

```
74
75 x = torch.linspace(-1.0, 10.0, steps = 51)
76 y = w*x + b
77 plt.plot(x, y.detach().numpy(), "b-")
78 plt.axis([-1, 10, -1, 10])
79 plt.show()
```

▷▷ 실행결과

```
train_size=12, batch_size=5, K=3
w= tensor(0.7947)
b= tensor(1.0690)
y = 0.79x + 1.07
```

▷▷▷ 프로그램 설명

1 [예제 15-01]을 nn.Linear() 모델로 생성하고 미니 배치로 학습한다.

2 #1은 훈련 데이터 (x, t)를 생성한다. x.size(1) = 1, t.size(1) = 1은 out_features = 1과 같아야 한다.

3 #2는 model = nn.Linear(in_features = 1, out_features = 1)로 [그림 16.1]에서 n = 1의 모델을 생성한다. 모델 파라미터 model.parameters()는 제너레이터 generator이다. model.weight, model.bias는 torch.nn.parameter.Parameter 자료형이고 난수로 초기화되어 있다. model.weight.data, model.bias.data는 torch.Tensor 자료형이다.

4 #3은 학습할 파라미터 params = model.parameters(), 학습률 lr = 0.01로 Adam 최적화 객체 optimizer를 생성한다. 손실함수 loss_fn로 nn.MSELoss()를 사용한다.

5 #4는 EPOCHS= 100회 반복하고, 각 에폭에서 K = len(data_loader)회 미니 배치 샘플 (x_batch, t_batch)을 이용하여 최적화한다.

model(x_batch)는 x_batch의 모델 출력 y_pred와 정답 레이블 t_batch의 손실을 loss에 계산하고, optimizer로 최적화한다.

6 #5는 학습된 파라미터를 출력한다. type(model.state_dict())은 collections. OrderedDict이다. state['weight']는 model.weight.data와 같고, state['bias']는 model. bias.data와 같다. 직선의 기울기 (w)와 절편 (b)을 저장하고, #6에서 그래프를 표시한다. 결과는 [그림 15.1]과 유사하다.

▷ 예제 16-03 ▶ nn.Linear(): 미니 배치 단순 선형회귀
                        (TensorDataset, DataLoader)

```
01 import torch
02 import torch.nn as nn
03 import torch.optim as optim
04 from torch.utils.data import TensorDataset, DataLoader
```

```
05
06  #1: (x, t)
07  n_data= 12
08  torch.manual_seed(1)
09  x = torch.arange(n_data, dtype = torch.float).view(-1, 1)
10  t = x+ torch.randn(x.size())          # x.clone()
11
12  #2: dataset and data loader
13  ds = TensorDataset(x, t)
14  data_loader = DataLoader(dataset = ds, batch_size = 4,
15                           shuffle = True)
16
17  #3: model
18  model = nn.Linear(in_features = 1, out_features = 1) # bias = True
19  # print(list(model.parameters()))
20
21  #4:
22  # optimizer = optim.SGD(params = model.parameters(), lr = 0.01)
23  optimizer = optim.Adam(params = model.parameters(), lr = 0.01)
24  loss_fn = nn.MSELoss()
25  loss_list = []
26
27  #5: update using optimizer
28  EPOCHS = 100
29  K = len(data_loader)         # ceil(len(ds)/data_loader.batch_size)
30  for epoch in range(EPOCHS):
31
32      batch_loss = 0.0
33      for X, y in data_loader:              # update by mini-batch sample
34          y_pred = model(X)
35          loss = loss_fn(y_pred, y)
36
37          optimizer.zero_grad()
38          loss.backward()
39          optimizer.step()
40
41          batch_loss += loss.item()
42
43      loss_list.append(batch_loss / K)  # average batch_loss
44
45  #6: trained weights
46  # print(list(model.parameters()))
47  state = model.state_dict()            # collections.OrderedDict
48  w = state['weight'].flatten()[0]      # model.weight.data.flatten()[0]
49  b = state['bias'][0]                  # model.bias.data[0]
```

```
50  print('w=', w)
51  print('b=', b)
52  sLine = f'y = {w.numpy():.2f}x + {b.numpy():.2f}'
53  print(sLine)
54
55  #7: draw graph
56  import matplotlib.pyplot as plt
57  plt.xlabel('epoch')
58  plt.ylabel('loss')
59  plt.plot(loss_list)
60  plt.show()
61
62  plt.title(sLine)
63  plt.gca().set_aspect('equal')
64  plt.scatter(x.numpy(), t.numpy())
65
66  x = torch.linspace(-1.0, 10.0, steps = 51)
67  y = w * x + b
68  plt.plot(x, y.detach().numpy(), "b-")
69  plt.axis([-1, 10, -1, 10])
70  plt.show()
```

▷▷ 실행결과

```
w= tensor(0.7900)
b= tensor(1.0886)
y = 0.79x + 1.09
```

▷▷▷ 프로그램 설명

1 [예제 15-02]를 nn.Linear()로 모델을 생성하고 미니 배치로 학습한다.

2 #2는 TensorDataset로 훈련 데이터 (x, t)의 데이터셋 ds를 생성한다.

3 #3은 model = nn.Linear(in_features = 1, out_features = 1)로 [그림 16.1]에서 n = 1의 모델을 생성한다.

4 #4는 학습할 파라미터 params = model.parameters(), 학습률 lr = 0.01의 Adam 최적화 객체 optimizer를 생성한다. torch.nn.MSELoss() 손실함수를 loss_fn에 저장한다.

5 #5는 데이터로더 (data_loader)를 이용한 미니 배치 샘플 X, y를 이용하여 최적화한다. 각 에폭에서 K = len(data_loader)회 반복한다.

batch_size = 4에 의해 y_pred = model(X)은 입력 X.size() = torch.Size([4, 1])인 입력 X에 대해 y_pred.size() = torch.Size([4, 1])의 출력 y_pred를 계산한다.

6 #6은 학습된 파라미터를 출력한다. #7은 그래프를 표시한다. 결과는 [그림 15.2]와 유사하다.

▷ 예제 16-04   ▶ nn.Linear(): 미니 배치 2-변수 선형회귀
                                (TensorDataset, DataLoader)

```
01 import torch
02 import torch.nn as nn
03 import torch.optim as optim
04 from torch.utils.data import  TensorDataset, DataLoader
05 #1
06 train_data  = torch.tensor([      # t = 1 * x1 + 2 * x2 + 3
07     # x1, x2, t
08     [1, 0, 4],
09     [2, 0, 5],
10     [3, 0, 5],
11     [4, 0, 7],
12     [1, 1, 6],
13     [2, 1, 7],
14     [3, 1, 8],
15     [4, 1, 9]], dtype = torch.float)
16 x_train = train_data[:,:-1]
17 y_train = train_data[:,-1:]
18 print('x_train.size()=', x_train.size())       # torch.Size([8, 2])
19 print('y_train.size()=', y_train.size())       # torch.Size([8, 1])
20
21 #2: dataset and data loader
22 ds = TensorDataset(x_train, y_train)
23 data_loader = DataLoader(dataset = ds, batch_size = 4,
24                          shuffle = True)
25
26 #3: model
27 model = nn.Linear(in_features = x_train.size(1), out_features = 1)
28                  # in_features = 2
29 # print(list(model.parameters()))
30
31 #4:
32 # optimizer = optim.SGD(params = model.parameters(), lr = 0.01)
33 optimizer = optim.Adam(params = model.parameters(), lr = 0.01)
34 loss_fn = nn.MSELoss()
35 loss_list = []
36
37 #5: update using optimizer
38 EPOCHS = 1000
39 K = len(data_loader)        # ceil(len(ds)/data_loader.batch_size)
40 for epoch in range(EPOCHS):
41
42     batch_loss = 0.0
43     for X, y in data_loader:       # update by mini-batch sample
44         # print('X.shape=', X.shape) # torch.Size([4, 2])
```

```
45              # print('y.shape=', y.shape)                # torch.Size([4, 1])
46              y_pred = model(X)          # y_pred.shape = torch.Size([4, 1])
47              loss = loss_fn(y_pred, y)
48              optimizer.zero_grad()
49              loss.backward()
50              optimizer.step()
51
52              batch_loss += loss.item()
53
54          loss_list.append(batch_loss / K)        # average batch_loss
55  #6: trained weights
56  state = model.state_dict()                      # collections.OrderedDict
57  print('state=', state)
58  w = state['weight']                             # model.weight.data
59  b = state['bias']                               # model.bias.data
60  print('w=', w)
61  print('b=', b)
62
63  #7: draw graph
64  import matplotlib.pyplot as plt
65  plt.xlabel('epoch')
66  plt.ylabel('loss')
67  plt.plot(loss_list)
68  plt.show()
```

▷▷ 실행결과

```
#1
x_train.size()= torch.Size([8, 2])
y_train.size()= torch.Size([8, 1])
#6
state= OrderedDict([('weight', tensor([[0.9910, 2.2946]])), ('bias',
tensor([2.7338]))])
w= tensor([[0.9910, 2.2946]])
b= tensor([2.7338])
```

▷▷▷ 프로그램 설명

1 [예제 15-03]을 nn.Linear()로 모델을 생성하고 TensorDataset, DataLoader를 이용한 미니 배치로 학습한다.

x_train.size() = torch.Size([8, 2]로 #3에서 nn.Linear(in_features = 2, out_features = 1)로 모델을 생성한다.

2 #5는 데이터로더 (data_loader)를 이용한 미니 배치 샘플 X, y를 이용하여 최적화한다. batch_size = 4에 의해 y_pred = model(X)은 입력 X.size() = torch.Size([4, 2])인 입력 X에 대해 y_pred.size() = torch.Size([4, 2])의 출력 y_pred를 계산한다.

일반적으로 파이토치 모델은 nn.Module 클래스에서 상속받아 생성한다. 여기서는 간단하게 하나의 nn.Linear()로 모델을 생성한다.

1 nn.Module에서 상속받은 클래스 정의

nn.Module 클래스에서 상속받아 모델을 생성한다. __init__() 생성자와 forward() 메서드를 구현한다.

```
class LinearNet(nn.Module):
    def __init__(self, input_size = 1, output_size = 1):
        # super(LinearNet, self).__init__()
        super().__init__()
        self.linear = nn.Linear(input_size, output_size)

    def forward(self, x):
        y = self.linear(x)
        return y
```

2 모델 생성

model = LinearNet() 같이 클래스 이름으로 모델을 생성하면 __init__() 생성자 메서드가 호출되어, 상위클래스(nn.Module)를 초기화하고, self.linear = nn.Linear(input_size, output_size)를 호출하여 moddel.linear에 nn.Linear(1, 1)를 갖는 모델 객체(model)를 생성한다.

3 모델 출력 계산(forward() 메서드)

model(x)는 model.forward(x)를 호출하여 입력 x에 대한 모델의 출력을 계산한다. nn.Module.__call__() 메서드에 의해 호출된다.

▷ 예제 17-01 ▶ model = LinearNet(): 미니 배치 단순 선형회귀

```
01 import torch
02 import torch.nn as nn
03 import torch.optim as optim
04
05 #1: (x, t), [예제 16-02] 참조
06 #2: model
07 class LinearNet(nn.Module):
08     def __init__(self, input_size = 1, output_size = 1):
09         # super(LinearNet, self).__init__()
10         super().__init__()
11         self.linear = nn.Linear(input_size, output_size)
12
13     def forward(self, x):
14         y = self.linear(x)
15         return y
16 model = LinearNet()                # (1, 1)
17 # print(list(model.parameters()))   # initial weights
18 print('model.linear.weight.data=', model.linear.weight.data)
19                                     # torch.Tensor
20 print('model.linear.bias.data=', model.linear.bias.data)
21 #3: [예제 16-02] 참조
22 #4: [예제 16-02] 참조
23 #5: trained weights
24 state = model.state_dict()   # collections.OrderedDict
25 w = state['linear.weight'].flatten()[0]
26                             # model.linear.weight.data.flatten()[0]
27 b = state['linear.bias'][0] # model.linear.bias.data[0]
28 print('w=', w)
29 print('b=', b)
30 sLine = f'y = {w.numpy():.2f}x + {b.numpy():.2f}'
31 print(sLine)
32 #6: draw graph, [예제 16-02] 참조
```

▷▷ 실행결과

```
#5
[Parameter containing:
tensor([[0.8664]], requires_grad=True), Parameter containing:
tensor([0.5639], requires_grad=True)]
state= OrderedDict([('linear.weight', tensor([[0.8664]])),
                    ('linear.bias', tensor([0.5639]))])
w= tensor(0.8664)
b= tensor(0.5639)
```

▷▷▷ 프로그램 설명

1 [예제 16-02]를 LinearNet 클래스를 사용한 모델 생성으로 변경한다.

2 #2는 LinearNet 클래스 정의하고, model = LinearNet()로 모델(model)을 생성한다.

3 #5의 학습된 가중치 state['linear.weight']는 model.linear.weight.data 텐서이다. 바이어스 state['linear.bias']는 model.linear.bias.data 텐서이다.

▷ 예제 17-02 ▶ model = LinearNet(): 미니 배치 단순 선형회귀
(TensorDataset, DataLoader)

```
01  import torch
02  import torch.optim as optim
03  import torch.nn.functional as F
04  import torch.nn as nn
05  #1: (x, t), [예제 16-03] 참조
06  #2: [예제 16-03] 참조
07  #3: model
08  class LinearNet(nn.Module):
09      def __init__(self, input_size = 1, output_size = 1):
10          # super(LinearNet, self).__init__()
11          super().__init__()
12          self.linear = nn.Linear(input_size, output_size)
13
14      def forward(self, x):
15          y = self.linear(x)
16          return y
17  model = LinearNet()                    # (1, 1)
18  # print(list(model.parameters()))     # initial weights
19  # print('model.linear.weight.data=', model.linear.weight.data)
20                                          # torch.Tensor
21  # print('model.linear.bias.data=', model.linear.bias.data)
22  #4: [예제 16-03] 참조
23  #5: trained weights
24  state = model.state_dict()             # collections.OrderedDict
25  w = state['linear.weight'].flatten()[0]
26                        # model.linear.weight.data.flatten()[0]
27  b = state['linear.bias'][0]            # model.linear.bias.data[0]
28  print('w=', w)
29  print('b=', b)
30  sLine = f'y = {w.numpy():.2f}x + {b.numpy():.2f}'
31  print(sLine)
32  #6: [예제 16-03] 참조
```

▷▷ 실행결과

```
train_size=12, batch_size=5, K=3
w= tensor(0.7947)
b= tensor(1.0690)
y = 0.79x + 1.07
```

▷▷▷ 프로그램 설명

1 [예제 16-02]를 LinearNet 클래스를 사용한 모델 생성으로 변경한다.

2 #2는 LinearNet 클래스 정의하고, model = LinearNet()로 모델(model)을 생성한다.

3 #5의 학습된 가중치 state['linear.weight']는 model.linear.weight.data 텐서이다. 바이어스 state['linear.bias']는 model.linear.bias.data 텐서이다.

▷ 예제 17-03 ▶ model = LinearNet(): 미니 배치 2-변수 선형회귀
(TensorDataset, DataLoader)

```
01 import torch
02 import torch.optim as optim
03 import torch.nn.functional as F
04 import torch.nn as nn
05 #1: train_data: [예제 16-04] 참조
06 #2: dataset and data loader, [예제 16-04] 참조
07 #3: model
08 class LinearNet(nn.Module):
09     def __init__(self, input_size=2, output_size=1):
10         # super(LinearNet, self).__init__()
11         super().__init__()
12         self.linear = nn.Linear(input_size, output_size)
13
14     def forward(self, x):
15         y = self.linear(x)
16         return y
17 model = LinearNet() # (2, 1)
18 # print(list(model.parameters())) # initial weights
19 # print('model.linear.weight.data=', model.linear.weight.data)
20 #       torch.Tensor
21 # print('model.linear.bias.data=', model.linear.bias.data)
22 #4: [예제 16-04] 참조
23 #5: [예제 16-04] 참조
24 #6: trained weights
25 state = model.state_dict()       # collections.OrderedDict
26 print('state=', state)
```

```
27  w = state['linear.weight']  # model.linear.weight.data
28  b = state['linear.bias']    # model.linear.bias.data
29  print('w=', w)
30  print('b=', b)
31  # w, b= list(state.values())
32  # print('w=', w)
33  # print('b=', b)
34  #7: [예제 16-04] 참조
```

▷▷ 실행결과

```
X_train.size()= torch.Size([8, 2])
y_train.size()= torch.Size([8, 1])
state= OrderedDict([('linear.weight', tensor([[1.0245, 2.3275]])), ('linear.
bias', tensor([2.6209]))])
w= tensor([[1.0245, 2.3275]])
b= tensor([2.6209])
```

▷▷▷ 프로그램 설명

1 [예제 16-04]을 LinearNet 클래스를 사용한 모델 생성으로 변경한다.

2 #3은 LinearNet 클래스를 정의한다. model = LinearNet()은 2개의 특징벡터를 입력을 받는 모델 생성한다.

3 #6의 학습된 가중치 state['linear.weight']는 model.linear.weight.data 텐서이다. 바이어스 state['linear.bias']는 model.linear.bias.data 텐서이다.

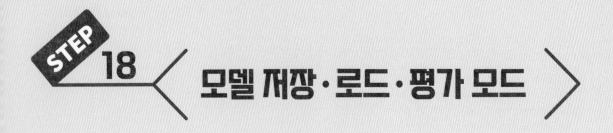

모델 저장·로드·평가 모드

파이토치로 학습한 결과(가중치)를 저장하고, 로드할 수 있다. 여기서는 학습한 파이토치 모델을 저장하고 로드하여 모델을 평가하는 방법을 설명한다.

model.save()는 모델을 저장하고, torch.load()는 모델을 로드한다. 파이썬 pickle을 사용하기 때문에 모델의 클래스 정의가 필요하다.

torch.jit.save(), torch.jit.load()는 TorchScript 모델을 저장하고, 로드할 수 있다. 파이토치 모델은 torch.jit.trace() 또는 torch.jit.script()로 TorchScript로 변환한다. TorchScript로 변환된 모델은 일반 파이토치 모델과 같은 방법으로 사용할 수 있다.

torch.onnx.export()는 모델을 ONNX open neural network exchange 파일로 저장한다. ONNX는 서로 다른 기계학습, 딥러닝 프레임워크 사이의 모델변환과 실행환경을 지원하는 개방형 표준이다. ONNX는 연산 집합인 옵셋 opset 버전에 따라 지원하는 연산이 다를 수 있다.

1 모델 전체 저장/로드
model.save()는 모델 전체를 저장한다. torch.load()는 모델을 로드한다. 모델의 클래스 정의가 필요하다.

```
torch.save(model, '1801_model.pt')      # 모델 저장

model = LinearNet()                      # 모델 생성
model = torch.load('1801_model.pt')      # 모델 로드
```

2 state_dict 저장/로드 1
모델의 상태(model.state_dict())를 저장하고 로드한다. 모델의 클래스 정의가 필요하다.

```
torch.save(model.state_dict(), '1801_state_dict.pt')

model = LinearNet()              # 모델 생성
model.load_state_dict(torch.load('1801_state_dict.pt'))
```

3 state_dict 저장/로드 2

모델의 에폭(epoch), 상태(model.state_dict()), 최적화 상태(optimizer.state_dict())
등을 dict를 이용하여 저장하고 로드한다. 모델의 클래스 정의가 필요하다.

```
torch.save({'epoch': epoch,
            'model': model.state_dict(),
            'optimizer': optimizer.state_dict()},
                '1801_states.pt')

model = LinearNet()              # 모델 생성
state = torch.load('1801_states.pt')
model.load_state_dict(state['model'])
optimizer.load_state_dict(state['optimizer'])
```

4 TorchScript 저장/로드

torch.jit.save(), torch.jit.load()를 사용하여 모델을 TorchScript로 저장하고, 로드할 수
있다. 파이토치 모델은 torch.jit.trace() 또는 torch.jit.script()로 TorchScript로 변환
한다. 모델의 클래스 정의가 필요 없어 학습모델 배포에 장점이 있다.

```
#1: torch.jit.trace 모델 변환
dummy_input = torch.tensor([[1., 2.]])
with torch.no_grad():
    jit_model = torch.jit.trace(model, dummy_input)
torch.jit.save(jit_model, '1801_jit.pt')

#2: torch.jit.script 모델 변환
jit_model2 = torch.jit.script(model)
torch.jit.save(jit_model2, '1801_jit2.pt')

model = torch.jit.load('1801_jit.pt') # '1801_jit2.pt'
```

5 ONNX 저장

torch.onnx.export()로 *.onnx 파일로 저장할 수 있다. 파이토치 모델을 다른
딥러닝 프레임워크와 공유 가능하게 한다. 여기서는 onnxruntime으로 모델을 로드
하고 추론한다. dynamic_axes를 지정하지 않으면, onnxruntime 등에서 dummy_
input.shape = (1, 2)의 입력에서만 모델의 출력을 계산할 수 있다. dynamic_
axes={'input' : {0 : 'batch_size'}}는 axis = 0에 대해 배치입력이 가능하다.

```
# ONNX
dummy_input = torch.tensor([[1., 2.]])
# torch.onnx.export(model, dummy_input, '1801.onnx')
# fixed shape only
torch.onnx.export(model, dummy_input, '1801_batch.onnx',
          input_names  = ['input'],       # model's input names
          output_names = ['output'],      # model's output names
          dynamic_axes = {'input'  : {0 : 'batch_size'},
                    # 'output' : {0 : 'batch_size'}
                    })
```

▷ 예제 18-01   ▶ 모델 저장

```
01  import torch
02  import torch.nn as nn
03  import torch.optim as optim
04  from torch.utils.data import  TensorDataset, DataLoader
05  #1
06  train_data  = torch.tensor([ # t = 1 * x1 + 2 * x2 + 3
07      # x1, x2, t
08      [1, 0, 4],
09      [2, 0, 5],
10      [3, 0, 5],
11      [4, 0, 7],
12      [1, 1, 6],
13      [2, 1, 7],
14      [3, 1, 8],
15      [4, 1, 9]], dtype = torch.float)
16  x_train = train_data[:, :-1]        # torch.Size([8, 2])
17  y_train = train_data[:, -1:]        # torch.Size([8, 1])
18  print('x_train.size()=', x_train.size())
19
20  #2: dataset and data loader
21  ds = TensorDataset(x_train, y_train)
22  data_loader = DataLoader(dataset = ds, batch_size = 4,
23                           shuffle = True)
24
25  #3: model
26  class LinearNet(nn.Module):
27      def __init__(self, input_size = 2, output_size = 1):
28          # super(LinearNet, self).__init__()
```

```
29          super().__init__()
30          self.linear = nn.Linear(input_size, output_size)
31
32      def forward(self, x):
33          y = self.linear(x)
34          return y
35 model = LinearNet()                # (2, 1)
36 # print(list(model.parameters()))
37
38 #4:
39 optimizer = optim.Adam(params = model.parameters(), lr = 0.01)
40 loss_fn = torch.nn.MSELoss()
41 loss_list = []
42
43 #5: update using optimizer
44 EPOCHS  = 1000
45 K = len(data_loader)        # ceil(len(ds) / data_loader.batch_size)
46 for epoch in range(EPOCHS):
47
48     batch_loss = 0.0
49     for X, y in data_loader:        # update by mini-batch sample
50         y_pred = model(X)           # model.forward(X)
51         loss = loss_fn(y_pred, y)
52
53         optimizer.zero_grad()
54         loss.backward()
55         optimizer.step()
56
57         batch_loss += loss.item()
58
59     loss_list.append(batch_loss / K)        # average batch_loss
60
61 #6: trained weights
62 state = model.state_dict()          # collections.OrderedDict
63 print('state=', state)
64 w = state['linear.weight']          # model.linear.weight.data
65 b = state['linear.bias']            # model.linear.bias.data
66 w, b= list(state.values())
67 print('w=', w)
68 print('b=', b)
69
70 #7: save model
71 model.eval()                        # model.train(False)
72
73 #7-1
74 PATH = './saved_model/'
```

```
 75  torch.save(model, PATH + '1801_model.pt')        # 모델 저장
 76
 77  #7-2
 78  torch.save(model.state_dict(), PATH + '1801_state_dict.pt')
 79                                                    # state_dict 저장
 80
 81  #7-3
 82  torch.save({'epoch': epoch,
 83              'model': model.state_dict(),
 84              'optimizer': optimizer.state_dict()},
 85                          PATH + '1801_states.pt')
 86
 87  #8: torch.jit.trace 모델 변환
 88  dummy_input = torch.tensor([[1., 2.]])
 89  with torch.no_grad():
 90      jit_model = torch.jit.trace(model, dummy_input)    # 모델 변환
 91  torch.jit.save(jit_model, PATH + '1801_jit.pt')
 92
 93  #9: torch.jit.script 모델 변환
 94  jit_model2 = torch.jit.script(model)                   # 모델 변환
 95  torch.jit.save(jit_model2, PATH + '1801_jit2.pt')
 96
 97  #10: ONNX
 98  # dummy_input = torch.tensor([[1., 2.]])
 99  torch.onnx.export(model, dummy_input, PATH + '1801.onnx')
100                                                     # fixed shape
101  torch.onnx.export(model, dummy_input, PATH + '1801_batch.onnx',
102          input_names = ['input'],        # model's input names
103          output_names= ['output'],       # model's output names
104          dynamic_axes={'input' : {0 : 'batch_size'},
105                      # 'output' : {0 : 'batch_size'}
106                          })
```

▷▷ 실행결과

```
state= OrderedDict([('linear.weight', tensor([[1.0156, 2.3158]])), ('linear.
bias', tensor([2.6529]))])
w= tensor([[1.0156, 2.3158]])
b= tensor([2.6529])
```

▷▷▷ 프로그램 설명

▨▨ 1 [예제 17-03]에 모델 저장을 추가한다.

▨▨ 2 #7은 torch.save()로 모델을 저장한다. 모델을 생성한 클래스(LinearNet) 정의가 있어야 로드할 수 있다. model.eval(), model.train(False)은 모델을 평가 모드로 변환한다. 배치 정규화 (nn.BatchNorm1d, nn.BatchNorm2d), 드롭아웃(nn.Dropout) 등은 훈련모드와 평가 모드에서 다르게 동작한다.

3 #7-1은 모델 model을 저장한다.

4 #7-2는 모델의 model.state_dict()를 저장한다.

5 #7-3은 사전 dict을 이용하여 모델을 저장한다.

6 #8의 jit_model = torch.jit.trace(model, dummy_input)는 모델에 dummy_input을 적용하여 jit_model 스크립트를 생성하고, torch.jit.save()로 저장한다. with torch.no_grad()는 torch.jit.trace()로 모델을 트레이스하는 동안 자동미분을 비활성화한다.

7 #9는 jit_model2 = torch.jit.script(model)로 모델을 jit_model2 스크립트를 생성하고, torch.jit.save()로 저장한다.

8 #10은 모델을 dummy_input 입력을 이용하여 ONNX 파일로 변환하여 저장한다.

'1801.onnx' 파일은 dummy_input.shape = (1, 2)의 입력에 대해서만 모델의 출력을 계산할 수 있다. '1801_batch.onnx' 파일은 dynamic_axes에 의해 (*, 1)의 배치입력의 모델 출력을 계산할 수 있다.

▷ 예제 18-02 ▶ 모델 로드(모델 정의 클래스 필요)

```
01  import torch
02  import torch.nn as nn
03  #1
04  train_data  = torch.tensor([ # t = 1 * x1 + 2 * x2 + 3
05                               # x1, x2, t
06                               [1, 0, 4],
07                               [2, 0, 5],
08                               [3, 0, 5],
09                               [4, 0, 7],
10                               [1, 1, 6],
11                               [2, 1, 7],
12                               [3, 1, 8],
13                               [4, 1, 9]], dtype = torch.float)
14  x_train = train_data[:,:-1]        # torch.Size([8, 2])
15  y_train = train_data[:,-1:]        # torch.Size([8, 1])
16
17  #2: model
18  class LinearNet(nn.Module):
19      def __init__(self, input_size = 2, output_size = 1):
20          # super(LinearNet, self).__init__()
21          super().__init__()
22          self.linear = nn.Linear(input_size, output_size)
23
24      def forward(self, x):
25          y = self.linear(x)
26          return y
```

```
27
28  #3: load model
29  PATH = './saved_model/'
29  model = torch.load(PATH + '1801_model.pt')        # 7-1
30  # print(list(model.parameters()))
31
32  #4
33  # model = LinearNet()                              # 모델 생성
34  # model.load_state_dict(torch.load(PATH + '1801_state_dict.pt'))
35                                                     # 7-2
36
37  #5
38  # model = LinearNet()                              # 모델 생성
39  # state = torch.load(PATH + '1801_states.pt')   # 7-3
40  # model.load_state_dict(state['model'])
41
42  #6: evaluate model
43  model.eval()                                   # model.train(mode = False)
44  with torch.no_grad():
45      out = model(torch.tensor([[1., 2.]]))
46      print('out = ', out)
47
48      y_pred = model(x_train).flatten()
49      print('y_pred = ', y_pred)
```

▷▷ 실행결과

```
out = tensor([[8.3002]])
y_pred = tensor([3.6685, 4.6841, 5.6997, 6.7154, 5.9843, 6.9999, 8.0156,
9.0312])
```

▷▷▷ 프로그램 설명

1 [예제 18-01]에서 저장한 모델을 로드하여 평가 추론한다. #3, #4, #5의 모델 로드에서 모두 LinearNet 클래스 정의가 필요하다.

2 #3은 [예제 18-01]의 #7-1에서 저장한 '1801_model.pt' 파일을 모델 model에 로드한다.

3 #4는 model = LinearNet()에 의한 모델 객체 생성이 필요하다. [예제 18-01]의 #7-2에서 저장한 '1801_state_dict.pt' 파일을 모델 model에 로드한다.

4 #5는 model = LinearNet()에 의한 모델 객체 생성이 필요하다. [예제 18-01]의 #7-3에서 저장한 '1801_states.pt' 파일을 state 사전에 로드하고, model.load_state_dict(state['model'])로 모델 model 상태를 저장한다.

5 #6의 model.eval()은 모델을 평가 모드로 변경한다. with torch.no_grad()로 자동미분을 해제한다. model에 torch.tensor([[1., 2.]])를 입력하여 모델 출력 out을 계산한다. model에 x_train을 입력하여 출력 y_pred를 계산한다.

▷ 예제 18-03 ▸ TorchScript 모델 로드

```
01 import torch
02 #1
03 train_data  = torch.tensor([ # t = 1 * x1 + 2 * x2 + 3
04                              # x1, x2, t
05                              [1, 0, 4],
06                              [2, 0, 5],
07                              [3, 0, 5],
08                              [4, 0, 7],
09                              [1, 1, 6],
10                              [2, 1, 7],
11                              [3, 1, 8],
12                              [4, 1, 9]], dtype = torch.float)
13 x_train = train_data[:, :-1]          # torch.Size([8, 2])
14 y_train = train_data[:, -1:]          # torch.Size([8, 1])
15
16 #2: load TorchScript model
17 PATH = './saved_model/'
18 model = torch.jit.load(PATH + '1801_jit.pt')     # '1801_jit2.pt'
19 print('model=', model)
20 # print('model.code=', model.code)
21 # print('model.graph=', model.graph)
22 # print(list(model.parameters()))
23
24 #3: evaluate model
25 model.eval()                          # model.train(mode=False)
26 with torch.no_grad():
27     out = model(torch.tensor([[1., 2.]]))
28     print('out = ', out)
29     y_pred = model(x_train).flatten()
30     print('y_pred = ', y_pred)
```

▷▷ 실행결과

```
#2
model= RecursiveScriptModule(
  original_name=LinearNet
  (linear): RecursiveScriptModule(original_name=Linear)
)
#3
out = tensor([[8.3002]])
y_pred = tensor([3.6685, 4.6841, 5.6997, 6.7154, 5.9843, 6.9999, 8.0156,
9.0312])
```

▷▷▷ 프로그램 설명

1 [예제 18-01]의 #8, #9에서 저장한 TorchScript 모델을 로드하여 추론한다. LinearNet 클래스 정의가 필요 없다.

2 #2는 '1801_jit.pt' 또는 '1801_jit2.pt' 파일을 모델 model에 로드한다.

모델은 TorchScript 모델이다. model.code, model.graph 등에 스크립트가 있다.

3 #3의 model.eval()은 모델을 평가 모드로 변경한다. with torch.no_grad()로 자동미분을 해제한다. model에 torch.tensor([[1., 2.]])를 입력하여 모델의 출력 out을 계산한다. model에 x_train을 입력하여 출력 y_pred를 계산한다.

▷ 예제 18-04 ▶ ONNX 모델 로드, onnxruntime 추론

```
01  import torch
02  import onnxruntime as ort        # pip install onnxruntime
03  #1
04  train_data  = torch.tensor([ # t = 1 * x1 + 2 * x2 + 3
05                               # x1, x2, t
06                               [1, 0, 4],
07                               [2, 0, 5],
08                               [3, 0, 5],
09                               [4, 0, 7],
10                               [1, 1, 6],
11                               [2, 1, 7],
12                               [3, 1, 8],
13                               [4, 1, 9]], dtype = torch.float)
14  x_train = train_data[:, :-1]         # torch.Size([8, 2])
15  y_train = train_data[:, -1:]         # torch.Size([8, 1])
16
17  #2: load model: fixed shape input
18  PATH = './saved_model/'
19  sess = ort.InferenceSession(PATH + '1801.onnx')
20  print('sess.get_inputs()[0]=', sess.get_inputs()[0])
21  #2-1
22  input_name = sess.get_inputs()[0].name
23  print('input_name=', input_name)
24  #2-2
25  dummy_input = [[1., 2.]]            # torch.tensor([[1., 2.]]).numpy()
26  inputs = {input_name: dummy_input}
27  out = sess.run(None, inputs)[0]
28                     # sess.run(None, {input_name: dummy_input})[0]
29  print('out=', out)  # type(out) = <class 'numpy.ndarray'>
30
```

```
31  #3: load model: batch input
32  sess2 = ort.InferenceSession(PATH + '1801_batch.onnx')
33  print('sess2.get_inputs()[0]=', sess2.get_inputs()[0])
34
35  #3-1
36  input_name = sess2.get_inputs()[0].name
37  print('input_name=', input_name)
38
39  #3-2
40  # dummy_input = [[1., 2.]]        # torch.tensor([[1., 2.]]).numpy()
41  inputs = {input_name: dummy_input}
42  out2 = sess2.run(None, inputs)[0]
43                       # sess2.run(None, {input_name: dummy_input})[0]
44  print('out2=', out2)             # type(out2) = <class 'numpy.ndarray'>
45
46  #3-3
47  y_pred = sess2.run(None, {input_name: x_train.numpy()})[0]
48  print('y_pred=', y_pred.flatten())
```

▷▷ 실행결과

```
#2
sess.get_inputs()[0]= NodeArg(name='onnx::Gemm_0', type='tensor(float)',
shape=[1, 2])
input_name= onnx::Gemm_0
out= [[8.300152]]

#3
sess2.get_inputs()[0]= NodeArg(name='input', type='tensor(float)',
shape=['batch_size', 2])
input_name= input
out2= [[8.300152]]
y_pred= [3.6685305 4.6841397 5.699749  6.7153583 5.9843407 6.99995   8.01556
 9.031168 ]
```

▷▷▷ 프로그램 설명

1 [예제 18-01]의 #10에서 저장한 ONNX 모델을 로드하여 예측 추론한다. onnxruntime
모듈 설치가 필요하다.

2 #2는 ort.InferenceSession()으로 '1801.onnx' 파일을 로드하여 세션(sess)을 생성한다.

#2-1은 input_name에 세션의 입력이름을 저장한다. #2-2는 inputs에 입력사전(dict)
inputs를 생성하고, sess.run(None, inputs)[0]으로 dummy_input의 출력 out를 계산한다.
type(out) = <class 'numpy.ndarray'>이다. dynamic_axes를 설정하지 않은 ONNX 파일
이기 때문에 파일 x_train.numpy()는 세션(sess)에 입력할 수 없다.

3 #3은 '1801_batch.onnx' 파일을 로드하여 세션(sess2)에 생성한다.

#3-1은 입력이름 input_name을 저장한다. #3-2는 inputs에 입력사전 inputs를 생성하고, sess2.run(None, inputs)[0]으로 dummy_input의 출력 out2를 계산한다. dynamic_axes를 설정한 ONNX 파일이기 때문에 세션(sess2)에 x_train.numpy()를 입력하여 출력 y_pred를 계산할 수 있다.

PyTorch

Deep Learning Programming **with** *PyTorch*: **PART 1**

CHAPTER 06

다층 신경망(MLP) 모델 분류

STEP 19 활성화 함수

STEP 20 손실 함수 loss function

STEP 21 완전 연결 다층 신경망 모델

5장에서 torch.nn.Linear로 간단한 회귀 문제를 설명하였다. 이장에서는 파이토치의 torch.nn.Linear, torch.nn.Module, nn.Sequential을 사용하여 다층으로 구성된 완전 연결 신경망 multi-layer perceptron, MLP 모델을 생성하고, 분류문제를 설명한다.

일반적으로 분류 classification는 인식 recognition과 같은 문제이다. 분류는 입력이 속한 레이블 label을 결정(인식)하는 과정이다. 분류는 크게 이진 분류 binary classification, 다중 분류 multi classification, 다중 레이블 분류가 있다.

뉴런의 출력을 제한하지 않는 회귀 문제와 다르게 분류모델에서는 뉴런의 출력에 활성화 함수를 사용하여 출력의 범위를 제한한다.

분류의 훈련 데이터는 입력(x_train)과 목표값(레이블, y_train)이 주어지는 감독학습 supervised learning이다. 분류문제는 손실함수로 NLLLoss negative log likelihood loss, 교차 엔트로피 cross entropy, 이진 교차 엔트로피 binary cross entropy 등을 사용한다. 목표값은 정수 레이블 또는 원-핫 인코딩 one-hot encoding할 수 있다.

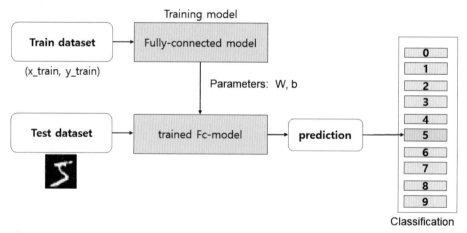

△ 그림 C6.1 ▶ 그림 캡션 넣어 주세요.

활성화 함수

일반적으로 활성화 함수 activation function, f는 와 같이 뉴런의 출력을 제한한다. Sigmoid, LogSigmoid, Tanh, ReLU 활성화 함수는 각층의 뉴런(node, units)에 개별적으로 적용되고, Softmax, LogSoftmax 활성화 함수는 층 전체의 뉴런에 대해 적용한다.

---

nn.Sigmoid(), torch.sigmoid()

Sigmoid(x)는 (0, 1) 범위의 값으로 변환한다.

$$Sigmoid(x) = \frac{1}{1 + \exp(-x)}$$ ◁ 수식 19.1

---

torch.logit(input, eps = None, *, out = None)

logit() 함수는 torch.sigmoid()의 역함수이다. 일반적으로 활성화 함수로는 사용하지 않는다.

$$loggit(y) = \log\left(\frac{1}{1-y}\right) = x$$

$$\frac{y}{1-y} = \exp(x)$$

$$y = \frac{\exp(x)}{1 + \exp(x)} = \frac{\exp(x)}{1 + \exp(x)}\frac{\exp(-x)}{\exp(-x)} = \frac{1}{1 + \exp(-x)} = sigmoid(x)$$

---

nn.LogSigmoid()

LogSigmoid(x)는 torch.log(torch.sigmoid(x))와 같다.

---

nn.Tanh(), torch.tanh()

Tanh(x)는 (-1, 1) 범위의 값으로 변환한다.

$$Tanh(x) = \frac{\exp(x) - \exp(-x)}{\exp(x) + \exp(-x)}$$ ◁ 수식 19.2

nn.ReLU(), torch.relu()

ReLU(x)는 양수는 그대로, 음수는 0으로 출력하여 [0, ∞) 범위의 값으로 변환한다.

$$ReLU(x) = \max(0, x)$$

◁ 수식 19.3

nn.LeakyReLU(negative_slope = 0.01, inplace = False)

LeakyReLU(x)는 음수에서 negative_slope의 기울기만큼 약간 흐르게 한다.

$$LeakyReLU(x) = \begin{cases} negative\_slope * x & \text{if } x < 0 \\ x & \text{if } x \geq 0 \end{cases}$$

◁ 수식 19.4

nn.Softmax(dim = None), torch.softmax()

Softmax()는 $x = [x_0, x_1, ..., x_{n-1}]$에 대해 지수함수를 사용하여 입력 벡터(한 층의 뉴런들의 출력) x를 확률(sum = 1)로 변환하여 출력한다. 분류문제에서 출력층 (output layer)의 활성화 함수로 많이 사용한다.

$$Softmax(x_i) = \frac{\exp(x_i)}{\sum_j \exp(x_j)} \quad , \quad \sum_i Softmax(x_i) = 1.0$$

◁ 수식 19.5

nn.LogSoftmax(dim = None)

Softmax()를 적용한 결과에 torch.log()를 적용한 결과와 같다.

▷ 예제 19-01 ▶ 활성화 함수 activation function

```
01  import torch
02  import torch.nn as nn
03  torch.set_printoptions(precision = 2)
04  #1
05  x = torch.tensor([-10, -1.0, 0.0, 1.0, 10])
06  f = nn.Sigmoid()
07  y1 = f(x)                          # torch.sigmoid(x)
08  print('y1= ', y1)
09
10  x2 = torch.logit(y1)
11  print('x2= ', x2)
12
```

```
13  #2
14  f = nn.LogSigmoid()
15  y2 = f(x)                          # torch.log(y1)
16  print('y2= ', y2)
17
18  #3
19  f = nn.Tanh()
20  y3 = f(x)                          # torch.tanh(x)
21  print('y3= ', y3)
22
23  #4
24  f = nn.ReLU()
25  y4 = f(x)                          # torch.relu(x)
26  print('y4= ', y4)
27
28  #5
29  f = nn.LeakyReLU()
30  y5 = f(x)
31  print('y5= ', y5)
32
33  #6
34  x = x.view(1, -1)                  # torch.Size([1, 5]
35  f = nn.Softmax(dim = 1)
36  print('x= ', x)
37
38  y6 = f(x)                          # torch.softmax(x, dim=1)
39  print('y6= ', y6)
40  print('torch.sum(y6, dim=1) = ', torch.sum(y6, dim = 1))
41  k = torch.argmax(y6)               # k= tensor(4)
42  print('k=', k)
43
44  #7
45  f = nn.LogSoftmax(dim = 1)
46  y7 = f(x)                          # torch.log(y6)
47  print('y7= ', y7)
```

▷▷ 실행결과

```
y1=  tensor([4.54e-05, 2.69e-01, 5.00e-01, 7.31e-01, 1.00e+00])
x2=  tensor([-10.00,  -1.00,   0.00,   1.00,  10.00])
y2=  tensor([-1.00e+01, -1.31e+00, -6.93e-01, -3.13e-01, -4.54e-05])
y3=  tensor([-1.00, -0.76,  0.00,  0.76,  1.00])
y4=  tensor([ 0.,  0.,  0.,  1., 10.])
y5=  tensor([-1.00e-01, -1.00e-02,  0.00e+00,  1.00e+00,  1.00e+01])
x=  tensor([[-10.,  -1.,   0.,   1.,  10.]])
```

```
y6=  tensor([[2.06e-09, 1.67e-05, 4.54e-05, 1.23e-04, 1.00e+00]])
torch.sum(y6, dim=1) =  tensor([1.00])
k= tensor(4)

y7=  tensor([[-2.00e+01, -1.10e+01, -1.00e+01, -9.00e+00, -1.85e-04]])
```

▷▷▷ 프로그램 설명

1 텐서 x에 대한 활성화 함수를 계산한다. x를 출력층의 len(x) = 5개 뉴런의 출력이라고 가정하고, 각각에 활성화 함수를 적용한 결과이다.

2 #1에서 시스모이드 출력 y1에 대한 torch.logit(y1)의 출력 x2는 x와 같다.

3 #6에서 xshape = torch.Size([1, 5]로 변경하여 dim = 1에 대해 소프트맥스를 계산한다. torch.sum(y6, dim = 1) = 1.0이다. k = torch.argmax(y6)는 y6에서 가장 큰 값을 갖는 출력의 인덱스 k = tensor(4)를 찾는다. 입력의 모델 출력이 y6과 같으면, 입력을 k = 4 클래스로 분류한다.

4 #7의 y7은 nn.LogSoftmax(dim = 1)(x)와 같으며,
torch.log(nn.Softmax(dim = 1)(x))와 같다.

손실 함수 loss function

평균제곱(nn.MSELoss) 손실함수는 회귀와 분류문제에서 사용할 수 있다. 여기서는 분류 문제에서 주로 사용하는 NLLLoss ^{negative log likelihood loss} (nn.NLLLoss), 이진 교차 엔트로피 (nn.BCELoss), 교차 엔트로피(nn.CrossEntropyLoss) 등의 손실함수와 원-핫 인코딩을 설명한다.

1 NLLLoss negative log likelihood loss

[그림 20.1]은 loss = −log(y) 함수이다. y가 [0, 1] 범위를 가질 때, y가 1에 가까워갈수록 loss는 0으로 줄어간다. NLLLoss의 의미는 모델의 출력에서 목표값(정답)에 일치하는 모델 출력(y)에 −log(y)를 취한 손실함수이다.

파이토치의 nn.NLLLoss는 내부에서 log( )를 적용하지 않는다. 입력으로 모델 출력의 로그 값(y_logs)을 전달 받는다.

[수식 20.1]은 모델 출력의 로그값(y_logs)과 목표값(t) 사이의 NLLLoss 손실이다. N은 배치 크기, w는 가중치이다. reduction = None이면 L을 반환하고, reduction = 'sum'이면 sum(L), reduction = 'mean'이면 mean(L)을 반환한다. weight가 있으면 가중평균을 반환한다.

$$l(y\_logs, t) = L = [l_1, ..., l_N]^T \qquad \triangleleft 수식\ 20.1$$
$$l_n = - w_n [t_n \times y\_logs]$$

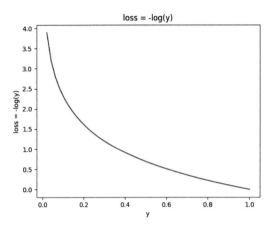

△ 그림 20.1 ▶ loss = −log(y) 함수

[그림 20.2]는 배치 크기 N = 3에서 5개 뉴런의 출력값(y), 정수 목표값(target) 사이의 NLLLoss(weight = None)의 계산을 설명한다. target = [1, 2, 4]는 각 행에서 클래스 열을 선택한다. 음수를 적용하여 L = [−1, −7, −17]을 계산한다. reduction = 'none'이면 L을 반환한다. reduction = 'sum'이면 합계(−22), reduction = 'mean'이면 평균(−7.33)을 반환한다.

```
nn.NLLLoss(weight=None, ... reduction = 'mean')
F.nll_loss(input, target, weight = None, ..., reduction = 'mean')
```
① target은 인덱스로 사용되기 때문에 정수(torch.long, torch.int64)이다.
   weight = None이면 모든 클래스에 대해 1이다.
② reduction = 'mean'이면 배치 크기의 클래스에 대해 가중평균을 계산한다.
③ reduction = 'sum'이면 합계를 계산한다.
④ reduction = 'None'이면 배치 크기의 손실 벡터를 반환한다.

C=5: class score, y   Target, t

	0	1	2	3	4		1
N=3: mini-batch	5	6	7	8	9		2
	10	11	12	13	14		4

nn.NLLLoss( )(y, target, reduction='none') = [-1, -7, -14]
nn.NLLLoss( )(y, target, reduction='sum') = -22
nn.NLLLoss( )(y, target, reduction='mean') = -7.33

◁ 그림 20.2
▶ torch.nn.NLLLoss(weight = None)

▷ 예제 20-01 ▶ NLLLoss 손실함수

```python
01  import torch
02  import torch.nn as nn
03  import torch.nn.functional as F
04  import matplotlib.pyplot as plt
05
06  #1
07  y = torch.linspace(start = 0, end = 1, steps = 50)
08  loss = -torch.log(y)
09  plt.title('y = -log(y)')
10  plt.xlabel('y')
11  plt.ylabel('loss = -log(y)')
12  plt.plot(y, loss)
13  plt.show()
14
15  #2: class_score y, target
16  y = torch.arange(15, dtype = torch.float).reshape(3, 5)
17  # y = nn.LogSoftmax(dim = 1)(y)
18
19  target = torch.tensor([1, 2, 4])      # torch.long, torch.int64
20  # target = torch.LongTensor([1, 2, 4])print('y=', y)
21  print('target=', target)
22
23  #3:
24  def NLLLoss(logs, targets, weight = None, reduction = 'mean'):
25      out = torch.zeros_like(targets, dtype = torch.float)
26      if weight == None:
27          weight = torch.ones(y.size(1), dtype = torch.float)
28
29      for i in range(len(targets)):
30          n = targets[i]
31          out[i] = -logs[i, n] * weight[n]
32      if reduction == 'none':
33          return out
34      elif reduction == 'sum':
35          return out.sum()
36      elif reduction == 'mean':
37          w_n = weight[targets]
38          return out.sum() / w_n.sum()
39  # NLLLoss(y, target)
40  print('#3-1: NLLLoss=', NLLLoss(y, target, reduction = 'none'))
41  print('#3-2: NLLLoss=', NLLLoss(y, target, reduction = 'sum'))
42  print('#3-3: NLLLoss=', NLLLoss(y, target))       # 'mean'
43  W = torch.tensor([0.1, 0.2, 0.3, 0.4, 0.5])       # class weight
44  print('#3-4: NLLLoss=', NLLLoss(y, target, weight = W))
```

```
45
46  #4: nn.NLLLoss()(y, target)
47  nll_loss = nn.NLLLoss(reduction = 'none')
48  print('#4-1: nn.NLLLoss=', nll_loss(y, target))
49
50  nll_loss = nn.NLLLoss(reduction = 'sum')
51  print('#4-2: nn.NLLLoss=', nll_loss(y, target))
52
53  nll_loss = nn.NLLLoss()                #reduction = 'mean'
54  print('#4-3: nn.NLLLoss=', nll_loss(y, target))
55
56  nll_loss = nn.NLLLoss(weight = W, reduction = 'mean')
57  print('#4-4: nn.NLLLoss=', nll_loss(y, target))
58
59  #5: F.nll_loss(y, target)
60  print('#5-1:F.nll_loss=', F.nll_loss(y, target, reduction = 'none'))
61  print('#5-2:F.nll_loss=', F.nll_loss(y, target, reduction = 'sum'))
62  print('#5-3:F.nll_loss=', F.nll_loss(y, target))
63                                          # reduction = 'mean'
64  print('#5-4:F.nll_loss=', F.nll_loss(y, target, weight = W))
65                                          # reduction = 'mean'
```

▷▷ 실행결과

```
#2: class_score y, target:
#   y = torch.arange(15, dtype=torch.float).reshape(3, 5)

y= tensor([[ 0.,  1.,  2.,  3.,  4.],
        [ 5.,  6.,  7.,  8.,  9.],
        [10., 11., 12., 13., 14.]])
target= tensor([1, 2, 4])

#3-1: NLLLoss= tensor([ -1.,  -7., -14.])
#3-2: NLLLoss= tensor(-22.)
#3-3: NLLLoss= tensor(-7.3333)
#3-4: NLLLoss= tensor(-9.3000)

#4-1: nn.NLLLoss= tensor([ -1.,  -7., -14.])
#4-2: nn.NLLLoss= tensor(-22.)
#4-3: nn.NLLLoss= tensor(-7.3333)
#4-4: nn.NLLLoss= tensor(-9.3000)

#5-1:F.nll_loss= tensor([ -1.,  -7., -14.])
#5-2:F.nll_loss= tensor(-22.)
#5-3:F.nll_loss= tensor(-7.3333)
#5-4:F.nll_loss= tensor(-9.3000)
```

▷▷▷ 프로그램 설명

1 #1은 [그림 20.1]의 loss = -log(y) 함수를 표시한다. [0, 1] 범위의 y에서 y가 1에 가까워 갈수록 loss는 0으로 줄어든다.

2 #2는 [그림 20.2]의 배치 크기 N = 3, 5개 클래스의 뉴런 출력(y), 목표값(target) 텐서를 생성한다. nn.Sigmoid()(y), nn.Softmax(dim = 1)(y) 등으로 y의 값을 [0, 1] 범위로 변환할 수 있다. target은 인덱스로 사용되기 때문에 정수(torch.long, torch.int64)이다.

3 #3은 파이토치의 손실함수를 이해하기 위해 작성한 NLLLoss() 함수이다. 모델 출력의 로그값 (y_logs)과 목표값(target)에서 reduction에 'none', 'sum', 'mean'으로 손실을 계산한다. NLLLoss(y, target, weight = W)는 (-1 * 0.2 - 7 * 0.3 - 14 * .5) / (0.2 + 0.3 + 0.5) = -9.3의 가중평균 손실을 계산한다.

4 #4는 nn.NLLLoss()로 (y, target)의 손실을 계산한다. #3의 결과와 같다.

5 #5는 F.nll_loss()로 (y, target)의 손실을 계산한다. #3의 결과와 같다.

6 #2에서 y = nn.LogSoftmax(dim = 1)(y)를 적용하고, NLLLoss(y, target) 함수를 호출하면 교차 엔트로피 손실을 계산한다.

2 이진 교차 엔트로피

이진 교차 엔트로피 binary cross entropy는 출력노드에서 시그모이드 sigmoid 활성화 함수를 적용한 출력의 이진 분류에 사용한다.

[수식 20.2]는 모델 출력(y)과 목표값(t) 사이의 이진 교차 엔트로피 binary cross entropy이다. N은 배치 크기, w는 가중치이다. 모델 출력은 $0 \le y_n \le 1$이고, 목표값 t_n은 이진 분류에서 0, 1이지만, 응용에 따라 $0 \le t_n \le 1$의 값을 사용할 수 있다.

$$l(y, t) = L = [l_1, ..., l_n]^T \qquad \qquad \triangleleft 수식 20.2$$

$$= -w_n[t_n \times \log y_n + (1 - t_n) \times \log (1 - y_n)]$$

이진 교차 엔트로피(nn.BCELoss, F.binary_cross_entropy)는 reduction = None, reduction = 'sum', reduction = 'mean'이 있다.

nn.BCEWithLogitsLoss()는 모델 출력에 nn.Sigmoid()를 적용하고, nn.BCELoss()를 계산한 것과 같다.

nn.BCELoss(weight = None, ..., reduction = 'mean')

F.binary_cross_entropy(input, target, weight = None, ..., reduction = 'mean')

▷ 예제 20-02 ▶ 이진 교차 엔트로피 손실(nn.BCELoss)

```
01  import torch
02  import torch.nn as nn
03  import torch.nn.functional as F
04  torch.set_printoptions(precision = 2)
05  torch.random.manual_seed(1)
06
07  #1: one-outpu(y, t}
08  y = torch.tensor([0.66, 0.57, 0.52, 0.65, 0.39])
09  print('y=', y)
10
11  t = torch.tensor([0., 1., 1., 0., 1.])     # t.dtype = torch.float
12  #t = torch.randn(n)
13  print('t=', t)
14
15  #2: nn.BCELoss()(y, t)
16  bce_loss = nn.BCELoss(reduction = 'none')
17  print('#2-1:nn.BCELoss=', bce_loss(y, t))
18  loss = -(t * torch.log(y) + (1 - t) * torch.log(1 - y))
19  print('loss=', loss)
20
21  bce_loss = nn.BCELoss(reduction = 'sum')
22  print('#2-2:nn.BCELoss=', bce_loss(y, t))       # loss.sum()
23
24  bce_loss = nn.BCELoss()                          # reduction = 'mean'
25  print('#2-3:nn.BCELoss=', bce_loss(y, t))        # loss.mean()
26
27  W = torch.tensor([0.1, 0.2, 0.3, 0.4, 0.5])
28  bce_loss = nn.BCELoss(weight = W)                # reduction='mean'
29  print('#2-4:nn.BCELoss=', bce_loss(y, t))        # (loss * W).mean()
30
31  #3:  N-batch outputs(y_batch, target)
32  N = 3                            # mini-batch size
33  n = 5                            # number of neuron in output layer
34  y_batch_score = torch.randn(N, n)
35  print('y_batch_score=', y_batch_score)
```

```
36  y_batch = nn.Sigmoid()(y_batch_score)
37  y_batch[0] = y                    # for checking #1, #2
38  print('y_batch=', y_batch)
39
40  target = torch.empty((N, n)).random_(2) #  0 or 1
41  target[0] = t                     # for checking #1, #2
42  print('target=', target)
43
44  #4: nn.BCELoss()(y_batch, target)
45  bce_loss = nn.BCELoss(reduction = 'none')
46  loss = bce_loss(y_batch, target)
47  print('#4-1:nn.BCELoss=', loss)
48  print('loss.sum(dim=1)=', loss.sum(dim = 1))
49  print('loss.sum()=', loss.sum())
50
51  bce_loss = nn.BCELoss(reduction = 'sum')       # loss.sum()
52  print('#4-2:nn.BCELoss=', bce_loss(y_batch, target))
53
54  bce_loss = nn.BCELoss()                        #reduction = 'mean'
55  print('#4-3:nn.BCELoss=', bce_loss(y_batch, target)) # loss.mean()
56
57  W = torch.tensor([0.1, 0.2, 0.3, 0.4, 0.5])
58  bce_loss = nn.BCELoss(weight=W)                # reduction = 'mean'
59  print('#4-4:nn.BCELoss=', bce_loss(y_batch, target))
60                                                 # (loss * W).mean()
61
62  #5: nn.BCEWithLogitsLoss()(y, t),        #1
63  loss2= nn.BCEWithLogitsLoss()(y, t)
64  print('#5-1:loss2=', loss2)
65
66  logits = nn.Sigmoid()(y)
67  bce_loss = nn.BCELoss()                        # reduction = 'mean'
68  print('#5-2:bce_loss(logits, t)=', bce_loss(logits, t))
69
70  #6: nn.BCEWithLogitsLoss()(y_batch, target), #3
71  loss3= nn.BCEWithLogitsLoss()(y_batch, target)
72  print('#6-1:loss3=', loss3)
73
74  logits = nn.Sigmoid()(y_batch)
75  bce_loss = nn.BCELoss()                        # reduction = 'mean'
76  print('#6-2:bce_loss(logits, target)=', bce_loss(logits, target))
```

▷▷ 실행결과

```
#1: one output(y, t)
y= tensor([0.66, 0.57, 0.52, 0.65, 0.39])
```

```
t= tensor([0., 1., 1., 0., 1.])

#2-1:nn.BCELoss= tensor([1.08, 0.56, 0.65, 1.05, 0.94])
loss= tensor([1.08, 0.56, 0.65, 1.05, 0.94])
#2-2:nn.BCELoss= tensor(4.29)
#2-3:nn.BCELoss= tensor(0.86)
#2-4:nn.BCELoss= tensor(0.26)

#3
y_batch_score= tensor([[ 0.66,  0.27,  0.06,  0.62, -0.45],
        [-0.17, -1.52,  0.38, -1.03, -0.56],
        [-0.89, -0.06, -0.20, -0.97,  0.42]])
y_batch= tensor([[0.66, 0.57, 0.52, 0.65, 0.39],
        [0.46, 0.18, 0.59, 0.26, 0.36],
        [0.29, 0.49, 0.45, 0.28, 0.60]])
target= tensor([[0., 1., 1., 0., 1.],
        [0., 0., 0., 1., 1.],
        [1., 1., 1., 1., 0.]])

#4-1:nn.BCELoss= tensor([[1.08, 0.56, 0.65, 1.05, 0.94],
        [0.61, 0.20, 0.90, 1.33, 1.01],
        [1.24, 0.72, 0.80, 1.29, 0.93]])
loss.sum(dim=1)= tensor([4.29, 4.06, 4.97])
loss.sum()= tensor(13.32)
#4-2:nn.BCELoss= tensor(13.32)
#4-3:nn.BCELoss= tensor(0.89)
#4-4:nn.BCELoss= tensor(0.28)

#5-1:loss2= tensor(0.72)
#5-2:bce_loss(logits, t)= tensor(0.72)

#6-1:loss3= tensor(0.71)
#6-2:bce_loss(logits, target)= tensor(0.71)
```

▷▷▷ 프로그램 설명

1 #1은 5개 뉴런의 출력(y), 목표값(t)의 텐서를 생성한다. t.dtype = torch.float이다. nn.BCELoss 클래스 또는 F.binary_cross_entropy() 함수로 이진 교차 엔트로피를 계산한다.

2 #2는 nn.BCELoss()로 [수식 20.2]의 (y, t)의 이진 교차 엔트로피를 계산한다. loss = -(t * torch.log(y) + (1 - t) * torch.log(1-y))와 같다.

reduction = 'sum'은 loss.sum()과 같다. reduction = 'mean'은 loss.mean(), weight = W의 reduction = 'mean'은 (loss * W).mean()과 같다.

3 #3은 배치 크기 N = 3, 5개 뉴런의 출력 스코어(y_batch_score)를 표준정규분포 난수로 생성하고, 시그모이드 활성화로 함수출력(y_batch)을 계산한다. 각 배치의 목표값(target)의 텐서를 0, 1의 난수로 생성한다. #1, #2의 결과를 확인하기 위해 y_batch[0] = y, target[0] = t로 0-행의 값을 변경한다.

4 #4는 nn.BCELoss()로 (y_batch, target)의 이진 교차 엔트로피를 계산한다.

#4-1은 각 배치 데이터에 대해 reduction = 'none'으로 loss를 계산한다. loss[0]은 y_batch[0] = y , target[0] = t에 의해 #2-1의 결과와 같다.

#4-2의 reduction = 'sum'은 loss.sum()과 같다.

#4-3의 reduction = 'mean'은 loss.mean()과 같다.

#4-4는 (loss * W).mean()과 같다.

5 #5는 #1의 (y, t)에서 y에 nn.Sigmoid()를 적용하고, nn.BCELoss()를 계산한 것과 같은 nn.BCEWithLogitsLoss() 손실을 계산한다. loss2는 bce_loss(logits, t)와 같다.

6 #6은 #3의 (y_batch, target)에서 nn.BCEWithLogitsLoss() 손실을 계산한다. loss3은 bce_loss(logits, target)와 같다.

3 교차 엔트로피

[수식 20.3]은 모델 출력(y)과 목표값(t) 사이의 교차 엔트로피를 계산한다. N은 배치 크기, w는 가중치이다. reduction = None이면 L, reduction = 'sum'이면 sum(L), reduction = 'mean'이면 mean(L)을 반환한다. weight가 있으면 가중평균을 반환한다.

$$l(y, t) = L = [l_1, ..., l_n]^T \qquad \lhd \text{수식 20.3}$$

$$l_n = - w_n [t_n \times \log y_n]$$

파이토치의 교차 엔트로피(nn.CrossEntropyLoss, F.cross_entropy)는 모델 출력에 LogSoftmax 활성화 함수를 적용하고, NLLLoss 손실을 계산한 것과 같다. target은 정수 레이블이면 torch.LongTensor 텐서이고, target이 원-핫 인코딩이면 확률로 생각하여 float 자료형이다([예제 20-06 참조]).

```
# CrossEntropyLoss = NLLLoss(nn.LogSoftmax(dim = 1)(input), target)
nn.CrossEntropyLoss(weight = None, size_average = None, ignore_index = – 100,
                    reduce = None, reduction = 'mean', label_smoothing = 0.0)
```

```
F.cross_entropy(input, target, weight = None, size_average = None,
                ignore_index = –100, reduce = None,
                reduction = 'mean', label_smoothing = 0.0)
```

▷ 예제 20-03 ▶ 교차 엔트로피 손실(nn.CrossEntropyLoss)

```
01 import torch
02 import torch.nn as nn
03 import torch.nn.functional as F
04
05 #1: class_score y, target
06 y = torch.arange(15, dtype = torch.float).reshape(3, 5)
07 target = torch.tensor([1, 2, 4])            # torch.long, torch.int64
08 # target = torch.LongTensor([1, 2, 4])
09 print('y=', y)
10 print('target=', target)
11
12 #2: log_softmax = nn.LogSoftmax(dim = 1)(y)
13 softmax = nn.Softmax(dim = 1)(y)
14 print('softmax=', softmax)
15 print('torch.sum(softmax, dim = 1) = ', torch.sum(softmax, dim = 1))
16 log_softmax = torch.log(softmax)
17 # log_softmax = nn.LogSoftmax(dim = 1)(y)
18
19 #3: F.nll_loss(log_softmax, target)
20 print('#3-1: F.nll_loss=',
21       F.nll_loss(log_softmax, target, reduction = 'none'))
22 print('#3-2: F.nll_loss=',
23       F.nll_loss(log_softmax, target, reduction = 'sum'))
24 print('#3-3: F.nll_loss=',
25       F.nll_loss(log_softmax, target))   # reduction = 'mean'
26 W = torch.tensor([0.1, 0.2, 0.3, 0.4, 0.5])    # class weight
27 print('#3-4: F.nll_loss=',
28       F.nll_loss(log_softmax, target, weight = W))
29
30 #4: nn.CrossEntropyLoss()(y, target)
31 ce_loss = nn.CrossEntropyLoss(reduction = 'none')
32 print('#4-1: nn.CrossEntropyLoss=', ce_loss(y, target))
33
```

```
34 ce_loss = nn.CrossEntropyLoss(reduction = 'sum')
35 print('#4-2: nn.CrossEntropyLoss=', ce_loss(y, target))
36
37 ce_loss = nn.CrossEntropyLoss()            # reduction = 'mean'
38 print('#4-3: nn.CrossEntropyLoss=', ce_loss(y, target))
39
40 ce_loss = nn.CrossEntropyLoss(weight = W, reduction = 'mean')
41 print('#4-4: nn.CrossEntropyLoss=', ce_loss(y, target))
42
43 #5: F.cross_entropy(y, target)
44 print('#5-1: F.cross_entropy=',
45       F.cross_entropy(y, target, reduction = 'none'))
46 print('#5-2: F.cross_entropy=',
47       F.cross_entropy(y, target, reduction = 'sum'))
48 print('#5-3: F.cross_entropy=',
49       F.cross_entropy(y, target))          # reduction = mean'
50 print('#5-4: F.cross_entropy=',
51       F.cross_entropy(y, target, weight = W))
```

▷▷ 실행결과

```
#1: class_score y, target:
y= tensor([[ 0.,  1.,  2.,  3.,  4.],
        [ 5.,  6.,  7.,  8.,  9.],
        [10., 11., 12., 13., 14.]])
target= tensor([1, 2, 4])
#2
softmax= tensor([[0.0117, 0.0317, 0.0861, 0.2341, 0.6364],
        [0.0117, 0.0317, 0.0861, 0.2341, 0.6364],
        [0.0117, 0.0317, 0.0861, 0.2341, 0.6364]])
torch.sum(softmax, dim=1) =  tensor([1., 1., 1.])

#3-1: F.nll_loss= tensor([3.4519, 2.4519, 0.4519])
#3-2: F.nll_loss= tensor(6.3557)
#3-3: F.nll_loss= tensor(2.1186)
#3-4: F.nll_loss= tensor(1.6519)

#4-1: nn.CrossEntropyLoss= tensor([3.4519, 2.4519, 0.4519])
#4-2: nn.CrossEntropyLoss= tensor(6.3557)
#4-3: nn.CrossEntropyLoss= tensor(2.1186)
#4-4: nn.CrossEntropyLoss= tensor(1.6519)

#5-1: F.cross_entropy= tensor([3.4519, 2.4519, 0.4519])
#5-2: F.cross_entropy= tensor(6.3557)
#5-3: F.cross_entropy= tensor(2.1186)
#5-4: F.cross_entropy= tensor(1.6519)
```

▷▷▷ 프로그램 설명

1 #1은 출력(y)과 목표값(target) 텐서를 생성한다([그림 20.2]).

2 #2는 y에 softmax = nn.Softmax(dim = 1)(y)를 적용하면, y의 각 행의 합계는 1이다. log_softmax = torch.log(softmax)의 로그적용 결과는 log_softmax = nn.LogSoftmax(dim = 1)(y)와 같다.

3 #3은 F.nll_loss(log_softmax, target)로 교차 엔트로피를 계산한다. [예제 20.01]의 NLLLoss() 함수를 사용해도 같은 결과이다.

4 #4는 nn.CrossEntropyLoss()로 (y, target)에서 교차 엔트로피를 계산한다. target이 정수 레이블일 때 type(target) = torch.long(torch.int64)이다. #3의 결과와 같다.

5 #5는 F.cross_entropy()로 (y, target)에서 교차 엔트로피를 계산한다. #3의 결과와 같다.

▷ 예제 20-04 ▶ nn.CrossEntropyLoss: 영상분할의 화소 손실

```
01  '''
02  https://stackoverflow.com/questions/63403485/is-there-a-version-of-
03  sparse-categorical-cross-entropy-in-pytorch
04  '''
05  import torch
06  import torch.nn as nn
07  #1: target: 2x2 pixel mask image with labels(0, 1, 2)
08  mask = torch.tensor([[[0, 1],
09                        [1, 2] ]], dtype = torch.int64)   #.long()
10  print('mask= ', mask)
11  print('mask.shape=', mask.shape)      # NHW = [1, 2, 2]
12
13  #2: 2x2 pixel pred of the model for segmentation
14  pred = torch.tensor([[              # NHWC = [1, 2, 2, 3]
15                      [[0.4, 0.2, 0.3],[0.5, 0.4, 0.2]],
16                      [[0.1, 0.6, 0.2],[0.1, 0.3, 0.4]]
17                    ]]).float()        # dtype = torch.float32
18  pred=pred.permute((0, 3, 1, 2))       # NCHW = [1, 3, 2, 2]
19  print('pred= ', pred)
20  print('pred.shape=', pred.shape)
21
22  #3: pixel loss
23  pixel_loss = nn.CrossEntropyLoss(reduction = "none")(pred, mask)
24  print('pixel_loss=', pixel_loss)
25  print('pixel_loss.shape=', pixel_loss.shape)
26
27  #4
28  mean_loss = nn.CrossEntropyLoss()(pred, mask) # reduction = "mean"
```

```
29  print(mean_loss)                          # pixel_loss.mean()
30
31  #5
32  pred = torch.softmax(pred, dim = 1) # about channel
33  print('pred.sum(dim=1)=', pred.sum(dim = 1))
34
35  #6
36  pred_mask = torch.argmax(pred, dim = 1)
37  print('pred_mask= ', pred_mask)
```

▷▷ 실행결과

```
#1
mask=  tensor([[[0, 1],
               [1, 2]]])
mask.shape= torch.Size([1, 2, 2])
#2
pred=  tensor([[[[0.4000, 0.5000],
                 [0.1000, 0.1000]],

                [[0.2000, 0.4000],
                 [0.6000, 0.3000]],

                [[0.3000, 0.2000],
                 [0.2000, 0.4000]]]])
pred.shape= torch.Size([1, 3, 2, 2])

#3
pixel_loss= tensor([[[1.0019, 1.0729],
                     [0.8228, 0.9729]]])
pixel_loss.shape= torch.Size([1, 2, 2])
#4
mean_loss= tensor(0.9676)
#5
pred.sum(dim=1)= tensor([[[1., 1.],
                          [1., 1.]]])
#6
pred_mask=  tensor([[[0, 0],
                     [1, 2]]])
```

▷▷▷ 프로그램 설명

1 #1은 3-클래스 레이블(0, 1, 2)을 갖는 2×2 마스크 영상의 정수 텐서를 생성한다([그림 20.2]). mask.shape는 배치 크기 N = 1, 세로 H = 2, 가로 W = 2이다.

영상분할 segmentation에서 mask가 목표값(target)이다.

2 #2는 모델의 출력 pred 실수 텐서를 생성한다. pred.shape는 배치 크기 N = 1, 채널 C = 3, H = 2, W = 2이다. 여기서, C = 3은 클래스의 개수이다.

화소 (0, 0)는 출력 [0.4, 0.2, 0.3]에 의해 가장 큰 값(0.4)의 인덱스 0 클래스로 예측한다. 화소 (0, 1)은 출력 [0.5, 0.4, 0.2]에 의해 클래스 0으로 예측한다. #6은 pred에서 예측클래스 pred_mask를 찾는다.

3 #3은 reduction = "none"으로 (pred, mask)의 각 화소의 교차 엔트로피 손실 pixel_loss를 계산한다. pixel_loss.shape은 N = 1, H = 2, W = 2이다.

화소 (0, 1)의 목표값 mask[0][0,1] = 1과 모델의 예측클래스 pred_mask[0][0,1] = 0이 다르기 때문에 pixel_loss[0][0,1] = 1.0729에서 가장 큰 손실을 갖는다.

4 #4는 reduction = "mean"로 평균 교차 엔트로피 손실을 계산한다. pixel_loss.mean()과 같다.

5 #5는 pred의 채널(C)에 대해 소프트맥스를 적용한다. pred.sum(dim = 1)로 채널별 합계를 계산하면 각 화소에서 1이다.

6 #6은 pred의 채널(C)에서 가장 값을 찾아 pred_mask에 예측클래스 레이블을 계산한다.

7 STEP 51에서 멀티 클래스 영상분할을 위해 nn.CrossEntropyLoss()를 사용한다. mask 영상은 dtype = torch.int64(long)이고, 모델 출력의 자료형은 dtype = torch.float이다.

4 원-핫 인코딩 one-hot encoding

원-핫 인코딩 one-hot encoding은 분류에서 레이블 정수의 인덱스 위치만 1이고 나머지는 모두 0을 갖는 num_classes 길이의 벡터이다. num_classes의 N개 목표값의 원-핫 인코딩은 N × num_classes 이진 행렬이다.

F.one_hot(tensor, num_classes = − 1) -> LongTensor
① tensor는 클래스의 정답 레이블(class value, label)의 인덱스(LongTensor, dtype = torch.int64, torch.long) 텐서이다.
② num_classes는 클래스의 개수이다. num_classes = -1인 경우, 주어진 텐서의 가장 큰 값보다 1만큼 큰 수로 설정된다. tensor의 항목 값(class value)은 num_classes 보다 작아야 한다.

▷ 예제 20-05　▶ F.one_hot()

```
01  import torch
02  import torch.nn.functional as F
03
04  #1
05  t  = torch.arange(0, 5)         # torch.LongTensor([0, 1, 2, 3, 4])
06  print('t.dtype= ', t.dtype)    # torch.int64
07  print('t= ', t)
08
09  one_hot = F.one_hot(t)         # torch.Size([5, 5])
10  print('one_hot= ', one_hot)
11
12  #2
13  t2 = t % 3                     # max = 2
14  print('t2= ', t2)
15  one_hot2 = F.one_hot(t2)       # num_classes = 3, torch.Size([5, 3])
16  print('one_hot2= ', one_hot2)
17
18  #3
19  one_hot3 = F.one_hot(t2, num_classes = 4)   # torch.Size([5, 4])
20  print('one_hot3= ', one_hot3)
21
22  #4: Tensor.scatter_()
23  ttarget = torch.tensor([2, 0, 0, 0, 2, 1, 0, 0, 0, 0])
24  num_classes = target.max() + 1              # 3
25  N = len(target)                             # 10
26  zeros = torch.zeros(N, num_classes)
27  one_hot4 = zeros.scatter_(dim = 1, index = target.unsqueeze(1),
28                            src = torch.ones(N, num_classes))
29  print('one_hot4= ', one_hot4)
30
31  #5 one_hot -> class
32  target2 = one_hot4.argmax(dim = 1) # torch.argmax(one_hot4, dim = 1)
```

▷▷ 실행결과

```
#1
t.dtype=  torch.int64
t=  tensor([0, 1, 2, 3, 4])
one_hot=  tensor([[1, 0, 0, 0, 0],   #0
                  [0, 1, 0, 0, 0],   #1
                  [0, 0, 1, 0, 0],   #2
                  [0, 0, 0, 1, 0],   #3
                  [0, 0, 0, 0, 1]])  #4
```

```
#2
t2=  tensor([0, 1, 2, 0, 1])
one_hot2=  tensor([[1, 0, 0],       #0
                    [0, 1, 0],       #1
                    [0, 0, 1],       #2
                    [1, 0, 0],       #0
                    [0, 1, 0]])      #1
#3
one_hot3=  tensor([[1, 0, 0, 0],     #0
                    [0, 1, 0, 0],     #1
                    [0, 0, 1, 0],     #2
                    [1, 0, 0, 0],     #0
                    [0, 1, 0, 0]])    #1
#4
one_hot4=  tensor([[0., 0., 1.],
                    [1., 0., 0.],
                    [1., 0., 0.],
                    [1., 0., 0.],
                    [0., 0., 1.],
                    [0., 1., 0.],
                    [1., 0., 0.],
                    [1., 0., 0.],
                    [1., 0., 0.],
                    [1., 0., 0.]])
#5
target2=  tensor([2, 0, 0, 0, 2, 1, 0, 0, 0, 0])
```

▷▷▷ 프로그램 설명

1 #1은 t의 원-핫 인코딩 one_hot을 생성한다. t.dtype = torch.int64이다. num_classes = 5, one_hot.shape = torch.Size([5, 5])이다.

2 #2는 t2의 원-핫 인코딩 one_hot2를 생성한다. num_classes = 3이다.

3 #3은 num_classes = 4인 t2의 원-핫 인코딩 one_hot3을 생성한다.

4 #4는 Tensor.scatter_() 메서드로 원-핫 인코딩 one_hot4를 생성한다.

5 #5는 원-핫 인코딩 one_hot4를 정수 레이블 target2로 변환한다.

▷ 예제 20-06 ▶ 원-핫 인코딩과 손실함수

```
01 import torch
02 import torch.nn as nn
03 import torch.nn.functional as F
```

```
04  import matplotlib.pyplot as plt
05  #1: 3-batch(y, target)
06  y = torch.tensor([[0.66, 0.57, 0.52, 0.65, 0.39],     #1
07                    [0.46, 0.18, 0.59, 0.26, 0.36],     #2
08                    [0.29, 0.49, 0.45, 0.28, 0.60]])    #4
09  target = torch.tensor([1, 2, 4])
10
11  #2:
12  ce_loss = nn.CrossEntropyLoss()(y, target)
13                                  # F.cross_entropy(y, target)
14  print('ce_loss=', ce_loss)
15
16  #3
17  one_hot = F.one_hot(target).float()
18  print('one_hot=', one_hot)
19  ce_loss2 = nn.CrossEntropyLoss()(y, one_hot)
20                                  # F.cross_entropy(y, one_hot)
21  print('ce_loss2=', ce_loss2)
22
23  #4
24  bce_loss = nn.BCELoss()(y, one_hot)
25                          # F.binary_cross_entropy(y, one_hot)
26  print('bce_loss=', bce_loss)
27
28  #5
29  sigmoid_y = nn.Sigmoid()(y)
30  sigmoid_y = torch.sigmoid(y)
31  bce_loss2 = F.binary_cross_entropy(sigmoid_y, one_hot)
32  print('bce_loss2=', bce_loss2)
33
34  bce_loss3 = nn.BCEWithLogitsLoss()(y, one_hot)
35  print('bce_loss3=', bce_loss3)
36
37  bce_loss4 = F.binary_cross_entropy_with_logits(y, one_hot)
38  print('bce_loss4=', bce_loss4)
```

▷▷ 실행결과

```
#2: ce_loss= tensor(1.4804)
one_hot= tensor([[0., 1., 0., 0., 0.],
                 [0., 0., 1., 0., 0.],
                 [0., 0., 0., 0., 1.]])
#3: ce_loss2= tensor(1.4804)
#4: bce_loss= tensor(0.5641)
#5:
bce_loss2= tensor(0.8285)
```

```
bce_loss3= tensor(0.8285)
bce_loss4= tensor(0.8285)
```

▷▷▷ 프로그램 설명

1 #1은 배치 크기 N = 3, num_classes = 5의 출력값(y), 목표값(target)의 텐서를 생성한다.

2 #2는 (y, target)의 reduction = 'mean'의 교차 엔트로피 평균 손실 ce_loss를 계산한다.

3 #3은 target을 원-핫 인코딩(one_hot)으로 변환하고, (y, one_hot)의 교차 엔트로피 평균 손실 ce_loss2를 계산한다. ce_loss와 같다. target이 원-핫 인코딩일 때는 확률로 생각하여 float 자료형이다.

4 #4는 (y, one_hot)의 y에 reduction = 'mean'의 이진 교차 엔트로피 평균 손실 bce_loss를 계산한다.

5 #5는 (y, one_hot)의 y에 시그모이드 함수를 적용하고, 이진 교차 엔트로피 평균 손실을 계산한다. bce_loss2, bce_loss3, bce_loss4는 같다.

완전 연결 다층 신경망 모델

완전 연결 fully connected 다층 신경망 multi-layer perceptron, MLP을 생성하여 이진 분류, 멀티 클래스 분류를 설명한다.

파이토치의 신경망은 계산 그래프 computational graph를 구성하여 모델에 입력을 넣으면 그래프를 따라 전방 forward으로 계산하고, 최적화에서 필요한 손실함수의 그래디언트 (미분)를 역방향 backward으로 자동으로 계산한다.

모델을 최적화하는 방법은 선형회귀와 같다. 활성화 함수, 손실함수, 평가 모드의 모델 출력에서 분류 레이블 찾기 등이 다르다.

STEP 17과 같이 nn.Module 모듈에서 상속받은 클래스에서 forward() 메서드에서 모델 구조를 생성한다. 분류에서는 층 layer을 쌓을 때 활성화 함수를 사용한다. 순서 컨테이너인 nn.Sequantial()을 사용하면 편리하게 층을 순서대로 쌓을 수 있다.

분류문제에서 입력층 input layer의 뉴런 neuron, node, unit 개수는 입력 데이터의 특징에 따라 결정되고, 출력층 output layer의 뉴런 개수는 분류 클래스의 개수에 따라 결정된다. 중간의 은닉층 hidden layer의 개수는 다층으로 구성할 수 있고, 각 은닉층의 뉴런 개수도 임의로 설정할 수 있다.

[그림 21.1]은 출력층 2 뉴런을 갖는 2층 신경망 모델이다. (입력층, 은닉층) 사이에는 2×n개, (은닉층, 출력층) 사이에는 n×2개의 연결 가중치의 연결 가중치(weight)가 있고, 각각의 뉴런은 바이어스 bias를 갖고 있다. 전체 파라미터 개수는 2×n + n×2 + n + 2개 이다. 예제에서는 은닉층에서 nn.Sigmoid 활성화 함수를 사용한다. Step 19의 nn.Tanh, nn.ReLU, nn.LeakyReLU 등의 활성화 함수로 변경할 수 있다.

분류문제에서 출력층은 Softmax 활성화 함수를 사용하여 출력의 합을 1의 확률로 출력 한다.

파이토치의 교차 엔트로피(nn.CrossEntropyLoss, F.cross_entropy) 손실함수는 모델의
출력에 LogSoftmax 활성화 함수를 적용하고, NLLLoss 손실을 계산한 것과 같다(STEP 20
참조). 따라서 교차 엔트로피 손실함수를 사용하는 경우 모델 출력에 Softmax 활성화
함수를 사용하지 않는다.

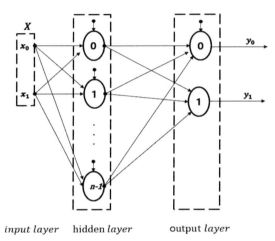

△ 그림 21.1 ▶ 2층 신경망 모델(출력층 2 뉴런)

▷ 예제 21-01 ▶ 2-층 MLP:(2-클래스 분류: AND, OR, XOR)

```
01  import torch
02  import torch.nn as nn
03  import torch.optim as optim
04  import torch.nn.functional as F
05  from torch.utils.data import TensorDataset, DataLoader
06  from torchinfo import summary           # pip install torchinfo
07  import matplotlib.pyplot as plt
08  torch.random.manual_seed(1)
09
10  #1: train dataset and dataloader
11  #1-1
12  x_train = torch.tensor([[0, 0], [0, 1], [1, 0], [1, 1]],
13                          dtype = torch.float)
14  # y_train = torch.tensor([0, 0, 0, 1], dtype = torch.int64) # AND
15  # y_train = torch.tensor([0, 1, 1, 1], dtype = torch.int64) # OR
16  y_train = torch.tensor([0, 1, 1, 0], dtype = torch.int64)   # XOR
17  one_hot = False         # True
```

```
18  if one_hot:
19      y_train = F.one_hot(y_train).float()
20  print('y_train=', y_train)
21
22  #1-2: dataset and data loader
23  ds = TensorDataset(x_train, y_train)
24  data_loader = DataLoader(dataset = ds, batch_size = 2,
25                           shuffle = True)
26
27  #2: create model
28  n_feature = x_train.size(1)          # 2
29  n_class =  2
30
31  #2-1:
32  # n_input, n_output, n_hidden = n_feature, n_class, 4
33  # model = nn.Sequential(
34  #              nn.Linear(n_input, n_hidden),
35  #              nn.Sigmoid(),
36  #              nn.Linear(n_hidden, n_class),
37  #              nn.Softmax(dim=1),)
38
39  #2-2:
40  # class MLP(nn.Module):
41  #     def __init__(self, n_input = n_feature, n_hidden = 4,
42                      n_output = n_class):
43  #         super().__init__()
44
45  #         self.fc1 = nn.Linear(n_input, n_hidden)
46  #         self.fc2 = nn.Linear(n_hidden, n_output)
47
48  #     def forward(self, x):
49  #         x = self.fc1(x)
50  #         x = nn.Sigmoid()(x)
51  #         x = self.fc2(x)
52  #         if one_hot:
53  #             x = nn.Softmax(dim = 1)(x)
54  #         return x
55  # model = MLP()
56
57  #2-3:
58  class MLP(nn.Module):
59      def __init__(self, n_input = n_feature, n_hidden = 4,
60                   n_output = n_class):
61          super().__init__()
62          self.layers = nn.Sequential(
```

```
63              nn.Linear(n_input, n_hidden),
64              nn.Sigmoid(),
65              nn.Linear(n_hidden, n_output),)
66
67    def forward(self, x):
68        x = self.layers(x)
69        if one_hot:
70            x = nn.Softmax(dim = 1)(x)
71        return x
72 model = MLP()
73
74 #2-4
75 print('model=', model)
76
77 #2-5
78 batch_size = 4                    # any
79 summary(model, input_size = (batch_size, 2), device = 'cpu')
80
81 #3: optimizer, training, parameters
82 #3-1
83 if one_hot:
84     loss_fn = nn.MSELoss()
85     # loss_fn = nn.BCELoss()
86 else:
87     loss_fn = nn.CrossEntropyLoss()
88 loss_list = []
89
90 #3-2: training
91 K = len(data_loader)
92 EPOCHS = 1000
93 for epoch in range(EPOCHS):
94     batch_loss = 0.0
95     for X, y in data_loader:        # mini-batch
96         y_pred = model(X)           # model.forward(X)
97         loss = loss_fn(y_pred, y)
98
99         optimizer.zero_grad()
100        loss.backward()
101        optimizer.step()
102
103        batch_loss += loss.item()
104    batch_loss /= K
105    loss_list.append(batch_loss)    # average batch_loss
106    # if not epoch % 100:
107    #     print(f'epoch={epoch}: epoch_loss={batch_loss:.2f}')
108
```

```
109  #3-3: trained parameters
110  # for i, (name, param) in enumerate(model.named_parameters()):
111  #      print(f'layer[{i}]: name={name}, param={param}')
112
113  # model_params = list(model.parameters())
114  # n_layars = len(model_params)
115  # print('n_layars=', n_layars)
116  # for i in range(n_layars):
117  # for i in range(n_layars):
118  #      print(f'layer[{i}]: {model_params[i].data.numpy()}')
119  #      print(f'layer[{i}]: {model_params[i].detach().numpy()}')
120
121  for i, param in enumerate(model.parameters()):
122      print(f'layer[{i}]: {param.detach().numpy()}')    # numpy().T
123
124  #4: evaluate model
125  model.eval()                                # model.train(False)
126  #4-1: evaluate x_train
127  if one_hot:
128      y_train = y_train.argmax(di m = 1)  # one-hot-> class
129  with torch.no_grad():
130      out = model(x_train)
131  pred = out.argmax(dim = 1).float()
132  accuracy = (pred == y_train).float().mean()
133  print("pred=", pred)
134  print("accuracy=", accuracy.item())
135
136  #4-2: generate grid data
137  h = 0.01
138  xs = torch.linspace(0 - 2 * h, 1 + 2 * h, steps = 50)
139  ys = torch.linspace(0 - 2 * h, 1 + 2 * h, steps = 50)
140  xx, yy = torch.meshgrid(xs, ys, indexing = 'ij')
141  sample = torch.stack((xx.reshape(-1), yy.reshape(-1)), dim = 1)
142
143  with torch.no_grad():
144      out = model(sample)
145      pred = out.argmax(dim=1).float()
146      pred = pred.reshape(xx.shape)
147
148  #4-3: display loss, pred
149  plt.xlabel('epoch')
150  plt.ylabel('loss')
151  plt.plot(loss_list)
152  plt.show()
153
```

```
154 ax = plt.gca()
155 ax.set_aspect('equal')
156 plt.contourf(xx, yy, pred, cmap = plt.cm.gray)
157 plt.contour(xx,  yy, pred, colors = 'red', linewidths = 1)
158
159 class_colors = ['blue', 'red']
160 for label in range(2):        # 2 class
161     plt.scatter(x_train[y_train == label, 0],
162                 x_train[y_train == label, 1],
163                 50, class_colors[label], 'o')
164 plt.show()
```

▷▷ 실행결과

```
#1-1: y_train  = torch.tensor([0, 1, 1, 0], dtype = torch.int64) # XOR
#2-3, #2-4
model= MLP(
  (layers): Sequential(
    (0): Linear(in_features=2, out_features=4, bias=True)
    (1): Sigmoid()
    (2): Linear(in_features=4, out_features=2, bias=True)
  )
)
#2-5
===================================================================
Layer (type:depth-idx)                  Output Shape        Param #
===================================================================
MLP                                      [4, 2]              --
├─Sequential: 1-1                        [4, 2]              --
│    └─Linear: 2-1                       [4, 4]              12
│    └─Sigmoid: 2-2                      [4, 4]              --
│    └─Linear: 2-3                       [4, 2]              10
===================================================================
Total params: 22
Trainable params: 22
Non-trainable params: 0
Total mult-adds (M): 0.00
===================================================================
Input size (MB): 0.00
Forward/backward pass size (MB): 0.00
Params size (MB): 0.00
Estimated Total Size (MB): 0.00
===================================================================
#3-3
layer[0]: [[-2.6615527  3.2887113]
          [-2.6645691  3.566057 ]
```

```
            [-5.8342776   5.1831737]
            [ 3.5918312 -4.4844556]]
layer[1]: [ 1.21201     1.1305573 -2.8068585 -1.6423331]
layer[2]: [[ 0.74981606  0.5719663  -2.2812395  -1.1076603 ]
            [-0.4947293  -0.76881427  2.6818674   1.2182418 ]]
layer[3]: [-0.16299058 -0.32519332]
pred= tensor([0., 1., 1., 0.])
accuracy= 1.0
#4
pred= tensor([0., 1., 1., 0.])
accuracy= 1.0
```

▷▷▷ 프로그램 설명

1 [그림 21.1]의 2층 신경망 모델을 생성하고, 손실함수로 AND, OR, XOR 분류문제를 훈련 데이터 (x_train, y_train)를 이용하여 학습한다. 모델 구조 요약을 위해 torchinfo를 설치한다.

2 one_hot = True이면 #1-1에서 y_train을 원-핫 인코딩한다. #4-1에서 y_train을 모델 출력의 정수 레이블(pred)과 비교하기 위하여 y_train.argmax(dim = 1)로 정수로 변환한다. one_hot = True이면 #3-1의 손실함수(loss_fn)에서 nn.MSELoss(), nn.BCELoss(), nn.CrossEntropyLoss() 모두 가능하다. one_hot = False(정수 레이블)이면 nn.CrossEntropyLoss() 손실함수만 가능하다.

3 #1은 훈련 데이터 (x_train, y_train), 데이터셋(ds), 데이터로더(data_loader)를 생성한다.

4 #2는 [그림 21.1]의 2층 신경망 모델을 생성한다. 입력 특징의 차원은 n_feature = 2, 분류 클래스 종류는 n_class= 2이다.

#2-2, #2-3에서 one_hot = False이면, nn.CrossEntropyLoss() 손실함수를 사용하여 nn.Softmax()를 사용하지 않는다.

5 #2-1은 nn.Sequential 컨테이너에 nn.Linear(), nn.Sigmoid()를 순서대로 배치하여 모델을 생성한다. 은닉층의 뉴런 개수 n_hidden은 변경할 수 있다. nn.CrossEntropyLoss() 손실함수를 사용하는 경우 nn.Softmax()를 사용하지 않는다.

6 #2-2는 nn.Module에서 상속받아 MLP 클래스를 정의하고 forward() 메서드에서 순서대로 모델의 입출력을 설정하여 모델을 생성한다. #2-3은 MLP 클래스에서 nn.Sequential를 사용하고 모델을 생성한다.

7 #2-4의 print('model=', model)는 모델 구조를 출력한다.

8 #2-5는 torchinfo.summary로 input_size 크기에 대해 모델의 전체 출력크기, 각 층의 출력크기, 파라미터개수를 출력한다([#2-5 출력 참조]). 모델에 input_size = (batch_size, 2) 입력하면, MLP는 (batch_size, 2) 크기를 출력한다.

Linear: 2-1의 파라미터 개수는 2 * 4(가중치) + 4(바이어스) = 12이다.

Linear: 2-3의 파라미터 개수는 4 * 2(가중치) + 2(바이어스) = 10이다.

9   #3의 모델을 최적화 방법은 선형회귀에서와 같다.

#3-1은 최적화 optimizer를 생성하고, one_hot에 따라 loss_fn에 손실함수를 생성한다. #3-2는 데이터로더(data_loader)로 배치 데이터 (X, y)를 샘플하고, 모델에 입력하여 모델 출력(y_pred)을 계산하고, loss_fn(y_pred, y)로 손실(loss)을 계산하여, optimizer로 손실을 최소화하도록 모델 파라미터를 한 스텝 갱신한다. #3-3은 학습된 모델 파라미터를 출력한다.

10   #4에서 model.eval()은 모델을 평가 모드로 전환한다.

#4-1은 자동미분을 계산하지 않도록 with torch.no_grad() 블록에서 학습된 모델에 x_train을 입력하여 출력 out을 계산한다. pred = out.argmax(dim = 1).float()로 출력이 가장 큰 뉴런 (node, unit)의 인덱스를 예측 클래스 레이블 pred에 저장한다. (pred == y_train).float(). mean()으로 정확도 accuracy를 계산한다.

11   #4-2는 균등간격으로 그리드 데이터를 생성하고, sample을 생성하여, 모델의 예측 클래스 레이블 pred를 계산한다.

12   #4-3은 pred를 이용하여 분류경계를 표시하고, 훈련 데이터를 그래프에 표시한다. [그림 21.2]는 one_hot = False, loss_fn = nn.CrossEntropyLoss() 손실함수로 XOR 훈련 데이터로 학습한 결과이다.

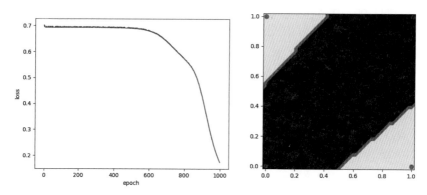

△ 그림 21.2 ▶ 실행결과: XOR(one_hot = False, nn.CrossEntropyLoss())

▷ 예제 21-02 ▶ 2-층 MLP, DEVICE: 'iris.csv' 분류

```
01  '''
02  https://gist.github.com/curran/a08a1080b88344b0c8a7#file-iris-csv
03  '''
04  import torch
05  import torch.nn as nn
06  import torch.optim as optim
07  import torch.nn.functional as F
08  from torch.utils.data import TensorDataset, DataLoader
```

```
09  from torchinfo import summary       # pip install torchinfo
10  import matplotlib.pyplot as plt
11
12  random_seed = 1
13  torch.manual_seed(random_seed)
14  torch.cuda.manual_seed(random_seed)
15
16  #1: load data, split data into (train, test)
17  #1-1:
18  import numpy as np
19  np.random.seed(random_seed)
20  def load_iris_np(file_path):
21      label={'setosa':0, 'versicolor':1, 'virginica':2}
22      data = np.loadtxt(file_path, skiprows = 1, delimiter = ',',
23                  converters = {4: lambda name: label[name.decode()]})
24      return data
25
26  def train_test_split(data, test_size = 0.2, shuffle = True):
27                                      # train: 0.8, test: 0.2
28      n = int(data.shape[0] * (1 - test_size))
29      if shuffle:
30              np.random.shuffle(data)
31      x_train = data[:n, :-1]
32      y_train = data[:n, -1]
33      x_test = data[n:, :-1]
34      y_test = data[n:, -1]
35      return (x_train, y_train), (x_test, y_test)
36
37  iris_data = load_iris_np('./data/iris.csv')
38  (x_train, y_train), (x_test, y_test) = train_test_split(iris_data)
39
40  #1-2: pip install pandas
41  # import pandas as pd
42  # import sklearn.model_selection as ms
43  # df = pd.read_csv('./data/iris.csv')
44  # df.loc[df.species=='setosa',    'species']= 0
45  # df.loc[df.species=='versicolor','species']= 1
46  # df.loc[df.species=='virginica', 'species'] = 2
47
48  # X = df[df.columns[0:4]].values            # numpy.ndarray
49  # y = df.species.values.astype(np.int32)    # object -> int32
50  # x_train, x_test, y_train, y_test = ms.train_test_split(
51  #                   X, y, test_size = 0.2, random_state = 1)
52
```

```
53  #1-3: pip install sklearn
54  # from sklearn.datasets import load_iris
55  # import sklearn.model_selection as ms
56
57  # iris_data = load_iris()     # print(list(iris_data.target_names))
58  # X, y = iris_data.data, iris_data.target
59  # x_train, x_test, y_train, y_test = ms.train_test_split(
60  #                     X, y, test_ratio = 0.2, random_state = 1)
61
62  #1-4:
63  print("x_train.shape:", x_train.shape)
64  print("y_train.shape:", y_train.shape)
65  print("x_test.shape:",  x_test.shape)
66  print("y_test.shape:",  y_test.shape)
67
68  #2: device and data loader
69  #2-1
70  DEVICE = 'cuda' if torch.cuda.is_available() else 'cpu'
71  print("DEVICE= ", DEVICE)
72  x_train = torch.tensor(x_train, dtype = torch.float).to(DEVICE)
73  y_train = torch.tensor(y_train, dtype = torch.long).to(DEVICE)
74                                                   # torch.int64
75  x_test = torch.tensor(x_test, dtype = torch.float).to(DEVICE)
76  y_test = torch.tensor(y_test, dtype = torch.long).to(DEVICE)
77
78  #2-2: dataset and data loader
79  ds = TensorDataset(x_train, y_train)
80  data_loader = DataLoader(dataset = ds, batch_size = 8,  shuffle = True)
81
82  #3: create model
83  n_feature = x_train.size(1)       # 4
84  n_class = 3
85  #3-1
86  class MLP(nn.Module):
87      def __init__(self, n_input = n_feature, n_hidden = 4,
88                   n_output = n_class):
89          super().__init__()
90          self.fc1 = nn.Linear(n_input, n_hidden)
91          self.fc2 = nn.Linear(n_hidden, n_output)
92
93      def forward(self, x):
94          x = self.fc1(x)
95          x = nn.Sigmoid()(x)
96          x = self.fc2(x)
97          # x = nn.Softmax(dim = 1)(x)     # nn.CrossEntropyLoss()
98          return x
```

```
99
100  model = MLP().to(DEVICE)          # (4, 4, 3)
101  print('model=', model)
102  #3-2
103  batch_size = 8                    # any
104  summary(model, input_size = (batch_size, n_feature),
105          device = DEVICE)
106
107  #4: optimizer, training, parameters
108  #4-1
109  optimizer = optim.Adam(params = model.parameters(), lr = 0.001)
110  loss_fn = nn.CrossEntropyLoss()
111  loss_list = []
112
113  #4-2: training
114  K = len(data_loader)
115  EPOCHS = 1000
116  for epoch in range(EPOCHS):
117
118      batch_loss = 0.0
119      for X, y in data_loader:    # mini-batch
120          y_pred = model(X)       # model.forward(X)
121          loss = loss_fn(y_pred, y)
122
123          optimizer.zero_grad()
124          loss.backward()
125          optimizer.step()
126
127          batch_loss += loss.item()
128      batch_loss /= K
129      loss_list.append(batch_loss)    # average batch_loss
130      # if not epoch%100:
131      #     print(f'epoch={epoch}:  epoch_loss={batch_loss:.2f}')
132
133  #4-3: trained parameters
134  # for i, param in enumerate(model.parameters()):
135  #     print(f'layer[{i}]: {param.detach().numpy()}')  # numpy().T
136
137  #5: evaluate model
138  model.eval()                     # model.train(False)
139  with torch.no_grad():
140      out = model(x_train)
141      pred = out.argmax(dim = 1).float()
142      accuracy = (pred == y_train).float().mean()
143      print("train accuracy=", accuracy.item())
```

```
144
145     out = model(x_test)
146     pred = out.argmax(dim = 1).float()
147     accuracy = (pred == y_test).float().mean()
148     print("test accuracy=", accuracy.item())
149 #6: display loss, pred
150 # plt.xlabel('epoch')
151 # plt.ylabel('loss')
152 # plt.plot(loss_list)
153 # plt.show()
```

▷▷ 실행결과

```
x_train.shape: (120, 4)
y_train.shape: (120,)
x_test.shape: (30, 4)
y_test.shape: (30,)
DEVICE=  cuda
#3-1
model= MLP(
  (linear1): Linear(in_features=4, out_features=4, bias=True)
  (linear2): Linear(in_features=4, out_features=3, bias=True)
)
#3-2
============================================================
Layer (type:depth-idx)       Output Shape           Param #
============================================================
MLP                          [8, 3]                    --
├─Linear: 1-1                [8, 4]                    20
├─Linear: 1-2                [8, 3]                    15
============================================================
Total params: 35
Trainable params: 35
Non-trainable params: 0
Total mult-adds (M): 0.00
============================================================
Input size (MB): 0.00
Forward/backward pass size (MB): 0.00
Params size (MB): 0.00
Estimated Total Size (MB): 0.00
============================================================
train accuracy= 0.98333340883255
test accuracy= 0.9666666984558105
```

▷▷▷ 프로그램 설명

  1 Fisher에 의해 소개된 붓꽃(iris) 데이터는 3-종류('setosa', 'virginica', 'versicolor') 붓꽃의

꽃받침(Sepal), 꽃잎(Petal)의 길이, 너비에 대한 4-차원 특징 데이터(Sepal Length, Sepal width, Petal Length, Petal Width)와 종류(species)로 구성된다. 붓꽃 종류 각각에 50개, 전체 150개의 데이터가 있다.

2 전체 데이터를 훈련 데이터(x_train, y_train)와 테스트 데이터(x_test, y_test)로 구분하여 훈련 데이터로 훈련하고, 테스트 데이터의 정확도를 계산한다.

3 #1은 데이터를 로드하고, 훈련 데이터(x_train, y_train), 테스트 데이터(x_test, y_test)로 분리한다. test_size = 0.2이면 훈련 데이터 120개, 테스트 데이터 30개로 분리한다. #1-1은 load_iris_np() 함수에서 numpy의 np.loadtxt()로 데이터를 로드하고, train_test_split() 함수로 데이터를 분리한다.

#1-2는 pandas로 로드하고, sklearn의 train_test_split()로 분리한다.

#1-3은 sklearn.datasets.load_iris()로 데이터를 로드하고, sklearn의 train_test_split()로 분리한다.

4 #2-1은 DEVICE 문자열에 따라 to(DEVICE) 메서드로 데이터를 CPU 또는 CUDA 텐서로 생성한다. #2-2는 데이터로더(data_loader)를 생성한다.

5 #3은 model = MLP().to(DEVICE)로 DEVICE에서 실행 가능한 모델을 생성한다. 입력 데이터의 특징차원(n_feature)은 n_feature = 4, 분류 클래스 종류는 n_class = 3 이다. 은닉층의 뉴런개수 n_hidden은 변경할 수 있다. 모델 구조를 출력한다([#3-1 출력 참조]). summary()로 device = DEVICE에서 각층의 출력크기를 출력한다([#3-2 출력 참조]). nn.CrossEntropyLoss() 손실함수를 사용하여 forward() 메서드의 출력층에서 nn.Softmax() 활성화 함수를 사용하지 않는다.

6 #4-1은 최적화 optimizer를 생성하고, loss_fn에 nn.CrossEntropyLoss() 손실함수를 생성한다. #4-2는 데이터로더를 이용하여 모델을 미니 배치로 학습한다.

7 #5는 모델을 평가 모드로 전환하고, 훈련 데이터의 정확도와 테스트 데이터의 정확도를 계산한다.

▷ 예제 21-03 ▶ 2-층 MLP, DEVICE: 'tic-tac-toe.csv' 분류

```
01  '''
02  https://archive.ics.uci.edu/ml/datasets/Tic-Tac-Toe+Endgame
03  '''
04  import torch
05  import torch.nn as nn
06  import torch.optim as optim
07  import torch.nn.functional as F
08  from torch.utils.data import TensorDataset, DataLoader
09  from torchinfo import summary # pip install torchinfo
10  import matplotlib.pyplot as plt
```

```
11 random_seed = 1
12 torch.manual_seed(random_seed)
13 torch.cuda.manual_seed(random_seed)
14
15 #1: load data, split data into (train, test)
16 #1-1:
17 import numpy as np
18 np.random.seed(random_seed)
19
20 def load_data(file_path):
21     label = {'x':-1, 'o':1, 'b': 0, 'False': 0, 'True':1}
22                     # True: 'x' won, False: 'x' lost
23     data = np.loadtxt(file_path, skiprows = 1, delimiter = ',',
24             converters = {i: lambda
25                         name: float(label[name.decode()]) for i in range(10)})
26     return data
27
28 def train_test_split(data, test_size = 0.2, shuffle = True):
29     n = int(data.shape[0] * (1 - test_size))
30     indx = np.arange(data.shape[0])
31     if shuffle:
32         indx = np.random.permutation(indx)
33     train = data[indx[:n]]
34     test  = data[indx[n:]]
35     x_train = train[:, :-1]
36     y_train = train[:, -1]
37     x_test = test[:, :-1]
38     y_test = test[:, -1]
39     return (x_train, y_train), (x_test, y_test)
40 ttt_data = load_data('./data/tic-tac-toe.csv')
41 (x_train, y_train), (x_test, y_test) = train_test_split(ttt_data)
42
43 #1-2:
44 # import pandas as pd # pip install pandas
45 # import sklearn.model_selection as ms
46 # df = pd.read_csv('./data/tic-tac-toe.csv')
47 # df = df.replace({'x':-1, 'o':1, 'b': 0}).astype(int)
48                                 # False: 0, True: 1
49
50 # X = df[df.columns[:-1]].values
51 # y = df[df.columns[-1]].values
52 # x_train, x_test, y_train, y_test=ms.train_test_split(
53 #                   X, y, test_size=0.2, random_state=1)
54 #1-3:
55 print("x_train.shape:", x_train.shape)
```

```
56  print("y_train.shape:", y_train.shape)
57  print("x_test.shape:",  x_test.shape)
58  print("y_test.shape:",  y_test.shape)
59
60  #2: device and data loader
61  #2-1
62  DEVICE = 'cuda' if torch.cuda.is_available() else 'cpu'
63  print("DEVICE= ", DEVICE)
64  x_train = torch.tensor(x_train, dtype = torch.float).to(DEVICE)
65  y_train = torch.tensor(y_train, dtype = torch.long).to(DEVICE)
66                                          # torch.int64
67  x_test = torch.tensor(x_test, dtype = torch.float).to(DEVICE)
68  y_test = torch.tensor(y_test, dtype = torch.long).to(DEVICE)
69
70  #2-2: dataset and data loader
71  ds = TensorDataset(x_train, y_train)
72  data_loader = DataLoader(dataset = ds, batch_size = 32,
73                           shuffle = True)
74
75  #3: create model
76  n_feature =  x_train.size(1) # 9
77  n_class =  2
78  class MLP(nn.Module):
79      def __init__(self, n_input = n_feature, n_hidden= 4,
80                   n_output = n_class):
81          super().__init__()
82          self.layers = nn.Sequential(
83                  nn.Linear(n_input, n_hidden),
84                  nn.Sigmoid(),
85                  nn.Linear(n_hidden, n_output),)
86
87      def forward(self, x):
88          x = self.layers(x)
89          # x = nn.Softmax(dim = 1)(x)     # nn.CrossEntropyLoss()
90          return x
91  model = MLP(n_hidden = 10).to(DEVICE)    # (4, 10, 3)
92  print('model=', model)
93  # batch_size = 8                         # any
94  # summary(model, input_size = (batch_size, n_feature),
95  #                           device = DEVICE)
96
97  #4: optimizer, training, parameters
98  #4-1
99  optimizer = optim.Adam(params = model.parameters(), lr = 0.001)
100 loss_fn = nn.CrossEntropyLoss()
101 loss_list = []
```

```
102
103  #4-2: training
104  K = len(data_loader)
105  EPOCHS = 200
106  for epoch in range(EPOCHS):
107
108      batch_loss = 0.0
109      for X, y in data_loader:        # mini-batch
111          y_pred = model(X)           # model.forward(X)
112          loss = loss_fn(y_pred, y)
113
114          optimizer.zero_grad()
115          loss.backward()
116          optimizer.step()
117
118          batch_loss += loss.item()
119      batch_loss /= K
120      loss_list.append(batch_loss)    # average batch_loss
121      # if not epoch%100:
122      #     print(f'epoch={epoch}:  epoch_loss={batch_loss:.2f}')
123
124  #4-3: trained parameters
125  # for i, param in enumerate(model.parameters()):
126  #     print(f'layer[{i}]: {param.detach().numpy()}')   # numpy().T
127
128  #5: evaluate model
129  model.eval()                        # model.train(False)
130  with torch.no_grad():
131      out = model(x_train)
132      pred = out.argmax(dim = 1).float()
133      accuracy = (pred == y_train).float().mean()
134      print("train accuracy=", accuracy.item())
135
136      out = model(x_test)
137      pred = out.argmax(dim = 1).float()
138      accuracy = (pred == y_test).float().mean()
139      print("test accuracy=", accuracy.item())
140
141      for i in range(2):              # print example
142          print(f"x_test{[i]}: {x_test[i].view(3,3)}")
143          winner = 'x' if pred[i] == 1 else 'o'
144          print(f'winner = {winner}')
145
146  #6: display loss
147  plt.xlabel('epoch')
```

```
148  plt.ylabel('loss')
149  plt.ylim(0, 1)
150  plt.plot(loss_list)
151  plt.show()
```

▷▷ 실행결과

```
x_train.shape: (766, 9)
y_train.shape: (766,)
x_test.shape: (192, 9)
y_test.shape: (192,)
DEVICE= cuda
#3
model= MLP(
  (layers): Sequential(
    (0): Linear(in_features=9, out_features=10, bias=True)
    (1): Sigmoid()
    (2): Linear(in_features=10, out_features=2, bias=True)
  )
)
train accuracy= 0.9817232489585876
test accuracy= 0.9895833730697632
x_test[0]: tensor([[-1.,  1.,  0.],
        [ 1., -1.,  0.],
        [ 1., -1., -1.]], device='cuda:0')
winner = x
x_test[1]: tensor([[ 0.,  1.,  1.],
        [-1., -1.,  1.],
        [-1., -1.,  1.]], device='cuda:0')
winner = o
```

▷▷▷ 프로그램 설명

1 틱택토(tic-tac-toe) 데이터는 가로, 세로, 대각선 방향으로 3개 연속이면 승리 win하는 958개의 삼목 게임 데이터이다. 특징 데이터는 3×3 셀의 상태인 9-차원(TL, TM, TR, ML, MM, MR, BL, BM, BR) 벡터이고, 'x'와 'o'는 게임 플레이어이며 'b'는 공백 blank 상태이다. class는 'x'가 승리하면 true, 졌으면 false인 레이블이다. [그림 21.3]은 데이터 예제이다.

x,x,x,x,o,o,o,b,b,true
(a) x won

x,x,o,x,x,o,o,b,o,false
(b) x lost

△ 그림 21.3 ▶ "tic-tac-toe.csv"

2 #1은 데이터를 로드하고, 훈련 데이터 (x_train, y_train), 테스트데이터 (x_test, y_test)로 분리한다. test_size = 0.2이면 훈련 데이터 766개, 테스트데이터 192개로 분리한다. #1-1은 load_iris_np() 함수에서 numpy의 np.loadtxt()로 데이터를 로드하고, train_test_split() 함수로 분리한다.

#1-2는 pandas로 로드하고, sklearn의 train_test_split()로 분리한다.

3 #2-1은 DEVICE에 따라 데이터를 CPU 또는 CUDA 텐서로 생성한다. #2-2는 batch_size = 32의 data_loader를 생성한다.

4 #3은 DEVICE에서 실행 가능한 모델을 생성한다. 입력 데이터의 특징 차원은 n_feature = 9, 분류 클래스 종류는 n_class = 2이다. 은닉층의 개수 n_hidden = 10은 변경할 수 있다. nn.CrossEntropyLoss() 손실함수를 사용하여 forward() 메서드의 출력층에서 nn.Softmax() 활성화 함수를 사용하지 않는다.

5 #4-1은 최적화 optimizer를 생성하고, loss_fn에 nn.CrossEntropyLoss() 손실함수를 생성한다. #4-2는 data_loader를 이용하여 모델을 미니 배치로 학습한다.

6 #5는 모델을 평가 모드로 전환하고, 훈련 데이터의 정확도와 테스트데이터의 정확도를 계산한다. [그림 21.4]는 2-층 nn.Linear 모델의 손실그래프이다.

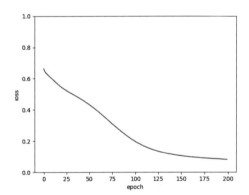

△ 그림 21.4 ▶ 2-층 MLP 손실(loss_list)

▷ 예제 21-04 ▶ n-층 MLP, DEVICE: ‘tic-tac-toe.csv’ 분류

```
01  # [예제 21-03] 참조
02  .....
03  #3: create model
04  n_feature =  x_train.size(1)      # 9
05  n_class =  2
06
```

```
07  class MLP(nn.Module):
08  #3-1
09      def __init__(self, n_input = n_feature, n_hiddens = [10, 10],
10                   n_output = n_class):
11          super().__init__()
12
13          assert len(n_hiddens) !=0, 'n_hiddens is not an empty list'
14          self.fc1 = nn.Linear(n_input, n_hiddens[0])  # the first
15
16          # self.layers: hidden layers
17          if len(n_hiddens) <= 1:
18              self.layers = None
19          else:
20              layers = []
21              for i in range(len(n_hiddens) - 1):
22                  layers.append(nn.Linear(n_hiddens[i],
23                                  n_hiddens[i+1]))
24                  layers.append(nn.Sigmoid())
25              self.layers = nn.Sequential(*layers)
26
27              # self.layers = nn.Sequential()
28              # for i in range(len(n_hiddens) - 1):
29              #     self.layers.add_module( 'linear_a' + str(i),
30              #                   nn.Linear(n_hiddens[i],
31              #                       n_hiddens[i+1]))
32              #     self.layers.add_module('linear_b' + str(i),
33              #                   nn.Sigmoid())
34
35          self.fc2 = nn.Linear(n_hiddens[-1], n_output)   # the last
36  #3-2
37      def forward(self, x):
38          x = self.fc1(x)               # the first
39          x = nn.ReLU()(x)
40          if self.layers:               # hidden layers
41              x = self.layers(x)
42          x = self.fc2(x)               # output layer
43          # x = nn.Softmax(dim=1)(x)  # nn.CrossEntropyLoss()
44          return x
45  #3-3
46  model = MLP(n_hiddens = [100, 100, 10]).to(DEVICE)
47  print('model=', model)
48  # batch_size = 8                      # any
49  # summary(model, input_size = (batch_size, n_feature),
50                          device = DEVICE)
51  ...
52  # [예제 21-03] 참조
```

▷▷ 실행결과

```
x_train.shape: (766, 9)
y_train.shape: (766,)
x_test.shape: (192, 9)
y_test.shape: (192,)
DEVICE=  cuda
#3-3
model= MLP(
  (linear1): Linear(in_features=9, out_features=100, bias=True)
  (linear2): Sequential(
    (linear2_a0): Linear(in_features=100, out_features=100, bias=True)
    (linear2_b0): Sigmoid()
    (linear2_a1): Linear(in_features=100, out_features=10, bias=True)
    (linear2_b1): Sigmoid()
  )
  (linear3): Linear(in_features=10, out_features=2, bias=True)
)
#5
train accuracy= 1.0
test accuracy= 0.9947916865348816
```

▷▷▷ 프로그램 설명

1 [예제 21-03]에서 MLP 클래스를 변경하여 n_hiddens 리스트의 항목만큼 nn.Linear 층을 추가하도록 변경한다.

2 #3-1의 __init__() 생성자 t 메서드에서 n_hiddens 리스트의 항목은 추가될 층의 뉴런 개수이다. self.fc1은 입력 특징(n_input)과 n_hiddens[0] 사이의 nn.Linear 층이다.

3 len(n_hiddens) <= 1이면 self.layers = None이다.

4 len(n_hiddens)>1이면, self.layers에 nn.Sequential()로 n_hiddens[i]와 n_hiddens[i + 1] 사이의 nn.Linear 층을 추가한다.

5 self.fc2는 n_hiddens[-1]과 n_output의 nn.Linear 출력층이다.

6 #3-2의 forward() 메서드에서 입력 x에 self.fc1(x)을 적용하고, self.layers가 None이 아니면 self.layers(x)를 적용한다. self.fc2(x)를 적용하여 모델 구조를 정의한다. nn.CrossEntropyLoss() 손실함수를 사용여 출력층에서 nn.Softmax() 함수를 사용하지 않는다.

7 #3-3은 n_hiddens = [100, 100, 10]로 4-층 nn.Linear 모델을 생성한다([실행결과 참조]). print('model=', model)는 모델 구조를 출력한다.

8 random_seed를 변경하면, 발생하는 난수에 따라 분리, 추출되는 훈련 데이터와 테스트 데이터가 변경되기 때문에, 다른 정확도를 계산한다. nn.Linear 층의 개수는 len(n_hiddens) + 1 이다. len(n_hiddens) = 0이면 assert에 의해 오류가 발생한다.

9 [그림 21.5]는 4-층 MLP 모델의 손실함수의 그래프이다. [그림 21.4]의 2-층 MLP 모델의 손실함수 보다 빠르게 0으로 수렴한다.

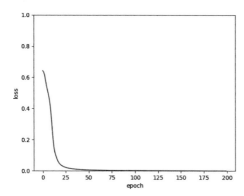

△ 그림 21.5 ▶ 4-층 MLP 모델 손실그래프

CHAPTER 07

초기화 · 배치 정규화 · 드롭아웃

STEP 22 가중치 초기화 · 규제

STEP 23 배치 정규화

STEP 24 드롭아웃 dropout

신경망 모델의 파라미터(가중치, 바이어스) 값은 난수로 초기화된다. 모델 파라미터의 초기값이 최적화에 영향을 줄 수 있다. 같은 훈련 데이터와 같은 신경망 모델로 학습해도 다른 결과를 얻을 수 있다.

신경망 모델의 층이 깊어지면 그래디언트가 0이 되어 학습이 진행되지 않는 그래디언트 소실 vanishing gradients 문제가 발생할 수 있다. 반대로 기울기 값이 너무 커지는 기울기 폭발 exploding gradients 문제가 발생하여 모델이 수렴하지 않을 수 있다.

그래티언트 소실 및 폭주의 부분적인 해결방법으로 은닉층에서 Sigmoid 활성화 함수 대신 LReLU, Leaky ReLU 등을 사용하거나, 가중치 초기화, 가중치 규제 regularization, 배치 정규화 batch normalization등을 사용한다.

과적합 overfitting은 학습에 참여한 훈련 데이터에만 지나치게 잘 맞고, 학습에 참여하지 않은 검증 데이터와 테스트 데이터에는 맞지 않는 문제이다. 학습의 목적은 훈련 데이터를 이용해서 학습하여, 학습하지 않은 데이터를 예측하고, 분류하는 일반화 generalization이다. 일반적으로 데이터의 개수에 비해 모델이 복잡한 경우 과적합이 일어날 가능성이 높다. 그러므로 과적합을 피하려면 데이터가 아주 많아야 한다. 현실적으로 어려운 문제이다.

과적합 문제를 해결하기 위해 배치 정규화 batch normalization, 가중치 규제 regularization, 드롭아웃 dropout 등을 사용한다.

가중치 초기화·규제

1 가중치 초기화

네트워크 모델을 생성하면 모델의 파라미터(가중치, 바이어스)가 초기화 되어 있다. 초기화 파라미터는 model.parameters( )로 확인할 수 있다. 모델의 초기값은 최적화에 영향을 준다.

nn.init에 다양한 초기화 방법이 있다. Xavier Glorot(2010), Kaiming He(2015) 초기화에서 fan_in은 입력개수(이전 층의 뉴런 수), fan_out은 출력개수(다음 층의 뉴런 수)이다. nn.Linear는 균등분포로 초기화되어 있다.

nn.init.constant_(tensor, val)

nn.init.zeros_(tensor)

nn.init.ones_(tensor)

nn.init.uniform_(tensor, a = 0.0, b = 1.0)

nn.init.trunc_normal_(tensor, mean = 0.0, std = 1.0, a = −2.0, b = 2.0)

nn.init.xavier_uniform_(tensor, gain = 1.0)
  tensor를 균등분포 $U(-a, a)$로 초기화한다.

$$a = gain \times \sqrt{\frac{6}{fan\_in + fan\_out}}$$

◁ 수식 22.1

nn.init.xavier_normal_(tensor, gain = 1.0)

tensor를 균등분포 $N(0, std^2)$로 초기화한다.

$$std = gain \times \sqrt{\frac{2}{fan\_in + fan\_out}}$$

◁ 수식 22.2

nn.init.kaiming_uniform_(tensor, a = 0, mode = 'fan_in', nonlinearity = 'leaky_relu')

tensor를 균등분포 $U(-b, b)$로 초기화한다. fan_mode는 'fan_in', 'fan_out'이 있다.

$$b = gain \times \sqrt{\frac{3}{fan\_mode}}$$

◁ 수식 22.3

nn.init.kaiming_normal_(tensor, a = 0, mode = 'fan_in', nonlinearity = 'leaky_relu')

tensor를 정규분포 $N(0, s^2)$로 초기화한다.

$$std = gain \times \frac{gain}{\sqrt{fan\_mode}}$$

◁ 수식 22.4

▷ 예제 22-01 ▶ 가중치 초기화: n-층 MLP, 'tic-tac-toe.csv' 분류

```
01 # [예제 21-03] 참조
02 ...
03 #3: create model
04 n_feature = x_train.size(1)        # 9
05 n_class = 2
06 class MLP(nn.Module):
07 #3-1
08     def __init__(self, n_input = n_feature, n_hiddens = [10, 10],
09               n_output = n_class):
10         super().__init__()
11
12         assert len(n_hiddens) !=0,
13                 'n_hiddens is not an empty list'
14         self.fc1 = nn.Linear(n_input, n_hiddens[0])     # the first
15
16         # self.layers: hidden layers
17         if len(n_hiddens) <= 1:
18             self.layers = None
19         else:
```

```
20              layers = []
21              for i in range(len(n_hiddens) - 1):
22                  layers.append(nn.Linear(n_hiddens[i],
23                                  n_hiddens[i + 1]))
24              layers.append(nn.Sigmoid())
25              self.layers = nn.Sequential(*layers)
26          self.fc2 = nn.Linear(n_hiddens[-1], n_output)   # the last
27          self.apply(self.init_weights)
28  #3-2
29      def init_weights(self, m):
30          if isinstance(m, nn.Linear):
31              a = 1 / np.sqrt(m.weight.size(1))   # size(1): fan_in
32              nn.init.uniform_(m.weight, -a, a)
33              if m.bias is not None:
34                  nn.init.uniform_(m.bias, -a, a)
35                  # nn.init.trunc_normal_(m.bias)
36                  # m.bias.data.fill_(0.01)
37                  # m.bias.data.zero_()
38  #3-3
39      def forward(self, x):
40          x = self.fc1(x)                         # the first
41          x = nn.ReLU()(x)
42          if self.layers:                         # hidden layers
43              x = self.layers(x)
44          x = self.fc2(x)                         # output layer
45          #  x = nn.Softmax(dim = 1)(x)
46          return x
47
48  #3-4
49  def init_weights2(m):
50      if isinstance(m, nn.Linear):
51          nn.init.kaiming_normal_(m.weight)
52          nn.init.kaiming_uniform_(m.weight)
53  #3-5
54  def init_weights3(m):
55      if isinstance(m, nn.Linear):
56          nn.init.xavier_normal_(m.weight)
57          nn.init.xavier_uniform_(m.weight)
58  #3-6
59  def init_weights4(m):
60      if isinstance(m, nn.Linear):
61          fan_in = m.in_features
62          fan_out = m.out_features
63          std = np.sqrt(2.0 / (fan_in + fan_out))
64          m.weight.data.normal_(0, std)    # nn.init.xavier_normal_()
```

```
65            a =  np.sqrt(2.0/(fan_in + fan_out))
66            m.bias.data.uniform_(-a, a)    # nn.init.xavier_uniform_()
67 #3-7
68 model = MLP(n_hiddens = [100, 100, 10]).to(DEVICE)
69 # model.apply(init_weights2)
70 # model.apply(init_weights3)
71 # model.apply(init_weights4)
72
73 #3-8: init parameters
74 # for i, param in enumerate(model.parameters()):
75 #     if DEVICE == 'cuda':
76 #         param = param.cpu()
77 #     print(f'layer[{i}]: {param.detach().numpy()}')
78 ...
79 # [예제 21-03] 참조
```

▷▷ 실행결과

```
DEVICE=  cuda
#default weight and bias
train accuracy= 1.0
test accuracy= 0.9947916865348816

#3-2: self.apply(self.init_weights)
train accuracy= 1.0
test accuracy= 0.9947916865348816

#3-3: model.apply(init_weights2)
train accuracy= 1.0
test accuracy= 0.9947916865348816

#3-4: model.apply(init_weights3)
train accuracy= 1.0
test accuracy= 1.0

#3-5: model.apply(init_weights4)
train accuracy= 1.0
test accuracy= 1.0
```

▷▷▷ 프로그램 설명

1 [예제 21-03]의 MLP 클래스에서 활성화 함수를 nn.ReLU()로 변경하고, nn.Linear 층의
모델 파라미터(가중치, 바이어스)를 nn.Module.apply(fn)를 사용하여 명시적으로 초기화한다.
apply() 메서드는 클래스 생성자에서 호출하거나, 모델을 생성한 후에 apply( )메서드를 호출할
수 있다. 모든 서브 모듈에 재귀적으로 적용되어 모듈의 이름 또는 인스턴스를 구분하여 특정 종류의
층에 적용할 수 있다.

2 MLP 클래스 __init__() 생성자 메서드의 #3-2에서 self.apply()로 self.init_weights() 메서드를 호출하여 균등분포로 초기화한다.

3 #3-2의 init_weights(self, m) 메서드에서 isinstance(m, nn.Linear)로 m이 nn.Linear 클래스 인스턴스이면 가중치는 nn.init.kaiming_normal_(m.weight)로 초기화하고, 바이어스는 nn.init.kaiming_uniform_(m.weight)로 초기화한다.

4 #3-3의 nn.CrossEntropyLoss() 손실함수를 사용하기 때문에 forward() 메서드에서 출력 층에 nn.Softmax() 활성화 함수를 사용하지 않는다.

5 #3-4의 init_weights2(m) 함수는 Kaiming He 초기화한다.

6 #3-5의 init_weights3(m) 함수는 Xavier 초기화한다.

7 #3-6의 init_weights4(m) 함수는 Xavier 초기화 직접 구현한다.

8 #3-7에서 모델을 생성하면, 생성자에서 self.apply(self.init_weights)를 호출하여 가중치를 초기화한다.

model.apply()로 init_weights2, init_weights3, init_weights4 함수를 호출하여 가중치, 바이어스를 초기화 할 수 있다.

9 random_seed를 변경하면, 발생하는 난수에 따라 분리, 추출되는 훈련 데이터와 테스트 데이터가 다르기 때문에 다른 정확도를 계산한다.

2 가중치 규제

가중치 규제 regularization는 최적화할 손실함수에 패널티 penalty는 추가하여 훈련 데이터에 과적합되는 것을 억제한다. 가중치 규제는 손실함수를 부드럽게 smoothing하는 효과가 있다.

L1-규제는 가중치의 절대값 합을 사용하고, [수식 22.5]의 L2 규제는 가중치의 제곱합을 사용한다. λ의 규제 상수이다. 너무 작으면 규제가 영향이 없고, 너무 크면 손실함수의 영향이 줄어들어 최적화 성능이 떨어진다.

파이토치의 optim.SGD(), optim.Adam() 등의 파이토치 최적화에서 weight_decay는 L2-규제를 구현한다. 디폴트는 weight_decay = 0이다.

가중치 규제를 손실에 표현하여 최적화하기 위해서는 손실 loss에 [수식 22.5]를 덧셈하여 최적화한다.

$$l2 = \frac{\lambda}{2} \sum W^2$$

◁ 수식 22.5

▷ 예제 22-02 ▶ 가중치 규제: n-층 MLP, 'tic-tac-toe.csv' 분류

```
01 # [예제 21-03], [예제 21-04], [예제 22-01] 참조
02 ...
03 #2-2: dataset and data loader
04 ds = TensorDataset(x_train, y_train)
05 data_loader = DataLoader(dataset = ds, batch_size = 4,
06                          shuffle = True)
07
08 #3: create model
09 n_feature = x_train.size(1)       # 9
10 n_class = 2
11 class MLP(nn.Module):
12     #3-1
13     def __init__(self, n_input = n_feature, n_hiddens = [10, 10],
14                  n_output = n_class):
15         super().__init__()
16         assert len(n_hiddens) !=0,
17                   'n_hiddens is not an empty list'
18         self.fc1= nn.Linear(n_input, n_hiddens[0])     # the first
19
20         # self.layers: hidden layers
21         if len(n_hiddens) <= 1:
22             self.layers = None
23         else:
24             layers = []
25             for i in range(len(n_hiddens) - 1):
26                 layers.append(nn.Linear(n_hiddens[i],
27                                         n_hiddens[i + 1]))
28                 layers.append(nn.Sigmoid())
29             self.layers = nn.Sequential(*layers)
30         self.fc2= nn.Linear(n_hiddens[-1], n_output)  # the last
31
32     def forward(self, x):
33         x = self.fc1(x)                               # the first
34         x = nn.ReLU()(x)
35         if self.layers:                               # hidden layers
36             x = self.layers(x)
37         x = self.fc2(x)                               # output layer
38         # x = nn.Softmax(dim = 1)(x)
39         return x
```

```
40  model = MLP(n_hiddens = [100, 100, 10]).to(DEVICE)
41
42  #4: optimizer, training, parameters
43  #4-1
44  # optimizer = optim.Adam(params = model.parameters(), lr = 0.001)
45                                          # weight_decay = 0.0
46  # optimizer = optim.Adam(params = model.parameters(), lr = 0.001,
47                                          # weight_decay = 0.001)
48  optimizer = optim.SGD(params = model.parameters(), lr = 0.01,
49                       momentum = 0.9)   # weight_decay = 0.0
50  loss_fn = nn.CrossEntropyLoss()
51  loss_list = []
52
53  #4-2: training
54  c = 0.5 * torch.tensor([0.1]).to(DEVICE)
55                # regularity const: c = lambda / 2
56  K = len(data_loader)
57  EPOCHS  =20
58  for epoch in range(EPOCHS):
59
60      batch_loss = 0.0
61      for X, y in data_loader:      # mini-batch
62          y_pred = model(X)         # model.forward(X)
63          loss = loss_fn(y_pred, y)
64
65          # reg_loss = torch.norm(model.fc1.weight, p = 1).to(DEVICE)
66          # reg_loss+= torch.norm(model.layers.parameters()weight,
67                              p = 1).to(DEVICE)
68          # loss = loss + c * reg_loss
69
70          reg_loss = 0
71          for param in model.layers.parameters():
72              #m = param.size().numel()
73              #l1_p = torch.norm(param, p=1).to(DEVICE)
74              #l1_p /= m
75              #l2_p = (torch.norm(param, p=2) ** 2).to(DEVICE)
76              #l2_p /= m
77
78              #l1 = nn.L1Loss()(param, torch.zeros_like(param)) # L1
79              l2 = nn.MSELoss()(param, torch.zeros_like(param)) # L2
80              reg_loss += l2
81          loss = loss + c * reg_loss
82
83          optimizer.zero_grad()
84          loss.backward()
85          optimizer.step()
```

```
86
87          batch_loss += loss.item()
88      batch_loss /= K
89      loss_list.append(batch_loss)          # average batch_loss
90      # if not epoch % 10:
91      #       print(f'epoch={epoch}:  epoch_loss={batch_loss:.4f}')
92  print(f'epoch={epoch}:  epoch_loss={loss_list[-1]:.4f}')
93  ...
94  #[예제 21-03], [예제 21-04], [예제 22-01] 참조
```

▷▷ 실행결과

```
DEVICE=  cuda
#4-2: loss without regularization, [그림 22.1](a)
epoch=0:  epoch_loss=0.6499
epoch=10:  epoch_loss=0.1781
epoch=19:  epoch_loss=0.0192
train accuracy= 0.9986945390701294
test accuracy= 0.9895833730697632

#4-2: loss = loss + c*reg_loss with regularization, [그림 22.1](b)
epoch=0:  epoch_loss=0.6505
epoch=10:  epoch_loss=0.1784
epoch=19:  epoch_loss=0.0365
train accuracy= 0.9960835576057434
test accuracy= 0.9947916865348816
```

▷▷▷ 프로그램 설명

1 [예제 21-04]의 MLP 클래스에서 활성화 함수를 nn.ReLU()로 변경하고 손실에 가중치 규제를 추가하여 최적화한다.

2 #2-2의 데이터로더에서 batch_size = 4로 작게 하였다. 배치 크기를 작게 하면 확률적 경사하강법은 손실함수의 진동이 더 크게 나타난다.

3 #3의 forward() 메서드에서 출력층에 nn.Softmax() 활성화 함수를 사용하지 않는다. nn.CrossEntropyLoss() 손실함수를 사용하기 때문이다.

4 #4-1에서 optim.SGD 최적화 optimizer를 생성한다. 디폴트 weight_decay = 0.0이다.

5 #4-2에서 c = 0.5 * torch.tensor([0.1]).to(DEVICE)는 [수식 22.5]에서 $c = \frac{\lambda}{2}$, $\lambda = 0.1$의 규제상수이다.

6 for param in model.layers.parameters() 반복문에서 각 층의 가중치 param을 이용하여 reg_loss를 계산한다. nn.L1Loss()으로 L1 규제를 계산하고, 가중치의 절대값 합평균을 계산하고, nn.MSELoss() 규제를 계산하여, reg_loss에 누적하여 계산한다. loss = loss + c * reg_loss로 손실 loss에 가중치 규제 항목을 덧셈하여 최적화 optimizer로 파라미터를 갱신한다.

7 일반적으로 가중치 규제를 포함한 최적화가 훈련 데이터의 정확도를 높이지 않는다. 훈련 데이터에 과적합되는 것을 방지하는 효과가 있다. #4-2의 상수 c를 변경하면 학습 정확도가 달라 질 수 있다.

8 [그림 22.1](a)는 가중치 규제를 적용하지 않은 결과이다. [그림 22.1](b)는 loss = loss + c * reg_lossdp 의해 L2 가중치 규제를 적용한 결과이다. 규제를 적용한 결과가 진동이 약간 작다.

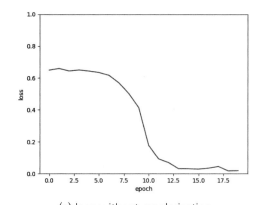

(a) loss without regularization

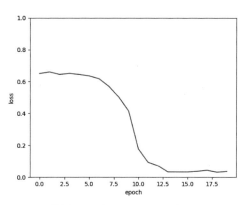

(b) loss = loss + c * reg_loss

△ 그림 22.1 ▶ 가중치 규제: 손실그래프

배치 정규화

단순히 입력 데이터를 정규화해도 정확도는 높아진다. 배치 정규화 batch normalization는 Sergey Ioffe(2015)에 의해 제안된 방법이다. 일반적으로 배치 정규화는 활성화 함수 이전에 위치하며, 가중치 초기화에 덜 영향 받으며, 학습속도가 빠르고, 오버피팅을 억제하는 장점이 있다.

[수식 23.1]에 의해 미니 배치 단위로 층 layer의 출력 x를 평균 0, 분산 1의 y로 정규화한다. 스케일 scale, 이동 shift의 학습 learnable 파라미터로 디폴트는 $\gamma = 1$, $\beta = 0$이다.

$$y = \frac{x - E[x]}{\sqrt{Var[x] + \epsilon}} * \gamma + \beta$$ ◁ 수식 23.1

```
nn.BatchNorm1d(num_features, eps = 1e-05, momentum = 0.1,
               affine = True, track_running_stats = True,
               device = None, dtype = None)
```

```
nn.BatchNorm2d(num_features, eps = 1e-05, momentum = 0.1,
               affine = True, track_running_stats = True,
               device = None, dtype = None)
```

① num_features는 입력의 특징 개수 또는 채널(C)이다. momentum은 이동평균, 분산 계산에 사용한다. affine = True이면 γ, β 파라미터를 학습한다.
② nnn.BatchNorm1d의 입력(input)의 모양은 (N, C), (N, C, L)이다. N은 배치 크기, C는 채널 수(특징 개수), L은 시퀀스 길이이다. 출력의 모양은 (N, C), (N, C, L)이다.
③ nn.BatchNorm2d의 입력, 출력 모양은 (N, C, H, W)이다.

▷ 예제 23-01   ▶ 배치 정규화 1

```
01 import torch
02 import torch.nn as nn
03 random_seed = 1
04 torch.manual_seed(random_seed)
```

```
06
07 #1: 1D
08 N = 10                              # batch
09 C = 4                               # n_feature
10
11 #1-1
12 y = torch.normal(mean = 10, std = 2, size = (N, C)) # layer output
13 print('y.shape=', y.shape)
14 y_mean = y.mean(dim=0).detach().numpy()
15 y_var  = y.var(dim= 0).detach().numpy()
16 print('y_mean=', y_mean)
17 print('y_var=',  y_var)
18
19 #1-2
20 BN = nn.BatchNorm1d(C)
21 out = BN(y)                         # normalized output
22 print('out.shape=', out.shape)
23 out_mean = out.mean(dim = 0).detach().numpy()
24 out_var  = out.var(dim = 0).detach().numpy()
25 print('out_mean=', out_mean)
26 print('out_var=',  out_var)
27
28 #2: 2D
29 N = 100                             # batch
30 C = 3                               # n_feature s.t RGB
31 H, W = 32, 32                       # image
32
33 #2-1
34 y2 = torch.normal(mean = 10, std = 2, size = (N, C, H, W))
35 # y2 = torch.randn(N, C, H, W)
36 print('y2.shape=', y2.shape)
37
38 y2_mean = y2.mean(dim = (0, 2, 3)).detach().numpy()
39 y2_var  = y2.var(dim  = (0, 2, 3)).detach().numpy()
40 print('y2_mean=', y2_mean)
41 print('y2_var=', y2_var)
42
43 #2-2
44 BN2 = nn.BatchNorm2d(C)
45 out2 = BN2(y2)                      # normalized output
46 print('out2.shape=', out2.shape)
47
48 out2_mean = out2.mean(dim = (0, 2, 3)).detach().numpy()
49 out2_var  = out2.var(dim  = (0, 2, 3)).detach().numpy()
50 print('out2_mean=', out2_mean)
51 print('out2_var=',  out2_var)
```

▷▷ 실행결과

```
#1-1
y.shape= torch.Size([10, 4])
y_mean= [ 9.500658  9.833068 10.169407  9.886223]
y_var= [5.947464  3.8755834 3.3751435 4.27269  ]
#1-2
out.shape= torch.Size([10, 4])
out_mean= [ 7.1525577e-08  3.3378601e-07  3.8146973e-07 -7.1525577e-08]
out_var= [1.111109  1.1111082 1.111107  1.1111082]
#2-1
y2.shape= torch.Size([100, 3, 32, 32])
y2_mean= [9.990612 9.991244 9.98798 ]
y2_var= [4.0025835 3.9905186 3.973308 ]
#2-2
out2.shape= torch.Size([100, 3, 32, 32])
out2_mean= [ 1.6771257e-07 -3.3741816e-07 -2.5531278e-07]
out2_var= [1.0000073 1.0000072 1.0000073]
```

▷▷▷ 프로그램 설명

1 #1은 배치 크기 N = 10, 특징차원 4의 입력에 대해 1-차원 정규화한다. #1-1은 입력 y를 정규분포 난수로 생성한다.

2 #1-2는 ^out = BN(y)으로 y를 배치 정규화한다.

dim = 0으로 배치 정규화된 out의 평균 out_mean, 분산 out_var을 계산하면 각 특징에 대해 평균 0, 분산 1분산 1로 정규화한다.

3 #2의 N = 100, C = 3, H = 32, W = 32에 대해 2-차원 정규화한다. 100개의 (32, 32)의 컬러영상(C = 3) 입력으로 생각할 수 있다. #2-1은 입력 y2를 정규분포 난수로 생성한다.

4 #2-2는 out2 = BN2(y2)로 y2를 배치 정규화한다.

dim = (0, 2, 3)에서 배치 정규화된 out2의 평균 out2_mean, 분산 out2_var을 계산하면 각 특징에 대해 평균 0, 분산 1로 정규화한다.

▷ 예제 23-02 ▶ 배치 정규화 2: n-층 MLP, 'tic-tac-toe.csv' 분류

```
01 #[예제 21-03], [예제 21-04], [예제 22-02] 참조
02 ...
03 #2-2: dataset and data loader
04 ds = TensorDataset(x_train, y_train)
05 data_loader = DataLoader(dataset = ds, batch_size = 32,
06                          shuffle = True)
07
```

```
08  #3: create model
09  n_feature =  x_train.size(1)         # 9
10  n_class = 2
11  class MLP(nn.Module):
12  #3-1
13      def __init__(self, n_input = n_feature, n_hiddens = [10, 10],
14                      n_output = n_class):
15          super().__init__()
16
17          assert len(n_hiddens) !=0,
18                      'n_hiddens is not an empty list'
19          self.fc1 = nn.Linear(n_input, n_hiddens[0])    # the first
20
21          # self.layers: hidden layers
22          if len(n_hiddens) <= 1:
23              self.layers = None
24          else:
25              layers = []
26              for i in range(len(n_hiddens) - 1):
27                  layers.append(nn.Linear(n_hiddens[i],
28                              n_hiddens[i + 1]))
29                  layers.append(nn.BatchNorm1d(n_hiddens[i + 1]))
30                  layers.append(nn.ReLU())
31              self.layers = nn.Sequential(*layers)
32
33          self.fc2= nn.Linear(n_hiddens[-1], n_output)   # the last
34  #3-2
35      def forward(self, x):
36          x = self.fc1(x)                              # the first
37          x = nn.ReLU()(x)
38          if self.layers:                              # hidden layers
39              x = self.layers(x)
40          x = self.fc2(x)                              # output layer
41          # x = nn.Softmax(dim = 1)(x)
42          return x
43  #3-3
44  model = MLP(n_hiddens = [50, 50, 10]).to(DEVICE)
45  # model = MLP(n_hiddens = [100, 100, 10]).to(DEVICE)
46  print('model=', model)
47  # batch_size = 8 # any
48  # summary(model, input_size = (batch_size, n_feature),
49  #           device = DEVICE)
50  #4: optimizer, training, parameters
51  #4-1
52  optimizer = optim.Adam(params = model.parameters(), lr = 0.0001)
```

```
53  loss_fn = nn.CrossEntropyLoss()
54  loss_list = []
55  #4-2: training
56  K = len(data_loader)
57  EPOCHS = 20
58  ...
59  #[예제 21-03], [예제 21-04], [예제 22-02] 참조
```

▷▷ 실행결과

```
#without BatchNorm1d
train accuracy= 1.0
test accuracy= 0.9947916865348816

#with BatchNorm1d
train accuracy= 1.0
test accuracy= 0.9947916865348816
```

▷▷▷ 프로그램 설명

1 MLP 클래스에서 nn.Linear 층 뒤에 배치학습 층 nn.BatchNorm1d()를 추가하고, 최적화 optimizer의 학습률 lr = 0.0001에서 변경한다.

2 #3-2의 forward() 메서드에서 출력층에 nn.Softmax() 활성화 함수를 사용하지 않는다. nn.CrossEntropyLoss() 손실함수를 사용하기 때문이다.

3 #3-3에서 model = MLP(n_hiddens = [50, 50, 10]).to(DEVICE)로 4-층 MLP 모델을 생성한다.

4 #4-1에서 학습률 lr = 0.001로 최적화 optimizer를 생성한다. 학습률을 낮추면 일반적으로 학습률이 낮으면 학습이 천천히 진행한다. 배치 정규화를 사용하면 보다 빠르게 학습을 진행한다.

5 [그림 23.1]은 4-층 MLP 배치 정규화 모델의 손실함수이다. [그림 23.1](a)은 배치 정규화를 수행하지 않은 손실그래프이다. [그림 23.1](b)은 배치 정규화를 수행한 손실그래프이다.

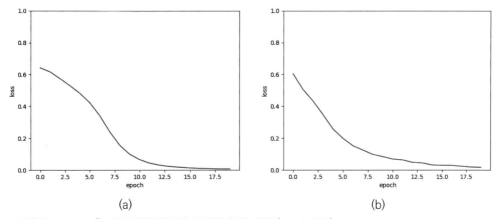

△ 그림 23.1 ▶ 4-층 MLP 배치 정규화 모델의 손실그래프(lr = 0.001)

드롭아웃 dropout

드롭아웃 dropout은 Nitish Srivastava(2014)에 의해 제안된 방법이다. 훈련 모드에서 신경망의 일부 연결을 학습하지 않도록 하여 과적합 overfitting을 방지하는 방법이다. 학습이 끝나고, 평가 모드에서 예측할 때는 모든 연결의 신경망을 사용한다.

Dropout() 층은 훈련 모드에서 p의 확률로 입력 뉴런의 항목 값을 0으로 드롭아웃한다. 나머지 값은 1 / (1 − p)로 스케일링한다. inplace = True이면 입력을 변경한다. 입력이 0이면 출력 값이 0으로 되어 연결이 끊어진 효과를 갖는다.

[그림 24.1]은 hidden layer1에서 nn.Dropout(p = 0.5), hidden layer2에서 nn.Dropout(p = 0.25)의 드롭아웃을 설명한다. nn.Dropout(p = 0.5)의 드롭아웃에서 p가 확률이므로 입력 뉴런의 개수 4에서 정확히 2개가 아닐 수 있다.

```
nn.Dropout(p = 0.5, inplace = False)
```

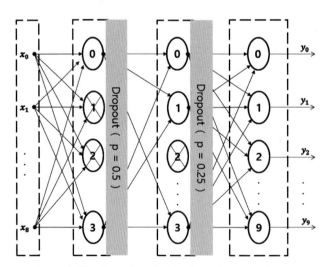

△ 그림 24.1 ▶ 드롭아웃: hidden layer1: p = 0.5, hidden layer2: p = 0.25

▷ 예제 24-01 ▶ 드롭아웃 1

```
01  import torch
02  import torch.nn as nn
03  random_seed = 1
04  torch.manual_seed(random_seed)
05
06  #1:
07  y = torch.ones(10)
08  out = nn.Dropout(p = 0.4)(y)
09  print('y=', y)
10  print('out=', out)
11
12  #2
13  out = nn.Dropout(p = 0.4, inplace = True)(y)
14  print('y=', y)
15  print('out=', out)
16
17  #3
18  y = torch.ones(100)
19  out = nn.Dropout(p = 0.4)(y)
20  n = (out == 0).sum()
21  p = n / y.size(0)
22  print(f'n={n}, p = {p}')
23
24  #4
25  y = torch.ones(size = (20, 10))
26  out = nn.Dropout(p = 0.4)(y)
27  n = (out == 0).sum(dim = 1)
28  p = n / y.size(1)
29  print('n=', n)
30  print('p=', p)
```

▷▷ 실행결과

```
#1
y= tensor([1., 1., 1., 1., 1., 1., 1., 1., 1., 1.])
out= tensor([1.6667, 1.6667, 1.6667, 1.6667, 1.6667, 1.6667, 1.6667, 0.0000,
1.6667, 1.6667])
#2
y= tensor([1.6667, 1.6667, 0.0000, 1.6667, 1.6667, 1.6667, 0.0000, 1.6667,
1.6667, 0.0000])
out= tensor([1.6667, 1.6667, 0.0000, 1.6667, 1.6667, 1.6667, 0.0000, 1.6667,
1.6667,   0.0000])
#3
n=41, p = 0.4099999964237213
```

```
#4
n= tensor([4, 5, 2, 4, 3, 4, 3, 2, 5, 6, 4, 4, 5, 3, 4, 3, 4, 8, 6, 2])
p= tensor([0.4000, 0.5000, 0.2000, 0.4000, 0.3000, 0.4000, 0.3000, 0.2000,
0.5000,   0.6000, 0.4000, 0.4000, 0.5000, 0.3000, 0.4000, 0.3000, 0.4000,
0.8000,  0.6000, 0.2000])
```

▷▷▷ 프로그램 설명

1 #1은 y = torch.ones(10)에서 out = nn.Dropout(p = 0.4)(y)로 드롭아웃하면 4개의 0이 있어야 하지만, 결과는 10개 중에서 1개를 0으로 드롭아웃한다. 나머지 값은 1 / (1 - 0.4) = 1.6667로 스케일 된다.

1 #2는 out = nn.Dropout(p = 0.4, inplace = True)(y)하면 inplace = True에 의해 y값도 out과 같이 변경한다. 이번에선 3개를 0으로 드롭아웃한다.

1 #3의 y = torch.ones(100)에서 nn.Dropout(p = 0.4)(y)로 드롭아웃하면 100개 중에서 41개를 0으로 드롭아웃한다. p = 0.4에 근접한다.

1 #4는 y = torch.ones(size = (20, 10))에서 p = 0.4로 out에 드롭아웃한다. 특징 크기 y.size(1) = 10에서 p = 0.4의 확률로 각 행에서 0으로 드롭아웃하여 n = (out == 0). sum(dim = 1)의 결과는 각 행에서 0의 개수가 4 근처의 값이고, 확률 p = 0.4 근처값이다.

▷ 예제 24-02 ▶ 드롭아웃 2: n-층 MLP, 'tic-tac-toe.csv' 분류

```
01  # [예제 21-03], [예제 21-04], [예제 22-02] 참조
02  ...
03  n_feature =  x_train.size(1)      # 9
04  n_class = 2
05  class MLP(nn.Module):
06  #3-1
07      def __init__(self, n_input = n_feature, n_hiddens = [10],
08                  n_output = n_class):
09          super().__init__()
10
11          assert len(n_hiddens) !=0,
12                  'n_hiddens is not an empty list'
13          self.fc1 = nn.Linear(n_input, n_hiddens[0])    # the first
14
15          # self.layers: hidden layers
16          if len(n_hiddens) <= 1:
17              self.layers = None
18          else:
19              layers = []
20              for i in range(len(n_hiddens)-1):
21                  layers.append(nn.Linear(n_hiddens[i],
22                          n_hiddens[i + 1]))
```

```
23                      layers.append(nn.ReLU())
24                      layers.append(nn.Dropout(p = 0.4))
25               self.layers = nn.Sequential(*layers)
26
27          self.fc2 = nn.Linear(n_hiddens[-1], n_output)  # the last
28 #3-2
29     def forward(self, x):
30          x = self.fc1(x)                 # the first
31          x = nn.ReLU()(x)
32          if self.layers:                 # hidden layers
33              x = self.layers(x)
34          x = self.fc2(x)                 # output layer
35          # x = nn.Softmax(dim = 1)(x)
36          return x
37 #3-3
38 model = MLP(n_hiddens=[100, 100, 100, 10]).to(DEVICE)
39 print('model=', model)
40 # batch_size = 8                         # any
41 # summary(model, input_size = (batch_size, n_feature),
42                               device = DEVICE)
43
44 #4: optimizer, training, parameters
45 #4-1
46 optimizer = optim.Adam(params = model.parameters(), lr = 0.001)
47 loss_fn = nn.CrossEntropyLoss()
48 loss_list = []
49 #4-2: training
50 K = len(data_loader)
51 EPOCHS = 50
52 ...
53 # [예제 21-03], [예제 21-04], [예제 22-02] 참조
```

▷▷ 실행결과

```
#without nn.Dropout(p=0.4)
train accuracy= 1.0
test accuracy= 0.9947916865348816


#with nn.Dropout(p=0.4)
train accuracy= 1.0
test accuracy= 1.0
```

▷▷▷ 프로그램 설명

1 MLP 클래스에서 nn.ReLU() 뒤에 드롭아웃 nn.Dropout(p = 0.4)를 추가하였다. 최적화 optimizer의 학습률은 lr = 0.001이다.

2 #3-2의 forward()는 출력층에 nn.Softmax() 활성화 함수를 사용하지 않는다. nn.CrossEntropyLoss() 손실함수를 사용하기 때문이다.

3 #3-3은 n_hiddens = [100, 100, 100, 10]로 5-층 MLP 모델을 생성한다.

4 [그림 24.2](a)는 드롭아웃을 하지 않은 손실그래프이다. [그림 24.2](b)는 #3-1에서 nn.Dropout(p = 0.4)로 드롭아웃한 모델의 손실그래프이다. 드롭아웃을 하지 않은 [그림 24.2](a)는 더 빠르게 훈련 데이터에 맞게 학습한다.

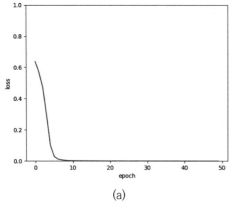

(a)

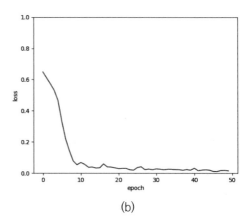

(b)

△ 그림 24.2 ▶ 드롭아웃 손실그래프

CHAPTER 08

합성곱 신경망(CNN)

합성곱 신경망 convolutional neural network, CNN은 합성곱 층 convolutional layer, 풀링 층 pooling layer을 반복 배치하여 특징을 추출하고 모아서 마지막에 완전 연결 구조를 이용하여 분류한다.

LeNet(1998), AlexNet(2012), VGGNet(VGG-16, VGG-19, 2014), GoogLeNet(2014), ResNet(2015), R-CNN(2014), Fast R-CNN(2015), SSD(2016), YOLO(2016) 등의 다양한 CNN 기반 구조가 영상분류, 물체 검출에서 우수한 성능을 갖는다. 여기서는 간단한 1차원, 2차원 합성곱 신경망에 대해 설명한다. 11장에서 torchvision.models의 CNN 기반 사전 학습모델을 설명한다.

1차원 풀링

풀링 pooling은 사전적으로 두 개 이상의 것을 공유하거나 조합하는 의미이다. 합성곱 신경망 CNN에서 풀링은 여러개의 값을 하나의 값으로 다운 샘플링한다. 풀링은 훈련 파라미터가 없다. 여기서는 1차원의 MaxPool1d, AvgPool1d, AdaptiveMaxPool1d, AdaptiveAvgPool1d 풀링 층을 설명한다.

1차원 풀링의 입력 신호의 모양은 (C, Lin), (N, C, Lin)이고 출력의 모양은 (C, Lout), (N, C, Lout)이다. C는 채널, N은 배치 크기이다. ceil_mode = True이면 Lout 계산에서 floor를 사용한다. 0 <= padding <= kernel_size / 2이다.

---

nn.MaxPool1d(kernel_size, stride = None, padding = 0, dilation = 1,
　　　　　return_indices = False, ceil_mode = False)

입력을 kernel_size의 윈도우(커널)를 stride 보폭으로 이동하여 최대값을 계산하여 출력한다. padding≠0이면 입력신호의 양 끝을 –inf으로 패딩한다.

$$L_{out} = \left\lfloor \frac{L\_in + 2 \times padding - dilation \times (kernel\_size - 1) - 1}{stride} + 1 \right\rfloor \quad \triangleleft 수식 25.1$$

---

nn.AvgPool1d(kernel_size, stride = None, padding = 0, ceil_mode = False,
　　　　　count_include_pad = True)

입력을 kernel_size의 윈도우(커널)를 stride 보폭으로 이동하여 평균을 계산하여 출력한다. padding ≠ 0이면 입력신호의 양 끝을 0으로 패딩한다.

$$L_{out} = \left\lfloor \frac{L\_in + 2 \times padding - kernel\_size}{stride} + 1 \right\rfloor \quad \triangleleft 수식 25.2$$

---

nn.AdaptiveMaxPool1d(output_size, return_indices = False)

---

nn.AdaptiveAvgPool1d(output_size)

입력신호 크기, output_size에 따라 kernel_size, stride를 자동으로 계산하여, output_size 크기로 적응하여 최대 풀링, 평균 풀링한다.

▷ 예제 25-01   ▶ nn.MaxPool1d 최대 풀링

```
01  import torch
02  import torch.nn as nn
03
04  #1: x.shape = [C, L], C = 1, L = 10
05  x = torch.tensor([0, 1, 2, 3, 4, 5, 6, 7, 8, 9],
06                   dtype = torch.float)
07  x = x.view(1, -1)                    # x.unsqueeze(0)
08  print('x=', x)
09  #1-1
10  y1 = nn.MaxPool1d(kernel_size = 2)(x)                    # stride = 2
11  print('y1=', y1)
12  #1-2
13  y2 = nn.MaxPool1d(kernel_size = 2, stride = 3)(x)
14  print('y2=', y2)
15  #1-3
16  y3 = nn.MaxPool1d(kernel_size = 3, padding = 1)(x)   # stride = 3
17  print('y3=', y3)
18  #1-4
19  y4 = nn.MaxPool1d(kernel_size = 3, dilation = 2)(x)  # stride = 3
20  print('y4=', y4)
21
22  #2: x2.shape = [C, L], C = 2, L = 10
23  x2 = torch.tensor([[0, 1, 2, 3, 4, 5, 6, 7, 8, 9],
24                     [9, 8, 7, 6, 5, 4, 3, 2, 1, 0]],
25                    dtype = torch.float)
26  #2-1
27  z1 = nn.MaxPool1d(kernel_size = 2)(x2)                    # stride = 2
28  print('z1=', z1)
29  print(z1[0] == y1[0])
30  #2-2
31  z2 = nn.MaxPool1d(kernel_size = 3, padding = 1)(x2)  # stride = 3
32  print('z2=', z2)
33  print(z2[0] == y3[0])
```

▷▷ 실행결과

```
#1
x= tensor([[0., 1., 2., 3., 4., 5., 6., 7., 8., 9.]])
y1= tensor([[1., 3., 5., 7., 9.]])
y2= tensor([[1., 4., 7.]])
y3= tensor([[1., 4., 7., 9.]])
y4= tensor([[4., 7.]])
#2
z1= tensor([[1., 3., 5., 7., 9.],
            [9., 7., 5., 3., 1.]])
```

```
tensor([True, True, True, True, True])
z2= tensor([[1., 4., 7., 9.],
            [9., 7., 4., 1.]])
tensor([True, True, True, True])
```

▷▷▷ 프로그램 설명

1 #1은 x.shape = [1, 10], C = 1, L = 10 모양의 텐서 x를 생성한다.

2 #1-1은 kernel_size = 2, stride = 2, padding = 0으로 최대 풀링한다. y1[0] = max([0, 1]), stride = 2 이동, y1[1] = max([2, 3]), stride = 2 이동, y1[2] = max([4, 5]), y1[3] = max([6, 7]), y1[4] = max([8, 9])이다.

3 #1-2는 kernel_size = 2, stride = 3, padding = 0으로 최대 풀링한다.

y2[0] = max([0, 1]), stride = 3 이동, y2[1] = max([3, 4]), stride = 3 이동, y2[2] = max([6, 7])이다. stride = 3 이동하면 범위를 벗어나고, padding = 0 이므로 계산을 멈춘다.

4 #1-3은 kernel_size = 3, stride = 3, padding = 1로 최대 풀링한다. x의 양 옆에 −inf를 1개 패딩한다.

y3[0] = max([-inf, 0, 1]), stride = 3, y3[1] = max([2, 3, 4]), stride = 3, y3[2] = max([5, 6, 7]), stride = 3 이동, y3[3] = max([8, 9, -inf])이다.

5 #1-4는 kernel_size = 3, stride = 3, dilation = 2, padding = 0으로 최대 풀링한다. dilation = 2에 의해 kernel_size = 3의 항목 사이에 2개씩 늘려 커널 윈도우 크기가 5이다. y3[0] = max([0, 1, 2, 3, 4]), stride = 3, y3[1] = max([3, 4, 5, 6, 7]), stride = 3 이동하면 범위를 벗어나고, padding = 0 이므로 계산을 멈춘다.

6 #2는 C = 2, L = 10의 2-차원 텐서 x2를 채널별로 1-차원 최대 풀링한다.

7 #2-1은 kernel_size = 2, stride = 2, padding = 0으로 최대 풀링한다.

z1[0]은 #1-1의 y1[0]과 같다.

8 #2-2는 kernel_size = 3, stride = 3, padding = 1로 최대 풀링한다.

z2[0]은 #1-3의 y3[0]과 같다.

▷ 예제 25-02 ▶ nn.AvgPool1d 평균 풀링

```
01  import torch
02  import torch.nn as nn
03
04  #1: x.shape = [C, L], C = 1, L = 10
05  x = torch.tensor([0, 1, 2, 3, 4, 5, 6, 7, 8, 9],
06                    dtype = torch.float)
07  x = x.view(1, -1)                        # x.unsqueeze(0)
08  print('x=', x)
09
```

```
10  #1-1
11  y1 = nn.AvgPool1d(kernel_size = 2)(x)                    # stride = 2
12  print('y1=', y1)
13  #1-2
14  y2 = nn.AvgPool1d(kernel_size = 2, stride = 3)(x)
15  print('y2=', y2)
16
17  #1-3
18  y3 = nn.AvgPool1d(kernel_size = 3, padding = 1)(x)       # stride = 3
19  print('y3=', y3)
20
21  #2: x2.shape = [C, L], C=2, L=10
22  x2 = torch.tensor([[0, 1, 2, 3, 4, 5, 6, 7, 8, 9],
23                     [9, 8, 7, 6, 5, 4, 3, 2, 1, 0]],
24                     dtype = torch.float)
25  #2-1
26  z1 = nn.AvgPool1d(kernel_size = 2)(x2)                   # stride = 2
27  print('z1=', z1)
28  print(torch.allclose(z1[0], y1[0]))
29  #2-2
30  z2 = nn.AvgPool1d(kernel_size = 3, padding = 1)(x2)  # stride = 3
31  print('z2=', z2)
32  print(torch.allclose(z2[0], y3[0]))
```

▷▷ 실행결과

```
#1
x= tensor([[0., 1., 2., 3., 4., 5., 6., 7., 8., 9.]])
y1= tensor([[0.5000, 2.5000, 4.5000, 6.5000, 8.5000]])
y2= tensor([[0.5000, 3.5000, 6.5000]])
y3= tensor([[0.3333, 3.0000, 6.0000, 5.6667]])
#2
z1= tensor([[0.5000, 2.5000, 4.5000, 6.5000, 8.5000],
            [8.5000, 6.5000, 4.5000, 2.5000, 0.5000]])
True
z2= tensor([[0.3333, 3.0000, 6.0000, 5.6667],
            [5.6667, 6.0000, 3.0000, 0.3333]])
True
```

▷▷▷ 프로그램 설명

1 #1은 x.shape = [1, 10], C = 1, L = 10 모양의 텐서 x를 생성한다.

2 #1-1은 kernel_size = 2, stride = 2, padding = 0으로 평균 풀링한다. y1[0] = mean([0, 1]), stride = 2 이동, y1[1] = mean([2, 3]), stride = 2 이동, y1[2] = mean([4, 5]), y1[3] = mean([6, 7]), y1[4] = mean([8, 9])이다.

3 #1-2는 kernel_size = 2, stride = 3, padding = 0으로 평균 풀링한다.

y2[0] = mean([0, 1]), stride = 3 이동, y2[1] = mean([3, 4]), stride = 3 이동, y2[2] = mean([6, 7])이다. stride = 3 이동하면 범위를 벗어나고, padding = 0 이므로 계산을 멈춘다.

4 #1-3은 kernel_size = 3, stride = 3, padding = 1로 평균풀링한다. x의 양 옆에 0을 1개 패딩한다.

y3[0] = mean([0, 0, 1]), stride = 3, y3[1] = mean([2, 3, 4]), stride = 3, y3[2] = mean([5, 6, 7]), stride = 3 이동, y3[3] = mean([8, 9, 0])이다.

5 #2는 C = 2, L = 10의 2-차원 텐서 x2를 채널별로 1-차원 평균 풀링한다.

6 #2-1은 kernel_size = 2, stride = 2, padding = 0으로 평균 풀링한다.

z1[0]은 #1-1의 y1[0]과 같다.

7 #2-2는 kernel_size = 3, stride = 3, padding = 1로 평균 풀링한다.

z2[0]은 #1-3의 y3[0]과 같다.

▷ 예제 25-03 ▶ nn.AdaptiveMaxPool1d, nn.AdaptiveAvgPool1d 풀링

```
01 import torch
02 import torch.nn as nn
03
04 #1: x.shape = [C, L], C = 1, L = 5
05 x = torch.tensor([0, 1, 2, 3, 4], dtype = torch.float)
06 x = x.view(1, 5)              # x.unsqueeze(0)
07 print('x=', x)
08 #1-1
09 y1 = nn.AdaptiveMaxPool1d(output_size = 1)(x)
10 y2 = nn.AdaptiveMaxPool1d(output_size = 3)(x)
11 y3 = nn.AdaptiveMaxPool1d(output_size = 10)(x)
12 print('y1=', y1)
13 print('y2=', y2)
14 print('y3=', y3)
15
16 #1-2
17 z1 = nn.AdaptiveAvgPool1d(output_size = 1)(x)
18 z2 = nn.AdaptiveAvgPool1d(output_size = 3)(x)
19 z3 = nn.AdaptiveAvgPool1d(output_size = 10)(x)
20 print('z1=', z1)
21 print('z2=', z2)
22 print('z3=', z3)
23
24 #2: x2.shape = [C, L], C = 3, L = 5
```

```
25  x2 = torch.tensor([[0, 1, 2, 3, 4],
26                     [5, 4, 3, 2, 1],
27                     [7, 8, 9, 6, 5]], dtype = torch.float)
28  #2-1
29  a1 = nn.AdaptiveMaxPool1d(output_size = 1)(x2)
30  a2 = nn.AdaptiveMaxPool1d(output_size = 3)(x2)
31  a3 = nn.AdaptiveMaxPool1d(output_size = 10)(x2)
32  print('a1=', a1)
33  print('a2=', a2)
34  print('a3=', a3)
35
36  #2-2
37  b1 = nn.AdaptiveAvgPool1d(output_size = 1)(x2)
38  b2 = nn.AdaptiveAvgPool1d(output_size = 3)(x2)
39  b3 = nn.AdaptiveAvgPool1d(output_size = 10)(x2)
40  print('b1=', b1)
41  print('b2=', b2)
42  print('b3=', b3)
```

▷▷ 실행결과

```
#1
x= tensor([[0., 1., 2., 3., 4.]])
#1-1
y1= tensor([[4.]])
y2= tensor([[1., 3., 4.]])
y3= tensor([[0., 0., 1., 1., 2., 2., 3., 3., 4., 4.]])
#1-2
z1= tensor([[2.]])
z2= tensor([[0.5000, 2.0000, 3.5000]])
z3= tensor([[0., 0., 1., 1., 2., 2., 3., 3., 4., 4.]])
#2-1
a1= tensor([[4.],
            [5.],
            [9.]])
a2= tensor([[1., 3., 4.],
            [5., 4., 2.],
            [8., 9., 6.]])
a3= tensor([[0., 0., 1., 1., 2., 2., 3., 3., 4., 4.],
            [5., 5., 4., 4., 3., 3., 2., 2., 1., 1.],
            [7., 7., 8., 8., 9., 9., 6., 6., 5., 5.]])
#2-2
b1= tensor([[2.],
            [3.],
            [7.]])
```

```
b2= tensor([[0.5000, 2.0000, 3.5000],
            [4.5000, 3.0000, 1.5000],
            [7.5000, 7.6667, 5.5000]])
b3= tensor([[0., 0., 1., 1., 2., 2., 3., 3., 4., 4.],
            [5., 5., 4., 4., 3., 3., 2., 2., 1., 1.],
            [7., 7., 8., 8., 9., 9., 6., 6., 5., 5.]])
```

▷▷▷ 프로그램 설명

1 AdaptiveMaxPool1d(output_size), AdaptiveAvgPool1d(output_size)는 입력의 크기와 output_size에 따라 kernel_size, stride를 자동으로 계산하여, output_size 크기로 적응 최대 풀링, 평균 풀링한다.

2 #1은 C = 1, L = 5의 x에 적응 최대 풀링, 평균 풀링한다.

#1-1은 output_size에 따라 y1, y2, y3에 각각 적응 최대 풀링한다. output_size = 1의 최대 풀링 y1 = tensor([[4.]])는 x의 최대값이다.

3 #1-2는 x를 output_size에 따라 z1, z2, z3에 각각 적응 평균 풀링한다. output_size = 1의 평균 풀링 z1= tensor([[2.]])는 x의 평균이다.

4 #2는 C = 3, L = 5의 x2에 적응 최대 풀링, 평균 풀링한다.

#2-1은 output_size에 따라 a1, a2, a3에 각각 적응 최대 풀링한다. output_size = 1의 최대 풀링 a1 = tensor([[4.], [5.], [9.]])는 x2의 채널별 최대값이다.

5 #2-2는 x2를 output_size에 따라 b1, b2, b3에 각각 적응 평균 풀링한다. output_size = 1의 평균 풀링 b1 = tensor([[2.], [3.],[7.]])는 x2의 각 채널별 평균이다.

1차원 합성곱

합성곱 convolution은 필터링 연산으로 데이터의 특징을 추출한다. 신호처리, 영상처리의 합성곱 연산과 같다, 그러나, 딥러닝의 합성곱은 커널을 180도 회전을 하지 않고, 커널 (가중치)과 내적 inner product으로 계산하고 바이어스를 덧셈한다. 합성곱은 커널을 움직여 가며 하나의 값으로 매핑한다 many-to-one. 커널인 가중치에 따라 신호의 특징을 추출한다. 1차원 합성곱 층(Conv1d)은 벡터 데이터, 신호처리, 음성처리 등에 사용한다.

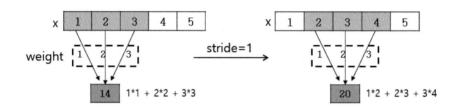

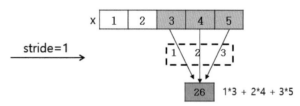

△ 그림 26.1 ▶ 1-차원 합성곱: kernel_size = 3, stride = 1, padding = 0

nn.Conv1d(in_channels, out_channels, kernel_size, stride = 1, padding = 0, dilation = 1, groups = 1, bias = True, padding_mode = 'zeros', device = None, dtype = None)

① 입력에 1-차원 합성곱 연산한다. 입력 신호의 모양은 (Cin, Lin), (N, Cin, Lin)이고 출력의 모양은 (Cout, Lout), (N, Cout, Lout)이다. C는 채널, N은 배치 크기이다.

$$L_{out} = \left\lfloor \frac{L\_in + 2 \times padding - dilation \times (kernel\_size - 1) - 1}{stride} + 1 \right\rfloor$$ ◁ 수식 26.1

② stride = 1에서 padding = 'valid'는 유효범위로 계산하고, padding = 'same'은 입력
　크기와 같은 크기로 출력한다. 입력의 양쪽 끝에 패딩 크기의 정수 튜플이 가능하
　다. padding_mode = 'zeros'는 패딩 값을 설정한다. 'reflect', 'replicate', 'circular'
　등이 있다.
③ groups는 입력 채널에서 출력 채널로의 블록 연결 개수이다.
　in_channels % group = 0이다.
④ weight.shape = [out_channels, in_channels/groups, kernel_size]이며, 균등분포
　로 초기화되어 있다.
⑤ bias.shape = [out_channels]이다.

▷ 예제 26-01　▶ nn.Conv1d 합성곱

```
01  import torch
02  import torch.nn as nn
03
04  #1:
05  x = torch.tensor([[1, 2, 3, 4, 5]],
06                   dtype = torch.float)        # [C = 1, L = 5]
07  # x = torch.tensor([[[1, 2, 3, 4, 5]]],
08                     dtype = torch.float)      # [N = 1, C = 1, L = 5]
09  print('x=', x.shape)
10  print('x=', x)
11  #1-1
12  conv = nn.Conv1d(in_channels = 1, out_channels = 1,
13                   kernel_size = 3, bias = False)
14  print('conv.weight.shape=', conv.weight.shape)
15  print('conv.weight=', conv.weight)
16  print('conv.bias=',   conv.bias)
17  conv.weight.data = torch.tensor([[[1.0, 2.0, 3.0]]])
18                                              # change weight
19  # conv.weight = torch.nn.Parameter( torch.tensor([[[1.0, 2.0, 3.0]]]))
20
21  print('conv.weight=', conv.weight)
22  y = conv(x)
23  print('y=', y)                              # y.shape = torch.Size([1, 3])
24
25  #1-2
26  conv.bias = torch.nn.Parameter( torch.tensor([1.0]))
27  print('conv.bias=', conv.bias)
28  y1 = conv(x)
29  print('y1=', y1)                            # y1.shape = torch.Size([1, 3])
30
```

```
31  #2
32  conv2 = nn.Conv1d(in_channels = 1, out_channels = 1,
33                    kernel_size = 3, bias = True)
34  conv2.weight.data = torch.tensor([[[1.0, 2.0, 3.0]]]) # change weight
35  conv2.bias.data = torch.tensor([1.0])                  # change bias
36  y2 = conv2(x)
37  print('y2=', y2)# y2.shape = torch.Size([1, 3])
38
39  #3
40  conv3 = nn.Conv1d(in_channels = 1, out_channels = 1,
41                    kernel_size = 3, bias = False, padding = 'same')
42  conv3.weight.data = torch.tensor([[[1.0, 2.0, 3.0]]]) # change weight
43  y3 = conv3(x)
44  print('y3=', y3)
45
46  #4
47  conv4 = nn.Conv1d(in_channels = 1, out_channels = 2,
48                    kernel_size = 3, bias = True)
49  print('conv4.weight.shape=', conv4.weight.shape)
50  print('conv4.bias.shape=', conv4.bias.shape)
51  conv4.weight.data = torch.tensor([[[ 1.0,  2.0,  3.0]],
52                                    [[-1.0, -2.0, -3.0]]]) # change weight
53  conv4.bias.data = torch.tensor([1.0, 2.0])
54  y4 = conv4(x)
55  print('y4=', y4)
56  print(torch.allclose(y4[0], y2[0])) #True
```

▷▷ 실행결과

```
#1:x = torch.tensor([[1, 2, 3, 4, 5]], dtype=torch.float)  # [C=1, L=5]
x= torch.Size([1, 5])
#1-1
conv.weight.shape= torch.Size([1, 1, 3])
conv.weight= Parameter containing:
tensor([[[-0.4796, -0.0384,  0.3506]]], requires_grad=True)
conv.bias= None
conv.weight= Parameter containing:
tensor([[[1., 2., 3.]]], requires_grad=True)
y= tensor([[14., 20., 26.]], grad_fn=<SqueezeBackward1>)
#1-2
conv.bias= Parameter containing:
tensor([1.], requires_grad=True)
y1= tensor([[15., 21., 27.]], grad_fn=<SqueezeBackward1>)

#2
y2= tensor([[15., 21., 27.]], grad_fn=<SqueezeBackward1>)
```

```
conv3.weight.shape= torch.Size([2, 1, 3])
conv3.bias.shape= torch.Size([2])
#3
y3= tensor([[ 8., 14., 20., 26., 14.]], grad_fn=<SqueezeBackward1>)
#4
conv4.weight.shape= torch.Size([2, 1, 3])
conv4.bias.shape= torch.Size([2])
y4= tensor([[ 15.,  21.,  27.],
        [-12., -18., -24.]], grad_fn=<SqueezeBackward1>)
True
```

▷▷▷ 프로그램 설명

1 #1의 x = torch.tensor([[1, 2, 3, 4, 5]], dtype = torch.float)는 C = 1, L = 5의 텐서 x를 생성한다.

2 #1-1은 in_channels = 1, out_channels = 1, kernel_size = 3, bias = False로 conv 객체를 생성한다. stride = 1, padding = 0은 padding = 'valid'와 같다.

초기화 되어 있는 가중치를 conv.weight.data = torch.tensor([[[1.0, 2.0, 3.0]]])로 변경한다. 가중치와 바이어스는 torch.nn.Parameter()를 사용하여 변경할 수 있다. bias = False에 의해 conv.bias = None이다.

y = conv(x)은 [그림 26.1]과 같이 입력 x의 합성곱 y를 계산한다.

3 #1-2는 conv.bias = torch.nn.Parameter(torch.tensor([1.0]))로 변경하고, y1 = conv(x)로 합성곱을 계산한다. y1은 #1-1의 y에 conv.bias를 덧셈한 결과와 같다.

4 #2의 y2 = conv2(x)의 합성곱 y2는 y1과 같다.

5 #3의 conv3은 stride = 1, padding = 'same'이다. y3 = conv3(x)은 [그림 26.2]와 같이 양끝을 0으로 패딩하여 x와 같은 크기로 합성곱을 계산한다. padding = 1과 결과는 같다.

6 #1의 x = torch.tensor([[[1, 2, 3, 4, 5]]], dtype = torch.float)는 N = 1, C = 1, L = 5의 텐서 x를 생성한다. x = torch.Size([1, 1, 5])이다.

#1-1의 y = conv(x) 합성곱 결과는 y1.shape = torch.Size([1, 1, 3])의 y1 = tensor([[[15., 21., 27.]]])이다.

7 #4는 in_channels = 1, out_channels = 2, kernel_size = 3, bias = True로 conv4를 생성한다. stride = 1, padding = 0은 padding = 'valid'와 같다.

conv4.weight.shape = torch.Size([2, 1, 3]), conv4.bias.shape = torch.Size([2])이다. conv4.weight.data, conv4.bias.data의 가중치와 바이어스를 초기화한다. y4 = conv4(x)는 x에 2개의 가중치, 바이어스 필터를 적용하여 합성곱 y4를 계산한다. y4[0]은 y2[0]과 같다.

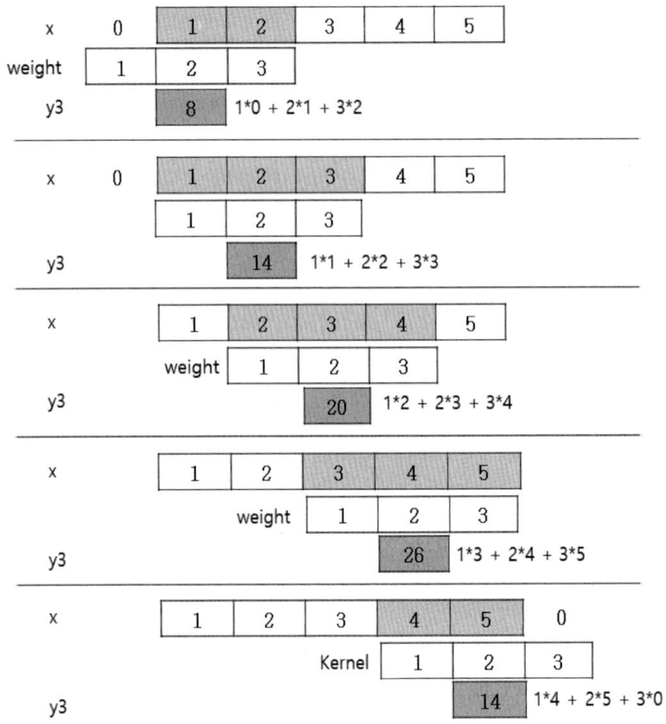

x	0	**1**	**2**	3	4	5
weight	1	2	3			
y3		**8**	1*0 + 2*1 + 3*2			

x	0	**1**	**2**	**3**	4	5
		1	2	3		
y3			**14**	1*1 + 2*2 + 3*3		

x		1	**2**	**3**	**4**	5
weight		1	2	3		
y3				**20**	1*2 + 2*3 + 3*4	

x		1	2	**3**	**4**	**5**
weight			1	2	3	
y3					**26**	1*3 + 2*4 + 3*5

x		1	2	3	**4**	**5**	0
Kernel				1	2	3	
y3						**14**	1*4 + 2*5 + 3*0

△ 그림 26.2 ▶ y3 = conv3(x): padding = 'same', stride = 1

▷ 예제 26-02 ▶ nn.Conv1d 합성곱: dilation = 2, groups = 2

```
01 import torch
02 import torch.nn as nn
03
04 #1:
05 x = torch.tensor([[1, 2, 3, 4, 5]], dtype = torch.float)        # [C = 1, L = 5]
06 # x = torch.tensor([[[1, 2, 3, 4, 5]]], dtype = torch.float)   # [N = 1, C = 1, L = 5]
07 print('x=', x.shape)
08 #1-1: dilation=2
09 conv = nn.Conv1d(in_channels = 1, out_channels = 1, kernel_size = 3,
10                  dilation = 2, bias = False)        # padding = 0, 'valid'
11
12 conv.weight.data = torch.tensor([[ [1.0, 2.0, 3.0] ]]) # change weight
13 y = conv(x)
14 print('y=', y) #  torch.Size([1, 1])
15
16 #1-2
17 conv.padding = 'same'                        # conv.padding = 2
```

```
18 y1 = conv(x)
19 print('y1=', y1)                  # torch.Size([1, 5])
20
21 #2: x2.shape = [C, L], C = 2, L = 5
22 x2 = torch.tensor([[1, 2, 3, 4, 5],
23                    [5, 4, 3, 2, 1]], dtype = torch.float)
24 # x2 = x2.unsqueeze(0)            # [N = 1, C = 1, L = 5]
25 #2-1: groups = 1
26 conv2 = nn.Conv1d(in_channels = 2, out_channels = 1,
27                   kernel_size = 3, bias = False)
28 print('conv2.weight.shape=', conv2.weight.shape)
29                                    # torch.Size([1, 2, 3])
30 conv2.weight.data = torch.tensor([[[ 1.0,  2.0,  3.0],
31                                     [-1.0, -1.0, -1.0]]])
32 y2_1 = conv2(x2)
33 print('y2_1=', y2_1)              # torch.Size([1, 3])
34
35 #2-2:
36 conv2.groups = 2
37 print('conv2.weight.shape=', conv2.weight.shape)
38                                    # torch.Size([1, 2, 3])
39 # conv2.weight.data = conv2.weight.data.transpose(1, 0)
40                                    # data.reshape(2, 1, 3)
41 conv2.weight.data = torch.tensor([[[ 1.0,  2.0,  3.0]],
42                                    [[-1.0, -1.0, -1.0]]])
43 print('conv2.weight.shape=', conv2.weight.shape)
44                                    # torch.Size([2, 1, 3])
45
46 y2_2 = conv2(x2)
47 print('y2_2=', y2_2)              # torch.Size([2, 3])
48
49 #3: depth-wise: in_channels = out_channels = groups
50 conv3 = nn.Conv1d(in_channels = 2, out_channels = 2,
51                   kernel_size = 3, groups = 2, bias = False)
52 # print('conv3.weight.shape=', conv3.weight.shape)
53                                    # torch.Size([2, 1, 3])
54 conv3.weight.data = torch.tensor([[[ 1.0,  2.0,  3.0]],
55                                    [[-1.0, -1.0, -1.0]]])
56 y3 = conv3(x2)
57 print('y3=', y3) #torch.Size([2, 3])
58 print(torch.allclose(y3, y2_2)) # True
```

▷▷ 실행결과

```
#1: x = torch.tensor([[1, 2, 3, 4, 5]], dtype=torch.float)   # [C = 1, L = 5]
x= tensor([[1., 2., 3., 4., 5.]])
```

```
#1-1
y= tensor([[22.]], grad_fn=<SqueezeBackward1>)
#1-2
y1= tensor([[11., 16., 22., 10., 13.]], grad_fn=<SqueezeBackward1>)
#2-1
conv2.weight.shape= torch.Size([1, 2, 3])
y2_1= tensor([[ 2., 11., 20.]], grad_fn=<SqueezeBackward1>)
#2-2
conv2.weight.shape= torch.Size([1, 2, 3])
conv2.weight.shape= torch.Size([2, 1, 3])
y2_2= tensor([[ 14.,  20.,  26.],
        [-12.,  -9.,  -6.]], grad_fn=<SqueezeBackward1>)
#3
y3= tensor([[ 14.,  20.,  26.],
        [-12.,  -9.,  -6.]], grad_fn=<SqueezeBackward1>)
```

▷▷▷ 프로그램 설명

1 #1은 C = 1, L = 5의 모양으로 텐서 x를 생성한다.

2 #1-1은 in_channels = 1, out_channels = 1, kernel_size = 3, bias = False로 conv 객체를 생성한다. conv.weight.data = torch.tensor([[[1.0, 2.0, 3.0]]])로 가중치를 변경하고, y = conv(x)은 dilation = 2, padding = 0('valid')에 의해 [그림 26.3]과 같이 입력 x의 합성곱 y를 계산한다.

x	1	2	3	4	5
weight	1		2		3
y	22	1*1 + 2*3 + 3*5			

△ 그림 26.3 ▶ #1-1: y = conv(x): dilation = 2, padding = 0('valid')

3 #1-2는 conv.padding = 'same'으로 변경한다. y1 = conv(x)은 dilation = 2, padding = 'same'에 의해 [그림 26.4]와 같이 입력 x와 같은 크기의 합성곱 y1을 계산한다.

4 #2는 C = 2, L = 5의 텐서 x2에 합성곱을 계산한다.

x2 = x2.unsqueeze(0)는 [N = 1, C = 1, L = 5]의 배치 모양으로 변경한다.

#2-1은 groups = 1, in_channels = 2, out_channels = 1, kernel_size = 3, bias = False로 conv2를 생성한다. conv2.weight.shape = torch.Size([1, 2, 3])의 가중치를 초기화한다. y2_1 = conv2(x2)는 x2의 각 채널별 합성곱 [[14., 20., 26.], [-12., -9., -6.]]을 계산하고, 요소별로 덧셈하여 [[2., 11., 20.]]로 계산한다. 채널별 합성곱 결과는 #2-2의 y2_2와 #3의 y3이다.

5 #2-2는 conv2.groups = 2로 변경한다. conv2.weight.shape = torch.Size([2, 1, 3])으로 변경한다. y2_2 = conv2(x2)는 x2의 각 채널별로 합성곱을 계산한다.

6 #3은 in_channels = out_channels = groups = 2의 conv3 객체를 생성한다. y3 = conv3(x2)의 결과는 #2-2의 y2_2와 같다.

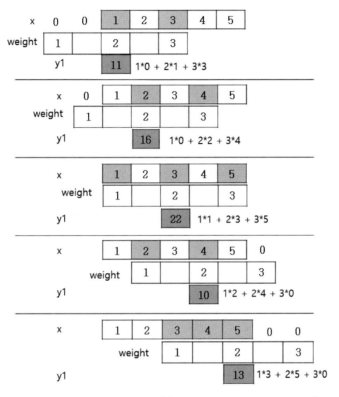

△ 그림 26.4 ▶ #1-2: y1 = conv(x): dilation = 2, padding = 2('same')

▷ 예제 26-03 ▶ kernel_size = 1의 nn.Conv1d 합성곱

```
01  import torch
02  import torch.nn as nn
03  #1: Linear: 2 features -> 3 units
04  #1-1
05  x = torch.tensor([[1, 5],
06                    [2, 4],
07                    [3, 3],
08                    [4, 2],
09                    [5, 1]], dtype = torch.float)    #(5, 2)
10  #1-2
11  ins = 2
```

```
12 outs = 3
13 model = nn.Linear(in_features = ins, out_features = outs,
14                    bias = False)
15 print('model.weight.shape=', model.weight.shape)
16 #1-3
17 W1 =  torch.ones(size = (outs, 1))
18 W2 =  torch.ones(size = (outs, 1)) * 2.0
19 W = torch.cat([W1, W2], dim = 1)   # W.shape = torch.Size([3, 2])
20 model.weight = nn.Parameter(W)
21 #1-4
22 y = model(x)
23 print('y=', y)
24
25 #2: Conv1d: kernel_size = 1
26 #2-1
27 conv = nn.Conv1d(in_channels = ins, out_channels = outs,
28                  kernel_size = 1, bias = False)
29 print('conv.weight.shape=', conv.weight.shape) # [outs, ins, 1]
30 # print('conv.bias.shape=', conv.bias.shape)   # None, [outs]
31 #2-2
32 conv.weight = nn.Parameter(W.unsqueeze(-1))
33
34 #2-3
35 x = x.unsqueeze(-1)                # [5, 2] to [5, 2, 1]
36 y2 = conv(x)
37 y2 = y2.squeeze()                  # [5, 3, 1] to [5, 3]
38 print('y2=', y2)
39 print(torch.allclose(y, y2))       # True
```

▷▷ 실행결과

```
#1:nn.Linear
model.weight.shape= torch.Size([3, 2])
y= tensor([[11., 11., 11.],
        [10., 10., 10.],
        [ 9.,  9.,  9.],
        [ 8.,  8.,  8.],
        [ 7.,  7.,  7.]], grad_fn=<MmBackward0>)

#2: nn.Conv1d with kernel_size=1
conv.weight.shape= torch.Size([3, 2, 1])
y2= tensor([[11., 11., 11.],
        [10., 10., 10.],
        [ 9.,  9.,  9.],
        [ 8.,  8.,  8.],
        [ 7.,  7.,  7.]], grad_fn=<SqueezeBackward0>)
True
```

▷▷▷ 프로그램 설명

1 #1-1은 [5, 2] 모양의 텐서 x를 생성한다.

2 #1-2는 [그림 26.5]의 nn.Linear 객체 model을 생성한다.

3 #1-3은 W1 = [1, 1, 1], W2 = [2, 2, 2]를 이용하여 W.shape = [3, 2] 모양의 W를 생성하여 모델의 가중치 model.weight = nn.Parameter(W)를 변경한다.

4 #1-4의 y = model(x)는 x에 대해 y.shape = [5, 3]의 모델을 출력한다. x[0] = tensor([1., 5.])의 모델 입력에 대해 y[0] = tensor([11., 11., 11.]을 출력한다.

5 #2-1은 kernel_size = 1, in_channels = 2, out_channels = 3의 1차원 합성곱 Conv1d으로 [그림 26.5]를 구현한다.

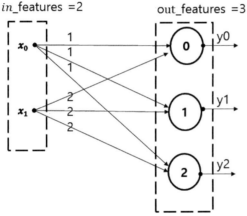

△ 그림 26.5 ▶ nn.Linear(in_features = 2, out_features = 3, bias = False)
nn.Conv1d(in_channels = 2, out_channels = 3, kernel_size = 1, bias = False)

6 #2-2는 합성곱 가중치 conv.weight를 W.unsqueeze(-1)로 변경한다.

7 #2-3은 x = x.unsqueeze(-1) 로 x의 모양을 [5, 2, 1]로 변경한다. y2 = conv(x)로 합성곱 x를 계산하고, y2 = y2.squeeze()로 [5, 3] 모양으로 변경한다. y, y2는 같은 결과이다.

1차원 합성곱 신경망

1차원 합성곱 신경망 convolutional neural network, CNN을 이용한 분류는 1차원 풀링 (MaxPool1d, AvgPool1d) 층과 합성곱(Conv1d) 층으로 특징을 추출하고, 완전 연결 Linear 층으로 분류한다.

1차원 CNN은 신호 signal, 음성 voice 데이터 등의 시간 데이터의 분류 classification, 인식 recognition 등에 사용할 수 있다. 7장의 그래디언트 소실, 과적합 방지를 위한 가중치 초기화, 가중치 규제, 배치 정규화, 드롭아웃 등을 사용한다. 여기서는 main() 함수를 작성하여 모델을 생성하고, 훈련하고, 테스트한다. train_epoch() 함수는 훈련 데이터 (train_loader)로 1 에폭을 학습하고, 손실과 정확도를 반환한다.

▷ 예제 27-01 ▶ 1차원 CNN: 'iris.csv' 분류(1-채널)

```
01 import torch
02 import torch.nn as nn
03 import torch.optim as optim
04 from torch.utils.data import TensorDataset, DataLoader
05 from torchinfo import summary        # pip install torchinfo
06 import matplotlib.pyplot as plt
07 torch.manual_seed(1)
08 torch.cuda.manual_seed(1)
09
10 #1: load data, split data into (train, test)
11 #1-1: [예제 21-02] 참조
12 #1-2:
13 #1-3: pip install sklearn
14 import numpy as np
15 from sklearn.datasets import load_iris
16 import sklearn.model_selection as ms
17
18 iris_data = load_iris()    # print(list(iris_data.target_names))
19 X, y = iris_data.data, iris_data.target
20 x_train, x_test, y_train, y_test = ms.train_test_split(
21                X, y, test_size = 0.2, random_state = 1)
22
```

```
23  #1-4:
24  x_train = np.expand_dims(x_train, axis = 1)    # [N, C = 1, L = 4]
25  x_test =  np.expand_dims(x_test, axis = 1)     # [N, C = 1, L = 4]
26  print("x_train.shape:", x_train.shape)         # (120, 1, 4)
27  print("y_train.shape:", y_train.shape)         # (120,)
28  print("x_test.shape:",  x_test.shape)          # (30, 1, 4)
29  print("y_test.shape:",  y_test.shape)          # (30,)
30
31  #2: device and data loader
32  #2-1
33  DEVICE = 'cuda' if torch.cuda.is_available() else 'cpu'
34  print("DEVICE= ", DEVICE)
35  x_train = torch.tensor(x_train, dtype = torch.float).to(DEVICE)
36  y_train = torch.tensor(y_train, dtype = torch.long).to(DEVICE)
37                                                  # torch.int64
38  x_test = torch.tensor(x_test, dtype = torch.float).to(DEVICE)
39  y_test = torch.tensor(y_test, dtype = torch.long).to(DEVICE)
40
41  #2-2: dataset and data loader
42  ds = TensorDataset(x_train, y_train)
43  data_loader = DataLoader(dataset = ds, batch_size = 8,
44                          shuffle = True)
45
46  #3:  define model class
47  class ConvNet1(nn.Module):
48  #3-1
49      def __init__(self, n_class = 3):
50          super().__init__()
51          self.layers = nn.Sequential(
52                  nn.Conv1d(in_channels = 1, out_channels = 20,
53                          kernel_size = 3, padding = 'same'),
54                  nn.BatchNorm1d(20),
55                  nn.ReLU(),
56                  nn.MaxPool1d(kernel_size = 2),
57
58                  nn.Conv1d(in_channels = 20, out_channels = 10,
59                          kernel_size=3, padding='same'),
60                  nn.ReLU(),
61                  nn.MaxPool1d(kernel_size = 2),
62                  nn.Dropout(0.5),
63                  nn.Flatten(start_dim = 1)
64                  )
65          self.fc = nn.Linear(10, n_class)
66          # self.conv = nn.Conv1d(10, n_class, kernel_size = 1)
67
```

```
68  #3-2
69      def forward(self, x):
70          x = self.layers(x)
71          # print('x.shape=', x.shape)
72          x = self.fc(x)
73
74          # x = x.unsqueeze(-1)
75          # x = self.conv(x)
76          # x = x.squeeze()
77          return x
78
79  #4
80  def train_epoch(train_loader, model, optimizer, loss_fn):
81      K = len(train_loader)
82      total = 0
83      correct = 0
84      batch_loss = 0.0
85      for X, y in train_loader:
86          X, y = X.to(DEVICE), y.to(DEVICE)
87          optimizer.zero_grad()
88          out = model(X)
89
90          loss = loss_fn(out, y)
91          loss.backward()
92          optimizer.step()
93
94          y_pred = out.argmax(dim = 1).float()
95          correct += y_pred.eq(y).sum().item()
96          batch_loss += loss.item()
97          total += y.size(0)
98      batch_loss /= K
99      accuracy = correct / total
100     return batch_loss, accuracy
101
102 #5:
103 def main(EPOCHS = 200):
104 #5-1:
105     model = ConvNet1().to(DEVICE)
106     # print('model=', model)
107     # summary(model, input_size = (8, 1, 4), device = DEVICE)
108                                             # [N, C, L]
109
110 #5-2: optimizer, training
111     optimizer = optim.Adam(params = model.parameters(), lr = 0.001)
112     loss_fn = nn.CrossEntropyLoss()
113     train_losses = []
```

```
114 #5-3
115     print('training.....')
116     model.train()
117     for epoch in range(EPOCHS):
118         loss, acc = train_epoch(data_loader, model,
119                                 optimizer, loss_fn)
120         train_losses.append(loss)
121         if not epoch % 50 or epoch == EPOCHS - 1:
122             print(f'epoch={epoch}: loss={loss:.4f}, acc={acc:.4f}')
123
124 #5-4: evaluate model
125     model.eval()                    # model.train(False)
126     with torch.no_grad():
127         out = model(x_train)
128         out2= model(x_test)
129     pred = out.argmax(dim = 1).float()
130     accuracy = (pred == y_train).float().mean()
131     print("train accuracy=", accuracy.item())
132
133     pred2 = out2.argmax(dim = 1).float()
134     accuracy = (pred2 == y_test).float().mean()
135     print("test accuracy=", accuracy.item())
136
137 #5-5: display loss, pred
138     plt.xlabel('epoch')
139     plt.ylabel('loss')
140     plt.ylim([0, max(train_losses)])
141     plt.plot(train_losses)
142     plt.show()
143 #6
144 if __name__ == '__main__':
145     main()
```

▷▷ 실행결과

```
#1-4
x_train.shape: (120, 1, 4)
y_train.shape: (120,)
x_test.shape: (30, 1, 4)
y_test.shape: (30,)
DEVICE=  cuda
#5-2
training.....
epoch=0: loss=1.0705, acc=0.4333
epoch=50: loss=0.3230, acc=0.8417
epoch=100: loss=0.2818, acc=0.8250
```

```
epoch=150: loss=0.2778, acc=0.8833
epoch=199: loss=0.1872, acc=0.9250
#5-3
train accuracy= 0.9750000238418579
test accuracy= 1.0
```

▷▷▷ 프로그램 설명

1 #1-3은 데이터를 로드하고, 훈련 데이터(x_train, y_train), 테스트 데이터(x_test, y_test)로 분리한다. test_size = 0.2이면 훈련 데이터 120개, 테스트 데이터 30개로 분리한다.

2 #1-4는 모델 입력을 위해 x_train, x_test의 모양을 [N, C, L]로 변경한다. x_train.shape = (120, 1, 4), x_test.shape = (30, 1, 4)이다. C = 1채널, L = 4 크기의 신호 데이터이다.

3 #3은 ConvNet1 클래스를 정의한다. #3-1의 sTelf.layers는 1차원 신호의 특징을 추출한다. 1채널 데이터 입력 데이터이므로 첫 nn.Conv1d()에서 in_channels = 1을 사용한다. self.fc는 n_class 분류를 위한 완전 연결 층이다. in_features = 10은 이전 층의 구성에 따라 달라질 수 있다. 분류층으로 kernel_size = 1의 self.conv을 사용할 수 있다.

4 #3-2의 forward() 메서드에서 x = self.layers(x) 뒤에 x.shape을 출력하면 self.fc의 in_features, self.conv의 in_channels의 유닛을 결정할 수 있다.

x = self.layers(x) 뒤의 분류층은 x = self.fc(x) 또는 합성곱을 사용하여 x = x.unsqueeze(-1), x = self.conv(x), x = x.squeeze()를 사용할 수 있다.

nn.CrossEntropyLoss() 손실함수를 사용하기 때문에 출력층에 nn.Softmax() 활성화 함수를 사용하지 않는다.

5 #4의 train_epoch() 함수는 train_loader, model, optimizer, loss_fn를 사용하여 모델을 1 에폭 학습하고 batch_loss, accuracy를 반환한다.

6 #5의 main() 함수는 #5-1에서 모델을 생성하고, #5-2에서 최적화 optimizer를 생성하고, loss_fn에 nn.CrossEntropyLoss() 손실함수를 생성한다.

#5-3은 EPOCHS 반복하며 각 에폭에서 train_epoch()를 호출하여 모델을 학습하고 손실(loss)과 정확도(acc)를 계산한다.

#5-4는 모델을 평가 모드로 전환하고, 훈련 데이터와 테스트데이터의 정확도를 계산한다. #6은 main() 함수를 호출한다.

7 epoch = 199에서 train_epoch()의 정확도 acc = 0.9250은 batch_size = 8의 데이터로더의 샘플링에 의해 계산한 정확도이다. 평가 모드에서 train accuracy = 0.9750은 x_train 데이터 전체를 모델에 한번 입력하여 계산한 결과이다.

▷ 예제 27-02 ▶ 1차원 CNN: WISDM 사람 활동 분류(3-채널)

```
01  '''
02  ref1(dataset): http://www.cis.fordham.edu/wisdm/dataset.php
03  ref2(paper):
04  http://www.cis.fordham.edu/wisdm/includes/files/sensorKDD-2010.pdf
05  ref3: 텐서플로 딥러닝 프로그래밍, 가메출판사, 김동근
06  '''
07  import torch
08  import torch.nn as nn
09  import torch.optim as optim
10  import torch.nn.functional as F
11  from torch.utils.data import TensorDataset, DataLoader
12  from torchinfo import summary      # pip install torchinfo
13  import matplotlib.pyplot as plt
14  import numpy as np
15  torch.manual_seed(1)
16  torch.cuda.manual_seed(1)
17
18  #1: load data
19  def parse_end(s):
20      try:
21          return float(s[-1])
22      except:
23          return np.nan
24
25  def read_data(file_path):
26  # columns: 'user', 'activity', 'timestamp',
27  #          'x-accl', 'y-accl', 'z-accl';
28      labels = {'Walking'   :0, 'Jogging' :1,  'Upstairs'  :2,
29              'Sitting'   :3, 'Downstairs':4,'Standing'   :5}
30      data = np.loadtxt(file_path, delimiter=',',
31                      usecols = (0,1, 3, 4, 5), # without timestamp
32                      converters = {1:lambda
33                                      name: labels[name.decode()],
34                                      5: parse_end})
35      data = data[~np.isnan(data).any(axis = 1)]
36                                      # remove rows with np.nan
37      return data
38
39  data = read_data("./data/WISDM_ar_v1.1/WISDM_ar_v1.1_raw.txt")
40  ##print("user:",      np.unique(data[:,0]))      # 36 users
41  ##print("activity:", np.unique(data[:,1]))       # 6 activity
42
43  #2: normalize x, y, z
44  mean = np.mean(data[:, 2:], axis = 0)
```

```python
45 std  = np.std(data[:, 2:], axis = 0)
46 data[:, 2:] = (data[:, 2:] - mean) / std
47
48 # split data into x-train and x_test
49 x_train = data[data[:,0] <= 28]      # [ 1, 28]
50 x_test  = data[data[:,0]  > 28]      # [28, 36]
51
52 #3: segment data and reshape (-1, TIME_PERIODS, 3)
53 #3-1
54 TIME_PERIODS  = 80             # length
55 STEP_DISTANCE = 40             # if STEP_DISTANCE = TIME_PERIODS,
56                                # then no overlap
57 def data_segments(data):
58     segments = []
59     labels = []
60     for i in range(0, len(data) - TIME_PERIODS,  STEP_DISTANCE):
61         X = data[i:i + TIME_PERIODS, 2:].tolist()    # x, y, z
62
63         # label as the most activity in this segment
64         values, counts = np.unique(data[i:i + TIME_PERIODS, 1],
65                                    return_counts = True)
66         label = values[np.argmax(counts)]
67                         # from scipy import stats; stats.mode()
68
69         segments.append(X)
70         labels.append(label)
71
72     # reshape (-1, TIME_PERIODS, 3)
73     segments = np.array(segments,
74                     dtype = np.float32).reshape(-1, TIME_PERIODS, 3)
75     labels   = np.asarray(labels)
76     return segments, labels
77
78 x_train, y_train = data_segments(x_train)
79 x_test, y_test = data_segments(x_test)
80
81 #3-2: draw sample activity
82 activity = ('Walking', 'Jogging', 'Upstairs',
83             'Sitting', 'Downstairs','Standing')
84 plot_data = []
85 n = 1
86 for i in range(6):
87     plot_data.append(np.where(y_train == i)[0][n])   # n-th data
88
89 fig, ax = plt.subplots(6, sharex = True,  sharey = True)
91 fig.tight_layout()
```

```
92  for i in range(6):
93      k = plot_data[i]
94      ax[i].plot(x_train[k], label = activity[i])
95      ax[i].set_title(activity[i])
96  plt.show()
97
98  #3-3
99  x_train = np.transpose(x_train, (0, 2, 1))
100 x_test = np.transpose(x_test, (0, 2, 1))
101 print("x_train.shape:", x_train.shape)    # (20868, 3, 80)
102 print("y_train.shape:", y_train.shape)    # (20868,)
103 print("x_test.shape:",  x_test.shape)     # (6584, 3, 80)
104 print("y_test.shape:",  y_test.shape)     # (6584,)
105
106 #4: device and data loader
107 #4-1
108 DEVICE = 'cuda' if torch.cuda.is_available() else 'cpu'
109 print("DEVICE= ", DEVICE)
110 x_train = torch.tensor(x_train, dtype = torch.float).to(DEVICE)
111 y_train = torch.tensor(y_train, dtype = torch.long).to(DEVICE)
112 x_test = torch.tensor(x_test, dtype = torch.float).to(DEVICE)
113 y_test = torch.tensor(y_test, dtype = torch.long).to(DEVICE)
114
115 #4-2: dataset and data loader
116 ds = TensorDataset(x_train, y_train)
117 data_loader = DataLoader(dataset = ds, batch_size = 64,
118                          shuffle = True)
119
120 #5: define model class
121 class ConvNet1(nn.Module):
122 #5-1
123     def __init__(self, n_class = 6):
124         super().__init__()
125         self.layers = nn.Sequential(
126             nn.Conv1d(in_channels = 3, out_channels = 50,
127                     kernel_size = 11),    # padding = 'same'
128             nn.BatchNorm1d(50),
129             nn.ReLU(),
130             nn.MaxPool1d(kernel_size = 2),
131
132             nn.Conv1d(in_channels = 50, out_channels = 10,
133                     kernel_size = 5),    # padding = 'same'
134                 nn.ReLU(),
135                 nn.MaxPool1d(kernel_size = 2),
136                 nn.Dropout(0.5),
```

```
137
138                          nn.Flatten(),  # start_dim = 1
139                     )
140
141        # self.fc = nn.Linear(150, n_class)
142        self.conv = nn.Conv1d(150, n_class, kernel_size = 1)
143 #5-2
144    def forward(self, x):
145        x = self.layers(x)
146        # print('x.shape=', x.shape)
147        # x = self.fc(x)
148
149        x = x.unsqueeze(-1)
150        x = self.conv(x)
151        x = x.squeeze()
152        return x
153 #6
154 def train_epoch(train_loader, model, optimizer, loss_fn):
155    K = len(train_loader)
156    total = 0
157    correct = 0
158    batch_loss = 0.0
159    for X, y in train_loader:
160        X, y = X.to(DEVICE), y.to(DEVICE)
161        optimizer.zero_grad()
162        out = model(X)
163
164        loss = loss_fn(out, y)
165        loss.backward()
166        optimizer.step()
167
168        y_pred = out.argmax(dim=1).float()
169        correct += y_pred.eq(y).sum().item()
170        batch_loss += loss.item()
171        total += y.size(0)
172    batch_loss /= K
173    accuracy = correct/total
174    return batch_loss, accuracy
175
176 #7:
177 def main(EPOCHS = 200):
178 #7-1:
179    model = ConvNet1().to(DEVICE)
180    # print('model=', model)
181    # summary(model, input_size = (8, 3, 80), device = DEVICE)
182                                              # [N, C, L]
```

```
183
184  #7-2: optimizer, training
185      optimizer = optim.Adam(params = model.parameters(), lr = 0.001)
186      loss_fn = nn.CrossEntropyLoss()
187      train_losses = []
188  #7-3:
189      print('training.....')
190      model.train()
191      for epoch in range(EPOCHS):
192          loss, acc = train_epoch(data_loader, model,
193                                  optimizer, loss_fn)
194          train_losses.append(loss)
195          if not epoch%50 or epoch == EPOCHS - 1:
196              print(f'epoch={epoch}: loss={loss:.4f}, acc={acc:.4f}')
197
198  #7-4: evaluate model
199      model.eval()                    # model.train(False)
200      with torch.no_grad():
201          out  = model(x_train)
202          out2 = model(x_test)
203      pred = out.argmax(dim = 1).float()
204      accuracy = (pred == y_train).float().mean()
205      print("train accuracy=", accuracy.item())
206
207      pred2 = out2.argmax(dim = 1).float()
208      accuracy = (pred2 == y_test).float().mean()
209      print("test accuracy=", accuracy.item())
210  #7-5
211      print('test accuracy for each activity')
212      for i in range(6):
213          batch = y_test == i
214          x_batch = x_test[batch]
215          y_batch = y_test[batch]
216          with torch.no_grad():
217              out = model(x_batch)
218          pred = out.argmax(dim = 1).float()
219          accuracy = (pred == y_batch).float().mean()
220          print(f'accuracy[{activity[i]}]={accuracy.item():.4f}')
221
222  #7-6: display loss, pred
223      plt.xlabel('epoch')
224      plt.ylabel('loss')
225      plt.ylim([0, max(train_losses)])
226      plt.plot(train_losses)
227      plt.show()
```

```
228  #8
229  if __name__ == '__main__':
230      main()
```

▷▷ 실행결과

```
#3-3
x_train.shape: (20868, 3, 80)
y_train.shape: (20868,)
x_test.shape: (6584, 3, 80)
y_test.shape: (6584,)
DEVICE= cuda
#7-3
training.....
epoch=0: loss=0.9056, acc=0.6627
epoch=50: loss=0.1997, acc=0.9338
epoch=100: loss=0.1321, acc=0.9548
epoch=150: loss=0.1054, acc=0.9653
epoch=199: loss=0.1026, acc=0.9651
#7-4
train accuracy= 0.9886429309844971
test accuracy= 0.8601154685020447
#7-5
test accuracy for each activity
accuracy[Walking]=0.8358
accuracy[Jogging]=0.9396
accuracy[Upstairs]=0.7218
accuracy[Sitting]=0.9624
accuracy[Downstairs]=0.8521
accuracy[Standing]=0.7514
```

▷▷▷ 프로그램 설명

1 ref1, ref2의 안드로이드 스마트폰의 가속도 센서 데이터셋 WISDM의 6가지 사람의 활동 (Walking, Jogging, Upstairs, Sitting, Downstairs, Standing) 분류를 구현한다. 데이터는 20HZ로 샘플링한 데이터이다. 각 데이터 간격은 1 / 20 = 0.05초이다. TIME_PERIODS = 80은 80 * 0.05 = 4초이다. 데이터를 4초 간격의 3채널(x, y, z)로 분할하여 (N, C, L) = (N, 3, 80)의 모양의 3채널 데이터를 1차원 CNN 모델에 입력한다.

2 #1은 ref1에서 다운로드 받은 데이터 파일("WISDM_ar_v1.1_raw.txt")을 넘파이 배열 data에 읽는다. 데이터 파일에서 각 행의 데이터는 콤마로 구분되고, 마지막은 세미콜론이 붙어 있다. 한 줄에 2개의 데이터가 입력된 경우는 메모장에서 줄을 변경한다.

[user], [activity], [timestamp], [x-accel], [y-accel], [z-accel];

3 read_data() 함수는 file_path의 파일을 np.loadtxt()로 읽어 넘파이 배열 data에 읽어 반환한다. 구분자는 delimiter = ","이고, usecols = (0, 1, 3, 4, 5)만을 사용하고 2열의 timestamp는 읽지 않는다. converters를 사용하여 1열의 활동(activity) 문자열은 labels의 숫자로 변환한다. 5열은 parse_end 함수를 사용하여 float(s[-1])로 세미콜론을 제거하고, 제거할 수 없으면 np.nan으로 변환한다. data = data[~np.isnan(data).any(axis = 1)]은 np.nan이 있는 행의 데이터를 삭제한다.

4 #2는 data의 센서 데이터([x, y, z]) 부분인 data[:, 2:]를 axis = 0 방향으로 평균 mean, 표준편차 std를 계산하여 정규화한다.

user는 1에서 36까지이다. 1에서 28까지를 x_train 데이터 29에서 36까지를 x_test 데이터로 분할한다.

5 #3-1의 data_segments() 함수는 STEP_DISTANCE 만큼씩 움직이며 TIME_PERIODS 길이의 센서 데이터([x, y, z])를 segments 리스트에 추가한다. 레이블은 가장 많은 활동을 계산하여 labels 리스트에 추가한다. segments를 넘파이 배열로 변경하고, CNN 입력을 위해 3차원 배열 (-1, TIME_PERIODS, 3) 모양으로 변경한다. labels를 넘파이 배열로 변경하고, segments, labels를 반환한다.

data_segments() 함수로 훈련 데이터 (x_train, y_train)와 테스트 데이터(x_test, y_test)를 생성한다. x_train.shape = (20868, 80, 3), y_train.shape = (20868,), x_test.shape = (6584, 80, 3), y_test.shape = (6584,)이다.

#3-2는 n = 1의 활동 샘플을 그래프로 표시한다[그림 27.1]). 'Walking', 'Jogging', 'Upstairs', 'Downstairs'는 움직임이 크고, 'Sitting', 'Standing'은 움직임이 작다.

6 #3-3은 모델 입력을 위해 x_train, x_test의 모양을 [N, C, L]로 변경한다. x_train.shape = (20868, 3, 80), x_test.shape: (6584, 3, 80)이다. C = 3채널, L = 80 크기의 신호 데이터이다.

7 #4-1은 훈련 데이터 (x_train, y_train)와 테스트 데이터 (x_test, y_test)를 텐서로 변경한다. #4-2는 데이터로더를 생성한다. batch_size = 64를 변경하여 실행할 수 있다.

8 #5는 ConvNet1 클래스를 정의한다. #5-1의 self.layers는 신호의 특징을 추출한다. 입력 데이터가 3채널이므로 첫 nn.Conv1d()에서 in_channels = 3을 사용한다. self.fc는 n_class 분류를 위한 완전 연결 층이다. in_features = 150은 이전 층의 구성에 따라 달라질 수 있다. 분류 층으로 kernel_size = 1의 합성곱 층 self.conv을 사용할 수 있다.

9 #5-2의 forward() 메서드에서 x = self.layers(x) 뒤에 x.shape을 출력하면 self.fc의 in_features, self.conv의 in_channels의 유닛을 결정할 수 있다.

출력층으로 x = self.fc(x)의 nn.Linear 층을 사용할 수 있다.

nn.CrossEntropyLoss() 손실함수를 사용하기 때문에 출력층에서 nn.Softmax(dim = 1)(x) 활성화 함수를 사용하지 않는다.

10 #6의 train_epoch() 함수는 train_loader, model, optimizer, loss_fn를 사용하여 모델을 1 에폭 학습하고, batch_loss, accuracy를 반환한다.

11 #7의 main() 함수는 #7-1에서 모델을 생성하고, #7-2에서 최적화 optimizer를 생성하고, loss_fn에 nn.CrossEntropyLoss() 손실함수를 생성한다.

#7-3은 EPOCHS 반복하며 각 에폭에서 train_epoch()를 호출하여 모델을 학습하고 손실과 정확도를 계산한다.

#7-4는 모델을 평가 모드로 전환하고, 훈련 데이터와 테스트 데이터의 정확도를 계산한다.
#7-5는 테스트 데이터의 각 활동별 정확도를 계산한다. #8은 main() 함수를 호출한다.

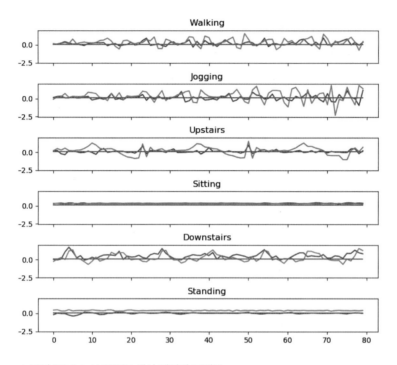

△ 그림 27.1 ▶ WISDM 센서 데이터 그래프

2차원 풀링

2차원 풀링(MaxPool2d, AvgPool2d)은 행렬, 영상에 적용한다. 풀링은 훈련 파라미터가 없다. 2차원 풀링의 입력 신호의 모양은 (C, Hin, Win), (N, C, Hin, Win)이고 출력의 모양은 (C, Hout, Wout), (N, C, Hout, Wout)이다. C는 채널, N은 배치 크기이다. ceil_mode = True이면 Lout 계산에서 floor를 사용한다. 0 <= padding <= kernel_size / 2이다. kernel_size, stride, padding, dilation은 정수 또는 정수 튜플이다.

Hout은 Hin, padding[0], dilation[0], kernel_size[0], stride[0]을 이용하여 1차원 풀링의 Lout과 같이 계산한다. Wout은 Win, padding[1], dilation[1], kernel_size[1], stride[1]을 이용하여 1차원 풀링의 Lout과 같이 계산한다.

> nn.MaxPool2d(kernel_size, stride = None, padding = 0, dilation = 1,
>   return_indices = False, ceil_mode = False)
> 입력을 kernel_size의 윈도우(커널)를 stride 보폭으로 이동하여 최대값을 계산하여 출력한다. padding ≠ 0이면 입력신호의 양 끝을 –inf으로 패딩한다.

> nn.AvgPool2d(kernel_size, stride = None, padding = 0, ceil_mode = False,
>   count_include_pad = True, divisor_override = None)
> 입력을 kernel_size의 윈도우(커널)를 stride 보폭으로 이동하여 평균을 계산하여 출력한다. padding ≠ 0이면 입력신호의 양 끝을 0으로 패딩한다.

> nn.AdaptiveMaxPool2d(output_size, return_indices = False)

> nn.AdaptiveAvgPool2d(output_size)
> 입력의 크기와 output_size에 따라 kernel_size, stride를 자동으로 계산하여, (Hout, Wout) = (output_size, output_size) 크기로 적용하여 최대 풀링, 평균 풀링한다.

▷ 예제 28-01 ▶ 2차원 풀링: MaxPool2d, AvgPool2d

```
01  import torch
02  import torch.nn as nn
03
```

```
04 #1: x.shape = [H, W], H = 4, W = 5
05 x = torch.tensor([[1, 2, 3, 4, 5],
06                    [4, 3, 2, 1, 0],
07                    [5, 6, 7, 8, 9],
08                    [0, 1, 2, 3, 4]], dtype = torch.float)
09 x = x.reshape(1, 4, 5)            # (C, H, W)
10 # x = x.reshape(1, 1, 4, 5)       # (N, C, H, W)
11 print('x.shape=', x.shape)
12
13 #2: MaxPool2d
14 #2-1
15 y1 = nn.MaxPool2d(kernel_size = 2)(x)
16 print('y1=', y1)
17 #2-2
18 y2 = nn.MaxPool2d(kernel_size = (2, 3), stride = (1, 2),
19               padding = (0, 1))(x)
20 print('y2=', y2)
21
22 #3: AvgPool2d
23 #3-1
24 z1 = nn.AvgPool2d(kernel_size = 2)(x)
25 print('z1=', z1)
26 #3-2
27 z2 = nn.AvgPool2d(kernel_size = (2, 3), stride = (1,2),
28               padding = (0, 1))(x)
29 print('z2=', z2)
30
31 #4: AdaptiveMaxPool2d, AdaptiveAvgPool2d
32 #4-1
33 a1 = nn.AdaptiveMaxPool2d(output_size = 1)(x)
34 a2 = nn.AdaptiveMaxPool2d(output_size = 2)(x)
35 print('a1=', a1)
36 print('a2=', a2)
37 #4-2
38 b1 = nn.AdaptiveAvgPool2d(output_size = 1)(x)
39 b2 = nn.AdaptiveAvgPool2d(output_size = 3)(x)
40 print('b1=', b1)
41 print('b2=', b2)
```

▷▷ 실행결과

```
#1
x.shape= torch.Size([1, 4, 5])
#2
y1= tensor([[[4., 4.],
             [6., 8.]]])
```

```
y2= tensor([[[4., 4., 5.],
            [6., 8., 9.],
            [6., 8., 9.]]])
#3
z1= tensor([[[2.5000, 2.5000],
            [3.0000, 5.0000]]])
z2= tensor([[[1.6667, 2.5000, 1.6667],
            [3.0000, 4.5000, 3.0000],
            [2.0000, 4.5000, 4.0000]]])
#4-1
a1= tensor([[[9.]]])
a2= tensor([[[4., 5.],
            [7., 9.]]])
#4-2
b1= tensor([[[3.5000]]])
b2= tensor([[[2.5000, 2.5000, 2.5000],
            [4.5000, 4.5000, 4.5000],
            [3.0000, 4.5000, 6.0000]]])
```

▷▷▷ 프로그램 설명

1 #1은 2차원 텐서 x를 x = x.reshape(1, 4, 5)로 변경한다.

2 #2-1은 kernel_size = 2, kernel_size = (2, 2), stride_size = (2, 2), padding = (0, 0)
   으로 최대 풀링한다([그림 28.1]).

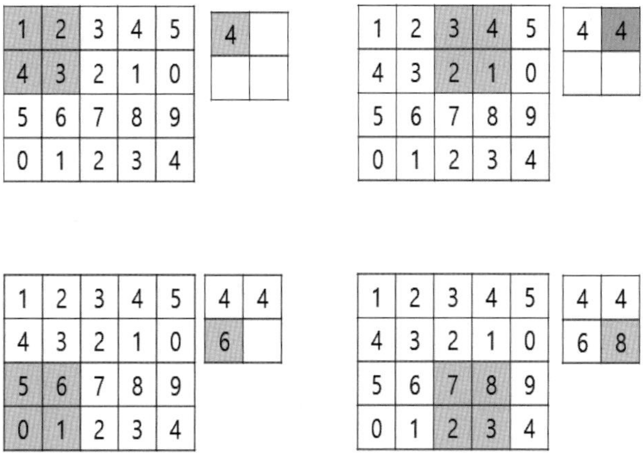

△ 그림 28.1 ▶ y1 = nn.MaxPool2d(kernel_size = 2)(x)

3 #2-2는 kernel_size = (2, 3), stride = (1, 2), padding = (0, 1)으로 최대 풀링한다
   ([그림 28.2]).

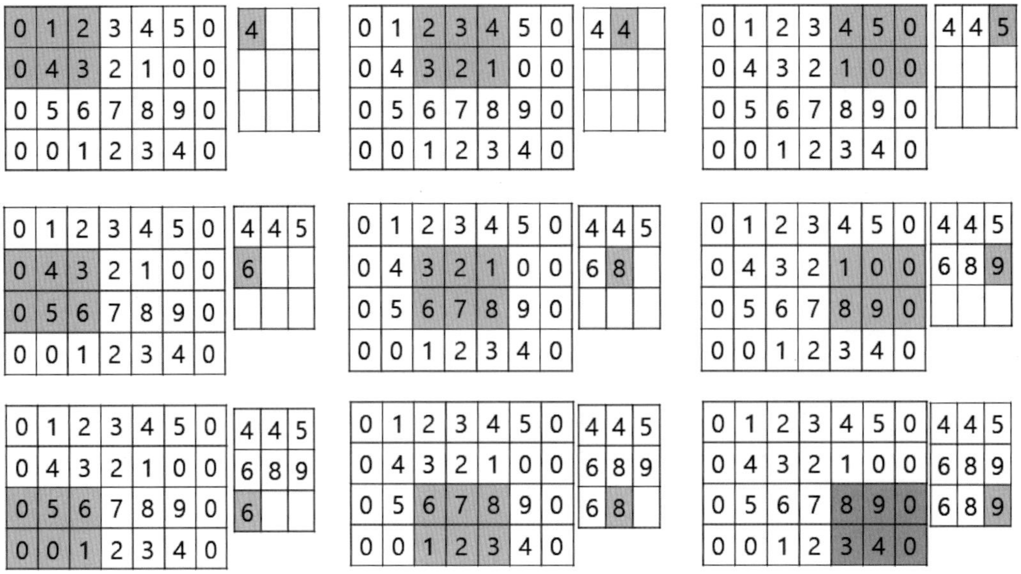

△ 그림 28.2 ▶ y2 = nn.MaxPool2d(kernel_size = (2, 3), stride = (1, 2), padding = (0, 1))(x)

4 #3-1은 kernel_size = 2, kernel_size = (2, 2), stride_size = (2, 2), padding = (0, 0)
으로 평균 풀링한다. [그림 28.1]과 같이 커널을 움직이며 평균을 계산한다.

5 #3-2는 kernel_size = (2, 3), stride = (1, 2), padding = (0, 1)으로 평균 풀링한다. [그림
28.2]와 같이 커널이 움직이며 평균을 계산한다.

6 #4는 output_size 크기로 적응 최대 풀링, 평균 풀링한다.

#4-1의 output_size = 1 적응 최대 풀링 a1 = tensor([[[9.]]])는 채널의 최대값이다. #4-2의
output_size = 1로 적응 평균 풀링하여 b1 = tensor([[[3.5000]]])는 채널의 평균값이다.

▷ 예제 28-02 ▶ 영상 풀링

```
01  import torch
02  import torch.nn as nn
03  import torchvision
04  from torchvision.io import read_image, write_jpeg, write_png, ImageReadModev
05
06  import torchvision.transforms as transforms
07  import PIL          # pip install pillow
08  import cv2          # pip install opencv-python
09  import matplotlib.pyplot as plt
10
```

```
11 #1: torchvision
12 #1-1: load image,
13 #ImageReadMode.UNCHANGED, ImageReadMode.GRAY, ImageReadMode.RGB
14 img_tensor = read_image('./data/lena.png')          # RGB
15 print('img_tensor.shape=', img_tensor.shape)     # torch.Size([3, 512, 512])
16 # pil_img= transforms.ToPILImage()(img_tensor)
17 # print(f'pil_img.size={pil_img.size}, pil_img.mode={pil_img.mode}')
18 # pil_img.show()
19
20 #1-2:
21 tv_tensor = img_tensor.float() / 255
22 max_pool = nn.MaxPool2d(kernel_size = 2)(tv_tensor)
23 print('max_pool.shape=', max_pool.shape)
24 # avg_pool = nn.AvgPool2d(kernel_size = 2)(tv_tensor)
25 # print('avg_pool.shape=', avg_pool.shape)
26
27 #1-3
28 tv_pool_img = (max_pool * 255).byte()
29 # tv_pool_img = (avg_pool * 255).byte()
30 # transforms.ToPILImage()(tv_pool_img).show()
31 # write_jpeg(tv_pool_img, './data/lena256.jpg')
32 # write_png(tv_pool_img, './data/lena256.png')
33
34 #2: PIL: RGB
35 pil_img = PIL.Image.open('./data/lena.png')     # .convert('L')
36 pil_tensor = transforms.ToTensor()(pil_img)      # (H,W,C):255 ->(C,H,W):[0, 1]
37 print('torch.max(img_tensor2)=', torch.max(pil_tensor))    # 1.0
38 print(torch.allclose(pil_tensor, img_tensor / 255))         # True
39
40 max_pool = nn.MaxPool2d(kernel_size = 2)(pil_tensor)
41 max_pool *= 255                                   # scale for display
42 pil_pool_img = max_pool.byte()
43 # transforms.ToPILImage()(pil_pool_img).show()
44
45 #3:OpenCV: BGR
46 img_bgr = cv2.imread('./data/lena.png') # BGR
47 img_rgb = cv2.cvtColor(img_bgr, cv2.COLOR_BGR2RGB)
48 print('img_rgb.shape=', img_rgb.shape)
49
50 cv_tensor = transforms.ToTensor()(img_rgb)      # (H,W,C):255 ->(C,H,W):[0, 1]
51 print('cv_tensor.shape=', cv_tensor.shape)
52 print(torch.allclose(pil_tensor, cv_tensor)) # True
53
54 max_pool = nn.MaxPool2d(kernel_size = 2)(cv_tensor)
55 print('max_pool.shape=', max_pool.shape)
```

```
56
57 max_pool *= 255
58 cv_pool_img = max_pool.byte()
59
60 # display cv
61 # cv_img = torch.permute(cv_pool_img, (1, 2, 0)).contiguous() #(H,W,C)
62 # cv_img = cv2.cvtColor(cv_img.numpy(), cv2.COLOR_RGB2BGR)
63 # print('cv_img.shape=', cv_img.shape)
64 # cv2.imshow('image', cv_img)
65 # cv2.waitKey()
66 # cv2.destroyAllWindows()
67
68 #4: N=3, C=3, H=512, W=512
69 inputs = torch.stack((tv_tensor, pil_tensor, cv_tensor), dim = 0)
70 print('inputs.shape=', inputs.shape)
71 pooled_outs = nn.MaxPool2d(kernel_size = 2)(inputs)
72 print('pooled_outs.shape=', pooled_outs.shape)
73
74 #5: display matplotlib
75 # images = [tv_pool_img, pil_pool_img, cv_pool_img]
76 # titles = ('tv_pool_img', 'pil_pool_img', 'cv_pool_img')
77 #5-1
78 # fig, axes = plt.subplots(nrows = 1, ncols = 3, figsize = (10, 4))
79 # fig.canvas.manager.set_window_title('image pooling')
80 # for i, ax in enumerate(axes.flat):
81 #     ax.imshow(images[i].permute(1,2,0))    # (H,W,C)
82 #     ax.set_title(titles[i])
83 #     ax.axis("off")
84 # fig.tight_layout()
85 # plt.show()
86
87 #5-2
88 pooled_outs = (pooled_outs * 255).byte()
89 # img_grid = torchvision.utils.make_grid(images,
90 #                   padding = 10, pad_value = 255).permute(1, 2, 0)  # (H,W,C)
91 img_grid = torchvision.utils.make_grid(pooled_outs,
92                   padding = 10, pad_value = 255).permute(1, 2, 0)  # (H,W,C)
93
94 fig = plt.figure(figsize = (10, 4))
95 plt.title('pooled_outs.shape=' + str(pooled_outs.shape))
96 plt.imshow(img_grid)
97 plt.axis("off")
98 plt.tight_layout()
99 plt.show()
```

▷▷ 실행결과

```
#1
img_tensor.shape= torch.Size([3, 512, 512])
max_pool.shape= torch.Size([3, 256, 256])
#2
torch.max(img_tensor2)= tensor(1.)
True
#3
img_rgb.shape= (512, 512, 3)
cv_tensor.shape= torch.Size([3, 512, 512])
True
max_pool.shape= torch.Size([3, 256, 256])
#4
inputs.shape= torch.Size([3, 3, 512, 512])
pooled_outs.shape= torch.Size([3, 3, 256, 256])
```

▷▷▷ 프로그램 설명

1 #1은 torchvision의 read_image()로 영상을 텐서 img_tensor에 읽고, tv_tensor에 [0, 1]로 정규화하고, max_pool = nn.MaxPool2d(kernel_size = 2)(tv_tensor)로 최대 풀링한다. 영상 표시를 위해 바이트 텐서 tv_pool_img로 변환한다. transforms.ToPILImage()는 텐서를 PIL 영상으로 변환한다.

2 #2는 PIL.Image.open()로 영상을 pil_img에 읽고 transforms.ToTensor()로 (C,H,W) 모양, [0, 1]로 정규화된 텐서 실수 pil_tensor로 변환한다. pil_tensor를 kernel_size = 2로 max_pool에 최대 풀링하고, 바이트 텐서 pil_pool_img로 변환한다.

3 #3은 OpenCV로 영상을 img_bgr에 읽고, img_rgb에 RGB 채널순서로 변경한다. img_rgb를 (C,H,W) 모양, [0, 1]로 정규화된 실수 텐서 cv_tensor로 변환한다. cv_tensor를 kernel_size = 2로 max_pool에 최대 풀링하고, 바이트 텐서 cv_pool_img로 변환한다.

4 #4는 3개의 텐서 (tv_tensor, pil_tensor, cv_tensor)를 쌓아 inputs을 생성한다. inputs.shape = torch.Size([3, 3, 512, 512])이다. inputs를 kernel_size = 2로 pooled_outs에 최대 풀링한다.

5 #5는 matplotlib로 풀링 결과 영상을 표시한다. #5-1은 plt.subplots()를 생성하고, ax.imshow()로 image를 표시한다.

#5-2는 torchvision.utils.make_grid()로 images, pooled_outs의 그리드를 생성하고, plt.imshow(img_grid)로 영상을 표시한다([그림 28.3]).

6 torchvision, PIL, matplotlib는 영상의 RGB 채널 순서를 사용하고, OpenCV는 BGR 순서를 사용한다. (H = 512, W = 512) 영상을 kernel_size = 2(stride_size = 2)로 풀링한 결과는 (H = 256, W = 256)으로 축소한다. nn.AvgPool2d()는 영상에서 평균 풀링한다.

pooled_outs.shape=torch.Size([3, 3, 256, 256])

△ 그림 28.3 ▶ pooled_outs = nn.MaxPool2d(kernel_size = 2)(inputs)

2차원 합성곱

2차원 합성곱 Conv2d()는 kernel_size의 윈도우(커널)를 stride 보폭으로 이동하며 합성곱을 계산한다. 커널의 가중치(바이어스)에 따라 입력의 특징을 추출한다. 2차원 합성곱의 입력 모양은 (Cin, Hin, Win), (N, Cin, Hin, Win)이고 출력의 모양은 (Cout, Hout, Wout), (N, Cout, Hout, Wout)이다. Cin은 입력 영상의 채널, Cout은 합성곱에 의해 생성되는 채널, N은 배치 크기이다. kernel_size, stride, padding, dilation은 정수 또는 정수 튜플이다.

> nn.Conv2d(in_channels, out_channels, kernel_size, stride = 1, padding = 0,
>   dilation = 1, groups = 1, bias = True, padding_mode = 'zeros',
>   device = None, dtype = None)

① Hout은 Hin, padding[0], dilation[0], kernel_size[0], stride[0]을 이용하여 1차원 합성곱의 Lout과 같이 계산한다.
② Wout은 Win, padding[1], dilation[1], kernel_size[1], stride[1]을 이용하여 1차원 합성곱의 Lout과 같이 계산한다.
③ 패딩은 정수 또는 정수 튜플이다. stride = 1에서, padding = 'valid'는 유효범위 내에서 합성곱을 계산하고, padding = 'same'은 입력 크기와 같은 크기로 합성곱을 계산한다. 패딩값은 padding_mode = 'zeros'이다. 'reflect', 'replicate', 'circular' 등이 있다.
④ groups는 입력 채널에서 출력 채널로의 블록 연결 개수이다. in_channels % group = 0이다.
⑤ weight.shape = [out_channels, in_channels / groups, kernel_size[0], kernel_size[1]]이며, 균등분포로 초기화되어 있다. bias.shape = [out_channels]이다.

▷ 예제 29-01 ▶ nn.Conv2d 합성곱: 1채널 입력

```
01  import torch
02  import torch.nn as nn
03  #1: x.shape = [C, H, W], C = 1, H = 4, W = 5
04  x = torch.tensor([[[1, 2, 3, 4, 5],
05                      [4, 3, 2, 1, 0],
06                      [5, 6, 7, 8, 9],
07                      [0, 1, 2, 3, 4]]], dtype = torch.float)
08  #x = x.unsqueeze(dim = 0)          # (N, C, H, W) = [1, 1, 4, 5]
09  print('x=', x.shape)
10
```

```
11  #2
12  conv = nn.Conv2d(in_channels = 1, out_channels = 1, kernel_size = 2,
13                   stride = 2, bias = False)
14  print('conv.weight.shape=', conv.weight.shape)
15
16  #3: change weight
17  #3-1
18  # w = torch.tensor([[[0.25, 0.25], [0.25, 0.25]]])  # [1, 2, 2]
19  # w = w.unsqueeze(dim = 0)
20  # print('w.shape=', w.shape)                         # [1, 1, 2, 2]
21
22  #3-2
23  # w = conv.weight.clone()
24  # w.fill_(0.25)                                      # torch.fill_(w, 0.25)
25
26  #3-3
27  w = torch.full_like(conv.weight, 0.25)
28  conv.weight = torch.nn.Parameter(w)
29  print('conv.weight=', conv.weight)
30  #4
31  with torch.no_grad():
32      y = conv(x)
33  print('y.shape=', y.shape)                           # [1, 2, 2]
34  print('y=', y)
```

▷▷ 실행결과

```
#1
x= torch.Size([1, 4, 5])
#2
conv.weight.shape= torch.Size([1, 1, 2, 2])
w.shape= torch.Size([1, 1, 2, 2])
#3
conv.weight= Parameter containing:
tensor([[[[0.2500, 0.2500],
          [0.2500, 0.2500]]]], requires_grad=True)
#4
y.shape= torch.Size([1, 2, 2])
y= tensor([[[2.5000, 2.5000],
            [3.0000, 5.0000]]])
```

▷▷▷ 프로그램 설명

1 #1은 (C, H, W) = [1, 4, 5]의 텐서 x를 생성한다.

2 #2는 in_channels = 1, out_channels = 1, kernel_size = 2, stride = 2, bias = False의 nn.Conv2d() 객체 conv를 생성한다.

3 #3은 conv.weight를 변경한다. conv.weight.shape = (out_channels, in_channels / groups, kernel_size[0], kernel_size[1]) = [1, 1, 2, 2] 모양이다.

w는 kernel_size = (2, 2)의 평균 커널이다.

4 #4의 y = conv(x)는 [그림 29.1]과 같이 입력 x의 합성곱 y를 계산한다.

#1에서 x = x.unsqueeze(dim = 0)를 수행하면 x는 [1, 1, 4, 5] 모양이고, 합성곱 결과 y는 y.shape = [1, 1, 2, 2]이다.

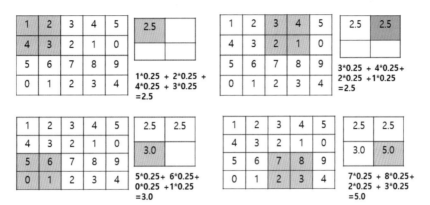

△ 그림 29.1 ▶ y = nn.Conv2d(in_channels = 1, out_channels = 1,
kernel_size = 2, stride = 2, bias = False)(x)

▷ 예제 29-02 ▶ nn.Conv2d 합성곱: 2채널 입력

```
01  import torch
02  import torch.nn as nn
03  #1:
04  x = torch.tensor([[[1, 2, 3, 4, 5],
05                     [4, 3, 2, 1, 0],
06                     [5, 6, 7, 8, 9],
07                     [0, 1, 2, 3, 4]]], dtype = torch.float)
08  x = torch.stack((x, x), dim = 1)     # (N, C, H, W) = [1, 2, 4, 5]
09  print('x=', x.shape)
10
11  #2: in_channels = 2, out_channels = 1
12  #2-1
13  conv = nn.Conv2d(in_channels = 2, out_channels = 1,
14                   kernel_size = 2, stride = 2, bias = False)
15  # print('conv.weight.shape=', conv.weight.shape)    # [1, 2, 2, 2]
16  # w = torch.tensor([[[0.25, 0.25], [0.25, 0.25]]])  # [1, 2, 2]
17  # w = torch.stack((w, w), dim = 1)                   # [1, 2, 2, 2]
18  # print('w.shape=', w.shape)
```

```
19  w = torch.full_like(conv.weight, 0.25)
20  conv.weight = torch.nn.Parameter(w)
21  print('conv.weight=', conv.weight)
22
23  #2-2
24  with torch.no_grad():
25      y = conv(x)
26  #print('y.shape=', y.shape)                              # [1, 1, 2, 2]
27  print('y=', y)
28
29  #3: in_channels = 2, out_channels = 2
30  #3-1
31  conv2 = nn.Conv2d(in_channels = 2, out_channels = 2,
32                    kernel_size = 2,  stride = 2, bias = False)
33  # print('conv2.weight.shape=', conv2.weight.shape)  # [2, 2, 2, 2]
34  # print('conv2.weight=', conv2.weight)
35  # w = torch.tensor([[[0.25, 0.25], [0.25, 0.25]]])  # [1, 2, 2]
36  # w = torch.stack((w, w), dim = 1)                      # [1, 2, 2, 2]
37  # w = torch.cat((w, w), dim = 0)                        # [2, 2, 2, 2]
38  # print('w.shape=', w.shape)
39  w = torch.full_like(conv2.weight, 0.25)
40  conv2.weight = torch.nn.Parameter(w)
41
42  #3-2
43  with torch.no_grad():
44      y2 = conv2(x)
45  print('y2.shape=', y2.shape)
46  print('y2=', y2)
47  #4: different weights
48  #4-1
49  w0 = torch.tensor([[[0.25, 0.25], [0.25, 0.25]]])   # [1, 2, 2]
50  w0 = torch.stack((w0, w0), dim = 1)                     # [1, 2, 2, 2]
51  w1 = torch.tensor([[[1., 1.], [1., 1.]]])          # [1, 2, 2]
52  w1 = torch.stack((w1, w1), dim = 1)                     # [1, 2, 2, 2]
53  w = torch.cat((w0, w1), dim = 0)                        # [2, 2, 2, 2]
54  conv2.weight = torch.nn.Parameter(w)
55  #4-2
56  with torch.no_grad():
57      y3 = conv2(x)
58  print('y3.shape=', y3.shape)
59  print('y3=', y3)
60  #print('y3[0,0]=', y3[0,0])
61  #print('y3[0,1]=', y3[0,1])
```

▷▷ 실행결과

```
#1
x= torch.Size([1, 2, 4, 5])
#2
conv.weight= Parameter containing:
tensor([[[[0.2500, 0.2500],
          [0.2500, 0.2500]],
         [[0.2500, 0.2500],
          [0.2500, 0.2500]]]], requires_grad=True)
y= tensor([[[[ 5.,  5.],
          [ 6., 10.]]]])
#3
y2.shape= torch.Size([1, 2, 2, 2])
y2= tensor([[[[ 5.,  5.],
              [ 6., 10.]],
             [[ 5.,  5.],
              [ 6., 10.]]]])
#4
y3.shape= torch.Size([1, 2, 2, 2])
y3= tensor([[[[ 5.,  5.],
              [ 6., 10.]],
             [[20., 20.],
              [24., 40.]]]])
```

▷▷▷ 프로그램 설명

1 #1은 (N, C, H, W) = [1, 2, 4, 5]의 텐서 x를 생성한다. 2채널 각각에 같은 (4, 5) 데이터 x를 초기화하는 것이다.

2 #2-1은 in_channels = 2, out_channels = 1, kernel_size = 2, stride = 2, bias = False, group = 1의 nn.Conv2d() 객체 conv를 생성한다.

conv.weight.shape = [out_channels, in_channels / groups, kernel_size[0], kernel_size[1]] = [1, 2, 2, 2] 모양의 커널 가중치를 kernel_size = (2, 2)의 평균 커널인 w로 변경한다. 각 채널에 같은 가중치 커널을 초기화한다.

3 #2-2의 y = conv(x)는 [그림 29.1]과 같이 계산한 각 채널의 합성곱을 요소별 덧셈하여 [그림 29.2]와 같이 계산한다.

4 #3은 in_channels = 2, out_channels = 2, kernel_size = 2, stride = 2, bias = False, group = 1의 합성곱을 계산한다. conv2.weight.shape = [2, 2, 2, 2]이고. y2.shape = [1, 2, 2, 2]이다.

5 #4는 w0, w1으로 conv2.weight를 변경하여, y3 = conv2(x)의 합성곱을 계산한다.

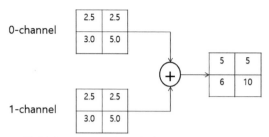

△ 그림 29.2 ▶ y = nn.Conv2d(in_channels = 2, out_channels = 1,
kernel_size = 2, stride = 2, bias = False)(x)

▷ 예제 29-03   ▶ nn.Conv2d 합성곱: dilation = 2, 3

```
01  import torch
02  import torch.nn as nn
03  #1: x.shape = [C, H, W], C = 1, H = 4, W = 5
04  x = torch.tensor([[[1, 2, 3, 4, 5],
05                     [4, 3, 2, 1, 0],
06                     [5, 6, 7, 8, 9],
07                     [0, 1, 2, 3, 4]]], dtype = torch.float)
08  #x = x.unsqueeze(dim = 0)         # (N, C, H, W) = [1, 1, 4, 5]
09  # print('x=', x.shape)
10
11  #2
12  with torch.no_grad():
13      for dilate in [2, 3]:
14          conv = nn.Conv2d(in_channels = 1, out_channels = 1,
15                           kernel_size = 2, stride = 1,
16                           dilation = dilate,
17                           # padding = 0,
18                           bias = False)
19          #print('conv.weight.shape=', conv.weight.shape) #[1, 1, 2, 2]
20
21          w = torch.full_like(conv.weight, 0.25)
22          conv.weight = torch.nn.Parameter(w)
23          # print(f'conv.weight = {conv.weight}')
24          y = conv(x)
25          print(f'dilate = {dilate}\n y={y}')
```

▷▷ 실행결과

```
dilate = 2
 y=tensor([[[4., 5., 6.],
        [2., 2., 2.]]])
```

```
dilate = 3
 y=tensor([[[2., 3.]]])
```

▷▷▷ 프로그램 설명

1 #1은 (C, H, W) = [1, 4, 5]의 텐서 x를 생성한다.

2 #2는 in_channels = 1, out_channels = 1, kernel_size = 2, stride = 1, dilation = dilate, bias = False의 nn.Conv2d() 객체 conv를 생성한다.

conv.weight에 평균필터를 저장한다. conv.weight.shape = [1, 1, 2, 2]이다.

3 [그림 29.3]은 dilation = 2에서 합성곱 결과이다.

4 [그림 29.4]는 dilation = 3에서 합성곱 결과이다.

5 nn.Conv2d()에서 dilation을 사용하면 보다 넓은 수용영역(receptive field, field of view)에서 특징을 검출할 수 있어서 영상분할에서 사용할 수 있다. Atrous(구멍, hole) 합성곱이라 한다.

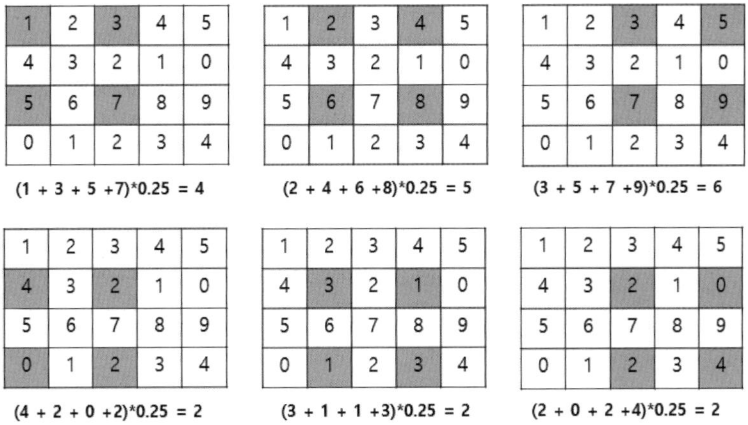

$(1 + 3 + 5 +7)*0.25 = 4$ $(2 + 4 + 6 +8)*0.25 = 5$ $(3 + 5 + 7 +9)*0.25 = 6$

$(4 + 2 + 0 +2)*0.25 = 2$ $(3 + 1 + 1 +3)*0.25 = 2$ $(2 + 0 + 2 +4)*0.25 = 2$

△ 그림 29.3 ▶ nn.Conv2d: dilation = 2

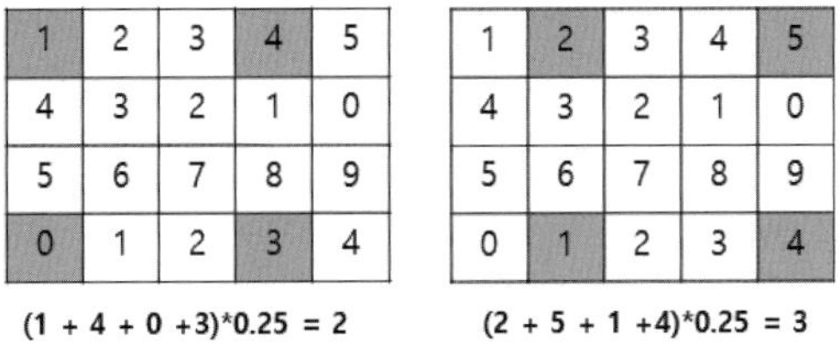

$(1 + 4 + 0 +3)*0.25 = 2$ $(2 + 5 + 1 +4)*0.25 = 3$

△ 그림 29.4 ▶ nn.Conv2d: dilation = 3

▷ 예제 29-04 ▶ 영상 합성곱: Sobel 필터링(1채널 영상)

```
01  import torch
02  import torch.nn as nn
03  import torchvision
04  from torchvision.io import read_image, ImageReadMode
05  import torchvision.transforms as transforms
06  import PIL # pip install pillow
07  import matplotlib.pyplot as plt
08
09  #1: gray image
10  # img = PIL.Image.open('./data/lena.png').convert('L')
11  # X = transforms.ToTensor()(img) # (H, W, C):255 -> (C,H,W):[0, 1]
12
13  img = read_image('./data/lena.png', ImageReadMode.GRAY)
14  X = img.float() / 255
15  print('X.shape=', X.shape)          # [1, 512, 512]
16
17  #2
18  n_channel = X.shape[0]              #1
19  conv = nn.Conv2d(in_channels = n_channel, out_channels = 2,
20                   kernel_size = 3, stride = 1,
21                   padding = 'same', bias = False)
22  print('conv.weight.shape=', conv.weight.shape)     # [2, 1, 3, 3]
23
24  gx = torch.tensor([[[-1, 0, 1],
25                      [-2, 0, 2],
26                      [-1, 0, 1]]], dtype = torch.float)
27
28  gy= torch.tensor([[[-1,-2,-1],
29                      [ 0, 0, 0],
30                      [ 1, 2, 1]]], dtype = torch.float)
31  w = torch.stack((gx, gy))
32  conv.weight = torch.nn.Parameter(w)
33  print('w.shape=', w.shape)                          # [2, 1, 3, 3]
34
35  #3: convolve and magnitude of gradient
36  with torch.no_grad():
37      y = conv(X)
38  mag = torch.sqrt(y[0] ** 2 + y[1] ** 2)
39  mag /= torch.max(mag)                               # [0, 1]
40  print('y.shape=', y.shape)          # torch.Size([2, 512, 512])
41  print('mag.shape=', mag.shape)
42
43  #4
44  fig = plt.figure(figsize=(4, 4))
```

```
45  plt.imshow(mag, cmap = 'gray')          # mag.numpy()
46  plt.axis("off")
47  plt.tight_layout()
48  plt.show()
```

▷▷ 실행결과

```
X.shape= torch.Size([1, 512, 512])
conv.weight.shape= torch.Size([2, 1, 3, 3])
w.shape= torch.Size([2, 1, 3, 3])
y.shape= torch.Size([2, 512, 512])
mag.shape= torch.Size([512, 512])
```

▷▷▷ 프로그램 설명

1 #1은 1채널의 그레이스케일로 영상을 읽고, [0, 1]로 정규화된 텐서 X를 생성한다. X.shape = torch.Size([1, 512, 512])이다.

2 #2는 in_channels = 1, out_channels = 2, kernel_size = 3, stride = 1, padding = 'same', bias = False의 2차원 합성곱 객체 conv를 생성한다. [그림 29.5]의 Sobel 미분 필터 gx, gy를 이용하여 가중치 w를 생성하고, conv.weight = torch.nn.Parameter(w)로 가중치를 변경한다. conv.weight.shape = [2, 1, 3, 3]이다.

-1	0	1
-2	0	2
-1	0	1

gx

-1	-2	-1
0	0	0
1	2	1

gy

△ 그림 29.5 ▶ Sobel 필터: gx, gy

3 #3은 y = conv(X)로 입력 영상 X의 합성곱 y를 계산한다. y[0]은 gx 커널로 필터링한 x-방향 미분, y[1]은 gy 커널로 필터링한 y-방향 미분이다.

mag에 그래디언트 크기를 계산하고, 정규화한다.

4 #4는 plt.imshow(mag, cmap = 'gray')로 mag을 표시한다([그림 29.6]). 영상의 에지를 강조 한다.

△ 그림 29.6 ▶ 1채널 영상 Sobel 필터링

▷ 예제 29-05 ▶ 영상 합성곱: Sobel 필터링(3채널 영상)

```python
01  import torch
02  import torch.nn as nn
03  import torchvision
04  from torchvision.io import read_image, ImageReadMode
05  import torchvision.transforms as transforms
06  import PIL # pip install pillow
07  import matplotlib.pyplot as plt
08
09  #1: RGB image
10  # img = PIL.Image.open('./data/lena.png')
11  # X = transforms.ToTensor()(img)   # (H,W,C):255 -> (C,H,W):[0, 1]
12
13  img = read_image('./data/lena.png')
14                       # ImageReadMode.UNCHANGED, ImageReadMode.RGB
15  X = img.float() / 255
16  print('X.shape=', X.shape)                        # [3, 512, 512]
17
18  #2
19  n_channel = X.shape[0]           #3
20  conv = nn.Conv2d(in_channels = n_channel, out_channels = 2,
21                  kernel_size = 3, stride=1,
22                  padding = 'same', bias = False)
23  print('conv.weight.shape=', conv.weight.shape)     # [2, 1, 3, 3]
24
25  gx= torch.tensor([[[-1, 0, 1],
26                    [-2, 0, 2],
27                    [-1, 0, 1]]], dtype = torch.float)
28
29  gy= torch.tensor([[[-1,-2,-1],
30                    [ 0, 0, 0],
31                    [ 1, 2, 1]]], dtype = torch.float)
32  gx = torch.cat((gx, gx, gx))                       # [3, 3, 3]
33  gy = torch.cat((gy, gy, gy))                       # [3, 3, 3]
34  w = torch.stack((gx, gy))
35  conv.weight= torch.nn.Parameter(w)
36  print('w.shape=', w.shape)                         # [2, 3, 3, 3]
37
38  #3: convolve and magnitude of gradient
39  with torch.no_grad():
40      y = conv(X)
41  mag = torch.sqrt(y[0] ** 2 + y[1] ** 2)
42  mag /= torch.max(mag)                              # [0, 1]
43  print('y.shape=', y.shape)                         # [2, 512, 512]
44  print('mag.shape=', mag.shape)                     # [512, 512]
```

```
45
46  #4
47  fig = plt.figure(figsize=(4, 4))
48  plt.imshow(mag, cmap='gray') #mag.numpy()
48  plt.axis("off")
49  plt.tight_layout()
50  plt.show()
```

▷▷ 실행결과

```
X.shape= torch.Size([3, 512, 512])
conv.weight.shape= torch.Size([2, 3, 3, 3])
w.shape= torch.Size([2, 3, 3, 3])
y.shape= torch.Size([2, 512, 512])
mag.shape= torch.Size([512, 512])
```

▷▷▷ 프로그램 설명

1 #1은 영상을 3채널의 RGB 컬러로 읽고, [0, 1]로 정규화된 텐서 X를 생성한다. X.shape = [3, 512, 512]이다.

2 #2는 in_channels = 3, out_channels = 2, kernel_size = 3, stride = 1, padding = 'same', bias = False의 2차원 합성곱 객체 conv를 생성한다.

RGB 각 채널에 같은 gx, gy를 적용하기 위해 gx = torch.cat((gx, gx, gx)), gy = torch.cat((gy, gy, gy))를 적용하면 gx.shape, gy.shape은 모두 [3, 3, 3]이다. 2개의 채널 출력을 위한 w.shape = [2, 3, 3, 3]의 필터 w를 생성하여 합성곱 가중치 conv.weight를 변경한다.

3 #3은 y = conv(X)로 입력 영상 X의 합성곱 y를 계산한다. y[0]은 gx 커널로 필터링한 x-방향 미분, y[1]은 gy 커널로 필터링한 y-방향 미분이다.

mag에 그래디언트 크기를 계산하고, 정규화한다.

4 #4는 plt.imshow(mag, cmap = 'gray')로 mag을 표시한다. 결과는 [그림 29.6]과 같다.

2차원 합성곱 신경망

2차원 합성곱 신경망(CNN)은 2차원 풀링(MaxPool2d, AvgPool2d) 층과 합성곱(Conv2d) 층으로 특징을 추출하고, 완전 연결 Linear 층으로 분류한다.

2차원 CNN은 영상의 분류 classification, 검출 detection, 분할 segmentation 등에 사용할 수 있다. 그래디언트 소실, 과적합 방지를 위한 가중치 초기화, 가중치 규제, 배치 정규화, 드롭아웃 등을 사용한다.

torchvision.datasets는 MNIST, Fashion-MNIST, Caltech101, Caltech256, CIFAR10, CocoCaptions, CocoDetection, ImageNet 등 다양한 데이터셋과 DatasetFolder, ImageFolder, VisionDataset 등의 커스텀 데이터셋을 위한 클래스를 포함하고 있다.

여기서는 MNIST, CIFAR10, ImageFolder로 데이터셋, 데이터로더를 생성하고 2차원 CNN을 이용하여 영상을 분류한다.

MNIST는 손글씨 handwritten digits 숫자 분류 데이터셋이다. 훈련 데이터 60,000개, 테스트 데이터 10,000개이다. 훈련 데이터 영상은 28×28 크기의 손 글씨 숫자의 1채널 그레이 스케일 영상이다.

CIFAR10은 10가지 컬러영상 분류 데이터셋이다. 훈련 데이터 50,000개, 테스트 데이터 10,000개이다. 영상은 32×32 크기의 3채널 RGB 컬러영상이다.

여기서는 훈련 데이터(train_ds), 검증 데이터(valid_ds), 테스트 데이터(test_ds)로 구분한다. 훈련 데이터는 모델 학습을 위해서 사용하고, 검증 데이터는 모델을 학습하는 동안 검증과 하이퍼 파라미터 변경의 참고자료로 사용한다.

검증 데이터는 torch.utils.data.random_split( )을 사용하여 훈련 데이터의 20%를 분할하여 사용한다. 훈련 데이터와 검증 데이터 분할을 위해 torch.utils.data.sampler. SubsetRandomSampler를 이용할 수 있다.

파이토치 모델의 입력 영상은 NCHW 형식이다. N은 배치, C는 채널, H는 세로 크기, W는 가로 크기이다.

▷ 예제 30-01 ▶ 2차원 CNN: MNIST 손글씨 분류(1-채널)

```python
01  import torch
02  import torch.nn as nn
03  import torch.optim as optim
04  import torchvision
05  from torchvision import transforms
06  from torchvision.datasets import MNIST
07  from torch.utils.data import TensorDataset, DataLoader, random_split
08  from torchinfo import summary
09  import matplotlib.pyplot as plt
10  torch.manual_seed(1)
11  torch.cuda.manual_seed(1)
12  DEVICE = 'cuda' if torch.cuda.is_available() else 'cpu'
13  print("DEVICE= ", DEVICE)
14
15  #1: dataset, data loader
16  #1-1
17  data_transform = transforms.Compose([
18                   transforms.ToTensor(),
19                   transforms.Normalize(mean = 0.5, std = 0.5)])
20  #1-2
21  PATH = './data'
22  train_data = MNIST(root = PATH, train = True, download = True,
23                  transform = data_transform)
24  test_ds = MNIST(root = PATH, train = False, download = True,
25                  transform = data_transform)
26  print('train_data.data.shape= ', train_data.data.shape)  # [60000, 28, 28]
27  print('test_set.data.shape= ',   test_ds.data.shape)     # [10000, 28, 28]
28
29  valid_ratio = 0.2
30  train_size = len(train_data)
31  n_valid = int(train_size * valid_ratio)
32  n_train = train_size - n_valid
33  seed = torch.Generator().manual_seed(1)
34  train_ds, valid_ds = random_split(train_data, [n_train, n_valid],
35                                      generator = seed)
36  print('len(train_ds)= ', len(train_ds))        # 48000
37  print('len(valid_ds)= ', len(valid_ds))        # 12000
38
```

```python
39  #1-3
40  # if RuntimeError: CUDA out of memory, then reduce batch size
41  train_loader = DataLoader(train_ds, batch_size = 128, shuffle = True)
42  valid_loader = DataLoader(valid_ds, batch_size = 128, shuffle = False)
43  test_loader  = DataLoader(test_ds,  batch_size = 128, shuffle = False)
44  print('len(train_loader.dataset)=', len(train_loader.dataset)) # 48000
45  print('len(valid_loader.dataset)=', len(valid_loader.dataset)) # 12000
46  print('len(test_loader.dataset)=', len(test_loader.dataset))   # 10000
47
48  #1-4
49  image, label = train_ds[0]
50  image = image.squeeze().numpy()
51  print('image.shape=', image.shape)
52  print('label=', label)
53
54  #1-5: sample display train_ds
55  # fig, axes = plt.subplots(nrows = 2, ncols = 5, figsize = (10, 4))
56  # fig.canvas.manager.set_window_title('MNIST')
57  # for i, ax in enumerate(axes.flat):
58  #     image, label = train_ds[i]
59  #     image = image * 0.5 + 0.5              # unnormalize
60  #     ax.imshow(image.squeeze().numpy(), cmap = 'gray')
61  #     ax.set_title(str(label))
62  #     ax.axis("off")
63  # fig.tight_layout()
64  # plt.show()
65
66  #1-6: sample display train_loader
67  # images, labels = next(iter(train_loader)) # len(images) = batch_size
68
69  # images = images*0.5 + 0.5                  # unnormalize
70  # img_grid = torchvision.utils.make_grid(images[:10], nrow = 5,
71  #                 adding = 10, pad_value = 1).permute(1, 2, 0) # (H, W, C)
72  # fig = plt.figure(figsize = (10, 4))
73  # plt.imshow(img_grid)
74  # plt.axis("off")
75  # plt.tight_layout()
76  # plt.show()
77
78  #2: define model class
79  class ConvNet(nn.Module):
80      def __init__(self, nChannel = 1, nClass = 10) :
81          super().__init__()   # super(ConvNet, self).__init__()
82
```

```
 83        self.layer1 = nn.Sequential(
 84            # (, 1, 28, 28) :                    # NCHW
 85            nn.Conv2d(in_channels = nChannel, out_channels = 16,
 86                    kernel_size = 3, padding = 'same'),
 87            nn.ReLU(),
 88            nn.BatchNorm2d(16),
 89            nn.MaxPool2d(kernel_size = 2, stride = 2))
 90            #(, 16, 14, 14)
 91
 92        self.layer2 = nn.Sequential(
 93            nn.Conv2d(16, 32, kernel_size = 3, s
 94                    tride = 1, padding = 1),
 95            nn.ReLU(),
 96            nn.MaxPool2d(kernel_size = 2, stride = 2),
 97            #( , 32, 7, 7)
 98            nn.Dropout(0.5))
 99
100        self.layer3 = nn.Sequential(
101            nn.Flatten(),
102            nn.Linear(32 * 7 * 7, nClass))
103
104    def forward(self, x):
105        # print('1:x.shape=', x.shape)
106        x = self.layer1(x)
107        # print('2:x.shape=', x.shape)
108        x = self.layer2(x)
109        # print('3:x.shape=', x.shape)
110        x = self.layer3(x)
111        # print('4:x.shape=', x.shape)
112        return x
113
114 #3
115 def train_epoch(train_loader, model, optimizer, loss_fn):
116    K = len(train_loader)
117    total = 0
118    correct = 0
119    batch_loss = 0.0
120    for X, y in train_loader:
121        X, y = X.to(DEVICE), y.to(DEVICE)
122        optimizer.zero_grad()
123        out = model(X)
124
125        loss = loss_fn(out, y)
126        loss.backward()
127        optimizer.step()
128
```

```
129            y_pred = out.argmax(dim=1).float()
130            correct += y_pred.eq(y).sum().item()
131            batch_loss += loss.item()
132            total += y.size(0)
133        batch_loss /= K
134        accuracy = correct / total
135        return batch_loss, accuracy
136
137    #4:
138    def evaluate(loader, model, loss_fn,
139                 correct_pred = None, counts = None):
140        K = len(loader)
141        model.eval()                    # model.train(False)
142        with torch.no_grad():
143            total = 0
144            correct = 0
145            batch_loss = 0.0
146            for X, y in loader:
147                X, y = X.to(DEVICE), y.to(DEVICE)
148                out = model(X)
149                y_pred = out.argmax(dim = 1).float()
150                correct += y_pred.eq(y).sum().item()
151
152                loss = loss_fn(out, y)
153                batch_loss += loss.item()
154                total += y.size(0)
155
156                # each class accuracy
157                if correct_pred and counts:
158                    for label, pred in zip(y, y_pred):
159                        if label == pred:
160                            correct_pred[label] += 1
161                        counts[label] += 1
162            batch_loss /= K
163            accuracy = correct / total
164        return batch_loss, accuracy
165    #5:
166    def main(EPOCHS = 100):
167    #5-1
168        model = ConvNet().to(DEVICE)
169        # summary(model, input_size = (1, 1, 28, 28),
170        #         device = DEVICE)      #[N, C, H, W]
171
172        optimizer = optim.Adam(params = model.parameters(), lr = 0.001)
173        loss_fn = nn.CrossEntropyLoss()
```

```
174        train_losses = []
175        valid_losses = []
176 #5-2
177        print('training.....')
178        model.train()
179        for epoch in range(EPOCHS):
180            loss, acc = train_epoch(train_loader, model,
181                                    optimizer, loss_fn)
182            train_losses.append(loss)
183
184            val_loss, val_acc = evaluate(valid_loader, model, loss_fn)
185            valid_losses.append(val_loss)
186
187            if not epoch % 10 or epoch == EPOCHS-1:
188                msg = f'epoch={epoch}: train_loss={loss:.4f}, '
189                msg += f'train_accuracy={acc:.4f}, '
190                msg += f'valid_loss={val_loss:.4f}, '
191                msg += f'valid_accuracy={val_acc:.4f}'
192                print(msg)
193        torch.save(model, './data/3001_mnist.pt') # Step 18
194 #5-3
195        corrects = [ 0 for i in range(10)]
196        counts = [ 0 for i in range(10)]
197        test_loss, test_acc = evaluate(test_loader, model, loss_fn,
198                                       corrects, counts)
199        print(f'test_loss={test_loss:.4f}, test_accuracy={test_acc:.4f}')
200
201        for i, (c, n) in enumerate(zip(corrects, counts)):
202            accuracy = c / n
203            print(f'i={i}: correct={c:4d}, count={n:4d}: accuracy={accuracy:.4f}')
204
205 #5-4: display loss, pred
206        plt.xlabel('epoch')
207        plt.ylabel('loss')
208        plt.plot(train_losses, label='train_loss')
209        plt.plot(valid_losses, label='valid_loss')
210        plt.legend()
211        plt.show()
212 #6
213 if __name__ == '__main__':
214        main()
```

▷▷ 실행결과

```
DEVICE= cuda
#1
train_data.data.shape= torch.Size([60000, 28, 28])
```

```
DEVICE=  cuda
#1
train_data.data.shape=  torch.Size([60000, 28, 28])
test_set.data.shape=  torch.Size([10000, 28, 28])
len(train_ds)=  48000
len(valid_ds)=  12000
len(train_loader.dataset)=  48000
len(valid_loader.dataset)=  12000
len(test_loader.dataset)=  10000
image.shape=  (28, 28)
label= 7
#5
training.....
epoch=0: train_loss=0.2658, train_accuracy=0.9168, valid_loss=0.0788, valid_
accuracy=0.9741
...
epoch=99: train_loss=0.0000, train_accuracy=1.0000, valid_loss=0.1113,
valid_accuracy=0.9897
test_loss=0.1006, test_accuracy=0.9921
i=0: correct= 977, count= 980: accuracy=0.9969
i=1: correct=1133, count=1135: accuracy=0.9982
i=2: correct=1028, count=1032: accuracy=0.9961
...
i=9: correct= 992, count=1009: accuracy=0.9832
```

▷▷▷ 프로그램 설명

1 #1-1의 data_transform은 ToTensor()로 실수 텐서로 변환하고, Normalize(mean = 0.5, std = 0.5)로 정규화한다. transforms.Compose는 연속변환한다. ToTensor()는 [0, 255]의 [H, W, C] PIL 영상 또는 넘파이 배열을 [0.0, 1.0]의 [C, H, W] 실수 텐서로 변환한다.

2 #1-2는 MNIST()로 PATH에 데이터를 다운로드하고 데이터셋 (train_data, test_ds)을 생성한다. transform = data_transform으로 영상을 텐서로 변환하고 정규화한다.

random_split()로 train_data를 n_train = 48000, n_valid = 12000개로 분리하여 훈련 데이터 (train_ds), 검증 데이터 (valid_ds)를 생성한다.

3 #1-3은 DataLoader로 데이터셋(train_ds, valid_ds, test_ds)에서 데이터로더 (train_loader, valid_loader, test_loader)를 생성한다. 메모리가 부족하면 batch_size를 줄여야한다. 배치 크기가 작으면 훈련시간이 늘어난다.

4 #1-4는 train_ds[0]에서 영상(image)과 정수 정답 레이블(label)을 확인한다. #1-5는 train_ds[:10]의 영상과 레이블을 표시한다([그림 30.1]).

#1-6은 train_loader에서 batch_size 크기의 랜덤 영상(images)과 레이블(labels)을 로드 하여 make_grid()로 images[:10]을 각 행에 nrow = 5 영상을 표시한다.

5 #2는 합성곱 신경망 ConvNet 클래스를 정의한다. 입력 영상은 [28, 28] 크기, nChannel = 1 채널이고, nClass = 10 클래스 분류한다. forward()에서 모델 구조를 정의한다.

6 #3의 train_epoch() 함수는 train_loader의 데이터로 모델을 1 에폭 훈련하고, batch_loss, accuracy를 반환한다.

7 #4의 evaluate() 함수는 평가 모드에서 loader의 데이터로 모델을 평가하여 batch_loss, accuracy를 반환한다. correct_pred과 counts가 None이 아니면 각 개별 클래스의 전체 개수(counts)와 예측 개수(correct_pred)를 계산한다.

8 #5의 main() 함수는 #5-1에서 모델을 생성하고, 최적화 optimizer를 생성하고, loss_fn에 nn.CrossEntropyLoss() 손실함수를 생성한다.

#5-2는 EPOCHS 반복의 각 에폭에서 train_epoch()를 호출하여 훈련 데이터(train_loader)로 모델을 학습하고, 손실(loss)과 정확도(acc)를 계산한다. evaluate()로 검증 데이터(valid_loader)의 손실(val_loss)과 정확도(val_acc)를 계산한다. 학습된 모델을 torch.save()로 './data/3001_mnist.pt'에 저장한다. #5-3은 evaluate()로 테스트 데이터(test_loader)의 손실(test_loss)과 정확도(test_acc)를 계산한다. 각 클래스의 개수(counts)와 정답개수(corrects)를 이용하여 정확도를 계산한다. #5-4는 훈련 데이터와 검증 데이터의 손실그래프(train_losses, valid_losses)를 표시한다([그림 30.2]). #6은 main() 함수를 호출한다.

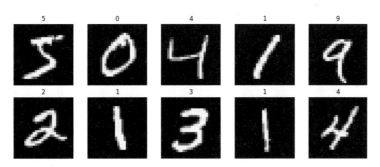

△ 그림 30.1 ▶ MNIST 훈련 데이터: train_ds[:10]

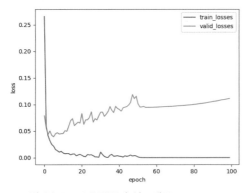

△ 그림 30.2 ▶ MNIST 손실그래프

▷ 예제 30-02 ▶ 2차원 CNN: CIFAR10 분류(3채널 RGB)

```
01 import torch
02 import torch.nn as nn
03 import torch.optim as optim
04 from torchvision import transforms
05 from torchvision.datasets import CIFAR10
06 from torch.utils.data import TensorDataset, DataLoader, random_split
07 from torchinfo import summary
08 import matplotlib.pyplot as plt
09 torch.manual_seed(1)
10 torch.cuda.manual_seed(1)
11 DEVICE = 'cuda' if torch.cuda.is_available() else 'cpu'
12 print("DEVICE= ", DEVICE)
13
14 #1: dataset, data loader
15 #1-1
16 data_transform = transforms.Compose([
17         transforms.ToTensor(),
18         transforms.Normalize(mean = (0.5, 0.5, 0.5),
19                                 std = (0.5, 0.5, 0.5)) ])
20
21 #1-2
22 PATH = './data'
23 train_data = CIFAR10(root = PATH, train = True, download = True,
24                     transform = data_transform)
25 test_ds = CIFAR10(root = PATH, train = False, download = True,
26                   transform = data_transform)
27
28 valid_ratio = 0.2
29 train_size = len(train_data)
30 n_valid = int(train_size * valid_ratio)
31 n_train = train_size - n_valid
32 seed = torch.Generator().manual_seed(1)
33 train_ds, valid_ds=random_split(train_data,
34                                 [n_train, n_valid],
35                                 generator = seed)
36 print('len(train_ds)= ', len(train_ds))          # 40000
37 print('len(valid_ds)= ', len(valid_ds))          # 10000
38 print('train_data.classes=', train_data.classes) # test_ds.classes
39
40 #1-3
41 # if RuntimeError: CUDA out of memory, then reduce batch size
42 train_loader = DataLoader(train_ds, batch_size = 128, shuffle = True)
43 valid_loader = DataLoader(valid_ds, batch_size = 128, shuffle = False)
44 test_loader  = DataLoader(test_ds,  batch_size = 128, shuffle = False)
```

```
45 print('len(train_loader.dataset)=', len(train_loader.dataset))  # 40000
46 print('len(valid_loader.dataset)=', len(valid_loader.dataset))  # 10000
47 print('len(test_loader.dataset)=', len(test_loader.dataset))    # 10000
48
49 #1-4: sample display
50 # fig, axes = plt.subplots(nrows = 2, ncols = 5, figsize = (10, 4))
51 # fig.canvas.manager.set_window_title('CIFAR10')
52 # for i, ax in enumerate(axes.flat):
53 #     image, label = train_ds[i]
54 #     image = image * 0.5 + 0.5           # unnormalize
55 #     ax.imshow(image.permute(1, 2, 0))   # (H, W, C)
56 #     ax.set_title(str(label))
57 #     ax.axis("off")
58 # fig.tight_layout()
59 # plt.show()
60
61 #2: define model class
62 class ConvNet(nn.Module):
63     def __init__(self, nChannel = 3, nClass = 10) :
64         super().__init__()       # super(ConvNet, self).__init__()
65         self.layer1 = nn.Sequential(
66             # (, 3, 32, 32) :    # NCHW
67             nn.Conv2d(in_channels = nChannel, out_channels = 16,
68                     kernel_size = 3, stride = 1,
69                     padding = 'same'),
70             nn.ReLU(),
71             nn.BatchNorm2d(16),
72             nn.MaxPool2d(kernel_size = 2, stride = 2))
73             #(, 16, 16, 16)
74
75         self.layer2 = nn.Sequential(
76             nn.Conv2d(16, 32, kernel_size = 3, stride = 1,
77                     padding = 1),
78             nn.ReLU(),
79             nn.MaxPool2d(kernel_size = 2, stride = 2),
80             #(,  32, 8, 8)
81             nn.Dropout(0.5))
82
83         self.layer3 = nn.Sequential(
84             nn.Flatten(),
85             nn.Linear(32 * 8 * 8, nClass) )
86
87     def forward(self, x):
88         # print('1:x.shape=', x.shape)
89         x = self.layer1(x)
```

```
90          # print('2:x.shape=', x.shape)
91          x = self.layer2(x)
92          # print('3:x.shape=', x.shape)
93          x = self.layer3(x)
94          # print('4:x.shape=', x.shape)
95          return x
96  #3
97  def train_epoch(train_loader, model, optimizer, loss_fn):
98      K = len(train_loader)
99      total = 0
100     correct = 0
101     batch_loss = 0.0
102     for X, y in train_loader:
103         X, y = X.to(DEVICE), y.to(DEVICE)
104         optimizer.zero_grad()
105         out = model(X)
106
107         loss = loss_fn(out, y)
108         loss.backward()
109         optimizer.step()
110
111         y_pred = out.argmax(dim = 1).float()
112         correct += y_pred.eq(y).sum().item()
113         batch_loss += loss.item()
114         total += y.size(0)
115     batch_loss /= K
116     accuracy = correct / total
117     return batch_loss, accuracy
118
119 #4:
120 def evaluate(loader, model, loss_fn,
121               correct_pred = None, counts = None):
122     K = len(loader)
123     classes = test_ds.classes
124     model.eval()              # model.train(False)
125     with torch.no_grad():
126         total = 0
127         correct = 0
128         batch_loss = 0.0
129         for X, y in loader:
130             X, y = X.to(DEVICE), y.to(DEVICE)
131
132             out = model(X)
133             y_pred = out.argmax(dim = 1).float()
134             correct += y_pred.eq(y).sum().item()
135
```

```
136             loss = loss_fn(out, y)
137             batch_loss += loss.item()
138             total += y.size(0)
139
140             # for each class accuracy
141             if correct_pred and counts:
142                 for label, pred in zip(y, y_pred):
143                     if label == pred:
144                         correct_pred[classes[label]] += 1
145                     counts[classes[label]] += 1
146         batch_loss /= K
147         accuracy = correct / total
148     return batch_loss, accuracy
149
150 #5:
151 def main(EPOCHS=100):
152 #5-1
153     model = ConvNet().to(DEVICE)
154     # summary(model, input_size = (1,3,32,32),
155     #           device = DEVICE)       # [N, C, H, W]
156
157     optimizer = optim.Adam(params = model.parameters(), lr = 0.001)
158     loss_fn = nn.CrossEntropyLoss()
159     train_losses = []
160     valid_losses = []
161 #5-2
162     print('training.....')
163     model.train()
164     for epoch in range(EPOCHS):
165         loss, acc = train_epoch(train_loader, model,
166                                 optimizer, loss_fn)
167         train_losses.append(loss)
168
169         val_loss, val_acc = evaluate(valid_loader, model, loss_fn)
170         valid_losses.append(val_loss)
171         if not epoch%10 or epoch == EPOCHS - 1:
172             msg  = f'epoch={epoch}: train_loss={loss:.4f}, '
173             msg += f'train_accuracy={acc:.4f}, '
174             msg += f'valid_loss={val_loss:.4f}, '
175             msg += f'valid_accuracy={val_acc:.4f}'
176             print(msg)
177     torch.save(model, './data/3002_cifar10.pt')    # Step 18
178 #5-3
179     corrects = {classname: 0 for classname in test_ds.classes}
180     counts = {classname: 0 for classname in test_ds.classes}
```

```
181
182     test_loss, test_acc= evaluate(test_loader, model,
183                                 loss_fn, corrects, counts)
184     print(f'test_loss={test_loss:.4f}, test_accuracy={test_acc:.4f}')
185
186     for classname, c in corrects.items():
187         n = counts[classname]
188         accuracy = c / n
189         msg = f'classname={classname:10s}: correct={c}, '
190         msg += f'count={n}: accuracy={accuracy:.4f}'
191         print(msg)
192
193 #5-4: display loss, pred
194     plt.xlabel('epoch')
195     plt.ylabel('loss')
196     plt.plot(train_losses, label = 'train_losses')
197     plt.plot(valid_losses, label = 'valid_losses')
198     plt.legend()
199     plt.show()
200 #6
201 if __name__ == '__main__':
202     main()
```

▷▷ 실행결과

```
DEVICE= cuda
#1
Files already downloaded and verified
Files already downloaded and verified
len(train_ds)= 40000
len(valid_ds)= 10000
train_data.classes= ['airplane', 'automobile', 'bird', 'cat', 'deer', 'dog',
'frog', 'horse', 'ship', 'truck']
len(train_loader.dataset)= 40000
len(valid_loader.dataset)= 10000
len(test_loader.dataset)= 10000
#5
training.....
epoch=0: train_loss=1.4894, train_accuracy=0.4671, valid_loss=1.2216, valid_
accuracy=0.5662
...
epoch=99: train_loss=0.2852, train_accuracy=0.8972, valid_loss=2.1754,
valid_accuracy=0.6339
test_loss=2.0857, test_accuracy=0.6446
classname=airplane  : correct=646, count=1000: accuracy=0.6460
classname=automobile: correct=742, count=1000: accuracy=0.7420
classname=bird      : correct=516,  count=1000: accuracy=0.5160
```

```
classname=cat       : correct=480,   count=1000: accuracy=0.4800
classname=deer      : correct=597,   count=1000: accuracy=0.5970
classname=dog       : correct=529,   count=1000: accuracy=0.5290
classname=frog      : correct=770,   count=1000: accuracy=0.7700
classname=horse     : correct=675,   count=1000: accuracy=0.6750
classname=ship      : correct=788,   count=1000: accuracy=0.7880
classname=truck     : correct=703,   count=1000: accuracy=0.7030
```

▷▷▷ 프로그램 설명

1 #1-1의 data_transform은 ToTensor()로 [0, 1]의 실수 텐서로 변환하고, Normalize()로 mean = (0.5, 0.5, 0.5), std = (0.5, 0.5, 0.5)으로 정규화한다. mean, std는 3채널의 평균과 표준편차이다.

2 #1-2는 CIFAR10()로 PATH에 데이터를 다운로드하고 데이터셋 (train_data, test_ds)을 생성한다. transform = data_transform으로 영상을 텐서로 변환하고 정규화한다. random_split()로 train_data를 n_train = 40000, n_valid = 10000개로 분리하여 훈련 데이터 (train_ds), 검증 데이터(valid_ds)를 생성한다.

3 #1-3은 DataLoader로 데이터셋 (train_ds, valid_ds, test_ds)에서 데이터로더(train_loader, valid_loader, test_loader)를 생성한다. 메모리가 부족하면 batch_size를 줄여야 한다. #1-4는 train_ds[:10]의 영상과 레이블을 표시한다([그림 30.3]).

4 #2는 합성곱 신경망 ConvNet 클래스를 정의한다. 입력 영상은 [32, 32] 크기, nChannel = 3 채널이고, nClass = 10 클래스로 분류한다. forward()에서 모델 구조를 정의한다.

5 #3의 train_epoch() 함수는 train_loader의 데이터로 모델을 1 에폭 훈련하고, batch_loss, accuracy를 반환한다.

6 #4의 evaluate() 함수는 평가 모드에서 loader의 데이터로 모델을 평가하여 batch_loss, accuracy를 반환한다. correct_pred와 counts가 None이 아니면 각 개별 클래스의 개수 (counts)와 정답 개수(correct_pred)를 계산한다. counts와 correct_predsms는 사전이다.

7 #5의 main() 함수는 #5-1에서 모델을 생성하고, 최적화 optimizer를 생성하고, loss_fn에 nn.CrossEntropyLoss() 손실함수를 생성한다.

#5-2는 EPOCHS 반복의 각 에폭에서 train_epoch()를 호출하여 훈련 데이터로 모델을 학습하고, 손실(loss)과 정확도(acc)를 계산한다. evaluate()로 검증 데이터(valid_loader)의 val_loss, val_acc를 계산한다. 훈련된 모델을 './data/3002_mnist.pt'에 저장한다.

#5-3은 evaluate()로 테스트 데이터(test_loader)의 test_loss, test_acc를 계산하고, 각 클래스의 개수(counts)와 정답 개수(corrects)를 이용하여 정확도를 계산한다. #5-4는 훈련 데이터와 검증 데이터의 손실그래프(train_losses, valid_losses)를 표시한다 ([그림 30.4]).

#6은 main() 함수를 호출한다.

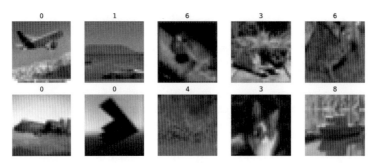

△ 그림 30.3 ▶ CIFAR10 훈련 데이터: train_ds[:10]

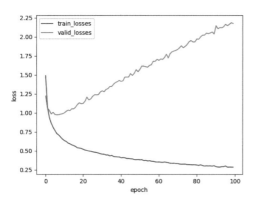

△ 그림 30.4 ▶ CIFAR10 손실그래프

▷ 예제 30-03 ▶ 2차원 CNN: ImageFolder 커스텀 폴더 영상분류

```
01  import torch
02  import torch.nn as nn
03  import torch.optim as optim
04  from torchvision import transforms
05  from torchvision.datasets import ImageFolder
06  from torch.utils.data import TensorDataset, DataLoader, random_split
07  from torchinfo import summary
08  import matplotlib.pyplot as plt
09  torch.manual_seed(1)
10  torch.cuda.manual_seed(1)
11  DEVICE = 'cuda' if torch.cuda.is_available() else 'cpu'
12  print("DEVICE= ", DEVICE)
13
```

```
14 #1:
15 #1-1
16 data_transform = transforms.Compose([
17         transforms.Resize((224, 224)),
18         transforms.RandomHorizontalFlip(),
19         transforms.ToTensor(),
20         transforms.Normalize(mean = (0.5, 0.5, 0.5),
21                             std = (0.5, 0.5, 0.5))])
22
23 #1-2
24 #'https://storage.googleapis.com/mledu-datasets/cats_and_\
25 #dogs_filtered.zip'
26 PATH = './data/cats_and_dogs_filtered/'
27 train_data = ImageFolder(root = PATH + 'train',
28                         transform = data_transform)
29 test_ds  = ImageFolder(root = PATH + 'validation',
30                       transform = data_transform)
31 print('len(train_data)= ', len(train_data))     # 2000
32 print('len(test_ds)= ',    len(test_ds))         # 1000
33 print('train_data.classes=', train_data.classes) # ['cats', 'dogs']
34
35 valid_ratio = 0.2
36 train_size = len(train_data.targets)
37 n_valid = int(train_size * valid_ratio)
38 n_train = train_size - n_valid
39 train_ds, valid_ds = random_split(train_data, [n_train, n_valid])
40 # print('len(train_ds)= ', len(train_ds))         # 1600
41 # print('len(valid_ds)= ', len(valid_ds))         # 400
42
43 #1-3
44 # if RuntimeError: CUDA out of memory, then reduce batch size
45 train_loader = DataLoader(train_ds, batch_size = 128, shuffle = True)
46 valid_loader = DataLoader(valid_ds, batch_size = 128, shuffle = False)
47 test_loader  = DataLoader(test_ds,  batch_size = 128, shuffle = False)
48 print('len(train_loader.dataset)=', len(train_loader.dataset)) # 1600
49 print('len(valid_loader.dataset)=', len(valid_loader.dataset)) # 400
50 print('len(test_loader.dataset)=', len(test_loader.dataset))   # 1000
51
52 #1-4: display random training images from train_loader
53 # data_iter = iter(train_loader)
54 # images, labels = next(data_iter)      # len(images) = batch_size
55
56 # fig, axes = plt.subplots(nrows = 2, ncols = 5, figsize = (10, 4))
57 # fig.canvas.manager.set_window_title('cats and dogs')
58 # for i, ax in enumerate(axes.flat):
59 #     image, label = images[i], labels[i].item()
```

```
60
61 #      image = image * 0.5 + 0.5          # unnormalize
62 #      ax.imshow(image.permute(1, 2, 0))  # (H, W, C)
63 #      ax.set_title(str(label))
64 #      ax.axis("off")
65 # fig.tight_layout()
66 # plt.show()
67
68 #2: define model class
69 class ConvNet(nn.Module):
70     def __init__(self, nChannel = 3, nClass = 2) :
71         super().__init__()      # super(ConvNet, self).__init__()
72
73         self.layer1 = nn.Sequential(
74             # (, 3, 224, 224) :            # NCHW
75             nn.Conv2d(in_channels = nChannel, out_channels = 16,
76                     kernel_size = 3, stride = 1,
77                     padding = 'same'),
78             nn.ReLU(),
79             nn.BatchNorm2d(16),
80             nn.MaxPool2d(kernel_size = 2, stride = 2))
81             # ( , 16, 112, 112)
82
83         self.layer2 = nn.Sequential(
84             nn.Conv2d(16, 32, kernel_size = 3, stride = 1,
85                     padding=1),
86             nn.ReLU(),
87             nn.MaxPool2d(kernel_size = 2, stride = 2),
88             nn.Dropout(0.5))
89             #(,  32, 56, 56)
90
91         self.layer3 = nn.Sequential(
92             nn.Flatten(),
93             #( , 32 * 56 * 56)
94             nn.Linear(32 * 56 * 56, 50),
95             nn.Dropout(0.5),
90             nn.Linear(50, nClass))
91
92     def forward(self, x):
93         # print('1:x.shape=', x.shape)
94         x = self.layer1(x)
95         # print('2:x.shape=', x.shape)
96         x = self.layer2(x)
97         # print('3:x.shape=', x.shape)
98         x = self.layer3(x)
```

```
 99            # print('4:x.shape=', x.shape)
100            return x
101  #3
102  def train_epoch(train_loader, model, optimizer, loss_fn):
103      K = len(train_loader)
104      total = 0
105      correct = 0
106      batch_loss = 0.0
107      for X, y in train_loader:
108          X, y = X.to(DEVICE), y.to(DEVICE)
109          optimizer.zero_grad()
110          out = model(X)
111
112          loss = loss_fn(out, y)
113          loss.backward()
114          optimizer.step()
115
116          y_pred = out.argmax(dim = 1).float()
117          correct += y_pred.eq(y).sum().item()
118          batch_loss += loss.item()
119          total += y.size(0)
120      batch_loss /= K
121      accuracy = correct/total
122      return batch_loss, accuracy
123
124  #4:
125  def evaluate(loader, model, loss_fn,
126               correct_pred = None, counts = None):
127      K = len(loader)
128      classes = test_ds.classes
129      model.eval() # model.train(False)
130      with torch.no_grad():
131          total = 0
132          correct = 0
133          batch_loss = 0.0
134          for X, y in loader:
135              X, y = X.to(DEVICE), y.to(DEVICE)
136
137              out = model(X)
138              y_pred = out.argmax(dim = 1).float()
139              correct += y_pred.eq(y).sum().item()
140
141              loss = loss_fn(out, y)
142              batch_loss += loss.item()
143              total += y.size(0)
144
```

```
145
146                    # for each class accuracy
147                    if correct_pred and counts:
148                        for label, pred in zip(y, y_pred):
149                            if label == pred:
150                                correct_pred[classes[label]] += 1
151                            counts[classes[label]] += 1
152            batch_loss /= K
153            accuracy = correct / total
154        return batch_loss, accuracy
155
156  #5:
157  def main(EPOCHS = 100):
158  #5-1
159      model = ConvNet().to(DEVICE)
160      # summary(model, input_size = (1,3,224,224),
161      #         device = DEVICE)              # [N, C, H, W]
162
163      optimizer = optim.Adam(params = model.parameters(), lr = 0.001)
164      loss_fn = nn.CrossEntropyLoss()
165      train_losses = []
166      valid_losses = []
167  #5-2
168      print('training.....')
169      model.train()
170      for epoch in range(EPOCHS):
171          loss, acc = train_epoch(train_loader, model,
172                                  optimizer, loss_fn)
173          train_losses.append(loss)
174
175          val_loss, val_acc = evaluate(valid_loader, model, loss_fn)
176          valid_losses.append(val_loss)
177
178          if not epoch%10 or epoch == EPOCHS-1:
179              msg =f'epoch={epoch}: train_loss={loss:.4f}, '
180              msg+=f'train_accuracy={acc:.4f}, '
181              msg+=f'valid_loss={val_loss:.4f}, '
182              msg+=f'valid_accuracy={val_acc:.4f}'
183              print(msg)
184      torch.save(model, './data/3003_cat_dog.pt')     # Step 18
185  #5-3
186      corrects = {classname: 0 for classname in test_ds.classes}
187      counts = {classname: 0 for classname in test_ds.classes}
188
189      test_loss, test_acc = evaluate(test_loader, model,
190                                     loss_fn, corrects,counts)
```

```
191     print(f'test_loss={test_loss:.4f}, test_accuracy={test_acc:.4f}')
192
193     for classname, c in corrects.items():
194         n = counts[classname]
195         accuracy = c / n
196         msg  = f'classname={classname:10s}: correct={c}, '
197         msg += f'count={n}: accuracy={accuracy:.4f}'
198         print(msg)
199
200 #5-4: display loss, pred
201     plt.xlabel('epoch')
202     plt.ylabel('loss')
203     plt.plot(train_losses, label='train_losses')
204     plt.plot(valid_losses, label='valid_losses')
205     plt.legend()
206     plt.show()
207 #6
208 if __name__ == '__main__':
209     main()
```

▷▷ 실행결과

```
DEVICE= cuda
len(train_data)= 2000
len(test_ds)= 1000
train_data.classes= ['cats', 'dogs']
len(train_loader.dataset)= 1600
len(valid_loader.dataset)= 400
len(test_loader.dataset)= 1000
training.....
epoch=0: train_loss=15.3671, train_accuracy=0.5131, valid_loss=2.5118,
valid_accuracy=0.5375
epoch=10: train_loss=0.5781, train_accuracy=0.7069, valid_loss=0.6119,
valid_accuracy=0.6500
...
epoch=99: train_loss=0.0010, train_accuracy=1.0000, valid_loss=1.7643,
valid_accuracy=0.6500
test_loss=1.5486, test_accuracy=0.6750
classname=cats      : correct=326, count=500: accuracy=0.6520
classname=dogs      : correct=349, count=500: accuracy=0.6980
```

▷▷▷ 프로그램 설명

1 #1-1의 data_transform은 Resize((224, 224))로 영상 크기를 변환하고, RandomHorizontalFlip()을 적용하고, ToTensor()로 [0, 1]의 실수 텐서로 변환하고, Normalize()로 mean = (0.5, 0.5, 0.5), std = (0.5, 0.5, 0.5)으로 정규화한다.

2 #1-2는 'cats_and_dogs_filtered.zip' 파일을 다운드드하고, PATH에 압축을 푼다. ImageFolder로 PATH의 데이터로 데이터셋 train_data, test_ds)을 생성한다. transform = data_transform으로 영상을 텐서로 변환하고 정규화한다. 데이터셋은 훈련 데이터(cats: 1000, dogs: 1000)와 검증 데이터(cats: 500, dogs: 500)로 구성되어 있다. 여기서는 검증 데이터를 테스트 데이터로 사용한다. random_split()로 train_data를 n_train = 1600, n_valid = 400개로 분리하여 훈련 데이터 (train_ds), 검증 데이터 (valid_ds)를 생성한다.

3 #1-3은 DataLoader로 데이터셋 (train_ds, valid_ds, test_ds)에서 데이터로더(train_loader, valid_loader, test_loader)를 생성한다.

4 #1-4는 train_loader에서 batch_size의 데이터(images, labels)를 로드한다. images[:10], labels[:10]을 표시한다([그림 30.5]).

5 #2는 합성곱 신경망 ConvNet 클래스를 정의한다. 입력 영상은 (224, 224) 크기, nChannel = 3 채널이고, nClass = 2 클래스 분류한다. self.layer3에서 2개의 nn.Linear()를 사용하였다. forward()에서 모델의 구조를 정의한다.

6 #3의 train_epoch() 함수는 train_loader의 데이터로 모델을 1 에폭 학습하고, batch_loss, accuracy를 반환한다.

7 #4의 evaluate() 함수는 평가 모드에서 loader의 데이터로 모델을 평가하여 batch_loss, accuracy를 반환한다. correct_pred과 counts가 None이 아니면 각 개별 클래스의 개수(counts)와 정답개수(correct_pred)를 계산한다.

8 #5의 main() 함수는 모델을 생성하고, EPOCHS 반복하며 train_loader로 모델을 학습하고 손실(loss)과 정확도(acc)를 계산한다.

evaluate()로 valid_loader의 val_loss, val_acc를 계산한다. 훈련된 모델을 './data/3003_cat_dog.pt'에 저장한다. #5-4는 훈련 데이터와 검증 데이터의 손실그래프(train_losses, valid_losses)를 표시한다([그림 30.6]). #6은 main() 함수를 호출한다.

9 훈련 데이터의 정확도는 train_accuracy = 1.0이고, 테스트 데이터는 test_accuracy = 0.6750이다. 훈련 데이터와 테스트 데이터의 배경 영상이 큰 차이를 보이고 있어 분류 정확도의 차이가 크게 나타난다.

△ 그림 30.5 ▶ 'cats_and_dogs_filtered' 훈련 데이터

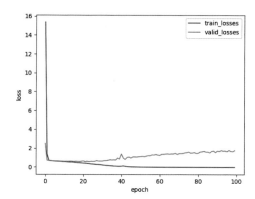

△ 그림 30.6 ▶ 손실그래프

STEP 31

분류모델 성능평가

분류문제는 정답과 예측값 사이에 정확도 accuracy, 정밀도 precision, 재현율 recall 등 평가 기준 metrics이 있다. [그림 31.1]은 이진 분류 컨퓨전 행렬 confusion matrix이다.

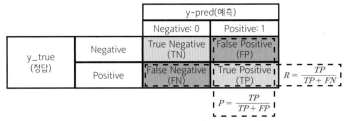

△ 그림 31.1 ▶ 이진 분류 컨퓨전 행렬 confusion matrix

컨퓨전 행렬로부터 [수식 31.1]의 정확도 accuracy, 정밀도 precision, 재현율 recall을 계산할 수 있다.

정확도는 전체에서 y_true, y_pred의 매칭 개수의 비율이다. 정밀도는 Positive로 예측한 것 중에서 실제 Positive인 비율이다. 재현율은 실제 Positive 인 것 중에서 Positive로 예측한 비율이다. f1 스코어는 정밀도와 재현율의 조화평균이다.

$$accuracy(A) = \frac{TP + TN}{TP + TN + FP + FN}$$

◁ 수식 31.1

$$precision(P) = \frac{TP}{TP + FP}$$

$$recall(R) = \frac{TP}{TP + FN}$$

$$f1 = 2\frac{P \times R}{P + R}$$

다중 클래스 분류는 컨퓨전 행렬(C)에서 [수식 31.2]의 정확도 accuracy, 정밀도 precision, 재현율 recall을 계산한다. 정밀도와 재현율의 산술평균, 가중평균, 조화평균(f1)을 계산할 수 있다.

$$accuracy = \frac{\sum_i C_{ii}}{\sum_i \sum_j C_{ij}}$$

◁ 수식 31.2

$$precision_i = \frac{C_{ii}}{\sum_j C_{ji}}$$

$$recall_i = \frac{C_{ii}}{\sum_j C_{ij}}$$

torchmetrics는 파이토치에서 사용할 수 있는 다양한 성능평가 metrics 클래스와 함수를 지원한다. 여기서는 torchmetrics.functional의 confusion_matrix, accuracy, precision, recall, f1_score 등의 함수 인터페이스를 사용하여 간단한 성능평가를 설명한다.

preds는 모델의 예측값이고, target은 정답이다. average = 'macro'이면 클래스별 측정값의 평균을 계산한다. average = 'micro'이면 전체 평균을 계산한다. multiclass = False이면 이진 분류이다. 다차원 멀티 클래스 multi-dimensional multi-class inputs에서 top_k를 지원한다. 다중 레이블 분류 multi-label classification를 지원한다. 다중 레이블 분류는 하나의 입력에 여러 개의 레이블이 가능한 분류이다.

```
accuracy(preds, target, average = 'micro', mdmc_average = 'global', threshold = 0.5,
         top_k = None, subset_accuracy = False, num_classes = None,
         multiclass = None, ignore_index = None)
```

```
precision(preds, target, average = 'micro', mdmc_average = None,
          ignore_index = None, num_classes = None, threshold = 0.5,
          top_k = None, multiclass = None)
```

```
recall(preds, target, average = 'micro', mdmc_average = None,
       ignore_index = None, num_classes = None, threshold = 0.5,
       top_k = None, multiclass = None)
```

```
f1_score(preds, target, beta = 1.0, average = 'micro', mdmc_average = None,
         ignore_index = None, num_classes = None, threshold = 0.5,
         top_k = None, multiclass = None)
```

▷ 예제 31-01   ▶ 이진 분류: 정확도, 정밀도, 재현율, f1

```
01 #https://torchmetrics.readthedocs.io/en/stable/pages/classification.html
02 import torch
03 from torchmetrics import ConfusionMatrix, Accuracy, Precision, Recall, F1Score
04 from torchmetrics.functional import confusion_matrix, stat_scores
05 from torchmetrics.functional import accuracy, precision, recall, f1_score
06 import seaborn as sn        # pip install seaborn
07 import matplotlib.pyplot as plt
08 #1
09 y_true = torch.tensor([1, 0, 0, 0, 1, 0, 0, 0, 1, 1])
10 y_pred = torch.tensor([0, 1, 0, 1, 0, 0, 0, 0, 1, 0])
11 # labels, support = torch.unique(y_true, return_counts = True)
12 # print('labels=', labels)
13 # print('support=',support)
14
15 #1-1
16 # C = ConfusionMatrix(num_classes = 2)(y_pred, y_true)
17 C = confusion_matrix(y_pred, y_true, num_classes = 2)
18 print('C=', C)
19
20 #1-2
21 plt.figure(figsize = (6,4))
22 ax= sn.heatmap(C, annot = True, fmt = 'd')
23 plt.show()
24
25 #1-3
26 acc = accuracy(y_pred, y_true)
27 P = precision(y_pred, y_true, multiclass = False)     # binary
28 R = recall(y_pred, y_true, multiclass = False)
29 f1 = f1_score(y_pred, y_true, multiclass = False)
30 print('accuracy=', acc)
31 print('precision=', P)
32 print('recall=', R)
33 print('f1_score=', f1)
34
35 #2
36 from sklearn.metrics import confusion_matrix, accuracy_score
```

```
37  from sklearn.metrics import precision_score, recall_score, f1_score
38  from sklearn.metrics import precision_recall_fscore_support
40  from sklearn.metrics import classification_report
41  C = confusion_matrix(y_true, y_pred)
42  print('C=', C)
43
44  acc = accuracy_score(y_true, y_pred)
45  # average: 'binary', 'micro', 'macro', 'weighted'
46  p, r, f1, support= precision_recall_fscore_support(
47                          y_true, y_pred, average = 'binary')
48  # p = precision_score(y_true, y_pred)      # average = 'binary'
49  # r = recall_score(y_true, y_pred)         # average = 'binary'
50  # f1 = f1_score(y_true, y_pred)            # average = 'binary'
51  print('accuracy=', acc)
52  print('p=', p)
53  print('r=', r)
54  print('f1=', f1)
55  print(classification_report(y_true, y_pred ))
```

▷▷ 실행결과

```
#1
C= tensor([[4, 2],
           [3, 1]])
accuracy= tensor(0.5000)
precision= tensor(0.3333)
recall= tensor(0.2500)
f1_score= tensor(0.2857)

#2
C= [[4 2]
    [3 1]]
accuracy= 0.5
p= 0.3333333333333333
r= 0.25
f1= 0.28571428571428575
              precision    recall  f1-score   support

           0       0.57      0.67      0.62         6
           1       0.33      0.25      0.29         4

    accuracy                           0.50        10
   macro avg       0.45      0.46      0.45        10
weighted avg       0.48      0.50      0.48        10
```

▷▷▷ 프로그램 설명

1 #1은 torchmetrics를 이용하여 2진 분류 정답(y_true)과 예측값(y_pred)의 정확도, 정밀도, 재현율, f1 값을 계산한다.

2 #1-1은 confusion_matrix()로 y_pred, y_true, num_classes = 2의 컨퓨전 행렬 C를 계산한다.

3 #1-2는 seaborn의 heatmap으로 C를 표시한다([그림 31.2]).

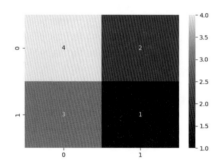

△ 그림 31.2 ▶ sn.heatmap(C, annot = True, fmt = 'd')

4 #1-3은 multiclass = False로 이진 분류(0: False, 1:True)의 정확도(acc), 정밀도(P), 재현률(R), f1 값을 계산한다([그림 31.3]).

		y-pred(예측)		
		Negative: 0	Positive: 1	
y_true (정답)	0 Negative	4 (TN)	2 (FP)	
	1 Positive	3 (FN)	1 (TP)	

$$acc = \frac{tp + tn}{tp + fp + tn + fn} = \frac{5}{10}$$

$$P = \frac{tp}{tp + fp} = \frac{1}{3}$$

$$R = \frac{tp}{tp + fn} = \frac{1}{4}$$

$$f1 = 2\frac{P * R}{P + R} = \frac{2}{7}$$

△ 그림 31.3 ▶ multiclass=False 이진 분류(0: False, 1:True)

5 #2는 sklearn.metrics로 컨퓨전 행렬(C), 정확도(acc), 정밀도(P), 재현률(R), f1 값을 계산한다. precision_recall_fscore_support, classification_report로 분류정보를 요약 출력할 수 있다. support는 y_true에서 0의 개수 6, 1의 개수 4이다. [그림 31.4]는 각 클래스 정밀도, 재현율, 'macro', 'weighted' 평균 계산과정이다.

		y-pred(예측)	
		0	Positive: 1
y_true (정답)	0 Negative	4 (TN)	2 (FN)
	1 Positive	3 (FP)	1 (TP)

$R_0 = \dfrac{4}{6}$

$R_1 = \dfrac{1}{4}$

$$P_0 = \frac{4}{7} \qquad P_1 = \frac{1}{3}$$

$$macro\ avg: \quad precision = (\frac{4}{7} + \frac{1}{3})\,/\,2 = 0.45$$

$$weighted\ avg: precision = (\frac{4}{7} * 6 + \frac{1}{3} * 4)\,/\,10 = 0.476$$

$$macro\ avg: \quad recall = (\frac{4}{6} + \frac{1}{4})\,/\,2 = 0.458$$

$$weighted\ avg: recall = (\frac{4}{6} * 6 + \frac{1}{4} * 4)\,/\,10 = 0.5$$

△ 그림 31.4 ▶ average = 'macro', 'weighted': 정밀도, 재현율

▷ 예제 31-02 ▶ 다중 클래스분류: 정확도, 정밀도, 재현율, f1

```
01 #https://torchmetrics.readthedocs.io/en/stable/pages/classification.html
02 import torch
03 from torchmetrics import ConfusionMatrix, Accuracy, Precision, Recall, F1Score
04 from torchmetrics.functional import confusion_matrix
05 from torchmetrics.functional import accuracy, precision, recall, f1_score
06 from torchmetrics.functional import precision_recall, stat_scores
07 import matplotlib.pyplot as plt
08 import seaborn as sn # pip install seaborn
09
10 #1: multi class
11 y_true = torch.tensor([0, 1, 2, 0, 1, 2, 0, 1, 2, 0])
12 y_pred = torch.tensor([1, 0, 2, 1, 1, 2, 0, 1, 1, 1])
13
14 #1-1
15 # C = ConfusionMatrix(num_classes = 3)(y_pred, y_true)
16 C = confusion_matrix(y_pred, y_true, num_classes = 3)
17 print('C=', C)
18
19 #1-2
20 plt.figure(figsize = (6, 4))
21 ax= sn.heatmap(C, annot = True, fmt = 'd')
```

```
22  plt.show()
23
24  #1-3: multiclass = True
25  for avg in (None, 'macro', 'micro', 'weighted'):
26      print('average=', avg)
27      acc = accuracy(y_pred, y_true, num_classes = 3, average = avg)
28      # P = precision(y_pred, y_true, num_classes = 3, average = avg)
29      # R = recall(y_pred, y_true,  num_classes = 3, average = avg)
30      P, R = precision_recall(y_pred, y_true,  num_classes = 3, average = avg)
31      f1 = f1_score(y_pred, y_true,  num_classes = 3, average = avg)
32      print('\taccuracy=', acc)
33      print('\tprecision=', P)
34      print('\trecall=',     R)
35      print('\tf1_score=', f1)
36
37  #1-4
38  stat_macro = stat_scores(y_pred, y_true, reduce = 'macro', num_classes = 3)
40  stat_micro = stat_scores(y_pred, y_true, reduce = 'micro', num_classes = 3)
41  print('stat_macro=', stat_macro)  # tp, fp, tn, fn, support = tp + fn
42  print('stat_micro=', stat_micro)
43
44  #2
45  from sklearn.metrics import confusion_matrix, accuracy_score
46  from sklearn.metrics import precision_score, recall_score, f1_score
47  from sklearn.metrics import precision_recall_fscore_support, classification_report
48  C = confusion_matrix(y_true, y_pred)
49  acc = accuracy_score(y_true, y_pred)
50  P, R, f1, support = precision_recall_fscore_support(y_true, y_pred)
51  print('C=', C)
52  print('accuracy=', acc)
53  print('P=', P)
54  print('R=', R)
55  print('f1=', f1)
56  print('support=', support)          # y_true
51  print(classification_report(y_true, y_pred))
52
53  p = precision_score(y_true, y_pred, average = None)
54  print('average=None: p=', p)
55  p = precision_score(y_true, y_pred, average = 'micro')
56  print("average='micro': p=", p)
57  p = precision_score(y_true, y_pred, average = 'macro')
58  print("average='macro': p=", p)
```

▷▷ 실행결과

```
#1-1
C= tensor([[1, 3, 0],
           [1, 2, 0],
           [0, 1, 2]])
#1-3
average= None
        accuracy= tensor([0.2500, 0.6667, 0.6667])
        precision= tensor([0.5000, 0.3333, 1.0000])
        recall= tensor([0.2500, 0.6667, 0.6667])
        f1_score= tensor([0.3333, 0.4444, 0.8000])
average= macro
        accuracy= tensor(0.5278)
        precision= tensor(0.6111)
        recall= tensor(0.5278)
        f1_score= tensor(0.5259)
average= micro
        accuracy= tensor(0.5000)
        precision= tensor(0.5000)
        recall= tensor(0.5000)
        f1_score= tensor(0.5000)
average= weighted
        accuracy= tensor(0.5000)
        precision= tensor(0.6000)
        recall= tensor(0.5000)
        f1_score= tensor(0.5067)
#1-4
stat_macro= tensor([[1, 1, 5, 3, 4],
                    [2, 4, 3, 1, 3],
                    [2, 0, 7, 1, 3]])
stat_micro= tensor([ 5,  5, 15,  5, 10])
#2
C= [[1 3 0]
    [1 2 0]
    [0 1 2]]
accuracy= 0.5
P= [0.5        0.33333333 1.        ]
R= [0.25       0.66666667 0.66666667]
f1= [0.33333333 0.44444444 0.8       ]
support= [4 3 3]
          precision    recall   f1-score    support

       0       0.50      0.25       0.33          4
       1       0.33      0.67       0.44          3
       2       1.00      0.67       0.80          3
```

accuracy			0.50	10
macro avg	0.61	0.53	0.53	10
weighted avg	0.60	0.50	0.51	10

```
average=None: p= [0.5        0.33333333 1.        ]
average='micro': p= 0.5
average='macro': p= 0.611111111111111
```

▷▷▷ 프로그램 설명

1 #1은 torchmetrics를 이용하여 멀티 클래스(multi-class) 분류 정답(y_true)과 예측값 (y_pred)의 정확도, 정밀도, 재현율, f1 값을 계산한다.

2 #1-1은 confusion_matrix()로 y_pred, y_true, num_classes = 3의 컨퓨전 행렬 C를 계산한다.

3 #1-2는 seaborn의 heatmap 으로 C를 표시한다([그림 31.5]).

4 #1-3은 avg = (None, 'macro', 'micro', 'weighted') 각각의 대해 정확도(acc), 정밀도(P), 재현률 (R), f1 값을 계산한다. average = None은 각 클래스별로 계산한다. average = None에서, acc[0] = 1 / 4(1: 0의 정답 개수, 4: y_true 에서 0의 개수), acc[1] = 2 / 3(2: 1의 정답 개수, 3: y_true에서 1의 개수), acc[2] = 2/3(2: 2의 정답

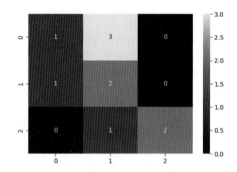

△ 그림 31.5 ▶ sn.heatmap(C, annot = True, fmt = 'd')

개수, 3: y_true에서 2의 개수)이다. [그림 31.6]은 average = 'macro', 'weighted'의 정밀도, 재현율 계산을 설명한다. [그림 31.7]은 stat_macro, stat_micro, average = 'micro':P, R, f1 계산을 설명한다.

5 #1-4는 stat_scores()로 [그림 31.7]의 tp, fp, tn, fn, support = tp + fn를 계산한다. reduce = 'macro'는 각 클래스(class-0, class-1, class 2)에 대해 [그림 31.7](a), [그림 31.7](b), [그림 31.7](c)과 같이 계산한다. reduce = 'micro'는 모든 클래스를 통합하여 [그림 31.7](d)을 계산한다.

[그림 31.7](a), [그림 31.7](b), [그림 31.7](c)로 부터 각 클래스의 정밀도(P0, P1, P2), 재현률 (R0, R1, R2)을 계산할 수 있다.

6 #2는 sklearn.metrics로 컨퓨전 행렬, 정확도(acc), 정밀도(P), 재현률(R), f1 값을 계산 한다. precision_recall_fscore_support, classification_report로 분류정보를 요약 출력할 수 있다.

		y-pred(예측)			
		0	1	2	
y_true (정답)	0	1	3	0	$R_0 = \dfrac{1}{4}$
	1	1	2	0	$R_1 = \dfrac{2}{3}$
	2	0	1	2	$R_2 = \dfrac{2}{3}$

$$P_0 = \frac{1}{2} \quad P_1 = \frac{2}{6} \quad P_2 = \frac{2}{2}$$

$support: \quad [4,\ 3,\ 3] = y\_true$

$macro\ avg: \quad preision = (\frac{1}{2} + \frac{1}{3} + 1)\,/\,3 = 0.611$

$weighted\ avg: preision = (\frac{1}{2}*4 + \frac{1}{3}*3 + 1*3)\,/\,10 = 0.6$

$macro\ avg: \quad recall = (\frac{1}{4} + \frac{2}{3} + \frac{2}{3})\,/\,3 = 0.527$

$weighted\ avg: recall = (\frac{1}{4}*4 + \frac{2}{3}*3 + \frac{2}{3}*3)\,/\,10 = 0.5$

△ 그림 31.6 ▶ average = 'macro', 'weighted': 정밀도, 재현율

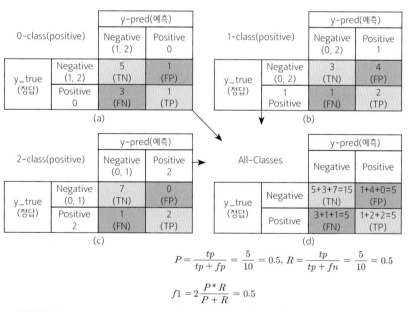

$$P = \frac{tp}{tp+fp} = \frac{5}{10} = 0.5, \quad R = \frac{tp}{tp+fn} = \frac{5}{10} = 0.5$$

$$f1 = 2\frac{P*R}{P+R} = 0.5$$

△ 그림 31.7 ▶ stat_macro, stat_micro, average='micro':P, R, f1

▷ 예제 31-03 ▸ 다차원 다중 클래스분류: top_k = 2

```
01 #https://torchmetrics.readthedocs.io/en/stable/pages/classification.html
02 import torch
03 from torchmetrics import ConfusionMatrix, Accuracy, Precision, Recall, F1Score
04 from torchmetrics.functional import confusion_matrix
05 from torchmetrics.functional import accuracy, precision, recall, f1_score
06 from torchmetrics.functional import precision_recall, stat_scores
07
08 #1: y_pred: probabilities, e.g Softmax output
09 y_true = torch.tensor([0, 1, 2, 0, 1, 2, 0, 1, 2, 0])
10 # y_pred = torch.tensor([1, 0, 2, 1, 1, 2, 0, 1, 1, 1])
11 y_pred = torch.tensor([[0.3, 0.6, 0.1],      #1
12                        [0.6, 0.3, 0.1],      #0
13                        [0.1, 0.3, 0.6],      #2
14                        [0.3, 0.6, 0.1],      #1
15                        [0.1, 0.6, 0.3],      #1
16                        [0.3, 0.1, 0.6],      #2
17                        [0.6, 0.3, 0.1],      #0
18                        [0.3, 0.6, 0.1],      #1
19                        [0.3, 0.6, 0.1],      #1
20                        [0.3, 0.6, 0.1]])     #1
21 #1-1
22 # C = ConfusionMatrix(num_classes = 3)(y_pred, y_true)
23 C = confusion_matrix(y_pred, y_true, num_classes = 3)
24 print('C=', C)
25
26 #1-2
27 stat_macro = stat_scores(y_pred, y_true, reduce = 'macro', num_classes = 3)
28 stat_micro = stat_scores(y_pred, y_true, reduce = 'micro', num_classes = 3)
29 print('stat_macro=', stat_macro) # tp, fp, tn, fn, support = tp + fn
30 print('stat_micro=', stat_micro)
31
32 #1-3: multiclass = True
33 for avg in (None, 'macro', 'micro', 'weighted'):
34     print('average=', avg)
35     acc = accuracy(y_pred, y_true, num_classes = 3, average = avg)
36     P, R = precision_recall(y_pred, y_true,
37                            num_classes=3, average=avg)
38     f1 = f1_score(y_pred, y_true, num_classes = 3, average = avg)
39     print('\taccuracy=', acc)
40     print('\tprecision=', P)
41     print('\trecall=',    R)
42     print('\tf1_score=', f1)
43
```

```
44 #2: tok_k = 2, multiclass = True
45 top_k = 2
46 top_k_values, top_k_indices = torch.topk(y_pred, k = top_k)
47 print('top_k_indices=', top_k_indices)
48
49 #3: tok_k = 2, multiclass = True
50 stat_macro = stat_scores(y_pred, y_true, reduce = 'macro',
51                          num_classes = 3, top_k = top_k)
52 stat_micro = stat_scores(y_pred, y_true, reduce = 'micro',
53                          num_classes = 3, top_k = top_k)
54 print('stat_macro=', stat_macro) # tp, fp, tn, fn, support = tp + fn
55
56 print('stat_micro=', stat_micro)
57
58 #4: top_k = 2
59 for avg in (None, 'macro', 'micro', 'weighted'):
60     print('average=', avg)
61     acc = accuracy(y_pred, y_true, num_classes = 3,
62                    average = avg, top_k = top_k)
63     # P = precision(y_pred, y_true, num_classes = 3, average = avg)
64     # R = recall(y_pred, y_true,  num_classes = 3, average = avg)
65     P, R = precision_recall(y_pred, y_true, num_classes = 3,
66                             average=avg)
67     f1 = f1_score(y_pred, y_true, num_classes = 3, average = avg)
68     print('\taccuracy=', acc)
69     print('\tprecision=', P)
70     print('\trecall=',    R)
71     print('\tf1_score=', f1)
```

▷▷ 실행결과

```
#1-1
C= tensor([[1, 3, 0],
           [1, 2, 0],
           [0, 1, 2]])
#1-2
stat_macro= tensor([[1, 1, 5, 3, 4],
                    [2, 4, 3, 1, 3],
                    [2, 0, 7, 1, 3]])
stat_micro= tensor([ 5,  5, 15,  5, 10])
#1-3
average= None
        accuracy= tensor([0.2500, 0.6667, 0.6667])
        precision= tensor([0.5000, 0.3333, 1.0000])
        recall= tensor([0.2500, 0.6667, 0.6667])
        f1_score= tensor([0.3333, 0.4444, 0.8000])
```

```
average= macro
        accuracy= tensor(0.5278)
        precision= tensor(0.6111)
        recall= tensor(0.5278)
        f1_score= tensor(0.5259)
average= micro
        accuracy= tensor(0.5000)
        precision= tensor(0.5000)
        recall= tensor(0.5000)
        f1_score= tensor(0.5000)
average= weighted
        accuracy= tensor(0.5000)
        precision= tensor(0.6000)
        recall= tensor(0.5000)
        f1_score= tensor(0.5067)
#2
top_k_indices= tensor([[1, 0],
                       [0, 1],
                       [2, 1],
                       [1, 0],
                       [1, 2],
                       [2, 0],
                       [0, 1],
                       [1, 0],
                       [1, 0],
                       [1, 0]])
#3
stat_macro= tensor([[4, 4, 2, 0, 4],
                    [3, 6, 1, 0, 3],
                    [2, 1, 6, 1, 3]])
stat_micro= tensor([ 9, 11,  9,  1, 10])
#4
average= None
        accuracy= tensor([1.0000, 1.0000, 0.6667])
        precision= tensor([0.5000, 0.3333, 1.0000])
        recall= tensor([0.2500, 0.6667, 0.6667])
        f1_score= tensor([0.3333, 0.4444, 0.8000])
average= macro
        accuracy= tensor(0.8889)
        precision= tensor(0.6111)
        recall= tensor(0.5278)
        f1_score= tensor(0.5259)
average= micro
        accuracy= tensor(0.9000)
        precision= tensor(0.5000)
        recall= tensor(0.5000)
        f1_score= tensor(0.5000)
```

```
average= weighted
        accuracy= tensor(0.9000)
        precision= tensor(0.6000)
        recall= tensor(0.5000)
        f1_score= tensor(0.5067)
```

▷▷▷ 프로그램 설명

1 #1은 torchmetrics를 이용하여 예측값(y_pred)이 Softmax, LogSoftmax() 등의 활성화 함수에 의한 다차원 확률 또는 로그 값인 다차원 멀티 클래스(multi-class)의 정확도, 정밀도, 재현율, f1 값을 계산한다.

y_pred의 각 행에서 가장큰 값의 인덱스는 y_pred = torch.tensor([1,0,2,1,1,2,0,1,1,1])로 [예제 31-02]의 y_pred와 같다.

2 #1-1의 컨퓨전 행렬 C, #1.2의 stat_macro, stat_micro, #1-3의 결과는 [예제 31-02]의 결과와 같다.

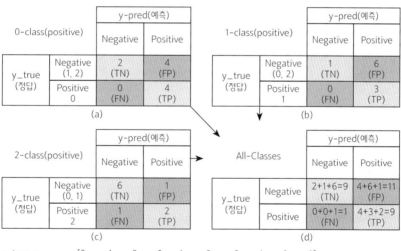

y_true =   [0,   1,   2,   0,   1,   2,   0,   1,   2,   0]
top_k_indices = [[1, 0], [0, 1], [2, 1], [1, 0], [1, 2], [2, 0], [0, 1], [1, 0], [1, 0], [1, 0]]

△ 그림 31.8 ▶ tok_k = 2; stat_macro, stat_micro

3 #2는 y_pred에서 tok_k = 2의 인덱스 top_k_indices를 찾는다.

4 #3은 tok_k = 2에서 stat_macro, stat_micro를 계산한다([그림 31.8]).

[그림 31.8](a)의 TP = 4는 (y_true, top_k_indices) = {(0, [1, 0]), (0, [1, 0]), (0, [0, 1]), (0, [1, 0])}이다. 즉 y_true = 0에 대해 y_pred에서 높은 값 2개(top_k)에 포함되면 Positive로 판단한다. FP = 4는 {(1, [0, 1]), (2, [2, 0]), (1, [1, 0]), (2, [1, 0])}이다. TN = 2는 {(2, [2, 1]), (1, [1, 2])}이다.

5 #4는 avg = (None, 'macro', 'micro', 'weighted') 각각의 대한 정확도(acc), 정밀도 (P), 재현률(R), f1 값은 [그림 31.8]에서 계산할 수 있다. average = None에서, acc[0] = 4 / 4, acc[1] = 3 / 3, acc[2] = 2 / 3이다.

▷ 예제 31-04 ▶ 이진 분류('cats_and_dogs_filtered'): 정확도, 정밀도, 재현율, f1

```
01  import torch
02  import torch.nn as nn
03  import torch.optim as optim
04  from torchvision import transforms
05  from torchvision.datasets import ImageFolder
06  from torch.utils.data import TensorDataset, DataLoader
07  from torchinfo import summary
08
09  import seaborn as sn          # pip install seaborn
10  import matplotlib.pyplot as plt
11  from torchmetrics.functional import confusion_matrix
12  from torchmetrics.functional import accuracy, precision, recall,
13  from torchmetrics.functional import precision_recall, stat_scores
14  torch.manual_seed(1)
15  torch.cuda.manual_seed(1)
16  DEVICE = 'cuda' if torch.cuda.is_available() else 'cpu'
17  print("DEVICE= ", DEVICE)
18
19  #1: dataset and dataloader
20  #1-1
21  data_transform = transforms.Compose([
22          transforms.Resize((224, 224)),
23          transforms.RandomHorizontalFlip(),
24          transforms.ToTensor(),
25          transforms.Normalize(mean = (0.5, 0.5, 0.5),
26                               std = (0.5, 0.5, 0.5))])
27
28  #1-2
29  PATH = './data/cats_and_dogs_filtered/'
30  test_ds = ImageFolder(root = PATH + 'validation',
31                        transform = data_transform)
32  test_loader = DataLoader(test_ds, batch_size = 128, shuffle = False)
33  print('len(test_ds)= ',    len(test_ds))      # 1000
34  print('len(test_loader)=', len(test_loader)) # 1000 / batch_size = 8
```

```
35  #2:  define model class
36  class ConvNet(nn.Module):
37      def __init__(self, nChannel = 3, nClass = 2) :
38          super().__init__()
39          self.layer1 = nn.Sequential(
40              # (, 3, 224, 224) :          # NCHW
41              nn.Conv2d(in_channels = nChannel, out_channels = 16,
42                      kernel_size = 3, stride = 1,
43                      padding = 'same'),
44              nn.ReLU(),
45              nn.BatchNorm2d(16),
46              nn.MaxPool2d(kernel_size = 2, stride = 2))
47          self.layer2 = nn.Sequential(
48              nn.Conv2d(16, 32, kernel_size = 3, stride = 1,
49                      padding = 1),
50              nn.ReLU(),
51              nn.MaxPool2d(kernel_size = 2, stride = 2),
52              nn.Dropout(0.5))
53          self.layer3 = nn.Sequential(
54              nn.Flatten(),
55              nn.Linear(32 * 56 * 56, 50),
56              nn.Dropout(0.5),
57              nn.Linear(50, nClass))
58
59      def forward(self, x):
60          x = self.layer1(x)
61          x = self.layer2(x)
62          x = self.layer3(x)
63          return x
64  #3
65  def evaluate(loader, model, loss_fn, preds = None, target = None):
66      K = len(loader)
67      model.eval()                          # model.train(False)
68      with torch.no_grad():
69          total = 0
70          correct = 0
71          batch_loss = 0.0
72          for X, y in loader:
73              X, y = X.to(DEVICE), y.to(DEVICE)
74              out = model(X)
75              y_pred = out.argmax(dim = 1).float()
76              correct += y_pred.eq(y).sum().item()
77
78              loss = loss_fn(out, y)
79              batch_loss += loss.item()
80              total += y.size(0)
```

```
82  #3-1
83                  target.extend(y.detach().cpu().numpy())
84                  preds.extend(y_pred.detach().cpu().numpy())
85
86          batch_loss /= K
87          accuracy = correct/total
88      return batch_loss, accuracy
89
90  #4
91  def main():
92  #4-1
93      model = torch.load('./data/3003_cat_dog.pt')
94                                      #.to(DEVICE) # 3003.py
95      loss_fn = nn.CrossEntropyLoss()
96  #4-2
97      preds = []
98      target = []
99      test_loss, test_acc = evaluate(test_loader, model,
100                             loss_fn, preds, target)
101     print(f'test_loss={test_loss:.4f}, test_accuracy={test_acc:.4f}')
102 #4-3
103     y_pred = torch.tensor(preds)
104     y_true = torch.tensor(target)
105     n_classes = len(test_ds.classes)     # ['cats', 'dogs']
106     C = confusion_matrix(y_pred, y_true, num_classes = n_classes)
107     print('C=', C)
108     # plt.figure(figsize = (6,4))
109     # ax = sn.heatmap(C, annot = True, fmt = 'd')
110     # plt.show()
111
112 #4-4
113     # stat_macro = stat_scores(y_pred, y_true, reduce = 'macro',
114     #                            num_classes = n_classes,
115     #                            multiclass = True)
116     # stat_micro = stat_scores(y_pred, y_true, reduce = 'micro',
117     #                            num_classes = n_classes,
118     #                            multiclass = True)
119     # print('stat_macro=', stat_macro) # tp, fp, tn, fn, support = tp + fn
120
121     # print('stat_micro=', stat_micro)
122
123     stat = stat_scores(y_pred, y_true, multiclass = False)
124     print('stat_scores=', stat) # tp, fp, tn, fn, support = tp + fn
125
```

```
126  #4-5: multiclass=False, binary classification
127      acc = accuracy(y_pred, y_true, multiclass = False)
128      P, R= precision_recall(y_pred, y_true, multiclass = False)
129      f1  = f1_score(y_pred, y_true, multiclass = False)
130      print('accuracy=', acc)
131      print('precision=', P)
132      print('recall=',    R)
133      print('f1_score=', f1)
134  #5
135  if __name__ == '__main__':
136      main()
```

▷▷ 실행결과

```
DEVICE=  cuda
len(test_ds)=  1000
len(test_loader)= 8
test_loss=1.5056, test_accuracy=0.6780
C= tensor([[327, 173],
          [149, 351]])
stat_scores= tensor([351, 173, 327, 149, 500])
accuracy= tensor(0.6780)
precision= tensor(0.6698)
recall= tensor(0.7020)
f1_score= tensor(0.6855)
```

▷▷▷ 프로그램 설명

1 [예제 30-03]에서 학습한 모델 '3003_cat_dog.pt'을 로드하여 모델을 테스트하고, 컨퓨전 행렬, 정확도, 정밀도, 재현율, f1값을 계산한다.

2 #1은 테스트 데이터를 로드하고 로더(test_loader)를 생성한다.

3 #2의 ConvNet는 [예제 30-03]의 모델정의 클래스이다.

4 #3의 evaluate() 함수는 loader 데이터를 model에 입력하여 손실과 정확도, 예측값 (preds) 그리고 정답(target)을 리스트에 반환한다.

5 #4의 main() 함수는 모델을 로드하고, evaluate()로 test_loader를 model에 입력하여 test_loss, test_acc를 반환하고 preds, target 리스트를 계산한다.

6 #4-3은 preds, target를 실수 텐서 y_pred, y_true로 변환하고, 컨퓨전 행렬 C를 계산한다.

7 #4-4는 multiclass = False 이진 분류에서 stat_scores() 함수로 stat을 계산한다.

8 #4-5는 정확도(acc), 정밀도(P), 재현율(R), f1 값을 계산한다.

CHAPTER 09

오토 인코더 · GAN

합성곱 신경망의 계층 layer에서 영상의 크기를 확장하는 업샘플 Upsample과 전치 합성곱 (Conv2DTranspose)을 설명한다. 오토 인코더와 적대적 생성모델 Generative Adversarial Nets, GAN의 무감독 unsupervised 학습 방법에 대해 설명한다.

업샘플 Upsample

Upsample()은 1차원, 2차원, 3차원의 다채널 데이터를 확대한다. 업 샘플은 가중치 학습은 하지 않고, 확대만 수행한다. 입력을 축소하는 풀링 pooling의 반대과정이다.

> nn.Upsample(size = None, scale_factor = None, mode = 'nearest',
>   align_corners = None, recompute_scale_factor = None)

① 입력 모양은 (N, C, Win), (N, C, Hin, Win), (N, C, Din, Hin, Win)이다.
② 출력 모양은 (N, C, Wout), (N, C, Dout, Hout, Wout)이다.

$$D_{out} = floor(D\_in \times scale\_factor)$$ ◁ 수식 32.1

$$H_{out} = floor(H\_in \times scale\_factor)$$

$$W_{out} = floor(W\_in \times scale\_factor)$$

③ scale_factor는 실수 또는 실수 튜플이다. mode는 'linear', 'bilinear', 'bicubic', 'trilinear'의 보간법이다.

▷ 예제 32-01   ▶ Upsample

```
01  import torch
02  import torch.nn as nn
03
04  #1: 1D data : 3D
05  x = torch.tensor([[[1, 2, 3]]], dtype = torch.float)
06  print('x=', x.shape)          # [1, 1, 3]: NCW
07
08  f = nn.Upsample(scale_factor = 2, mode = 'linear')
09  y = f(x)
10  print('y=', y)                # y.shape = torch.Size([1, 7])
11
12  #2: 2D data : 4D
13  x2 = torch.tensor([[[[1, 2, 3],
14                       [4, 5, 6]]]], dtype = torch.float)
15  print('x2=', x2.shape)        # [1, 1, 2, 3]: NCHW
```

```
16
17  f = nn.Upsample(scale_factor = 2, mode = 'bilinear')
18  #f.mode = 'bilinear'
19  y2 = f(x2)
20  print('y2=', y2)              # y.shape = torch.Size([1, 7])
```

▷▷ 실행결과

```
#1
x= torch.Size([1, 1, 3])
y= tensor([[[1.0000, 1.2500, 1.7500, 2.2500, 2.7500, 3.0000]]])
x2= torch.Size([1, 1, 2, 3])
y2= tensor([[[[1.0000, 1.2500, 1.7500, 2.2500, 2.7500, 3.0000],
              [1.7500, 2.0000, 2.5000, 3.0000, 3.5000, 3.7500],
              [3.2500, 3.5000, 4.0000, 4.5000, 5.0000, 5.2500],
              [4.0000, 4.2500, 4.7500, 5.2500, 5.7500, 6.0000]]]])
```

▷▷▷ 프로그램 설명

1 #1은 x.shape = [1, 1, 3]을 scale_factor = 2, mode = 'linear'로 y에 업 샘플링하여 확대한다.

2 #2는 x2.shape = [1, 1, 2, 3]을 scale_factor = 2, mode = 'bilinear'로 y2에 확대한다.

1차원 전치 합성곱

전치 합성곱을 수행하면 특징을 추출하며 입력을 확대할 수 있다. 전치 합성곱 (ConvTranspose1d)은 [그림 33.1]과 같이 가중치 커널을 움직여가며 하나의 값을 여러 개의 값으로 매핑 one-to-many mapping한다.

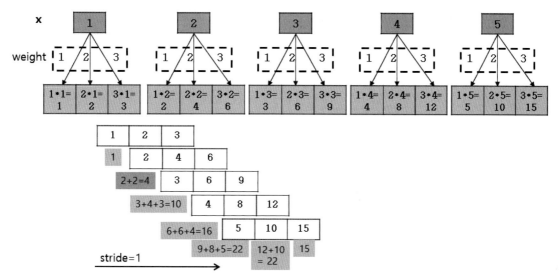

△ 그림 33.1 ▶ 1-차원 전치 합성곱: kernel_size = 3, stride = 1

nn.ConvTranspose1d(in_channels, out_channels, kernel_size, stride = 1,
            padding = 0, output_padding = 0, groups = 1,
            bias = True, dilation = 1, padding_mode = 'zeros',
            device = None, dtype = None)

① 1-차원 전치 합성곱 연산한다. 입력 모양은 (Cin, Lin), (N, Cin, Lin)이고, 출력 모양은 (Cout, Lout), (N, Cout, Lout)이다. C는 채널, N은 배치 크기이다.

$$L_{out} = (L\_in - 1) \times stride - 2 \times padding +$$
$$dilation \times (kernel\_size - 1) + output\_padding + 1$$

◁ 수식 33.1

② dilation * (kernel_size - 1) - padding만큼 양 끝에 padding_mode = 'zeros' 값을 패딩한다.

③ output_padding은 출력 모양의 한쪽 끝에 추가 패딩한다.

④ groups는 입력 채널에서 출력 채널로의 블록 연결 개수이다. in_channels, out_channels는 group으로 나눌 수 있어야 한다.

⑤ weight.shape = [in_channels, out_channels/groups, kernel_size]이며, 균등분포로 초기화되어있다.

⑥ bias.shape = [out_channels]이다.

▷ 예제 33-01 ▶ nn.ConvTranspose1d 전치 합성곱

```
01 import torch
02 import torch.nn as nn
03 #1:
04 x = torch.tensor([[1, 2, 3, 4, 5]], dtype = torch.float) # [C = 1, L = 5]
05 # x = x.unsqueeze(dim = 0)                                # [1, 1, 5]
06 print('x=', x.shape)
07
08 #1-1
09 convT = nn.ConvTranspose1d(in_channels = 1, out_channels = 1,
10                             kernel_size = 3, bias = False)
11 print('convT.weight.shape=', convT.weight.shape)
12 W = torch.tensor([[ [1.0, 2.0, 3.0] ]])
13 convT.weight = nn.Parameter(W)
14
15 with torch.no_grad():
16     y = convT(x)
17 print('y=', y) #                     y.shape = torch.Size([1, 7])
18
19 #1-2
20 convT.bias= nn.Parameter(torch.tensor([1.0]))
21 with torch.no_grad():
22     y1 = convT(x)
23 print('y1=', y1)
24
25 #2
26 convT = nn.ConvTranspose1d(in_channels = 1, out_channels = 1,
27                             kernel_size = 3,
28                             padding = 1, bias = False)
29 convT.weight.data = torch.tensor([[[1.0, 2.0, 3.0]]])
30 with torch.no_grad():
31     y2 = convT(x)
32 print('y2=', y2)
```

```
33
34  #3
35  convT = nn.ConvTranspose1d(in_channels = 1, out_channels = 1,
36                             kernel_size = 3,
37                             stride = 2, bias = False)
38  convT.weight.data = torch.tensor([[[1.0, 2.0, 3.0]]])
39  with torch.no_grad():
40      y3 = convT(x)
41  print('y3=', y3)
42
43  #4
44  convT = nn.ConvTranspose1d(in_channels = 1, out_channels = 1,
45                             kernel_size = 3,
46                             stride = 2, output_padding = 1,
47                             bias = False)
48  convT.weight.data = torch.tensor([[[1.0, 2.0, 3.0]]])
49  with torch.no_grad():
50      y4 = convT(x)
51  print('y4=', y4)
52
53  #5
54  convT = nn.ConvTranspose1d(in_channels = 1, out_channels = 1,
55                             kernel_size = 3,
56                             stride = 2, padding = 2, bias = False)
57  convT.weight.data = torch.tensor([[[1.0, 2.0, 3.0]]])
58  with torch.no_grad():
59      y5 = convT(x)
60  print('y5=', y5)
61  #6
62  convT = nn.ConvTranspose1d(in_channels = 1, out_channels = 1,
63                             kernel_size = 3,
64                             stride = 2, padding = 2,
65                             output_padding = 1,bias = False)
66  convT.weight.data = torch.tensor([[[1.0, 2.0, 3.0]]])
67  with torch.no_grad():
68      y6 = convT(x)
69  print('y6=', y6)
70
71  #7
72  convT = nn.ConvTranspose1d(in_channels = 1, out_channels = 2,
73                             kernel_size = 3, bias = True)
74  print('convT.weight.shape=', convT.weight.shape) # torch.Size([1, 2, 3])
75  print('convT.bias.shape=', convT.bias.shape)      # torch.Size([2])
76  convT.weight.data = torch.tensor([[[ 1.0,  2.0,  3.0],
77                                     [-1.0, -1.0, -1.0]]])
```

```
78  convT.bias.data = torch.tensor([1.0, 2.0])
79  with torch.no_grad():
80      y7 = convT(x)
81  print('y7=', y7)
82  print(torch.allclose(y7[0], y1[0]))
```

▷▷ 실행결과

```
x= torch.Size([1, 5])
convT.weight.shape= torch.Size([1, 1, 3])
y= tensor([[ 1.,   4.,  10.,  16.,  22.,  22.,  15.]])
y1= tensor([[ 2.,   5.,  11.,  17.,  23.,  23.,  16.]])
y2= tensor([[ 4.,  10.,  16.,  22.,  22.]])
y3= tensor([[ 1.,   2.,   5.,   4.,   9.,   6.,  13.,   8.,  17.,  10.,  15.]])
y4= tensor([[ 1.,   2.,   5.,   4.,   9.,   6.,  13.,   8.,  17.,  10.,  15.,   0.]])
y5= tensor([[ 5.,   4.,   9.,   6.,  13.,   8.,  17.]])
y6= tensor([[ 5.,   4.,   9.,   6.,  13.,   8.,  17.,  10.]])
convT.weight.shape= torch.Size([1, 2, 3])
convT.bias.shape= torch.Size([2])
y7= tensor([[  2.,    5.,   11.,   17.,   23.,   23.,   16.],
            [  1.,   -1.,   -4.,   -7.,  -10.,   -7.,   -3.]])
True
```

▷▷▷ 프로그램 설명

1 #1은 C = 1, L = 5 모양의 텐서 x를 생성한다.

2 #1-1은 in_channels = 1, out_channels = 1, kernel_size = 3, bias = False로 convT 객체를 생성한다. convT.weight 가중치를 W로 변경한다. y = convT(x)은 [그림 33.1]과 같이 입력 x의 전치 합성곱 y를 계산한다.

3 #1-2에서 y1 = convT(x)은 #1-1의 y에 바이어스를 덧셈한 결과이다.

4 #2의 y2 = convT(x)는 padding = 1로 y2는 y의 양끝에서 1개씩 삭제한 결과이다.

5 #3의 y3 = convT(x)는 in_channels = 1, out_channels = 1, kernel_size = 3, stride = 2에 의해 [그림 33.2]와 같이 입력 x의 전치 합성곱 y3을 계산한다.

6 #4는 stride = 2, output_padding = 1에 의해 y4는 y3의 결과에서 마지막에 0을 하나 추가한다.

7 #5는 stride = 2, padding = 2에 의해 y5는 y3의 양끝에서 2개씩 삭제한 결과이다.

8 #6은 stride = 2, padding = 2, output_padding = 1에 의해 y3의 왼쪽에서는 2개를 삭제하고, 오른쪽에서는 1개를 삭제한 결과이다.

9 #7은 out_channels = 2에 의해 2-채널 가중치 각각에 대한 전치 합성곱을 계산한다. y7[0]과 y1[0]은 같은 결과이다.

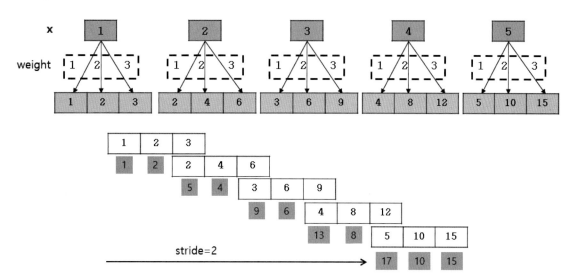

△ 그림 33.2 ▶ 1-차원 전치 합성곱: kernel_size = 3, stride = 2

▷ 예제 33-02 ▶ nn.ConvTranspose1d 전치 합성곱: dilation2, groups = 2

```
01 import torch
02 import torch.nn as nn
03 #1:
04 x = torch.tensor([[1, 2, 3, 4, 5]], dtype = torch.float) # [C = 1, L = 5]
05 # x = x.unsqueeze(dim = 0)                                # [1, 1, 5]
06 print('x=', x.shape)
07
08 #1-1: dilation=2
09 convT = nn.ConvTranspose1d(in_channels = 1, out_channels = 1,
10                            kernel_size = 3,
11                            dilation = 2, bias = False)
12 W = torch.tensor([[ [1.0, 2.0, 3.0] ]])
13 convT.weight = nn.Parameter(W)
14 with torch.no_grad():
15     y = convT(x)
16 print('y=', y)                        # y.shape = [1, 9]
17
18 #1-2
19 convT.bias= torch.nn.Parameter(torch.tensor([1.0]))
20 with torch.no_grad():
21     y1 = convT(x)
22 print('y1=', y1)
23
```

```
24  #2: x2.shape = [C = 2, L = 5]
25  x2 = torch.tensor([[1, 2, 3, 4, 5],
26                      [5, 4, 3, 2, 1]], dtype = torch.float)
27  # x2 = x2.unsqueeze(0)        # [1, 1, 5]
28  #2-1: groups = 1, dilation=2
29  convT = nn.ConvTranspose1d(in_channels = 2, out_channels = 1,
30                             kernel_size = 3,
31                             dilation = 2, bias = False)
32  print('conv2.weight.shape=', convT.weight.shape)  # torch.Size([2, 1, 3])
33  convT.weight.data = torch.tensor([[[ 1.0,  2.0,  3.0]],
34                                    [[-1.0, -1.0, -1.0]]])
35  with torch.no_grad():
36      y2 = convT(x2)
37  print('y2=', y2)
38
39  #3: depth-wise: groups = 2, dilation = 2
40  convT = nn.ConvTranspose1d(in_channels = 2, out_channels = 2,
41                             kernel_size=3,
42                             dilation = 2, groups = 2, bias = False)
43  # print('convT.weight.shape=', convT.weight.shape)    # [2, 1, 3]
44  convT.weight.data = torch.tensor([[[ 1.0,  2.0,  3.0]],
45                                    [[-1.0, -1.0, -1.0]]])
46  y3 = convT(x2)
47  print('y3=', y3)
48  print(torch.allclose(y3[0], y[0]))                     # True
```

```
x= torch.Size([1, 5])
y= tensor([[ 1.,  2.,  5.,  8., 14., 14., 19., 12., 15.]])
y1= tensor([[ 2.,  3.,  6.,  9., 15., 15., 20., 13., 16.]])
conv2.weight.shape= torch.Size([2, 1, 3])
y2= tensor([[-4., -2., -3.,  2.,  5.,  8., 15., 10., 14.]])
y3= tensor([[ 1.,  2.,  5.,  8., 14., 14., 19., 12., 15.],
            [-5., -4., -8., -6., -9., -6., -4., -2., -1.]])
True
```

▷▷▷ 프로그램 설명

1 #1은 C=1, L=5 모양의 텐서 x를 생성한다.

2 #1-1은 in_channels = 1, out_channels = 1, kernel_size = 3, dilation = 2, bias = False로 convT 객체를 생성한다. convT.weight 가중치를 W로 변경한다. y = convT(x)은 dilation = 2에 의해 가중치를 확대하여 입력 x의 전치 합성곱 y를 계산한다([그림 33.3]).

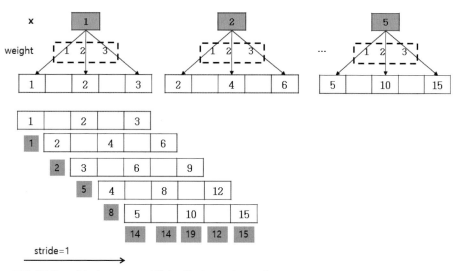

△ 그림 33.3 ▶ #1-1: y = convT(x): dilation = 2, stride = 1

3 #1-2의 y1 = convT(x)은 #1-1의 y에 바이어스 convT.bias를 덧셈한 결과이다.

4 #2는 C = 2, L = 5의 텐서 x2에 전치 합성곱을 계산한다.

x2 = x2.unsqueeze(0)는 [1, 1, 5]의 배치모양으로 변경한다.

#2-1은 groups = 1, in_channels = 2, out_channels = 1, kernel_size = 3, bias = False로 convT 객체를 생성한다. convT.weight의 가중치를 변경한다. y2 = convT(x2)는 x2의 각 채널별 전치 합성곱을 계산하고, 요소별로 덧셈하여 계산한다. 채널별 전치 합성곱의 결과는 #3의 y3이다.

5 #3은 groups = 2, dilation = 2로 convT 객체를 생성한다. y3 = convT(x2)는 x2의 각 채널별로 가중치와 전치 합성곱을 계산한다.

2차원 전치 합성곱

전치 합성곱을 수행하면 특징을 추출하며 입력을 확대할 수 있다. 2차원 전치 합성곱 (ConvTranspose2d)은 GAN, Pix2Pix, U-net 등에서 사용한다.

> nn.ConvTranspose2d(in_channels, out_channels, kernel_size, stride = 1,
>   padding = 0, output_padding = 0, groups = 1,
>   bias = True, dilation = 1, padding_mode = 'zeros',
>   device = None, dtype = None)

① 입력 영상에 전치 합성곱 연산한다. 입력 모양은 [Cin, Hin, Win], [N, Cin, Hin, Win] 이다. 출력 모양은 [Cout, Hout, Wout], [N, Cout, Hout, Wout]이다. C는 채널, N은 배치 크기이다.

② Hout은 Hin, padding[0], dilation[0], kernel_size[0], stride[0]을 이용하여 1차원 전치 합성곱과 같이 계산한다. Wout은 Win, padding[1], dilation[1], kernel_size[1], stride[1]을 이용하여 계산한다.

③ weight.shape = [in_channels, out_channels / groups, kernel_size[0], kernel_size[1]]이며, 균등분포로 초기화되어 있다.

④ bias.shape = [out_channels]이다.

▷ 예제 34-01 ▶ nn.ConvTranspose2d 전치 합성곱

```
01  import torch
02  import torch.nn as nn
03  #1:
04  x = torch.tensor([[[1, 2],
05                      [3, 4]]], dtype = torch.float)      # [1, 2, 2]
06  # x = x.unsqueeze(dim = 0)                              # [1, 1, 2, 2]
07  print('x=', x.shape)
08
09  #2
10  convT = nn.ConvTranspose2d(in_channels = 1, out_channels = 1,
11                             # stride = 1
12                             kernel_size = 2, bias = False)
13  print('convT.weight.shape=', convT.weight.shape)
14
```

```
15 W = torch.tensor([[[[1, -1],                    # [1, 1, 2, 2]
16                     [2, -2]]]], dtype = torch.float)
17 convT.weight= nn.Parameter(W)
18
19 #3
20 with torch.no_grad():
21     y = convT(x)
22 print('y.shape=', y.shape)                       # [1, 3, 3]
23 print('y=', y)
```

▷▷ 실행결과

```
 x= torch.Size([1, 2, 2])
 convT.weight.shape= torch.Size([1, 1, 2, 2])
 y.shape= torch.Size([1, 3, 3])
 y= tensor([[[ 1.,  1., -2.],
             [ 5.,  3., -8.],
             [ 6.,  2., -8.]]])
```

▷▷▷ 프로그램 설명

1 #1은 C = 1, H = 2, W = 2 모양의 텐서 x를 생성한다.

2 #2는 in_channels = 1, out_channels = 1, kernel_size = 2, bias = False, stride = 1, padding = 0, dilation = 1로 convT 객체를 생성한다.

convT.weight.shape = [1, 1, 2, 2]이다. convT.weight 가중치를 텐서 W로 변경한다.

3 [그림 34.1]은 dilation * (kernel_size - 1) - padding = 1만큼 입력 데이터를 0으로 패딩 하여 입력은 (3, 3) 모양으로 확장하고, 전치 합성곱을 위해 가중치 커널을 180도 회전한다.

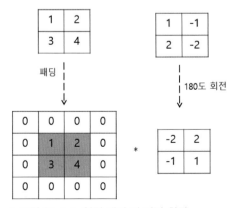

△ 그림 34.1 ▶ 입력 패딩 및 커널 회전

4 #3의 y = convT(x)은 전치 합성곱 y를 계산한다. [그림 34.2]는 strides = 1의 전치 합성곱 계산과정이다. 확장된 (3, 3)의 입력에서 180도 회전된 커널을 1씩 움직이며 회색영역과 내적을 계산한다.

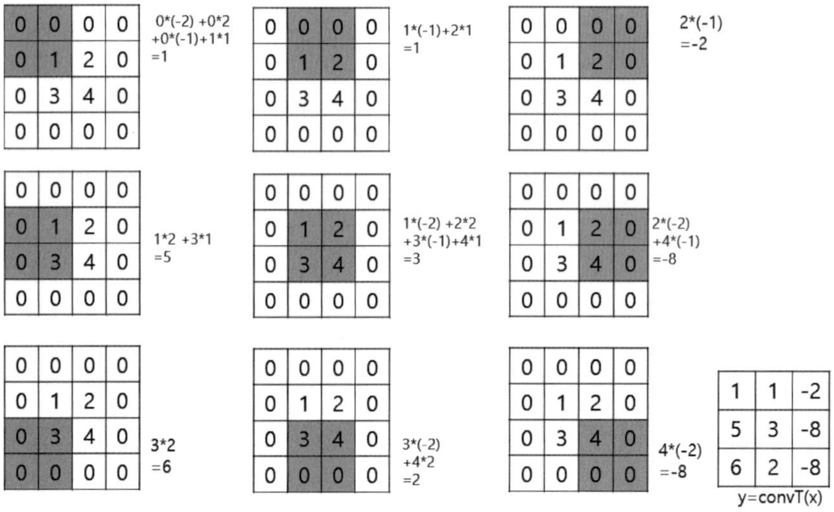

△ 그림 34.2 ▶ y = convT(x)

▷ 예제 34-02 ▶ nn.ConvTranspose2d 전치 합성곱: out_channels = 2

```
01 import torch
02 import torch.nn as nn
03 #1:
04 x = torch.tensor([[[1, 2],
05                    [3, 4]]], dtype = torch.float)      # [1, 2, 2]
06 # x = x.unsqueeze(dim = 0)                             # [1, 1, 2, 2]
07 print('x=', x.shape)
08
09 #2
10 convT = nn.ConvTranspose2d(in_channels = 1, out_channels = 2,
11                            # stride = 1
12                            kernel_size = 2, bias = False)
13 print('convT.weight.shape=', convT.weight.shape)      # [1, 2, 2, 2]
14
15 w = torch.tensor([[[[1, -1],                           # [1, 1, 2, 2]
16                     [2, -2]]]], dtype = torch.float)
17 W = torch.cat([w, w], dim = 1)                         #  [1, 2, 2, 2]
18 convT.weight= nn.Parameter(W)
```

```
19  #3
20  with torch.no_grad():
21      y = convT(x)
22  print('y.shape=', y.shape)                    # [2, 3, 3]
23  print('y=', y)
```

```
x= torch.Size([1, 2, 2])
convT.weight.shape= torch.Size([1, 2, 2, 2])
y.shape= torch.Size([2, 3, 3])
y= tensor([[[ 1.,   1.,  -2.],
            [ 5.,   3.,  -8.],
            [ 6.,   2.,  -8.]],

           [[ 1.,   1.,  -2.],
            [ 5.,   3.,  -8.],
            [ 6.,   2.,  -8.]]])
```

▷▷▷ 프로그램 설명

1 #1은 C = 1, H = 2, W = 2 모양의 텐서 x를 생성한다.

2 #2는 in_channels = 1, out_channels = 2, kernel_size = 2, bias = False, stride = 1, padding = 0, dilation = 1로 convT 객체를 생성한다.

convT.weight.shape = [1, 2, 2, 2]이다. 편의상 [1, 1, 2, 2] 모양의 w를 2개 연결하여 [1, 2, 2, 2] 모양의 가중치 W를 생성한다. convT.weight 가중치를 텐서 W로 변경한다.

3 #3의 y = convT(x)은 전치 합성곱 y를 계산한다. 각 출력을 위한 채널의 가중치가 같으므로, 출력 y[0], y[1]은 각각 [그림 34.2]와 같다.

▷ 예제 34-03 ▶ nn.ConvTranspose2d 전치 합성곱: in_channels = 2

```
01  import torch
02  import torch.nn as nn
03  #1:
04  x = torch.tensor([[[1, 2], [3, 4]],        # 0-channel
05                     [[1, 2], [3, 4]]]        # 1-channel
06                    , dtype = torch.float)    # [2, 2, 2]
07  # x = x.unsqueeze(dim = 0)                  # [1, 2, 2, 2]
08  print('x=', x.shape)
09
10  #2
11  convT = nn.ConvTranspose2d(in_channels = 2, out_channels = 1,
12                                   # stride = 1
13                                   kernel_size = 2, bias = False)
```

```
14  print('convT.weight.shape=', convT.weight.shape)    # [2, 1, 2, 2]
15
16  w = torch.tensor([[[[1, -1],      # [1, 1, 2, 2]
17                      [2, -2]]]],  dtype = torch.float)
18  W = torch.cat([w, w], dim=0)      # [2, 1, 2, 2]
19  convT.weight = nn.Parameter(W)
20
21  #3
22  with torch.no_grad():
23      y = convT(x)
24  print('y.shape=', y.shape)        # [1, 3, 3]
25  print('y=', y)
```

▷▷ 실행결과

```
x= torch.Size([1, 2, 2])
convT.weight.shape= torch.Size([1, 2, 2, 2])
y.shape= torch.Size([2, 3, 3])
y= tensor([[[ 1.,   1., -2.],
            [ 5.,   3., -8.],
            [ 6.,   2., -8.]],

           [[ 1.,   1., -2.],
            [ 5.,   3., -8.],
            [ 6.,   2., -8.]]])
```

▷▷ 프로그램 설명

1 #1은 C = 2, H = 2, W = 2 모양의 텐서 x를 생성한다. 편의상 각 채널은 같은 값으로 생성한다.

2 #2는 in_channels = 2, out_channels = 1, kernel_size = 2, bias = False, stride = 1, padding = 0, dilation = 1로 convT 객체를 생성한다.

convT.weight.shape = [2, 1, 2, 2]이다. 여기서는 [1, 1, 2, 2] 모양의 w를 2개 연결하여 [2, 1, 2, 2] 모양의 가중치 W를 생성하여 convT.weight를 변경한다.

3 #3의 y = convT(x)은 전치 합성곱 y를 계산한다. 각 입력 채널에 적용되는 가중치가 같으므로, [그림 34.2]와 같은 결과를 2개 생성하고, 요소별로 덧셈하여 y를 계산한다.

오토 인코더

오토 인코더 autoencoder는 학습을 통해 [그림 35.1]과 같이 입력(X)에 대해 특징(F)을 추출하는 인코더 encoder와 추출된 특징으로부터 원본을 재구성($\tilde{X}$)하는 디코더 decoder로 구성된다. 인코더는 다운 샘플링 down sampling하고, 디코더는 업 샘플링 up sampling한다. 인코더와 디코더 모두에서 학습을 수행한다.

오토 인코더는 입력에 대한 레이블이 필요 없는 무감독학습으로 차원 축소, 잡음 제거, 영상 검색 등에 사용할 수 있다. 여기서는 완전 연결 Linear 층을 이용한 오토 인코더와 합성곱 신경망 CNN을 이용한 오토 인코더를 구현하고 설명한다.

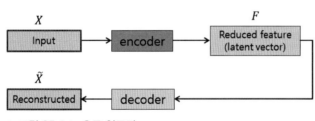

△ 그림 35.1 ▶ 오토 인코더

▷ 예제 35-01 ▶ Autoencoder: 차원 축소

```
01  import torch
02  import torch.nn as nn
03  import torch.optim as optim
04  from torchinfo import summary
05  import matplotlib.pyplot as plt
06  torch.manual_seed(1)
07  torch.cuda.manual_seed(1)
08  torch.set_printoptions(precision = 2, linewidth = 200,
09                         sci_mode = False)
10  DEVICE = 'cuda' if torch.cuda.is_available() else 'cpu'
11  print("DEVICE= ", DEVICE)
12  #1:
13  X = torch.tensor([[27, 35, 40, 38,  2,  3, 48, 29, 46, 31],
```

```
14                    [32, 39, 21, 36, 19, 42, 49, 26, 22, 13],
15                    [41, 17, 45, 24, 23,  4, 33, 14, 30, 10],
16                    [28, 44, 34, 18, 20, 25,  6,  7, 47,  1],
17                    [16,  0, 15,  5, 11,  9,  8, 12, 43, 37]],
18                   dtype = torch.float).to(DEVICE)
19 #normalize
20 # X = X / 255
21 mean = X.mean()
22 std = X.std()
23 X = (X - mean) / std
24
25 #2
26 class Autoencoder(nn.Module):
27     def __init__(self, input_dim = 10, encode_dim = 4):
28         super().__init__()
29         self.encoder = nn.Sequential(
30             nn.Linear(input_dim, 10),
31             nn.ReLU(),
32             nn.Linear(10, encode_dim),
33             nn.ReLU()
34         )
35         self.decoder = nn.Sequential(
36             nn.Linear(encode_dim, 10),
37             nn.ReLU(),
38             nn.Linear(10, input_dim)
39         )
40
41     def forward(self, x):
42         # print('x.shape=', x.shape)
43         latent = self.encoder(x)
44         reconstruct = self.decoder(latent)
45         return reconstruct
46 #3:
47 def main(EPOCHS = 1000):
48 #3-1:
49     model = Autoencoder().to(DEVICE)
50     # summary(model, input_size=(8, 1, 10), device = DEVICE)
51     optimizer = optim.Adam(params=model.parameters(), lr = 0.001)
52     loss_fn = nn.MSELoss()
53     train_losses = []
54
55 #3-2:
56     print('training.....')
57     model.train()
58     for epoch in range(EPOCHS):
59
```

```
60
61          out = model(X)
62          loss = loss_fn(out, X)
63
64          optimizer.zero_grad()
65          loss.backward()
66          optimizer.step()
67
68          loss = loss.detach().cpu().numpy()
69          train_losses.append(loss)
70          if not epoch % 100 or epoch == EPOCHS - 1:
71              print(f'epoch={epoch}: loss={loss:.4f}')
72  #3-3
73      model.eval()
74      with torch.no_grad():
75          # Y = model(X)
76          y = model.encoder(X)
77          Y = model.decoder(y)
78
79      Y = Y * std + mean              # unnormalize
80      print('y=\n', y)
81      print('Y=\n', Y)
82
83  #3-4: display loss, pred
84      # plt.xlabel('epoch')
85      # plt.ylabel('loss')
86      # plt.ylim([0, max(train_losses)])
87      # plt.plot(train_losses)
88      # plt.show()
89  #4
90  if __name__ == '__main__':
91      main()
```

▷▷ 실행결과

```
DEVICE= cuda
training.....
epoch=0: loss=1.0790
...
epoch=999: loss=0.0015
y=
 tensor([[ 3.15,  1.03,  7.39,  0.00],
         [ 3.25,  0.00,  2.48,  1.53],
         [ 0.00,  0.48,  2.67,  0.00],
         [ 0.00,  0.00,  0.00,  0.00],
         [ 0.00,  4.00,  0.18,  0.27]], device='cuda:0')
```

```
Y=
tensor([[ 27.00,  34.95,  40.01,  37.96,   1.99,   3.01,  48.05,  29.02,  45.93,  31.01],
        [ 32.00,  39.01,  21.00,  36.00,  19.00,  42.00,  49.00,  26.01,  21.99,  13.01],
        [ 40.99,  17.34,  44.90,  24.31,  22.92,   4.34,  33.04,  13.99,  31.76,  10.17],
        [ 28.03,  43.36,  34.17,  17.47,  20.09,  23.75,   5.55,   6.85,  43.90,   0.54],
        [ 16.02,  -0.01,  15.00,   4.99,  11.02,   9.04,   8.05,  12.00,  43.09,  37.00]],
device='cuda:0')
```

▷▷▷ 프로그램 설명

■ 1 #1은 10차원 벡터 5개를 텐서 X에 생성하고, 평균(mean), 표준편차(std)로 정규화한다. 오토 인코더로 4차원 벡터로 차원을 축소했다가 10차원 벡터로 재구성한다.

■ 2 #2는 오토 인코더 모델 Autoencoder 클래스를 정의한다. self.encoder는 10차원 벡터를 입력받아 encode_dim = 4차원으로 축소한다. 인코더에 의해 축소된 벡터를 잠재된 latent vector라 한다.

self.decoder는 encode_dim = 4차원 입력을 받아 10차원 벡터로 재구성한다.

■ 3 #3의 main() 함수에서 #3-1은 오토 인코더 모델을 생성하고, 최적화 optimizer, 손실함수 loss_fn = nn.MSELoss()를 생성한다.

■ 4 #3-2는 X로 오토 인코더 모델을 학습한다. 입력 X의 모델 출력(out)을 이용하여 loss = loss_fn(out, X)로 손실을 계산한다. 출력(out)이 입력(X)과 같아지도록 학습한다.

■ 5 #3-3은 학습된 모델을 평가한다. y = model.encoder(X)는 10차원벡터 X를 4차원 벡터로 인코드한다. 예를 들어 10차원 벡터 X[0]을 4차원 벡터 y[0]로 차원을 축소한다. Y = model.decoder(y)는 인코드된 y로 Y를 재구성한다. #1에서 입력 X를 정규화하여 모델에 입력하였기 때문에, Y = Y * std + mean로 역 변환한다. 오토 인코더 학습이 잘되면 Y는 X와 유사하다.

▷ 예제 35-02 ▶ Autoencoder: MNIST 잡음 제거 denoising

```
01  import torch
02  import torch.nn as nn
03  import torch.optim as optim
04  from torchvision import transforms
05  from torchvision.datasets import MNIST
06  from torch.utils.data import  DataLoader
07  from torchinfo import summary
08  import matplotlib.pyplot as plt
09  torch.manual_seed(1)
10  torch.cuda.manual_seed(1)
11  DEVICE = 'cuda' if torch.cuda.is_available() else 'cpu'
12  print("DEVICE= ", DEVICE)
13
```

```
14  #1: dataset, data loader
15  data_transform = transforms.Compose([transforms.ToTensor()])
16
17  PATH = './data'
18  train_ds = MNIST(root = PATH, train = True, download = True,
19                   transform = data_transform)
20  test_ds  = MNIST(root = PATH, train = False, download = True,
21                   transform = data_transform)
22  print('train_ds.data.shape= ', train_ds.data.shape) # [60000, 28, 28]
23  print('test_set.data.shape= ', test_ds.data.shape)  # [10000, 28, 28]
24
25  # if RuntimeError: CUDA out of memory, then reduce batch size
26  train_loader = DataLoader(train_ds, batch_size = 128,
27                            shuffle = True)
28  test_loader = DataLoader(test_ds,  batch_size = 128,
29                           shuffle = False)
30
31  #2:
32  class Autoencoder(nn.Module):
33      def __init__(self, encode_dim = 32) :
34          super().__init__()
35
36          self.encoder = nn.Sequential(    # (, 1, 28, 28) : NCHW
37              nn.Conv2d(in_channels = 1, out_channels = 32,
38                        kernel_size = 3, padding = 'same'),
39              nn.ReLU(),
40              nn.BatchNorm2d(32),
41              nn.MaxPool2d(kernel_size = 2, stride = 2),
42                                          # ( , 32, 14, 14)
43
44              nn.Conv2d(32, 16, kernel_size = 3, padding = 'same'),
45              nn.ReLU(),
46              nn.MaxPool2d(kernel_size=2, stride = 2), #(, 16, 7,  7)
47              nn.Flatten(),
48              nn.Linear(16 * 7 * 7, encode_dim))
49
50          self.decoder = nn.Sequential(
51              nn.Linear(encode_dim, 7 * 7 * 16),
52              nn.ReLU(),
53              nn.Unflatten(1, [16, 7, 7]),
54              nn.ConvTranspose2d(in_channels = 16,
55                                 out_channels = 32,
56                                 kernel_size = 3, stride = 2,
57                                 padding = 1,
58                                 output_padding = 1),   # [, 32, 14, 14]
```

```
59                    nn.ConvTranspose2d(in_channels = 32,
60                                       out_channels = 1,
61                                       kernel_size = 3, stride = 2,
62                                       padding = 1,
63                                       output_padding = 1),   # [, 1, 28, 28]
64              nn.Sigmoid() )
65
66      def forward(self, x):
67          # print('x.shape=', x.shape)
68          latent = self.encoder(x)
69          reconstruct = self.decoder(latent)
70          return reconstruct#, latent
71
72  #3
73  def train_epoch(train_loader, model, optimizer, loss_fn):
74      K = len(train_loader)
75      total = 0
76      batch_loss = 0.0
77      mean, std = 0.0, 0.2
78      for X, y in train_loader:
79          X = X.to(DEVICE)
80
81          noise = (torch.randn(X.size()) * std + mean).to(DEVICE)
82          X_noise = X + noise
83          X_noise = torch.clip(X_noise, min = 0.0, max = 1.0)
84          X_noise = X_noise.to(DEVICE)
85
86          out = model(X_noise)      # model(X): dimension reduction
87          loss = loss_fn(out, X)
88
89          optimizer.zero_grad()
91          loss.backward()
92          optimizer.step()
93
94          batch_loss += loss.item()
95      batch_loss /= K
96      return batch_loss
97
98  #4:
99  def evaluate(loader, model, loss_fn,
100               recon_images = None, noise_images = None):
101      K = len(loader)
102      model.eval()                 # model.train(False)
103      with torch.no_grad():
104          batch_loss = 0.0
105          mean, std = 0.0, 0.2
```

```
106
107            for X, y in loader:
108                X = X.to(DEVICE)
109
110                noise = (torch.randn(X.size()) * std + mean).to(DEVICE)
111                X_noise = X + noise
112                X_noise = torch.clip(X_noise, min = 0.0, max = 1.0)
113                X_noise = X_noise.to(DEVICE)
114
115                out = model(X_noise)     # model(X): dimension reduction
116                loss = loss_fn(out, X)
117
118                batch_loss += loss.item()
119                if recon_images is not None:
120                    recon_images.extend(out.detach().cpu().numpy())
121                if noise_images is not None:
122                    noise_images.extend(X_noise.detach().cpu().numpy())
123
124        batch_loss /= K
125    return batch_loss
126
127 #5:
128 def main(EPOCHS = 20):
129 #5-1
130    model = Autoencoder().to(DEVICE)
131    optimizer = optim.Adam(params = model.parameters(), lr = 0.01)
132    loss_fn = nn.MSELoss()
133
134 #5-2
135    print('training.....')
136    train_losses = []
137    model.train()
138    for epoch in range(EPOCHS):
139        loss = train_epoch(train_loader, model,
140                           optimizer, loss_fn)
141        train_losses.append(loss)
142
143        if not epoch%5 or epoch == EPOCHS-1:
144            print(f'epoch={epoch}: train_loss={loss:.4f}')
145 #5-3
146    reconstruct_images = []
147    noise_images = []
148    test_loss = evaluate(test_loader, model, loss_fn,
149                         reconstruct_images, noise_images)
150    print('test_loss=', test_loss)
151
```

```
152  #5-4: display loss, pred
153      plt.xlabel('epoch')
154      plt.ylabel('loss')
155      plt.plot(train_losses, label = 'train_losses')
156      plt.legend()
157      plt.show()
158
159  #5-5: display src_images, noise_images, reconstruct_images
160      src_images, labels = next(iter(test_loader))    # batch_size
161
162      fig, axes = plt.subplots(nrows = 3, ncols = 8, figsize = (8, 3))
163      fig.canvas.manager.set_window_title('MNIST')
164      for i in range(8):
165          image = src_images[i]
166          axes[0, i].imshow(image.permute(1, 2, 0),
167                            cmap = 'gray')              # (H,W,C)
168          axes[0, i].axis("off")
169
170          image = noise_images[i]
171          axes[1, i].imshow(image.squeeze(), cmap = 'gray')
172          axes[1, i].axis("off")
173
174          image = reconstruct_images[i]
175          axes[2, i].imshow(image.squeeze(), cmap = 'gray')
176          axes[2, i].axis("off")
177      fig.tight_layout()
178      plt.show()
179  #6
180  if __name__ == '__main__':
181      main()
```

▷▷ 실행결과

```
DEVICE=  cuda
train_ds.data.shape=  torch.Size([60000, 28, 28])
test_set.data.shape=  torch.Size([10000, 28, 28])
training.....
epoch=0: train_loss=0.0260
...
epoch=19: train_loss=0.0113
test_loss= 0.010952470423300055
```

▷▷▷ 프로그램 설명

1 #1은 MNIST()로 [0, 1]의 정규화된 텐서 데이터셋 (train_data, test_ds)을 생성하고, 데이터로더 (train_loader, test_loader)를 생성한다.

2 #2는 CNN을 사용한 오토 인코더 모델 Autoencoder 클래스를 정의한다. self.encoder는 (batch_size, 1, 28, 28)의 영상을 입력받아 (batch_size, encode_dim = 32) 차원으로 축소한다.

self.decoder는 (batch_size, encode_dim = 32) 입력을 받아 (batch_size, 1, 28, 28)의 영상을 재구성한다.

nn.Unflatten(1, [16, 7, 7])은 dim = 1차원의 입력을 CHW = [16, 7, 7]로 역 평탄화한다. 영상 크기를 확대하기 위해 전치 합성곱 nn.ConvTranspose2d()를 사용한다. nn.Sigmoid()로 정규화된 입력과 같은 값으로 출력한다.

3 #3의 train_epoch() 함수는 train_loader로 오토 인코더 모델을 1 에폭 훈련하고 손실 (batch_loss)을 반환한다.

배치 X에 mean = 0.0, std = 0.2의 잡음을 추가하여 X_noise를 생성한다. out = model(X_noise)로 X_noise를 모델에 입력하여 출력(out)을 계산하고, loss = loss_fn(out, X)로 출력과 잡음이 없는 X 사이의 손실을 최소화한다.

4 #4의 evaluate() 함수는 평가 모드에서 loader로 모델을 평가하고 손실(batch_loss)을 반환한다. recon_images, noise_images가 None이 아니면 오토 인코더 모델의 출력(out)과 잡음(X_noise) 영상을 리스트에 추가하여 반환한다.

5 #5의 main() 함수는 #5-1에서 오토 인코더 모델을 생성하고, 최적화 optimizer를 생성하고, loss_fn에 nn.CrossEntropyLoss() 손실함수를 생성한다. #5-2는 train_epoch()를 EPOCHS 반복 호출하여 train_loader로 모델을 학습하고, 손실(loss)을 계산한다.

#5-3은 evaluate()로 test_loader의 손실(test_loss)과 reconstruct_images, noise_images 리스트를 계산한다.

#5-5는 테스트 영상(test_loader)의 src_images, noise_images, reconstruct_images를 표시한다([그림 35.2]. 0-행은 원본 영상(src_images), 1-행은 잡음 영상(noise_images), 2-행은 잡음 제거 영상(reconstruct_images)이다..

△ 그림 35.2 ▶ Autoencoder: MNIST 잡음 제거(denoising)

▷ 예제 35-03 ▶ Autoencoder: 잡음 제거, AutoEncoderDataset

```
01  import torch
02  import torch.nn as nn
03  import torch.optim as optim
04  from torchvision import transforms
05  from torchvision.datasets import MNIST
06  from torch.utils.data import  Dataset, DataLoader
07  from torchinfo import summary
08  import matplotlib.pyplot as plt
09  torch.manual_seed(1)
10  torch.cuda.manual_seed(1)
11  DEVICE = 'cuda' if torch.cuda.is_available() else 'cpu'
12  print("DEVICE= ", DEVICE)
13
14  #1: custom dataset
15  class AutoEncoderDataset(Dataset):
16      def __init__(self, dataset, mean = 0.0, std = 0.2):
17          self.dataset = dataset
18          self.mean = mean
19          self.std = std
20
21      def __len__(self):
22          return len(self.dataset)
23
24      def __getitem__(self, idx):
25          x, y = self.dataset.__getitem__(idx)
26          x_noise = x.clone()
27          x_noise += torch.randn(x_noise.size()) * self.std +
28                      self.mean
29          x_noise = torch.clip(x_noise, min = 0.0, max = 1.0)
30          return x, x_noise
31
32  #2: dataset, data loader
33  #2-1
34  data_transform = transforms.Compose([transforms.ToTensor()])
35
36  PATH = './data'
37  train_ds = MNIST(root = PATH, train = True, download = True,
38                  transform = data_transform)
39  test_ds  = MNIST(root = PATH, train = False, download = True,
40                  transform = data_transform)
41  # print('train_ds.data.shape= ', train_ds.data.shape)    # [60000, 28, 28]
42  # print('test_set.data.shape= ', test_ds.data.shape)      # [10000, 28, 28]
43
44  #2-2
45  train_ds = AutoEncoderDataset(train_ds)
```

```
46 test_ds  = AutoEncoderDataset(test_ds)
47 print('len(train_ds)= ', len(train_ds))        # 60000
48 print('len(test_ds) = ', len(test_ds))         # 10000
49
50 #2-3
51 # if RuntimeError: CUDA out of memory, then reduce batch size
52 train_loader = DataLoader(train_ds, batch_size = 128,
53                               shuffle = True)
54 test_loader  = DataLoader(test_ds,  batch_size = 128,
55                               shuffle = False)
56
57 #3:
58 class Autoencoder(nn.Module):
59     def __init__(self, encode_dim=32) :
60         super().__init__()
61
62         self.encoder = nn.Sequential(          # (,1,28,28) : NCHW
63             nn.Conv2d(in_channels = 1, out_channels = 32,
64                       kernel_size = 3, padding = 'same'),
65             nn.ReLU(),
66             nn.BatchNorm2d(32),
67             nn.MaxPool2d(kernel_size = 2, stride = 2), # (, 32, 14, 14)
68
69             nn.Conv2d(32, 16, kernel_size = 3, padding = 'same'),
70             nn.ReLU(),
71             nn.MaxPool2d(kernel_size = 2, stride = 2), # (, 16, 7, 7)
72             nn.Flatten(),
73             nn.Linear(16 * 7 * 7, encode_dim))
74
75         self.decoder = nn.Sequential(
76             nn.Linear(encode_dim, 7 * 7 * 16), nn.ReLU(),
77             nn.Unflatten(1, [16, 7, 7]),
78
79             nn.ConvTranspose2d(in_channels = 16,
80                                out_channels = 32,
81                                kernel_size = 3, stride = 2,
82                                padding = 1,
83                                output_padding = 1), #[, 32, 14, 14]
84             nn.ConvTranspose2d(in_channels = 32, out_channels = 1,
85                                kernel_size = 3, stride = 2,
86                                padding = 1, output_padding = 1), #[, 1, 28, 28]
87             nn.Sigmoid())
88
89     def forward(self, x):
90         # print('x.shape=', x.shape)
91         latent = self.encoder(x)
```

```
92              reconstruct = self.decoder(latent)
93              return reconstruct         #, latent
94  #4
95  def train_epoch(train_loader, model, optimizer, loss_fn):
96      K = len(train_loader)
97      batch_loss = 0.0
98      for X, X_noise in train_loader:
99          X = X.to(DEVICE)
100         X_noise =X_noise.to(DEVICE)
101
102         out = model(X_noise)
103         loss = loss_fn(out, X)
104
105         optimizer.zero_grad()
106         loss.backward()
107         optimizer.step()
108
109         batch_loss += loss.item()
110     batch_loss /= K
111     return batch_loss
112
113 #5:
114 def evaluate(loader, model, loss_fn, recon_images = None):
115     K = len(loader)
116     model.eval()                  # model.train(False)
117     with torch.no_grad():
118         batch_loss = 0.0
119         for X, X_noise in loader:
120             X = X.to(DEVICE)
121             X_noise = X_noise.to(DEVICE)
122
123             out = model(X_noise)
124             loss = loss_fn(out, X)
125
126             batch_loss += loss.item()
127             if recon_images is not None:
128                 recon_images.extend(out.detach().cpu().numpy())
129
130         batch_loss /= K
131     return batch_loss
132
133 #6:
134 def main(EPOCHS = 20):
135 #6-1
136     model = Autoencoder().to(DEVICE)
137     # summary(model, input_size = (1, 1, 28, 28), device = DEVICE)
```

```
138
139         optimizer = optim.Adam(params = model.parameters(), lr = 0.01)
140         loss_fn = nn.MSELoss()
141         train_losses = []
142 #6-2
143         print('training.....')
144         model.train()
145         for epoch in range(EPOCHS):
146             loss = train_epoch(train_loader, model,
147                                     optimizer, loss_fn)
148             train_losses.append(loss)
149
150             if not epoch%5 or epoch == EPOCHS-1:
151                 print(f'epoch={epoch}: train_loss={loss:.4f}')
152 #6-3
153         reconstruct_images = []
154         test_loss = evaluate(test_loader, model, loss_fn,
155                             reconstruct_images)
156         print('test_loss=', test_loss)
157
158 #6-4: display loss, pred
159         plt.xlabel('epoch')
160         plt.ylabel('loss')
161         plt.plot(train_losses, label = 'train_losses')
162         plt.legend()
163         plt.show()
164
165 #6-5: sample display train_ds
166         src_images, noise_images = next(iter(test_loader))  # batch_size
167
168         fig, axes = plt.subplots(nrows = 3, ncols = 8, figsize = (8, 3))
169         fig.canvas.manager.set_window_title('MNIST')
170         for i in range(8):
171             image = src_images[i]
172             axes[0, i].imshow(image.permute(1, 2, 0), cmap = 'gray') # (H, W, C)
173             axes[0, i].axis("off")
174
175             image = noise_images[i]
176             axes[1, i].imshow(image.squeeze(), cmap = 'gray')
177             axes[1, i].axis("off")
178
179             image = reconstruct_images[i]
180             axes[2, i].imshow(image.squeeze(), cmap = 'gray')
181             axes[2, i].axis("off")
182         fig.tight_layout()
183         plt.show()
```

```
184  #7
185  if __name__ == '__main__':
186      main()
```

▷▷ 실행결과

```
DEVICE=  cuda
len(train_ds)=  60000
len(test_ds) =  10000
training.....
epoch=0: train_loss=0.0263
...
epoch=19: train_loss=0.0112
test_loss= 0.010855930332754608
```

▷▷▷ 프로그램 설명

1 [예제 35-02]의 MNIST 잡음 제거 denoising Autoencoder에서 원본 영상(X)과 잡음 영상(X_noise)의 쌍(pair)의 데이터셋, 데이터로더를 생성한다.

2 #1의 사용자 데이터셋 클래스 AutoEncoderDataset를 정의한다. __getitem__() 메서드에서 원본 x와 평균(mean)과 표준편차(std)의 정규분포 잡음을 추가한 x_noise를 반환한다.

3 #2-1은 MNIST()로 [0, 1]의 정규화된 텐서 데이터셋 (train_data, test_ds)을 생성한다.

4 #2-2는 AutoEncoderDataset로 데이터셋 (train_ds, test_ds)을 생성한다. #2-3은 데이터로더 (train_loader, test_loader)를 생성한다.

5 #3은 [예제 35-02]와 같은 CNN을 사용한 오토 인코더 모델 Autoencoder 클래스이다.

6 #4의 train_epoch() 함수는 train_loader로 오토 인코더 모델을 1 에폭 훈련하고 손실(batch_loss)을 반환한다.

train_loader는 원본 영상(X), 잡음 영상(X_noise) 배치를 샘플한다.

out = model(X_noise)로 X_noise를 모델에 입력하여 출력(out)을 계산하고, loss = loss_fn(out, X)의 손실을 최소화한다.

7 #5의 evaluate() 함수는 평가 모드에서 loader로 모델을 평가하고 손실(batch_loss)을 반환한다. loader는 원본 영상(X), 잡음 영상(X_noise) 배치를 샘플한다. recon_images가 None이 아니면 오토 인코더 모델의 출력(out)을 리스트에 추가하여 반환한다.

8 #6의 main() 함수는 #6-1, #6-2는 [예제 35-02]와 같다. #6-3은 evaluate()로 test_loader의 손실(test_loss)과 reconstruct_images 리스트를 계산한다. #6-5는 테스트 영상(test_loader)의 src_images, noise_images, reconstruct_images를 표시한다. 실행 결과는 [예제 35-02]의 [그림 35.2]와 유사하다.

적대적 생성모델(GAN)

적대적 생성모델 Generative Adversarial Nets, GAN은 Ian J. Goodfellow에 의해 2014년에 제시된 무감독학습모델이다(https://arxiv.org/pdf/1406.2661.pdf). 적대적 adversaria 과정을 통해 생성모델 generative model을 추정하는 딥러닝 모델이다

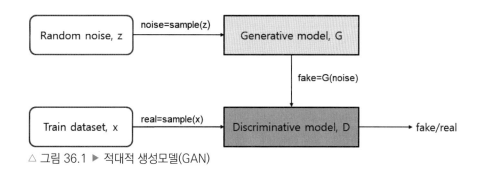

△ 그림 36.1 ▶ 적대적 생성모델(GAN)

[그림 36.1]의 GAN은 생성모델 G와 분류모델 D의 두 개 모델로 구성되어 있다. 논문에서 G는 위조범, D는 경찰로 설명한다. 경찰에게 검출되지 않기를 바라는 위조범(G)과 위조 지폐를 검출하기를 바라는 경찰(D)의 경쟁 게임을 통해 경찰의 실력도 향상되고, 위조범의 실력도 진짜와 구분할 수 없도록 정도로 향상된다.

GAN의 학습은 각 배치 루프에서 분류모델 학습과 생성모델 학습의 두 단계를 교대로 학습한다.

    ① 분류모델(D)을 학습한다. 훈련 데이터는 실제 real 레이블 1을 사용하고, 잡음 noise에 대한 생성모델의 출력은 가짜 fake 레이블은 0을 사용한다.
    ② 생성모델(G)의 fake 출력은 실제 real 레이블 1로 학습한다. 즉, fake를 실제 데이터로 생각 하도록 학습시킨다.

두 모델을 학습해야 되기 때문에 주의 깊게 학습해야 한다. 학습이 성공적으로 이루어 지면, 분류기(D)는 실제 real 훈련 데이터인지, 가짜 데이터 fake를 구분하지 못할 것이다(확률 0.5로 판단한다). 그러면 GAN의 목표인 생성모델(G)의 파라미터(가중치, 바이어스)는 훈련 데이터를 모방한 결과를 생성할 수 있다. 즉, 생성모델은 훈련 데이터 분포 distribution의 샘플을 생성할 수 있다.

GAN 학습에서 레이블을 사용하지만, 이것은 입력과 가짜를 구분하기 위한 레이블이다. 훈련 데이터 각각에 레이블을 붙인 것은 아니다. 즉 GAN은 무감독학습모델이다. GAN은 DCGAN, Cycle GAN, Style GAN 등 다양한 GAN 모델이 최근 계속 제안되고 있으며, 가짜 영상 생성 deep fake, 예술 영상 생성, 물체 지우고 채우기 inpaint, 그림자 제거 shadow removal, 슈퍼 샘플링 super sampling 등의 응용에 적용되고 있다.

여기서는 MNIST 데이터에 대한 완전 연결 Linear 층을 이용한 GAN과 합성곱 신경망을 이용한 DCGAN Deep Convolutional Generative Adverserial Nets를 설명한다.

▷ 예제 36-01 ▶ GAN: MNIST

```
01 ‘‘‘
02 https://jovian.ai/aakashns/06-mnist-gan
03 https://pytorch.org/tutorials/beginner/dcgan_faces_tutorial.html
04 ’’’
05 import torch
06 import torch.nn as nn
07 import torch.optim as optim
08 import torch.nn.functional as F
09 from torchvision import transforms
10 from torchvision.datasets import MNIST
11 from torch.utils.data import  DataLoader
12 import matplotlib.pyplot as plt
13 torch.manual_seed(1)
14 torch.cuda.manual_seed(1)
15 DEVICE = ‘cuda’ if torch.cuda.is_available() else ‘cpu’
16 print(“DEVICE= ”, DEVICE)
17
18
19 #1: dataset, data loader
20 data_transform = transforms.Compose([
21                 transforms.ToTensor(),      # [0, 1]
22                 transforms.Normalize(mean = 0.5, std = 0.5)
23                 # transforms.Lambda(lambda x: x * 2.0 - 1.0)
24                 ])
25 PATH = ‘./data’
```

```
26  train_ds = MNIST(root = PATH, train = True, download = True,
27                   transform = data_transform)
28  print('train_ds.data.shape= ', train_ds.data.shape)   # [60000, 28, 28]
29  train_loader = DataLoader(train_ds, batch_size = 128, shuffle = True)
30
31  #2:
32  # class Generator(nn.Module):
33  #     def __init__(self, noise_dim = 100, out_dim = 784) :
34  #         super().__init__()
35  #         self.fc1 = nn.Linear(noise_dim, 256)
36  #         self.fc2 = nn.Linear(256, 512)
37  #         self.fc3 = nn.Linear(512, 1024)
38  #         self.fc4 = nn.Linear(1024, out_dim)
39
40  #     def forward(self, x):
41  #         # print('x.shape=', x.shape)
42  #         x = F.leaky_relu(self.fc1(x), 0.2)
43  #         x = F.leaky_relu(self.fc2(x), 0.2)
44  #         x = F.leaky_relu(self.fc3(x), 0.2)
45  #         x = torch.tanh(self.fc4(x))            # [-1, 1]
46  #         return x
47  # class Discriminator(nn.Module):
48  #     def __init__(self, in_dim = 784):
49  #         super().__init__()
50  #         self.in_dim = in_dim
51  #         self.fc1 = nn.Linear(in_dim, 1024)
52  #         self.fc2 = nn.Linear(1024, 512)
53  #         self.fc3 = nn.Linear(512, 256)
54  #         self.fc4 = nn.Linear(256, 1)
55
56  #     def forward(self, x):
57  #         # print('x.shape=', x.shape)
58  #         x = x.view(-1, self.in_dim)
59  #         x = F.leaky_relu(self.fc1(x), 0.2)
60  #         x = F.dropout(x, 0.3)
61  #         x = F.leaky_relu(self.fc2(x), 0.2)
62  #         x = F.dropout(x, 0.3)
63  #         x = F.leaky_relu(self.fc3(x), 0.2)
64  #         x = F.dropout(x, 0.3)
65  #         x = torch.sigmoid(self.fc4(x))         # [0, 1]
66  #         return x
67
68  #3
69  class Generator(nn.Module):
70      def __init__(self, noise_dim = 100, out_dim = 784) :
71          super().__init__()
```

```
72          self.generator = nn.Sequential(
73              nn.Linear(noise_dim, 256), nn.LeakyReLU(0.2),
74              nn.Linear(256, 512),        nn.LeakyReLU(0.2),
75              nn.Linear(512, 1024),       nn.LeakyReLU(0.2),
76              nn.Linear(1024, out_dim),
77              nn.Tanh() )
78      def forward(self, x):
79          # print('x.shape=', x.shape)
80          x = self.generator(x)          # [128, 784]
81          return x
82  class Discriminator(nn.Module):
83      def __init__(self, in_dim = 784):
84          super().__init__()
85          self.in_dim = in_dim
86          self.discriminator = nn.Sequential(
87              nn.Linear(in_dim, 1024),nn.LeakyReLU(0.2),
88              nn.Dropout(0.3),
89              nn.Linear(1024, 512),    nn.LeakyReLU(0.2),
90              nn.Dropout(0.3),
91              nn.Linear(512, 256),     nn.LeakyReLU(0.2),
92              nn.Dropout(0.3),
93              nn.Linear(256, 1),       nn.Sigmoid(),
94          )
95      def forward(self, x):
96          # print('D1: x.shape=', x.shape)
97          x = x.view(-1, self.in_dim)    # [, 1, 28, 28]-> [, 784]
98          x = self.discriminator(x)
99          x = x.view(-1)
100         # print('D2: x.shape=', x.shape)
101         return x
102 #4
103 # z =  torch.randn(1, 100)
104 # G = Generator()
105 # fake_imgage = G(z).view(28, 28)
106 # fake_imgage = fake_imgage.detach()  #.numpy()
107 # plt.imshow(fake_imgage, cmap = 'gray')
108 # plt.axis("off")
109 # plt.show()
110
111 #5:
112 def main(EPOCHS = 100):
113 #5-1
114     noise_dim = 100
115     G = Generator().to(DEVICE)
116     D = Discriminator().to(DEVICE)
117     g_optimizer = optim.Adam(params = G.parameters(), lr = 0.0001)
```

```
118        d_optimizer = optim.Adam(params = D.parameters(), lr = 0.0001)
119        loss_fn = nn.BCELoss()
120
121        print('training.....')
122        K = len(train_loader)
123        train_d_losses = []
124        train_g_losses = []
125        G.train()
126        D.train()
127
128        for epoch in range(EPOCHS):
129            d_batch_loss = 0.0
130            g_batch_loss = 0.0
131            for i, (X, _) in enumerate(train_loader):
132 #5-2
133                X = X.to(DEVICE)
134                real_label = torch.ones(X.size(0)).to(DEVICE)
135                fake_label = torch.zeros(X.size(0)).to(DEVICE)
136
137 #5-3: train discriminator
138                d_optimizer.zero_grad()        # D.zero_grad()
139                real_out = D(X)
140                real_loss = loss_fn(real_out, real_label)
141                # real_loss.backward()
142
143                z = torch.randn(X.size(0), noise_dim, device = DEVICE)
144                fake = G(z)
145                fake_out = D(fake)
146                fake_loss = loss_fn(fake_out, fake_label)
147                # fake_loss.backward(retain_graph = True)
148
149                d_loss = (real_loss + fake_loss) / 2
150                d_loss.backward(retain_graph = True)
151                d_optimizer.step()
152
153 #5-4: train generator
154                # fake = G(z)
155                fake_out = D(fake)
156                g_loss = loss_fn(fake_out, real_label)
157
158                g_optimizer.zero_grad()
159                g_loss.backward()
160                g_optimizer.step()
161
162                d_batch_loss += d_loss.data.item()
163                g_batch_loss += g_loss.data.item()
```

```
164            d_batch_loss /= K
165            g_batch_loss /= K
166            train_d_losses.append(d_batch_loss)
167            train_g_losses.append(g_batch_loss)
168            if not epoch%10 or epoch == EPOCHS-1:
169                print(f'epoch={epoch}: d_batch_loss: {d_batch_loss:.3f},\
170                        g_batch_loss: {g_batch_loss:.3f}')
171
172 #5-5: display fake_images from G
173            fig, axes = plt.subplots(nrows = 2, ncols = 5,
174                                     figsize=(10, 4))
175            # fig.canvas.manager.set_window_title('fake:' +
176                                              str(epoch))
177            fake_images = fake.view(-1, 28, 28) # [, 784] -> [, 28, 28]
178
179            for k, ax in enumerate(axes.flat):
180                image = fake_images[k]
181                image = (image+1)/2.0 #unnormalize
182                # image = torch.clip(image, min = 0, max = 1)
183                ax.imshow(image.detach().cpu(), cmap = 'gray')
184                ax.axis("off")
185            fig.tight_layout()
186            plt.savefig('./data/GAN/gan_epoch_%d.png'%epoch)
187            plt.close()
188            # plt.show()
189
190 #5-6: display loss, pred
191     plt.xlabel('epoch')
192     plt.ylabel('loss')
193     plt.plot(train_d_losses, label = 'train_d_losses')
194     plt.plot(train_g_losses, label = 'train_g_losses')
195     plt.legend()
196     plt.show()
197 #6
198 if __name__ == '__main__':
199     main()
```

▷▷ 실행결과

```
DEVICE=  cuda
train_ds.data.shape=  torch.Size([60000, 28, 28])
training.....
epoch=0: d_batch_loss: 0.523,          g_batch_loss: 1.582
...
epoch=99: d_batch_loss: 0.573,         g_batch_loss: 1.111
```

▷▷▷ 프로그램 설명

1 #1은 MNIST 훈련 데이터셋(train_ds)을 mean = 0.5, std = 0.5로 정규화하여 로드하고, 로더(train_loader)를 생성한다.

2 #2는 생성모델, 분류모델을 위한 Generator, Discriminator 클래스를 정의한다. 생성모델은 noise_dim = 100을 입력받아 out_dim = 784를 출력한다.

분류모델은 in_dim = 784를 입력받아 1뉴런 크기 nn.Sigmoid()로 출력한다.

3 #3은 nn.Sequential을 이용하여 Generator, Discriminator 클래스를 정의한다. #2와 같다.

4 #4는 생성모델 G를 생성하여 랜덤 잡음 z로 가짜 영상을 하나 생성하여 표시한다.

5 #5는 생성모델(G), 분류모델(D)을 생성하고 최적화한다. #5-1은 생성모델(G), 분류모델(D)을 생성하고, lr = 0.0001로 Adam 최적화 g_optimizer, d_optimizer를 생성하고, 손실함수 loss_fn = nn.BCELoss()를 생성한다.

6 #5-2는 훈련로더(train_loader)에서 실제 영상 배치 X를 로드하고, 1로 초기화된 real_label과 0으로 초기화된 fake_label을 생성한다.

7 #5-3은 분류모델(D)을 학습한다. 실제 데이터 X의 D의 출력 real_out과 real_label의 손실 real_loss를 계산한다.

잡음 z의 가짜 영상 fake을 G로 생성하고, fake의 D의 출력 fake_out과 fake_label의 손실 fake_loss를 계산한다. (real_loss + fake_loss) / 2로 d_loss를 계산하고 d_optimizer.step()로 d_loss를 최소화한다. 즉, 분류모델은 실제 영상 X와 fake 영상을 잘 분류하도록 학습한다. d_optimizer.step()는 D.parameters()만 갱신한다. d_loss.backward(retain_graph = True)의 자동미분을 계산은 #5-4의 생성자에서 사용하기 위하여 미분을 유지한다. real_loss.backward(), fake_loss.backward(retain_graph = True)로 각각 자동미분을 계산할 수 있다.

8 #5-4는 생성자(G)를 학습한다. fake의 D의 출력 fake_out과 real_label의 손실 g_loss를 계산한다. g_optimizer.step()로 g_loss를 최소화한다. 즉, fake를 실제 데이터로 생각 하도록 학습시킨다. fake = G(z)로 fake 영상을 생성하면 #5-3에서 retain_graph = True를 사용하지 않아도 된다.

9 #5-5는 생성모델 G가 생성한 fake 영상 10개를 표시한다. image = (image + 1) / 2.0은 생성모델의 nn.Tanh()의 출력 범위[-1, 1]을 [0, 1]로 변환한다.

10 [그림 36.2]는 GAN 손실그래프이다. [그림 36.3]은 GAN의 생성모델(G)이 epoch = 0, epoch = 99에서 생성한 영상이다. 즉, 훈련 데이터를 학습하여, 생성모델(G)이 랜덤 잡음 입력에 대해 훈련 데이터를 모방하여 손 글씨 숫자 데이터를 생성한 결과이다.

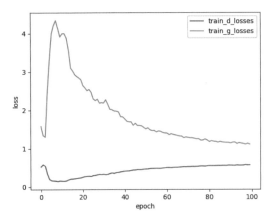

△ 그림 36.2 ▶ GAN 손실그래프

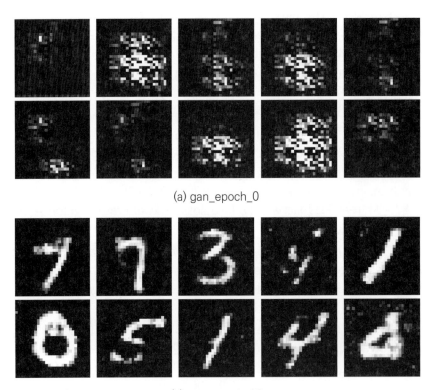

(a) gan_epoch_0

(b) gan_epoch_99

△ 그림 36.3 ▶ GAN의 생성모델(G)이 생성한 영상

▷ 예제 36-02 ▶ DCGAN(Deep Convolutional Generative Adversarial Nets)

```
01  '''
02  https://pytorch.org/tutorials/beginner/dcgan_faces_tutorial.html
03  '''
04  import torch
05  import torch.nn as nn
06  import torch.optim as optim
07  import torch.nn.functional as F
08  from torchvision import transforms
09  from torchvision.datasets import MNIST
10  from torch.utils.data import  DataLoader
12  from torchinfo import summary
13  import matplotlib.pyplot as plt
14  torch.manual_seed(1)
15  torch.cuda.manual_seed(1)
16  DEVICE = 'cuda' if torch.cuda.is_available() else 'cpu'
17  print("DEVICE= ", DEVICE)
18
19  #1: dataset, data loader
20  data_transform = transforms.Compose([
21                      transforms.ToTensor(),
22                      transforms.Normalize(mean = 0.5, std = 0.5)
23                  ])
24  PATH = './data'
25  train_ds = MNIST(root = PATH, train = True, download = True,
26                  transform = data_transform)
27  print('train_ds.data.shape= ', train_ds.data.shape)   # [60000, 28, 28]
28  train_loader = DataLoader(train_ds, batch_size = 128,
29                          shuffle = True)
30
31  #2
32  class Generator(nn.Module):
33      def __init__(self, noise_dim = 100) :
34          super().__init__()
35          self.generator = nn.Sequential(
36              #[in_channels, 1, 1]
37              nn.ConvTranspose2d(in_channels = noise_dim,
38                              out_channels = 64,
39                              kernel_size = 4, stride = 2,
40                              padding = 0),
41              #[64, 4, 4]
42              nn.BatchNorm2d(64),
43              nn.ReLU(),
44
```

```
45              nn.ConvTranspose2d(64, 32, 3, 2, 1),
46              #[32, 7, 7]
47              nn.BatchNorm2d(32),
48              nn.ReLU(),
49
50              nn.ConvTranspose2d(32, 32, 3, 2, 1, 1),
51              #[32, 14, 14]
52              nn.BatchNorm2d(32),
53              nn.ReLU(),
54
55              nn.ConvTranspose2d(32, 1, 3, 2, 1, 1),
56              #[1, 28, 28]
57              nn.Tanh())
58      def forward(self, x):
59          # print('G1: x.shape=', x.shape)
60          x = self.generator(x)
61          # print('G2: x.shape=', x.shape)
62          return x
63 #3
64 class Discriminator(nn.Module):
65      def __init__(self, in_dim = 784):
66          super().__init__()
67          self.in_dim = in_dim
68
69          self.discriminator = nn.Sequential(
70              #[1, 28, 28]
71              nn.Conv2d(in_channels = 1, out_channels = 8,
72                      kernel_size = 4,
73                      stride = 2, padding = 1),
74              #[8, 14, 14]
75              nn.BatchNorm2d(8),
76              nn.LeakyReLU(0.2),
77
78              nn.Conv2d(8, 16, 4, 2, 1),
79              #[16, 7, 7]
80              nn.BatchNorm2d(16),
81              nn.LeakyReLU(0.2),
82
83              nn.Conv2d(16, 32, 4, 2, 1),
84              #[32, 3, 3]
85              nn.BatchNorm2d(32),
86              nn.LeakyReLU(0.2),
87
88              nn.Conv2d(32, 1, 4, 2, 1),
89              #[1, 1, 1]
```

```
 90              nn.Sigmoid(),
 91          )
 92      def forward(self, x):
 93          # print('D1: x.shape=', x.shape)
 94          x = self.discriminator(x)
 95          x = x.view(-1)
 96          # print('D2: x.shape=', x.shape)
 97          return x
 98
 99  #4
100  # z =  torch.randn(1, 100, 1, 1)
101  # G = Generator()
102  # fake = G(z).view(28, 28)
103  # fake = fake.detach()          #.numpy()
104  # plt.imshow(fake, cmap = 'gray')
105  # plt.show()
106
107  #5:
108  def main(EPOCHS = 100):
109  #5-1
110      noise_dim = 100
111      G = Generator().to(DEVICE)
112      D = Discriminator().to(DEVICE)
113      g_optimizer = optim.Adam(params = G.parameters(), lr = 0.001)
114      d_optimizer = optim.Adam(params = D.parameters(), lr = 0.001)
115      loss_fn = nn.BCELoss()
116
117      print('training.....')
118      K = len(train_loader)
119      train_d_losses = []
120      train_g_losses = []
121      G.train()
122      D.train()
123      for epoch in range(EPOCHS):
124          d_batch_loss = 0.0
125          g_batch_loss = 0.0
126          for i, (X, _) in enumerate(train_loader):
127  #5-2
128              X = X.to(DEVICE)             # [128, 1, 28,28]
129              real_label = torch.ones(X.size(0)).to(DEVICE)
130              fake_label = torch.zeros(X.size(0)).to(DEVICE)
131
132  #5-3: train discriminator
133              d_optimizer.zero_grad()      # D.zero_grad()
134              real_out = D(X)
```

```
135             real_loss = loss_fn(real_out, real_label)
136             # real_loss.backward()
144
145             z = torch.randn(X.size(0), noise_dim,
146                             1, 1, device = DEVICE)
147             fake = G(z)
148             fake_out = D(fake)
149             fake_loss = loss_fn(fake_out, fake_label)
150             # fake_loss.backward(retain_graph = True)
151
152             d_loss = (real_loss + fake_loss) / 2
153             d_loss.backward(retain_graph = True)
154             d_optimizer.step()
155
156 #5-4: train generator, update G
157             # fake = G(z)
158             fake_out = D(fake)
159             g_loss = loss_fn(fake_out, real_label)
160
161             g_optimizer.zero_grad()
162             g_loss.backward()
163             g_optimizer.step()
164
165             d_batch_loss += d_loss.data.item()
166             g_batch_loss += g_loss.data.item()
167         d_batch_loss /= K
168         g_batch_loss /= K
169         train_d_losses.append(d_batch_loss)
170         train_g_losses.append(g_batch_loss)
171         if not epoch % 10 or epoch == EPOCHS - 1:
172             print(f'epoch={epoch}: d_batch_loss: \
173                 {d_batch_loss:.3f},\
174                 g_batch_loss: {g_batch_loss:.3f}')
175
176 #5-5: display fake_images from G
177             fig, axes = plt.subplots(nrows = 2, ncols = 5,
178                                 figsize = (10, 4))
179             # fig.canvas.manager.set_window_title('fake:' +
180                                 str(epoch))
181             fake_images = fake.view(-1, 28, 28)
182             for k, ax in enumerate(axes.flat):
183                 image = fake_images[k]
184                 image = (image + 1) / 2.0      # unnormalize
185                 # image = torch.clip(image, min = 0, max = 1)
186                 ax.imshow(image.detach().cpu(), cmap = 'gray')
187                 ax.axis("off")
```

```
188
189             fig.tight_layout()
190             plt.savefig('./data/GAN/dcgan_epoch_%d.png'%epoch)
191             plt.close()
192             # plt.show()
193
194 #5-6: display loss, pred
195     plt.xlabel('epoch')
196     plt.ylabel('loss')
197     plt.plot(train_d_losses, label = 'train_d_losses')
198     plt.plot(train_g_losses, label = 'train_g_losses')
199     plt.legend()
200     plt.show()
201 #6
202 if __name__ == '__main__':
203     main()
```

▷▷ 실행결과

```
DEVICE=  cuda
train_ds.data.shape=  torch.Size([60000, 28, 28])
training.....
epoch=0: d_batch_loss: 0.131,              g_batch_loss: 3.844
...
epoch=99: d_batch_loss: 0.686,             g_batch_loss: 0.779
```

▷▷▷ 프로그램 설명

1 #1은 MNIST 훈련 데이터셋(train_ds)을 [-0.5, 0.5]로 정규화하여 로드하고, train_loader를 생성한다.

2 #2는 nn.Sequential을 이용하여 생성모델 Generator 클래스를 정의한다. 생성모델은 [batch, noise_dim, 1, 1]을 입력받아, nn.ConvTranspose2d()를 이용하여 확대하여 [batch, 1, 28, 28]을 출력한다.

3 #3은 분류모델 Discriminator 클래스를 정의한다. [batch, 1, 28, 28]을 입력 받아 nn.Conv2d()로 특징을 추출하고 [batch, 1] 크기 nn.Sigmoid()로 출력한다.

4 #4는 생성모델 G를 생성하여 랜덤 잡음 z로 가짜 영상을 하나 생성하여 표시한다.

5 #5는 생성모델(G), 분류모델(D)을 생성하고 최적화한다. #5-1은 생성모델(G), 분류모델(D)을 생성하고, lr = 0.001로 Adam 최적화 g_optimizer, d_optimizer를 생성하고, 손실함수 loss_fn = nn.BCELoss()를 생성한다.

6 #5-2는 train_loader에서 실제 영상 배치 X를 로드하고, 1로 초기화된 real_label과 0으로 초기화된 fake_label을 생성한다.

7 #5-3은 분류모델(D)을 학습한다. 실제 데이터 X의 D의 출력 real_out과 real_label의 손실 real_loss를 계산한다. 잡음 z의 가짜 영상(fake)을 G로 생성하고, fake의 D의 출력

fake_out과 fake_label의 손실 fake_loss를 계산한다. (real_loss+fake_loss)/2로 d_loss를 계산하고 d_optimizer.step()로 d_loss를 최소화한다. 즉 분류모델은 실제 영상 X와 fake 영상을 잘 분류하도록 학습한다.

8 #5-4는 생성자(G)를 학습한다. fake의 D의 출력 fake_out과 real_label의 손실 g_loss를 계산한다. g_optimizer.step()로 g_loss를 최소화한다. 즉, fake를 실제 데이터로 생각 하도록 학습시킨다. fake = G(z)로 fake영상을 생성하면 #5-3에서 retain_graph = True를 사용 하지 않아도 된다.

9 손실그래프는 [그림 36.2]와 유사하다. [그림 36.4]는 DCGAN의 생성모델(G)이 생성한 영상 이다.

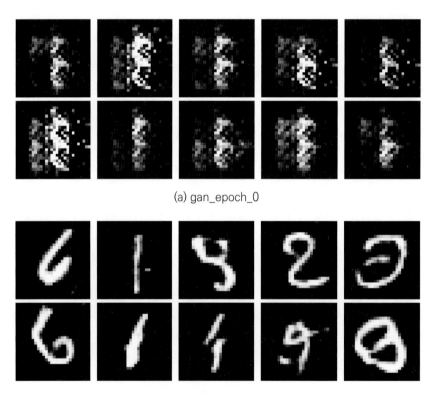

(a) gan_epoch_0

(b) gan_epoch_99

△ 그림 36.4 ▶ DCGAN의 생성모델(G)이 생성한 영상

PyTorch

CHAPTER 10

순환 신경망

순환 신경망 Recurrent Neural Network, RNN은 시퀀스 sequence를 갖는 시계열 time series 데이터를 처리할 수 있는 순환 네트워크 구조를 갖는다. [그림 C10.1]은 RNN의 기본구조이다. RNN 셀은 이전 상태의 출력(h_{t-1})과 입력(x)을 이용하여 현재 상태의 출력(h_t)을 계산하는 과정을 시퀀스 길이만큼(L, seq, time_steps) 반복한다. [그림 C10.2]는 L = 3으로 RNN 순환을 펼친 unrolled 구조이다. [그림 C10.3]은 num_layers = 2로 쌓을 수 있다.

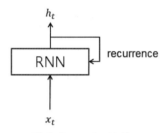

△ 그림 C10.1 ▶ RNN 구조

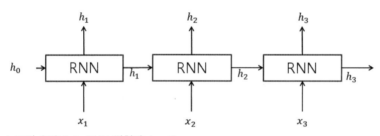

△ 그림 C10.2 ▶ RNN 펼치기: L = 3

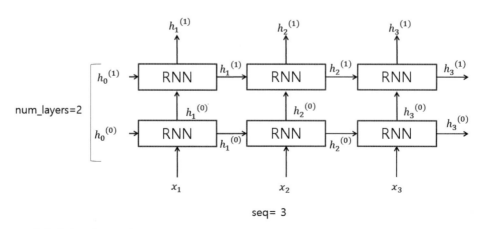

△ 그림 C10.3 ▶ Stacked RNN: L = 3, num_layers = 2

RNN

RNN은 입력 시퀀스의 각 요소에 대해 [수식 37.1]에 의해 은닉상태를 계산하여 전달하고 출력한다. 시간 t 에서 x_t 는 입력, h_t 은 은닉상태 hidden state 이다. h_{t-1} 은 시간 t-1에 은닉 상태이다. 은닉상태 사이는 완전 연결 가중치(W_{hh}), 바이어스(b_{hh})가 있다. 입력과 은닉 상태 사이는 완전 연결 가중치(W_{ih}), 바이어스(b_{ih})이다. 가중치와 바이어스는 시퀀스 길이 (seq, time_steps, L) 사이에 공유한다. h_0은 초기 은닉상태이고, h_n은 최종 은닉 상태이다.

$$h_t = \tanh\left(x_t W_{ih}^T + b_{ih} + h_{t-1} W_{hh}^T + b_{hh}\right)$$

◁ 수식 37.1

nn.RNN(input_size, hidden_size, num_layers = 1, bias = True, batch_first = False, dropout = 0, bidirectional = False)

1 input_size는 입력(x)의 특징 개수(특징 벡터 차원)이다.

2 hidden_size는 은닉상태 특징의 개수이다.

3 num_layers는 RNN 스택으로 쌓는(stacked RNN) 층수로 디폴트는 1이다.

4 nonlinearity는 'tanh' 또는 'relu'이다.

5 bias = True이면 b_ih, b_hh 바이어스를 사용한다. 크기는 hidden_size이다.

6 batch_first = True이면, 입출력 텐서는 [N, L, H_in] 모양이다.
batch_first = False이면 [L, N, H_in]이다.

7 dropout은 마지막 층을 제외하고 각 RNN 층 출력의 드롭아웃 확률이다.

8 bidirectional = True이면 양방향 RNN이고 D = 2이다. bidirectional = False이면 단방향 RNN이고 D = 1이다.

9 Inputs: input, h_0

```
input : [L, input_size]        if unbatched input
        [L, N, input_size]  if batch_first = False
        [N, L, input_size]  if batch_first = True

h_0 :   0으로 초기화(default)
        [D * num_layers, hidden_size]      if unbatched input
        [D * num_layers, N, hidden_size] if batched input
```

⑩ Outputs: output, h_n

```
output: [L, D*hidden_size]       if unbatched input
        [L, N, D*hidden_size]  if batch_first = False
        [N, L, D*hidden_size]  if batch_first = True
h_n :   [D*num_layers, hidden_size]     if unbatched input
        [D*num_layers, N, hidden_size] if batched input
```

[그림 37.1]은 하나의 특징 입력(input_size = 1), hidden_size = 2의 은닉상태, num_layers = 1 층, 바이어스 사용(bias = True), 단방향(bidirectional = False), L = 2의 RNN의 구조이다. 입력(x), 은닉상태의 값은 [예제 37-01]의 결과이다.

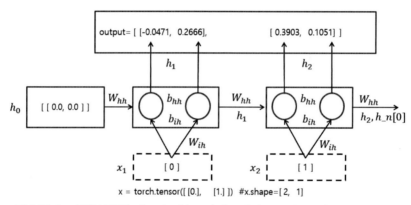

△ 그림 37.1 ▶ RNN 구조(unbatched input): L = 2, input_size = 1,
                        hidden_size = 2, num_layers = 1

▷ 예제 37-01   ▶ RNN: unbatched input
                    L = 2, input_size = 1, hidden_size = 2, num_layers = 1

```
01  import torch
02  import torch.nn as nn
03  torch.manual_seed(1)
04
05  #1
06  rnn = nn.RNN(input_size = 1, hidden_size = 2)
07  print('rnn.weight_hh_l0=', rnn.weight_hh_l0)        # [2, 2]
08  print('rnn.weight_ih_l0=', rnn.weight_ih_l0)        # [2, 1]
09  print('rnn.bias_hh_l0=', rnn.bias_hh_l0)            # [2]
10  print('rnn.bias_ih_l0=', rnn.bias_ih_l0)            # [2]
```

```
11
12  #2
13  x = torch.tensor([[0.], [1.]])              # [2, 1]
14  with torch.no_grad():
15      output, h_n = rnn(x)                     # input = x
16
17  print('output.shape=', output.shape)         # [2, 2]
18  print('output=', output)
19
20  print('h_n.shape=', h_n.shape)               # [1, 2]
21  print('h_n=', h_n)
22  print(torch.allclose(output[-1], h_n[0]))    # h_n[0]: 0-layer final state
23
24  #3
25  h_0 = torch.tensor([[0., 0.]])               #[1, 2]
26  with torch.no_grad():
27      output, h_n = rnn(x, h_0)                 # input = x, hx = h_0
28  print('output=', output)
29  print('h_n=', h_n)
```

▷▷ 실행결과

```
#1
rnn.weight_hh_l0= Parameter containing:
tensor([[-0.1371,  0.3319],
        [-0.6657,  0.4241]], requires_grad=True)
rnn.weight_ih_l0= Parameter containing:
tensor([[ 0.3643],
        [-0.3121]], requires_grad=True)
rnn.bias_hh_l0= Parameter containing:
tensor([ 0.0983, -0.0866], requires_grad=True)
rnn.bias_ih_l0= Parameter containing:
tensor([-0.1455,  0.3597], requires_grad=True)
#2
output.shape= torch.Size([2, 2])
output= tensor([[-0.0471,  0.2666],
                [ 0.3903,  0.1051]])
h_n.shape= torch.Size([1, 2])
h_n= tensor([[0.3903, 0.1051]])
True
#3
output= tensor([[-0.0471,  0.2666],
                [ 0.3903,  0.1051]])
h_n= tensor([[0.3903, 0.1051]])
```

▷▷▷ 프로그램 설명

1 [그림 37.1]의 RNN 구조를 구현한다.

2 #1은 rnn = nn.RNN(input_size, hidden_size)로 rnn 객체를 생성한다.
가중치와 바이어스를 출력한다.

3 #2는 배치를 사용하지 않은 입력 unbatched input x를 생성한다.
output, h_n = rnn(x)로 입력 x의 출력(output)과 마지막 은닉상태(h_n)를 계산하고, 출력한다.

4 #3은 0으로 초기화된 h_0을 텐서를 생성하고, rnn(x, h_0)로 output, h_n을 계산한다.
#2의 결과와 같다.

5 [표 37.1]은 파이토치 코드와 [그림 37.1]의 입력(input), 출력(output), 가중치, 바이어스의 관계를 설명한다. output[0] = h1, output[1] = h2, h_n[0] = h2와 같다. h_n[0]은 0-층의 마지막 은닉상태이다.

▽ 표 37.1 ▶ 입력(input), 출력(output), 가중치, 바이어스

variable: shape	PyTorch
$x_1,\ x_2 : [1]$	x = torch.tensor([[0.], [1.]]) # x.shape: [2, 1]
$h_0 : [1, 2]$	h0 = torch.tensor([[0., 0.]])
$h_1 : [1, 2]$	output[0]
$h_2 : [1, 2]$	output[1], h_n[0]
$W_{hh} : [2, 2]$	rnn.weight_hh_l0
$W_{ih} : [2, 1]$	rnn.weight_ih_l0
$b_{hh} : [2]$	rnn.bias_hh_l0
$b_{ih}\ : [2]$	rnn.bias_ih_l0

▷ 예제 37-02   ▶ RNN: 배치입력 (batch_first = False, batch_first = True)

```
01  import torch
02  import torch.nn as nn
03  torch.manual_seed(1)
04
05  #1:
06  input_size = 1
07  batch_first = False
08  N = 3                    # batch_size
09  L = 2                    # sequence length
```

```
10 x = torch.arange(6, dtype = torch.float).view(N, L, input_size) # [3, 2, 1]
11
12 if not batch_first:                     # batch_first = False
13     x = x.transpose(0, 1)           # [2, 3, 1]
14 print('x=', x)
15
16 #2: RNN, num_layers = 1
17 hidden_size = 2
18 rnn = nn.RNN(input_size, hidden_size, batch_first = batch_first)
19 # print('rnn.weight_ih_l0=',rnn.weight_ih_l0)      # [2, 1]
20 # print('rnn.weight_hh_l0=', rnn.weight_hh_l0)      # [2, 2]
21 # print('rnn.bias_ih_l0=', rnn.bias_ih_l0)         # [2]
22 # print('rnn.bias_hh_l0=', rnn.bias_hh_l0)         # [2]
23
24 #3
25 with torch.no_grad():
26     output, h_n = rnn(x)           # input = x
27 # print('output=', output)
28 print('h_n.shape=', h_n.shape)    #[1, 3, 2]
29 print('h_n=', h_n)
30 if batch_first:                        # batch_first = True
31     print('output.shape=', output.shape)          # [3, 2, 2]
32     print('output[:, 0]=', output[:, 0])          # h1,
33     print('output[:, 1]=', output[:, 1])          # h2, h_n[0]
34 else:                                  # batch_first = False
35     print('output.shape=', output.shape)          # [2, 3, 2]
36     print('output[0]=', output[0])                # h1,
37     print('output[1]=', output[1])                # h2, h_n[0]
38
39 #4
40 h_0 = torch.tensor([[[0., 0.], [0., 0.], [0., 0.]]])
41 print('h_0.shape=', h_0.shape)                     # [1, 3, 2]
42 with torch.no_grad():
43     output, h_n = rnn(x, h_0)     # input = x, hx = h_0
44 # print('output=', output)
45 # print('h_n=', h_n)
```

▷▷ 실행결과

```
#batch_first=True
x= tensor([[[0.], [1.]],
          [[2.],[3.]],
          [[4.], [5.]]])
h_n.shape= torch.Size([1, 3, 2])
h_n= tensor([[[ 0.3903,  0.1051],
        [ 0.6925, -0.8338],
```

```
                [ 0.8861, -0.9756]]])
output.shape= torch.Size([3, 2, 2])
output[:, 0]= tensor([[-0.0471,  0.2666],
        [ 0.5925, -0.3373],
        [ 0.8875, -0.7510]])
output[:, 1]= tensor([[ 0.3903,  0.1051],
        [ 0.6925, -0.8338],
        [ 0.8861, -0.9756]])
h_0.shape= torch.Size([1, 3, 2])

#batch_first=False
x= tensor([[[0.], [2.], [4.]],
           [[1.],  [3.], [5.]]])
h_n.shape= torch.Size([1, 3, 2])
h_n= tensor([[[ 0.3903,  0.1051],
        [ 0.6925, -0.8338],
        [ 0.8861, -0.9756]]])
output.shape= torch.Size([2, 3, 2])
output[0]= tensor([[-0.0471,  0.2666],
        [ 0.5925, -0.3373],
        [ 0.8875, -0.7510]])
output[1]= tensor([[ 0.3903,  0.1051],
        [ 0.6925, -0.8338],
        [ 0.8861, -0.9756]])
h_0.shape= torch.Size([1, 3, 2])
```

▷▷▷ 프로그램 설명

1 배치입력 x에 대한 파이토치 RNN을 설명한다.

2 #1은 배치를 사용하는 입력 x를 생성한다. 배치 크기 N = 3, 시퀀스 길이 L = 2, 입력 특징 크기 input_size = 1에서 batch_first에 따라 입력을 생성한다.

batch_first = True이면 x,shape = (N, L, input_size) = [3, 2, 1]로 생성하고, batch_first = False이면 x,shape = (L, N, input_size) = [2, 3, 1]로 생성한다.

3 #2는 nn.RNN(input_size, hidden_size, batch_first = batch_first)로 rnn 객체를 생성한다. num_layers = 1이다.

4 #3은 output, h_n = rnn(x)로 입력 x의 출력(output)과 마지막 은닉상태(h_n)를 계산한다. batch_first = True이면 output,shape = (N, L, hidden_size) = [3, 2, 2]이고, batch_first = False이면 output,shape = (L, N, hidden_size) = [2, 3, 2]이다. h_n[0]은 0-층의 마지막 은닉상태이다.

5 #4는 0으로 초기화된 h_0을 텐서를 생성하고, rnn(x, h_0)로 output, h_n을 계산한다. #3의 결과와 같다.

6 [그림 37.2]는 batch_first = True의 RNN의 입출력을 보여준다. output[:, 0] = h1, output[:, 1] = h2 = h_n[0]이다. [그림 37.3]은 batch_first = False의 결과이다. output[0] = h1, output[1] = h2 = h_n[0]이다.

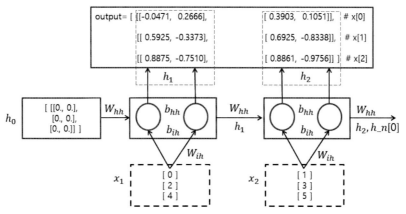

△ 그림 37.2 ▶ RNN 구조(배치입력): N = 3, L = 2, input_size = 1, hidden_size = 2, num_layers = 1, batch_first = True

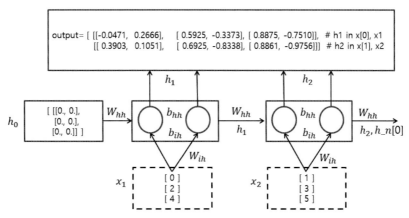

△ 그림 37.3 ▶ RNN 구조(배치입력): N = 3, L = 2, input_size = 1, hidden_size = 2, num_layers = 1, batch_first = False

▷ 예제 37-03 ▶ RNN: num_layers = 2

```
01  import torch
02  import torch.nn as nn
03  torch.manual_seed(1)
04
05  #1:
06  input_size = 1
07  batch_first = True         # False
08  N = 3                      # batch_size
09  L = 2                      # sequence length
10  x = torch.arange(6, dtype = torch.float).view(N, L, input_size) # [3, 2, 1]
11
12  if not batch_first:        # batch_first = False
13      x = x.transpose(0, 1)  # [2, 3, 1]
14  print('x=', x)
15
16  #2: RNN, num_layers = 2
17  hidden_size = 2
18  rnn = nn.RNN(input_size, hidden_size, num_layers = 2,
19               batch_first = batch_first)
20
21  for layer in range(len(rnn.all_weights)):
22      w_ih, w_hh, b_ih, b_hh = rnn.all_weights[layer]
23      print(f'w_ih[{layer}].shape = {w_ih.shape}')
24      print(f'w_hh[{layer}].shape = {w_hh.shape}')
25      print(f'b_ih[{layer}].shape = {b_ih.shape}')
26      print(f'b_hh[{layer}].shape = {b_hh.shape}')
27  # 0-layer
28  # print('rnn.weight_ih_l0.shape=', rnn.weight_ih_l0.shape) # [2, 1]
29  # print('rnn.weight_hh_l0.shape=', rnn.weight_hh_l0.shape) # [2, 2]
30  # print('rnn.bias_ih_l0.shape=', rnn.bias_ih_l0.shape)     # [2]
31  # print('rnn.bias_hh_l0.shape=', rnn.bias_hh_l0.shape)     # [2]
32
33  # 1-layer
34  # print('rnn.weight_ih_l1.shape=', rnn.weight_ih_l1.shape) # [2, 2]
35  # print('rnn.weight_hh_l1.shape=', rnn.weight_hh_l1.shape) # [2, 2]
36  # print('rnn.bias_ih_l1.shape=', rnn.bias_ih_l1.shape)     # [2]
37  # print('rnn.bias_hh_l1.shape=', rnn.bias_hh_l1.shape)     # [2]
38
39  #3
40  with torch.no_grad():
41      output, h_n = rnn(x)   # input = x
42  print('output=', output)
43
```

```
44 print('h_n.shape=', h_n.shape)                    # [2, 3, 2]
45 print('h_n[0]=', h_n[0])                           # 0-layer final state
46 print('h_n[1]=', h_n[1])                           # 1-layer final state
47
48 if batch_first:                                    # batch_first = True
49     print('output.shape=', output.shape)           # [3, 2, 2]
50     print('output[:, 0]=', output[:, 0])           # h1(1),
51     print('output[:, 1]=', output[:, 1])           # h2(1), h_n[1]
52 else:                                              # batch_first = False
53     print('output.shape=', output.shape)           # [2, 3, 2]
54     print('output[0]=', output[0])                 # h1(1),
55     print('output[1]=', output[1])                 # h2(1), h_n[1]
```

▷▷ 실행결과

```
#batch_first=True
w_ih[0].shape=torch.Size([2, 1])
w_hh[0].shape=torch.Size([2, 2])
b_ih[0].shape=torch.Size([2])
b_hh[0].shape=torch.Size([2])
w_ih[1].shape=torch.Size([2, 2])
w_hh[1].shape=torch.Size([2, 2])
b_ih[1].shape=torch.Size([2])
b_hh[1].shape=torch.Size([2])
output= tensor([[[ 0.3407, -0.2846],
                 [ 0.4100, -0.0991]],

                [[ 0.4295,  0.0389],
                 [ 0.4111,  0.2407]],

                [[ 0.4642,  0.2252],
                 [ 0.4271,  0.3253]]])
h_n.shape= torch.Size([2, 3, 2])
h_n[0]= tensor([[ 0.3903,  0.1051],
                [ 0.6925, -0.8338],
                [ 0.8861, -0.9756]])
h_n[1]= tensor([[ 0.4100, -0.0991],
                [ 0.4111,  0.2407],
                [ 0.4271,  0.3253]])
output.shape= torch.Size([3, 2, 2])
output[:, 0]= tensor([[ 0.3407, -0.2846],
                      [ 0.4295,  0.0389],
                      [ 0.4642,  0.2252]])
output[:, 1]= tensor([[ 0.4100, -0.0991],
                      [ 0.4111,  0.2407],
                      [ 0.4271,  0.3253]])
```

▷▷▷ 프로그램 설명

1 batch_first = True에서 배치입력 x에 대한 num_layers = 2층의 RNN을 입출력을 설명한다([그림 37.4]).

2 #1은 (N, L, input_size) = [3, 2, 1] 모양의 배치를 사용하는 입력 x를 생성한다.

3 #2는 rnn = nn.RNN(input_size, hidden_size, num_layers = 2, batch_first = batch_first)로 2층을 쌓아 rnn 객체를 생성한다. rnn.all_weights 리스트를 이용하여 각층의 가중치, 바이어스를 출력할 수 있다.

4 #3은 output, h_n = rnn(x)로 입력 x의 출력(output)과 마지막 은닉상태(h_n)를 계산한다. h_n[0]은 0-층의 마지막 은닉상태이다. h_n[1]은 1-층의 마지막 은닉상태이다. batch_first = True에서 output[:, 1]과 h_n[1]은 같다. batch_first = False에서 output[1]과 h_n[1]은 같다.

5 입력과 0-층 사이의 가중치 모양은 w_ih[0].shape = [2, 1]이고, 0층의 출력이 1-층의 입력이 되어 w_ih[1].shape = [2, 2]이다.

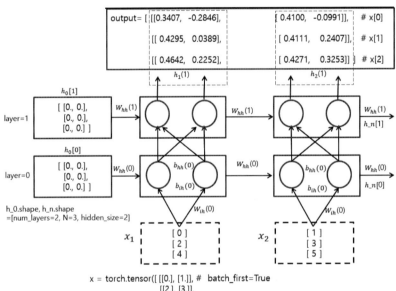

△ 그림 37.4 ▶ RNN 구조(배치입력, 2층): N = 3, L = 2, input_size = 1, hidden_size = 2, num_layers = 2, batch_first = True

▷ 예제 37-04 ▶ RNN: 회귀(regression): many-to-one

```
01  import torch
02  import torch.nn as nn
03  import torch.optim as optim
```

```
04 from torch.utils.data import  Dataset, DataLoader
05 torch.manual_seed(1)
06 DEVICE = 'cuda' if torch.cuda.is_available() else 'cpu'
07 print("DEVICE= ", DEVICE)
08
09 #1: sequence data: (t, Xt)
10 t = torch.arange(start = 0, end = 10, step = 0.1)
11
12 #1-1
13 Xt = t + torch.randn(t.size())
14
15 #1-2
16 # Xt = 2 * torch.sin(t) + torch.randn(t.size())
17 print('Xt.shape=', Xt.shape)
18
19 #2: dataset and data loader
20 class SeqDataset(Dataset):
21     def __init__(self, input, seq_len = 2):
22         self.input = input
23         self.seq_len = seq_len
24     def __getitem__(self, item):
25         x = self.input[item: item+self.seq_len]
26         y = self.input[item + self.seq_len]
27         return x, y
28     def __len__(self):
29         return len(self.input) - self.seq_len
30
31 L = 3
32 Xt = Xt.view(-1, 1)                         # input_size = 1
33 ds = SeqDataset(Xt, L)
34 # for i in range(5):
35 #     x, y = ds[i]
36 #     print(f'ds[{i}]= {x}, {y}')
37 data_loader = DataLoader(ds, batch_size = 2)   # shuffle = False
38
39 #3
40 class  RNN(nn.Module):
41     def __init__(self, hidden_size = 10, num_layers = 1):
42         super().__init__()
43
44         self.rnn = nn.RNN(1,
45                           hidden_size,
46                           num_layers,
47                           batch_first = True) # (N, L, hidden_size)
48         self.fc = nn.Linear(hidden_size, 1)
49
```

```
50    def forward(self, x):
51        out, h_n = self.rnn(x)
52        # out = self.fc(h_n[-1]) # the state of the last time step
53        out = self.fc(out[:,-1])
54        return out
55
56  rnn = RNN().to(DEVICE)
57
58  #4: train
59  optimizer = optim.Adam(params = rnn.parameters(), lr = 0.01)
60  loss_fn =   nn.MSELoss()
61  loss_list = []
62
63  EPOCHS  = 200
64  K = len(data_loader)
65  for epoch in range(EPOCHS):
66      batch_loss = 0.0
67      for X, y in data_loader:      # update by mini-batch sample
68          X = X.to(DEVICE)
69          y = y.to(DEVICE)
70          out = rnn(X)
71          loss = loss_fn(out, y)
72
73          optimizer.zero_grad()
74          loss.backward()
75          optimizer.step()
76
77          batch_loss += loss.item()
78
79      batch_loss /= K
80      loss_list.append(batch_loss)
81
82      if not epoch%100 or epoch == EPOCHS - 1:
83          print(f'epoch={epoch}: loss={batch_loss:.4f}')
84
85  #5: test using ds
86  rnn.eval()                        # rnn.train(False)
87  pred_Xt = []
88  for i, (X, y) in enumerate(ds):
89      X = X.unsqueeze(dim = 0)      # [N = 1, L, input_size]
90      X = X.to(DEVICE)
91      with torch.no_grad():
92          out = rnn(X)
93      out = out.flatten()
94      pred_Xt.append(out.item())    # out.detach().cpu().item()
```

```
95
96  #6: draw graph
97  import matplotlib.pyplot as plt
98  plt.xlabel('epoch')
99  plt.ylabel('loss')
100 plt.plot(loss_list)
101 plt.show()
102
103 plt.plot(t, Xt, label='Xt')
104 plt.plot(t[L:], pred_Xt, label = 'pred_Xt')
105 plt.scatter(t[L:], pred_Xt)
106 plt.legend()
107 plt.show()
```

▷▷ 실행결과

```
DEVICE=  cuda
Xt.shape= torch.Size([100])
epoch=0: loss=2.0190
epoch=100: loss=0.5321
epoch=199: loss=0.4140
```

▷▷▷ 프로그램 설명

1 #1은 시간 t에 대해 Xt의 시퀀스 데이터를 생성한다. #1-1은 직선에 잡음을 추가하여 Xt를 생성한다. #1-2는 2 * torch.sin(t)에 잡음을 추가하여 Xt를 생성한다.

2 #2의 SeqDataset은 입력(input)을 seq_len 크기로 잘라서 RNN 입력을 위한 (x, y)의 회귀 데이터를 생성한다. seq_len 크기의 x와 다음 레이블 값 y를 예측하기 위한 회귀 데이터셋이다. many-to-1 구조의 RNN 데이터셋이다.

예를 들어, ds = SeqDataset([0, 1, 2, 3, 4, 5, 6, 7], seq_len = 2)은 다음과 같이 데이터셋(ds)을 생성한다.

    ds[0] = ([0, 1], 2)
    ds[1] = ([1, 2], 3)
    ds[2] = ([2, 3], 4)
    ds[3] = ([3, 4], 5)

Xt = Xt.view(-1, 1)로 input_size = 1로 변경하고, L = 3 크기로 ds = SeqDataset(Xt, L) 데이터셋(ds)을 생성하고, data_loader를 생성한다.

3 #3은 input_size = 1, output_size = 1, batch_first = True의 회귀를 위한 RNN 클래스를 생성한다. hidden_size, num_layers는 변경 가능하다.

forward() 메서드에서 입력(x)의 self.rnn(x)의 출력(out, h_n)을 계산하고, RNN의 마지막 출력(h_n[-1], out[:,-1])을 완전 연결 층에 입력하여 출력(out)을 반환한다. RNN().to(DEVICE)로 rnn 객체를 생성한다.

> 4 #4는 nn.MSELoss() 평균 손실함수(loss_fn), 최적화 optimizer로 data_loader의
> 데이터를 이용하여 rnn을 학습한다.

> 5 #5는 데이터셋(ds)의 데이터를 이용하여 모델을 평가한다.

데이터 X를 X.unsqueeze(dim = 0)로 [N = 1, L, input_size]로 변경하여 out = rnn(X)에
입력하여 출력(out)을 계산하고, pred_Xt에 추가한다.

> 6 #6은 손실그래프(loss_list)를 그리고, 원본 데이터 (t, Xt)와 예측 데이터(t[L:], pred_Xt)를
> 표시한다. [그림 37.5]는 #1-1 데이터, [그림 37.6]은 #1-2 데이터의 결과이다.

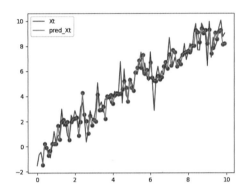

△ 그림 37.5 ▶ RNN: Xt = t + torch.randn(t.size())

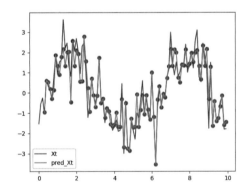

△ 그림 37.6 ▶ RNN: Xt = 2 * torch.sin(t) + torch.randn(t.size())

▷ 예제 37-05　▶ RNN: 'iris.csv' 분류(1-채널): many-to-one

```
01 #ref: [예제 27-01] 1차원 CNN: 'iris.csv' 분류(1-채널)
02 import torch
03 import torch.nn as nn
04 import torch.optim as optim
05 from torch.utils.data import TensorDataset, DataLoader
06 torch.manual_seed(1)
07 DEVICE = 'cuda' if torch.cuda.is_available() else 'cpu'
08 print("DEVICE= ", DEVICE)
09
10 #1
11 import numpy as np
12 from sklearn.datasets import load_iris
13 import sklearn.model_selection as ms
14
15 #1-1
16 iris_data = load_iris()
17 X, y = iris_data.data, iris_data.target
18 x_train, x_test, y_train, y_test = ms.train_test_split(
19                     X, y, test_size = 0.2, random_state = 1)
20 x_train = np.expand_dims(x_train, axis = 2)     # [N, L = 4, input_size = 1]
21 x_test =  np.expand_dims(x_test, axis = 2)      # [N, L = 4, input_size = 1]
22
23 print("x_train.shape:", x_train.shape)          # (120, 4, 1)
24 print("y_train.shape:", y_train.shape)          # (120,)
25 print("x_test.shape:",  x_test.shape)           # (30, 4, 1)
26 print("y_test.shape:",  y_test.shape)           # (30,)
27
28 #1-2
29 x_train = torch.tensor(x_train, dtype = torch.float).to(DEVICE)
30 y_train = torch.tensor(y_train, dtype = torch.long).to(DEVICE)
31 x_test = torch.tensor(x_test, dtype = torch.float).to(DEVICE)
32 y_test = torch.tensor(y_test, dtype = torch.float).to(DEVICE)
33 train_ds = TensorDataset(x_train, y_train)
34 train_loader = DataLoader(dataset = train_ds, batch_size = 4,
35                     shuffle = False)
36
37 #2
38 class RNN(nn.Module):
39     def __init__(self, hidden_size = 10,
40                 num_layers = 3, nClass = 3):
41         super().__init__()
42         self.rnn = nn.RNN(1,
43                         hidden_size,
44                         num_layers,
```

```
45                               batch_first = True)     #(N, L, hidden_size)
46           self.fc = nn.Linear(hidden_size, nClass)
47
48     def forward(self, x):
49         out, h_n = self.rnn(x)
50         out = self.fc(h_n[-1]) # out[:,-1], the state of the last time step
51         return out
52 rnn = RNN().to(DEVICE)
53
54 #3: train
55 optimizer = optim.Adam(params = rnn.parameters(), lr = 0.01)
56 loss_fn = nn.CrossEntropyLoss()
57 loss_list = []
58
59 EPOCHS = 100
60 K = len(train_loader)
61 for epoch in range(EPOCHS):
62     total = 0
63     correct = 0
64     batch_loss = 0.0
65     for X, y in train_loader:        # update by mini-batch sample
66         out = rnn(X)
67         loss = loss_fn(out, y)
68
69         optimizer.zero_grad()
70         loss.backward()
71         optimizer.step()
72
73         y_pred = out.argmax(dim=1).float()
74         correct += y_pred.eq(y).sum().item()
75
76         batch_loss += loss.item()
77         total += y.size(0)
78
79     batch_loss /= K
80     accuracy = correct / total
81     loss_list.append(batch_loss)
82     if not epoch%50 or epoch == EPOCHS - 1:
83             print('epoch={}: loss={:.4f}, \
84                     accuracy={:.4f}'.format(epoch, batch_loss,
85                                                accuracy))
86
87 #4: evaluate model
88 rnn.eval()                       # rnn.train(False)
89 with torch.no_grad():
90     out = rnn(x_test)
```

```
91 pred = out.argmax(dim = 1).float()
92 accuracy = (pred == y_test).float().mean()
93 print("test accuracy=", accuracy.item())
94
95 #5: draw graph
96 import matplotlib.pyplot as plt
97 plt.xlabel('epoch')
98 plt.ylabel('loss')
99 plt.plot(loss_list)
100 plt.show()
```

▷▷ 실행결과

```
DEVICE=  cuda
x_train.shape: (120, 4, 1)
y_train.shape: (120,)
x_test.shape: (30, 4, 1)
y_test.shape: (30,)
epoch=0: loss=0.7965, accuracy=0.6333
epoch=50: loss=0.0948, accuracy=0.9833
epoch=99: loss=0.1747, accuracy=0.9417
test accuracy= 1.0
```

▷▷▷ 프로그램 설명

1 [예제 27-01]의 1차원 CNN을 이용한 'iris.csv' 분류를 RNN으로 구현한다.

2 #1은 load_iris()로 iris_data를 로드하고, 훈련 데이터 (x_train, y_train)와 테스트 데이터 (x_test, y_test)로 분리한다. x_train, x_test를 RNN 입력을 위해 [N, L = 4, input_size = 1] 모양으로 변경한다. x_train.shape = (120, 4, 1), x_test.shape = (30, 4, 1) 이다. (x_train, y_train)로 train_ds, train_loader를 생성한다.

3 #2는 input_size = 1, batch_first = True, nClass = 3의 분류를 위한 RNN 클래스를 생성한다. hidden_size, num_layers는 변경 가능하다.

forward() 메서드에서 입력(x)의 self.rnn(x)의 출력(out, h_n)을 계산하고, RNN의 마지막 출력(h_n[-1], out[:,-1])을 완전 연결 층에 입력하여 nClass의 출력(out)을 반환한다. RNN().to(DEVICE)로 rnn 객체를 생성한다.

4 #3은 분류를 위한 nn.CrossEntropyLoss() 평균 손실함수(loss_fn), 최적화 optimizer로 train_loader를 이용하여 rnn을 학습한다. nn.CrossEntropyLoss() 손실함수는 nn.Softmax()를 포함하고 있다.

rnn(X)의 출력(out)에서 y_pred = out.argmax(dim = 1).float()로 분류 클래스 y_pred를 계산한다. y_pred.eq(y).sum().item()로 정답 y와 예측값 y_pred를 비교하여 correct에 누적한다.

5 #4는 평가 모드에서, x_test, y_test를 이용하여 모델을 평가한다. #5는 손실그래프를 그린다.

▷ 예제 37-06 ▶ RNN: WISDM 사람 활동 분류(3-채널): many-to-one

```
01 #[예제 27-02] 1차원 CNN: WISDM 사람 활동 분류(3-채널)
02 import torch
03 import torch.nn as nn
04 import torch.optim as optim
05 import torch.nn.functional as F
06 from torch.utils.data import TensorDataset, DataLoader
07 import matplotlib.pyplot as plt
08 import numpy as np
09 torch.manual_seed(1)
10 torch.cuda.manual_seed(1)
11 DEVICE = 'cuda' if torch.cuda.is_available() else 'cpu'
12 print("DEVICE= ", DEVICE)
13 #1:
14 # 1-1: load data
15 def parse_end(s):
16     try:
17         return float(s[-1])
18     except:
19         return np.nan
20
21 def read_data(file_path):
22 # columns: 'user',   'activity', 'timestamp',
23 #          'x-accl', 'y-accl',   'z-accl';
24     labels = {'Walking'  :0, 'Jogging' :1,  'Upstairs'  :2,
25              'Sitting'  :3, 'Downstairs':4,'Standing'  :5}
26     data = np.loadtxt(file_path, delimiter = ',',
27                   usecols = (0,1, 3, 4, 5),   # without timestamp
28                   converters = {1: lambda name: labels[name.decode()],
29                              5: parse_end})
30     data = data[~np.isnan(data).any(axis = 1)]   # remove rows with np.nan
31     return data
32
33 data = read_data("./data/WISDM_ar_v1.1/WISDM_ar_v1.1_raw.txt")
34 ##print("user:",     np.unique(data[:,0]))        # 36 users
35 ##print("activity:", np.unique(data[:,1]))        # 6 activity
36
37 #1-2: normalize x, y, z
38 mean = np.mean(data[:, 2:], axis = 0)
39 std  = np.std(data[:, 2:], axis = 0)
40 data[:,2:] = (data[:, 2:] - mean) / std
41
42 # split data into x-train and x_test
43 x_train = data[data[:, 0] <= 28]                 # [ 1, 28]
44 x_test  = data[data[:, 0]  > 28]                 # [28, 36]
45
```

```
46 #1-3: segment data and reshape (-1, TIME_PERIODS, 3)
47 TIME_PERIODS  = 80                              # length
48 STEP_DISTANCE = 40     # if STEP_DISTANCE = TIME_PERIODS, then no overlap
49 def data_segments(data):
50     segments = []
51     labels = []
52     for i in range(0, len(data) - TIME_PERIODS, STEP_DISTANCE):
53         X = data[i:i + TIME_PERIODS, 2:].tolist()       # x, y, z
54
55         # label as the most activity in this segment
56         values, counts = np.unique(data[i:i + TIME_PERIODS, 1],
57                                     return_counts = True)
58         label = values[np.argmax(counts)]
59
60         segments.append(X)
61         labels.append(label)
62
63     # reshape (-1, TIME_PERIODS, 3)
64     segments = np.array(segments, dtype = np.float32).reshape(-1,
65                                         TIME_PERIODS, 3)
66     labels   = np.asarray(labels)
67     return segments, labels
68
69 x_train, y_train = data_segments(x_train)
70 x_test, y_test = data_segments(x_test)
71 print("x_train.shape:", x_train.shape)       # (20868, 80, 3)
72 print("y_train.shape:", y_train.shape)       # (20868,)
73 print("x_test.shape:",  x_test.shape)        # (6584, 80, 3)
74 print("y_test.shape:",  y_test.shape)        # (6584,)
75
76 #1-4: device and data loader
77 x_train = torch.tensor(x_train, dtype = torch.float).to(DEVICE)
78 y_train = torch.tensor(y_train, dtype = torch.long).to(DEVICE)
79 x_test = torch.tensor(x_test, dtype = torch.float).to(DEVICE)
80 y_test = torch.tensor(y_test, dtype = torch.long).to(DEVICE)
81
82 #dataset and data loader
83 train_ds = TensorDataset(x_train, y_train)
84 train_loader = DataLoader(dataset = train_ds, batch_size = 64,
85                             shuffle = False)
86
87 test_ds = TensorDataset(x_test, y_test)
88 test_loader = DataLoader(dataset = test_ds, batch_size = 64,
89                             shuffle = False)
90
```

```python
91  #2
92  class  RNN(nn.Module):
93      def __init__(self, hidden_size = 50,
94                      num_layers = 3, nClass = 6):
95          super().__init__()
96
97          self.rnn = nn.RNN(3,
98                              hidden_size,
99                              num_layers,
100                             batch_first = True,
101                             # (N, L, hidden_size)
102                             dropout = 0.5)
103         self.fc = nn.Linear(hidden_size, nClass)
104         # self.fc = nn.Sequential(
105         #                 nn.Linear(hidden_size, 10),
106         #                 nn.ReLU(),
107         #                 nn.Linear(10, nClass) )
108     def forward(self, x):
109         output, h_n = self.rnn(x)
110         # out = self.fc(h_n[-1]) # the state of the last time step
111         out = self.fc(output[:,-1])
112         return out
113
114  rnn = RNN().to(DEVICE)
115
116  #3: train
117  optimizer = optim.Adam(params = rnn.parameters(), lr = 0.0001)
118  loss_fn = nn.CrossEntropyLoss()
119  loss_list = []
120
121  EPOCHS = 1000
122  K = len(train_loader)
123  for epoch in range(EPOCHS):
124      total = 0
125      correct = 0
126      batch_loss = 0.0
127      for X, y in train_loader:    # update by mini-batch sample
128
129          out = rnn(X)
130          loss = loss_fn(out, y)
131
132          optimizer.zero_grad()
133          loss.backward()
134          optimizer.step()
135
```

```
136         y_pred = out.argmax(dim = 1).float()
137         correct += y_pred.eq(y).sum().item()
138
139         batch_loss += loss.item()
140         total += y.size(0)
141
142     batch_loss /= K
143     accuracy = correct / total
144     loss_list.append(batch_loss)
145     if not epoch % 50 or epoch == EPOCHS - 1:
146             print(f'epoch={epoch}: loss={batch_loss:.4f}, \
147                     accuracy={accuracy:.4f}')
148
149 #4: evaluate model
150 K = len(test_loader)
151 rnn.eval()                                    # rnn.train(False)
152 total = 0
153 correct = 0
154 batch_loss = 0.0
155
156 class_corrects= [ 0 for i in range(6)]        # 6-classes
157 class_counts  = [ 0 for i in range(6)]
158
159 for X, y in test_loader:
160     with torch.no_grad():
161         out = rnn(X)
162     y_pred = out.argmax(dim = 1).float()
163     correct += y_pred.eq(y).sum().item()
164
165     loss = loss_fn(out, y)
166     batch_loss += loss.item()
167     total += y.size(0)
168
169     # each class accuracy
170     for label, pred in zip(y, y_pred):
171         if label == pred:
172             class_corrects[label] += 1
173         class_counts[label] += 1
174
175 batch_loss /= K
176 accuracy = correct/total
177 print("test loss=", batch_loss)
178 print("test accuracy=", accuracy)
179
```

```
180  # each class accuracy
181  for i in range(6):
182      acc = class_corrects[i]/class_counts[i]
183      print(f'class[{i}]: accuracy={acc:.4f}')
184
185  #5: draw graph
186  import matplotlib.pyplot as plt
187  plt.xlabel('epoch')
188  plt.ylabel('loss')
189  plt.plot(loss_list)
190  plt.show()
```

▷▷ 실행결과

```
DEVICE= cuda
x_train.shape: (20868, 80, 3)
y_train.shape: (20868,)
x_test.shape: (6584, 80, 3)
y_test.shape: (6584,)
epoch=0: loss=1.6158, accuracy=0.3701
epoch=50: loss=0.9421, accuracy=0.7098
...
epoch=999: loss=0.3886, accuracy=0.8671
test loss= 0.548818510477838
test accuracy= 0.8188031591737546
class[0]: accuracy=0.9446
class[1]: accuracy=0.9371
class[2]: accuracy=0.5055
class[3]: accuracy=0.9889
class[4]: accuracy=0.2835
class[5]: accuracy=0.7135
```

▷▷▷ 프로그램 설명

1 [예제 27-02]의 데이터셋 WISDM의 6가지 사람의 활동(Walking, Jogging, Upstairs, Sitting, Downstairs, Standing)을 RNN으로 분류한다.

2 #1은 데이터 파일("WISDM_ar_v1.1_raw.txt")을 data에 읽는다. input_size = 3의 RNN 모델 입력을 위해 x_train, x_test의 모양을 [N, L, C]로 변경한다. x_train.shape = (20868, 80, 3), x_test.shape = (6584, 80, 3)이다. 훈련 데이터(train_ds), 데이터로더(train_loader)와 테스트 데이터(test_ds), 데이터로더(test_loader)를 생성한다. x_train.shape, x_test.shape은 [예제 27-02]와 다르다.

3 #2는 input_size = 3, batch_first = True, nClass = 6의 분류를 위한 RNN 클래스를 생성한다. hidden_size, num_layers, dropout = 0.5는 변경 가능하다.

forward() 메서드에서 입력(x)의 self.rnn(x)의 출력(output, h_n)을 계산하고, 마지막 출력 (h_n[-1], output[:,-1])을 완전 연결 층 self.fc에 입력하여 계산한 출력(out)을 반환한다.

4 #3은 분류를 위한 nn.CrossEntropyLoss() 평균 손실함수(loss_fn), 학습률 lr = 0.0001의 Adam 최적화 optimizer로 train_loader의 데이터를 이용하여 rnn을 학습한다. 학습률 lr = 0.001에서는 적절히 학습되지 않는다.

5 #4는 평가 모드에서 test_loader를 이용하여 모델을 평가한다.

LSTM

LSTM $^{\text{long short term memory}}$은 그래디언트 소실 ^{vanishing}, 폭발 ^{exploding}을 해결하기 위한 RNN이다.

[그림 38.1]은 LSTM의 구조이다(https://medium.com/@andre.holzner/lstm-cells-in-pytorch-fab924a78b1c 참조). [수식 38.1]은 계산 수식이다. ⊙은 요소별 곱셈 $^{\text{element-wise, Hadamard product}}$ 이다. 현재 입력 x_t와 t-1의 셀 상태 $^{\text{cell state, memory}}$ c_{t-1}와 은닉상태 h_{t-1}을 이용하여 t의 셀 상태 c_t와 은닉상태 h_t을 계산한다. 셀의 상태 c_{t-1}, c_t는 같은 층 ^{layer}의 셀에 전달하고, 다층으로 쌓을 때 층과 층 사이는 전달하지 않는다. 셀 상태는 장기기억 $^{\text{long-term memory}}$, 은닉상태는 단기기억 $^{\text{short-term memory}}$을 담당한다.

망각 게이트 $^{\text{forget gate}}$ f_t는 시그모이드 출력에 의해 0이면 이전상태 c_{t-1}을 잊고, 1에 가까우면 기억한다.

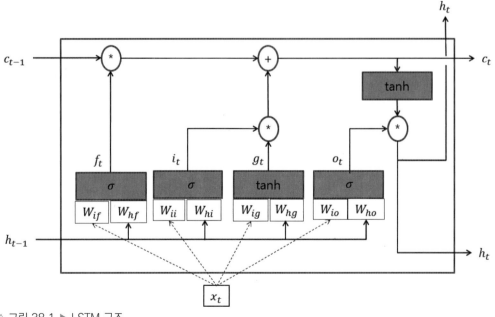

△ 그림 38.1 ▶ LSTM 구조

셀 게이트 g_t는 현재 입력 x_t의 비선형 ^{tanh} 변환으로 새로 기억해야 할 정보이다. 입력 게이트 i_t는 셀 게이트의 출력을 제어한다. 출력 게이트 o_t는 새로운 셀의 상태 출력 (H_t)을 제어한다. 4개의 게이트 각각에 입력(x_t)과 관련된 가중치 ($W_{if}, W_{ii}, W_{iq}, W_{io}$)와 바이어스($b_{ii}, b_{if}, b_{ig}, b_{io}$), 이전 은닉상태($h_{t-1}$)와 관련된 가중치($W_{hf}, W_{hi}, W_{hg}, W_{ho}$)와 바이어스($b_{hi}, b_{hf}, b_{hg}, b_{ho}$)가 있다.

$$i_t = \sigma(W_{ii}x_t + b_{ii} + W_{hi}h_{t-1} + b_{hi})$$ ◁ 수식 38.1

$$f_t = \sigma(W_{if}x_t + b_{if} + W_{hf}h_{t-1} + b_{hf})$$

$$g_t = \tanh(W_{ig}x_t + b_{ig} + W_{hg}h_{t-1} + b_{hg})$$

$$o_t = \sigma(W_{ig}x_t + b_{io} + W_{ho}h_{t-1} + b_{ho})$$

$$c_t = f_t \odot c_{t-1} + i_t \odot g_t$$

$$h_t = o_t \odot \tanh(c_t)$$

```
nn.LSTM(input_size, hidden_size, num_layers = 1, bias = True,
        batch_first = False, dropout = 0, bidirectional = False, proj_size = 0)
```

1 매개변수는 RNN과 유사하다. proj_size 〉0 이면 출력의 크기로 투영한다. bidirectional = True이면 양방향 RNN이고 D = 2이다. bidirectional = False이면 단방향 RNN이고 D = 1이다.

    H_out = proj_size if proj_size 〉0 otherwise hidden_size

2 Inputs: input, (h_0, c_0)

```
input:   [L, input_size]       if unbatched input
         [L, N, input_size]    if batch_first = False
         [N, L, input_size]    if batch_first = True

h_0:     0으로 초기화(default)
         [D * num_layers, hidden_size] if unbatched input
         [D * num_layers, N, H_out]    if batched input

c_0:     0으로 초기화(default)
         [D * num_layers, hidden_size]     if unbatched input
         [D * num_layers, N, hidden_size]  if batched input
```

③ Outputs: output, (h_n, c_n)

```
output: [L, D * hidden_size]        if unbatched input
        [L, N, D * hidden_size]   if batch_first = False
        [N, L, D * hidden_size]   if batch_first = True

h_n:    [D * num_layers, hidden_size]       if unbatched input
        [D * num_layers, N, hidden_size]   if batched input
c_n:    [D * num_layers, hidden_size]       if unbatched input
        [D * num_layers, N, hidden_size]   if batched input
```

▷ 예제 38-01 ▸ LSTM: unbatched input
            L = 2, input_size = 1, hidden_size = 2, num_layers = 1

```
01  import torch
02  import torch.nn as nn
03  torch.manual_seed(1)
04
05  #1
06  lstm = nn.LSTM(input_size=1, hidden_size = 2)      # num_layers = 1
07  # print('lstm.weight_ih_l0=',lstm.weight_ih_l0)   # [8, 1]
08  # print('lstm.weight_hh_l0=', lstm.weight_hh_l0)  # [8,2]
09  # print('lstm.bias_ih_l0=', lstm.bias_ih_l0)      # [8]
10  # print('lstm.bias_hh_l0=', lstm.bias_hh_l0)      # [8]
11
12  #2
13  x = torch.tensor([[0.], [1.]])           # [L = 2, input_size = 1]
14  with torch.no_grad():
15      output, (h_n, c_n) = lstm(x)         # input = x
16
17  print('output.shape=', output.shape)  # [L = 2, hidden_size = 2]
18  print('output=', output)
19
20  print('h_n.shape=', h_n.shape)            # [num_layers = 1,
21  print('h_n=', h_n)
22  print(torch.allclose(output[-1], h_n[0]))
23                                   # h_n[0]: 1-layer final state
24
25  print('c_n.shape=', c_n.shape)           # [num_layers = 1,
26  print('c_n=', c_n)
```

▷▷ 실행결과

```
output.shape= torch.Size([2, 2])
```

```
output= tensor([[-0.0244,  0.0635],
                [-0.2317,  0.1590]])
h_n.shape= torch.Size([1, 2])
h_n= tensor([[-0.2317,  0.1590]])
True
c_n.shape= torch.Size([1, 2])
c_n= tensor([[-0.4209,  0.2438]])
```

▷▷▷ 프로그램 설명

1 #1은 nn.LSTM(input_size = 1, hidden_size = 2)로 lstm 객체를 생성한다. lstm. weight_ih_l0.shape = [8, 1]이다. (4 * hidden_size, input_size)이다. [2, 1] 크기의 W_ii, W_if, W_ig, W_io 4개 가중치이다.

lstm.weight_hh_l0.shape = [8, 2]이다. (4 * hidden_size, hidden_size)이다. [2, 2] 크기의 W_hi, W_hf, W_hg, W_ho 4개 가중치이다.

lstm.bias_ih_l0.shape = [8]이다. (4 * hidden_size)이다. b_ii, b_if, b_ig, b_io 4개 바이어스이다.

lstm.bias_hh_l0.shape = [8]이다. (4 * hidden_size)이다. b_hi, b_hf, b_hg, b_ho 4개 바이어스이다.

2 #2는 배치를 사용하지 않은 L = 2, input_size = 1의 입력 unbatched input x를 생성한다.

output, (h_n, c_n) = lstm(x)로 입력 x의 출력(output)과 마지막 은닉상태(h_n), 셀 상태 (c_n)를 계산하고 출력한다. 디폴트로 c_0, h_0은 0으로 초기화된 텐서이다.

3 [그림 38.2]는 입출력 관계만 표시한 간단한 LSTM의 구조이다. output[1] = h_n[0]과 같다.

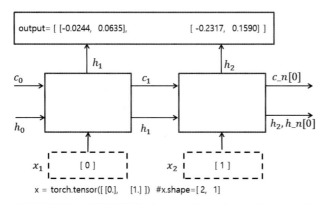

△ 그림 38.2 ▶ LSTM 구조(unbatched input): L = 2, input_size = 1, hidden_size = 2, num_layers = 1

▷ 예제 38-02 ▶ LSTM: batch_first = True, num_layers = 2

```python
01  import torch
02  import torch.nn as nn
03  torch.manual_seed(1)
04
05  #1
06  input_size = 1
07  N = 3                        # batch_size
08  L = 2                        # sequence length
09  x = torch.arange(6, dtype = torch.float).view(N, L, input_size)  # [3, 2, 1]
10  print('x=', x)
11
12  #2: LSTM, num_layers = 2
13  hidden_size=2
14  lstm = nn.LSTM(input_size, hidden_size,
15                 num_layers = 2, batch_first = True)
16
17  for layer in range(len(lstm.all_weights)):
18      w_ih, w_hh, b_ih, b_hh = lstm.all_weights[layer]
19      print(f'w_ih[{layer}].shape={w_ih.shape}')
20      print(f'w_hh[{layer}].shape={w_hh.shape}')
21      print(f'b_ih[{layer}].shape={b_ih.shape}')
22      print(f'b_hh[{layer}].shape={b_hh.shape}')
23  # print('lstm.weight_ih_l0=',lstm.weight_ih_l0)      # [8, 1]
24  # print('lstm.weight_hh_l0=',lstm.weight_hh_l0)      # [8, 2]
25  # print('lstm.bias_ih_l0=', lstm.bias_ih_l0)         # [8]
26  # print('lstm.bias_hh_l0=', lstm.bias_hh_l0)         # [8]
27
28  # print('lstm.weight_ih_l1=', lstm.weight_ih_l1)      # [8, 2]
29  # print('lstm.weight_hh_l1=', lstm.weight_hh_l1)      # [8, 2]
30  # print('lstm.bias_ih_l1=', lstm.bias_ih_l1)          # [8]
31  # print('lstm.bias_hh_l1=', lstm.bias_hh_l1)          # [8]
32
33  #3
34  with torch.no_grad():
35      output, (h_n, c_n) = lstm(x)                            # input = x
36
37  print('output.shape=', output.shape)    # [N = 3, L = 2, hidden_size = 2]
38  print('output=', output)
39  print('output[:,-1]=', output[:,-1])    # output[:,-1,:]
40
41  print('h_n.shape=', h_n.shape)          # [num_layers = 2, N = 3, hidden_size = 2]
42  print('h_n=', h_n)
43  print(torch.allclose(output[:,-1,:], h_n[1])) # h_n[1]: 1-layer final state
44
```

```
45  print('c_n.shape=', c_n.shape)        # [num_layers = 2, N = 3, hidden_size = 2]
46  hidden_size = 2]
47  print('c_n=', c_n)
```

▷▷ 실행결과

```
#1
x= tensor([[[0.], [1.]],
           [[2.], [3.]],
           [[4.], [5.]]])
#2
w_ih[0].shape=torch.Size([8, 1])
w_hh[0].shape=torch.Size([8, 2])
b_ih[0].shape=torch.Size([8])
b_hh[0].shape=torch.Size([8])
w_ih[1].shape=torch.Size([8, 2])
w_hh[1].shape=torch.Size([8, 2])
b_ih[1].shape=torch.Size([8])
b_hh[1].shape=torch.Size([8])


#3
output.shape= torch.Size([3, 2, 2])
output= tensor([[[ 0.0555, -0.0170],
                 [ 0.0746,  0.0014]],
                [[ 0.0470,  0.0246],
                 [ 0.0664,  0.0439]],
                [[ 0.0470,  0.0286],
                 [ 0.0677,  0.0456]]])
output[:,-1]= tensor([[0.0746, 0.0014],
                      [0.0664, 0.0439],
                      [0.0677, 0.0456]])
h_n.shape= torch.Size([2, 3, 2])
h_n= tensor([[[-0.2317,  0.1590],
              [-0.3891,  0.2247],
              [-0.3624,  0.1811]],
             [[ 0.0746,  0.0014],
              [ 0.0664,  0.0439],
              [ 0.0677,  0.0456]]])
True
c_n.shape= torch.Size([2, 3, 2])
c_n= tensor([[[-0.4209,  0.2438],
              [-0.9628,  0.2868],
              [-1.0980,  0.2051]],
             [[ 0.4042,  0.0021],
              [ 0.3846,  0.0649],
              [ 0.3873,  0.0677]]])
```

▷▷▷ 프로그램 설명

1 batch_first = True에서 배치입력 x에 대한 2층 LSTM의 입출력을 설명한다.

2 #1은 (N, L, input_size) = [3, 2, 1] 모양의 배치입력 x를 생성한다.

3 #2는 LSTM을 2층(num_layers = 2)으로 쌓아 lstm 객체를 생성한다. rnn.all_weights 리스트를 이용하여 각층의 가중치, 바이어스를 출력할 수 있다.

4 #3은 입력 x의 출력(output)과 마지막 은닉상태(h_n), 셀 상태(c_n)를 계산하고 출력한다. 디폴트로 c_0, h_0은 0으로 초기화된 텐서이다.

5 [그림 38.3]은 간단한 LSTM의 구조이다. output[:,-1] = h_n[1]과 같다.

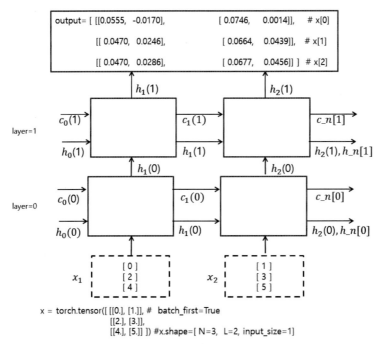

△ 그림 38.3 ▶ LSTM 구조(배치입력, 2층): N = 3, L = 2, input_size = 1, hidden_size = 2, num_layers = 2, batch_first = True

▷ 예제 38-03 ▶ LSTM: 회귀(regression): many-to-one

```
01  import torch
02  import torch.nn as nn
03  import torch.optim as optim
04  from torch.utils.data import  Dataset, DataLoader
05  torch.manual_seed(1)
06  DEVICE = 'cuda' if torch.cuda.is_available() else 'cpu'
```

```
07 print("DEVICE= ", DEVICE)
08
09 #1: sequence data: (t, Xt)
10 t = torch.arange(start = 0, end = 10, step = 0.1)
11
12 #1-1
13 Xt = t + torch.randn(t.size())
14
15 #1-2
16 # Xt = 2 * torch.sin(t) + torch.randn(t.size())
17 print('Xt.shape=', Xt.shape)
18
19 #2: dataset and data loader
20 class SeqDataset(Dataset):
21     def __init__(self, input, seq_len = 2):
22         self.input = input
23         self.seq_len = seq_len
24     def __getitem__(self, item):
25         x = self.input[item: item+self.seq_len]
26         y = self.input[item + self.seq_len]
27         return x, y
28     def __len__(self):
29         return len(self.input) - self.seq_len
30
31 L = 3
32 Xt = Xt.view(-1, 1)                          # input_size = 1
33 ds = SeqDataset(Xt, L)
34 # for i in range(5):
35 #     x, y = ds[i]
36 #     print(f'ds[{i}]= {x}, {y}')
37 data_loader = DataLoader(ds, batch_size = 2)    # shuffle = False
38
39 #3
40 class  LSTM(nn.Module):
41     def __init__(self, hidden_size = 10, num_layers = 1):
42         super().__init__()
43
44         self.lstm = nn.LSTM(1,
45                             hidden_size,
46                             num_layers,
47                             batch_first = True)    # (N, L, hidden_size)
48         self.fc = nn.Linear(hidden_size, 1)
49
50     def forward(self, x):
51         output, (h_n, c_n) = self.lstm(x)
52         out = self.fc(out[:,-1])                  # h_n[-1]
```

```
53            return out
54 rnn = LSTM(num_layers = 1).to(DEVICE)
55
56 #4: train
57 optimizer = optim.Adam(params = rnn.parameters(), lr = 0.001)
58 loss_fn =    nn.MSELoss()
59 loss_list = []
60
61 EPOCHS = 1000
62 K = len(data_loader)
63 for epoch in range(EPOCHS):
64     batch_loss = 0.0
65     for X, y in data_loader:            # update by mini-batch sample
66         X = X.to(DEVICE)
67         y = y.to(DEVICE)
68         out = rnn(X)
69         loss = loss_fn(out, y)
70
71         optimizer.zero_grad()
72         loss.backward()
73         optimizer.step()
74
75         batch_loss += loss.item()
76
77     batch_loss /= K
78     loss_list.append(batch_loss)
79
80     if not epoch % 100 or epoch = =EPOCHS - 1:
81             print(f'epoch={epoch}: loss={batch_loss:.4f}')
82
83 #5: test using ds
84 rnn.eval()                      # rnn.train(False)
85 pred_Xt = []
86 for X, y in ds:
87     X = X.unsqueeze(dim = 0)       # [N = 1, L, input_size]
88     X = X.to(DEVICE)
89     with torch.no_grad():
90         out = rnn(X)
91     out= out.flatten()
92     pred_Xt.append(out.item())     # out.detach().cpu().item()
93
94 #6: draw graph
95 import matplotlib.pyplot as plt
96 plt.xlabel('epoch')
97 plt.ylabel('loss')
98 plt.plot(loss_list)
```

```
 99  plt.show()
100
101  plt.plot(t, Xt, label = 'Xt')
102  plt.plot(t[L:], pred_Xt, label = 'pred_Xt')
103  plt.scatter(t[L:], pred_Xt)
104  plt.legend()
105  plt.show()
```

▷▷ 실행결과

```
DEVICE=  cuda
Xt.shape= torch.Size([100])
#1-1: Xt = t + torch.randn(t.size())
epoch=999: loss=0.8229

#1-2: Xt = 2*torch.sin(t) + torch.randn(t.size())
epoch=999: loss=0.0911
```

▷▷▷ 프로그램 설명

1 [예제 37-04]를 LSTM으로 작성한다.

2 #3의 LSTM 클래스만 다르다. input_size = 1, output_size = 1, batch_first = True의 회귀를 위한 LSTM 클래스를 생성한다. hidden_size, num_layers는 변경 가능하다. forward() 메서드는 입력(x)에 대한 self.lstm(x)의 출력 output, (h_n, c_n)을 계산하고, self.fc(h_n[-1])로 LSTM의 마지막 출력(h_n[-1])을 완전 연결 층에 입력하여 출력(out)을 계산하고 반환한다. LSTM(num_layers = 1)로 rnn 객체를 생성한다.

3 #4는 nn.MSELoss() 평균 손실함수(loss_fn), 최적화 optimizer로 data_loader를 이용하여 rnn을 학습한다.

4 #5는 데이터셋(ds)의 데이터를 이용하여 모델을 평가한다.

5 [그림 38.4]는 #1-1 데이터, [그림 38.5]는 #1-2 데이터의 결과이다.

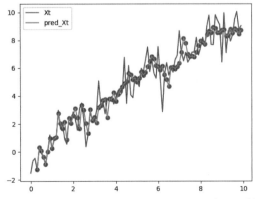

△ 그림 38.4 ▶ LSTM: Xt = t + torch.randn(t.size())

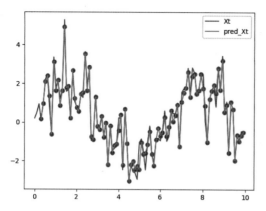

△ 그림 38.5 ▶ LSTM: Xt = 2*torch.sin(t)+torch.randn(t.size())

▷ 예제 38-04 ▶ LSTM: WISDM 사람 활동 분류(3-채널): many-to-one

```
01 #[예제 27-02] 1차원 CNN: WISDM 사람 활동 분류(3-채널)
02 #[예제 37-06] RNN: WISDM 사람 활동 분류(3-채널)
03 import torch
04 import torch.nn as nn
05 import torch.optim as optim
06 import torch.nn.functional as F
07 from torch.utils.data import TensorDataset, DataLoader
08 import matplotlib.pyplot as plt
09 import numpy as np
10 torch.manual_seed(1)
11 torch.cuda.manual_seed(1)
12 DEVICE = 'cuda' if torch.cuda.is_available() else 'cpu'
13 print("DEVICE= ", DEVICE)
14
15 #1: [예제 37-06]과 같음
16 # 1-1: load data
17 #1-2: normalize x, y, z
18 #1-3: segment data and reshape (-1, TIME_PERIODS, 3)
19 #1-4: device and data loader
20
21 #2
22 class  LSTM(nn.Module):
23     def __init__(self, hidden_size = 50, num_layers = 3,
24                 nClass = 6):
25         super().__init__()
26
27         self.lstm = nn.LSTM(3,
28                         hidden_size,
```

```
29                              num_layers,
30                              batch_first = True, # (N, L, hidden_size)
31                              dropout = 0.5)
32          self.fc = nn.Linear(hidden_size, nClass)
33
34      def forward(self, x):
35          out, (h_n, c_n) = self.lstm(x)
36          out = self.fc(out[:,-1])                # h_n[-1]
37          return out
38  rnn = LSTM().to(DEVICE)
39
40  #3: train
41  optimizer = optim.Adam(params = rnn.parameters(), lr = 0.001)
42  loss_fn = nn.CrossEntropyLoss()
43  loss_list = []
44
45  EPOCHS  = 200
46  ...[예제 37-06]과 같음
47  #4: evaluate model
48  #5: draw graph
```

▷▷ 실행결과

```
x_train.shape: (20868, 80, 3)
y_train.shape: (20868,)
x_test.shape: (6584, 80, 3)
y_test.shape: (6584,)

#lr=0.001, EPOCHS= 200
epoch=0: loss=1.5679, accuracy=0.3587
epoch=50: loss=0.9215, accuracy=0.6803
epoch=100: loss=0.2370, accuracy=0.9159
epoch=150: loss=0.1226, accuracy=0.9594
epoch=199: loss=0.0496, accuracy=0.9838
test loss= 0.8378869820707867
test accuracy= 0.8643681652490887
class[0]: accuracy=0.8554
class[1]: accuracy=0.9225
class[2]: accuracy=0.7507
class[3]: accuracy=0.9845
class[4]: accuracy=0.8213
class[5]: accuracy=0.7622
```

▷▷▷ 프로그램 설명

1 [예제 37-06]의 RNN을 사용한 WISDM 데이터셋의 사람 활동을 LSTM으로 분류한다.

2 #2는 LSTM 클래스를 생성한다. nn.LSTM으로 객체 self.lstm를 생성한다. hidden_size, num_layers, dropout = 0.5는 변경 가능하다.

forward() 메서드에서 입력(x)의 self.lstm(x)의 출력 output, (h_n, c_n)을 계산하고, 마지막 출력(output[:,-1])을 완전 연결 층 self.fc에 입력하여 출력(out)을 계산하고 반환한다. LSTM() 으로 rnn 객체를 생성한다.

3 #3, #4, #5의 생략된 부분은 [예제 37-06]과 같다.

4 lr = 0.001, EPOCHS = 200에서 훈련 데이터의 정확도는 accuracy = 0.9838, 테스트 데이터의 정확도는 test accuracy = 0.8643으로 [예제 37-06] 보다 약간 높은 정확도를 갖는다.

▷ 예제 38-05 ▶ CNN-LSTM: WISDM 사람 활동 분류: many-to-one

```
01  '''
02  #[예제 27-02] 1차원 CNN: WISDM 사람 활동 분류(3-채널)
03  #[예제 38-04] LSTM: WISDM 사람 활동 분류(3-채널)
04  '''
05  import torch
06  import torch.nn as nn
07  import torch.optim as optim
08  import torch.nn.functional as F
09  from torch.utils.data import TensorDataset, DataLoader
10  import matplotlib.pyplot as plt
11  import numpy as np
12  torch.manual_seed(1)
13  torch.cuda.manual_seed(1)
14  DEVICE = 'cuda' if torch.cuda.is_available() else 'cpu'
15  print("DEVICE= ", DEVICE)
16
17  #1: 생략된 부분 [예제 38-04]와 같음
18  #1-1: load data
19  #1-2: normalize x, y, z
20  #1-3: segment data and reshape (-1, TIME_PERIODS, 3)
21  #1-4
22  x_train = np.transpose(x_train, (0, 2, 1))
23  x_test = np.transpose(x_test, (0, 2, 1))
24  print("x_train.shape:", x_train.shape)      # (20868, 3, 80)
25  print("y_train.shape:", y_train.shape)      # (20868,)
26  print("x_test.shape:",  x_test.shape)       # (6584, 3, 80)
27  print("y_test.shape:",  y_test.shape)       # (6584,)
28
```

```
29  #1-5: device and data loader
30  ....
31
32  #2
33  class LSTM(nn.Module):
34      def __init__(self, hidden_size = 50,
35                          num_layers = 2, nClass = 6):
36          super().__init__()
37
38          self.cnn = nn.Conv1d(in_channels = 3, out_channels = 10,
39                                  kernel_size = 11)  # padding = 'same'
40          # self.cnn = nn.Sequential(
41          #     nn.Conv1d(in_channels = 3, out_channels = 50, kernel_size = 11),
42          #     nn.Conv1d(in_channels = 50, out_channels = 10, kernel_size = 5),
43          #     nn.MaxPool1d(kernel_size = 2))
44
45          self.lstm = nn.LSTM(input_size = 10,
46                              hidden_size = hidden_size,
47                              num_layers = num_layers,
48                              batch_first = True,     # (N, L, hidden_size)
49                              dropout = 0.5)
50          self.fc = nn.Linear(hidden_size, nClass)
51
52      def forward(self, x):
53          x = self.cnn(x) # [64, 10, 70]: (batch, input_size, seq_len)
54          x = x.transpose(1, 2) # [64, 70, 10]: (batch, seq_len, input_size)
55          output, (h_n, c_n) = self.lstm(x)
56          # out = self.fc(h_n[-1]) # the state of the last time step
57          out = self.fc(output[:, -1])
58          return out
59  rnn = LSTM().to(DEVICE)
60  #3: train
61  optimizer = optim.Adam(params = rnn.parameters(), lr = 0.001)
62  loss_fn = nn.CrossEntropyLoss()
63  loss_list = []
64  EPOCHS = 200
65  ...
66  #4: evaluate model
67  #5: draw graph
```

▷▷ 실행결과

```
DEVICE=  cuda
x_train.shape: (20868, 3, 80)
y_train.shape: (20868,)
x_test.shape: (6584, 3, 80)
```

```
y_test.shape: (6584,)
epoch=0: loss=1.5443, accuracy=0.3827
epoch=50: loss=0.2393, accuracy=0.9197
epoch=100: loss=0.1060, accuracy=0.9597
epoch=150: loss=0.0397, accuracy=0.9842
epoch=199: loss=0.0135, accuracy=0.9962
test loss= 1.1230442697039873
test accuracy= 0.8276123936816525
class[0]: accuracy=0.7970
class[1]: accuracy=0.8798
class[2]: accuracy=0.7617
class[3]: accuracy=0.9934
class[4]: accuracy=0.8105
class[5]: accuracy=0.7027
```

▷▷▷ 프로그램 설명

1 시퀀스 데이터에서 합성곱 신경망(CNN)으로 특징을 추출하여 순환 신경망에 입력하여 할 수 있다. [예제 38-04]의 WISDM 데이터의 사람 활동 분류를 CNN-LSTM으로 구현한다. 영상 비디오 시퀀스 데이터에서 CNN-LSTM 구조가 효과적이다.

2 #1은 WISDM 데이터를 로드하고, 데이터셋, 데이터 로더를 생성한다. [예제 27-02]와 같이 1차원 CNN을 적용하기 위해 #1-4에서 np.transpose()로 채널순서를 x_train.shape = (20868, 3, 80), x_test.shape = (6584, 3, 80)로 변경한다.

3 #2의 LSTM 클래스의 생성자에서 self.cnn에 in_channels = 3, out_channels = 10, kernel_size = 11의 1차원 합성곱 신경망을 생성한다. self.lstm에 입력 크기 input_size = 10, hidden_size = 50, num_layers = 3, batch_first = True, dropout = 0.5의 LSTM 순환 신경망을 생성한다. self.fc는 분류기이다. self.cnn의 out_channels와 self.lstm의 input_size는 같아야 한다.

4 LSTM 클래스의 forward() 메서드에서 x = self.cnn(x)으로 특징을 추출하면 x.shape = [batch = 64, input_size = 10, seq_len = 70]이다. LSTM 입력을 위해 x = x.transpose(1, 2)로 모양을 x.shape = [batch = 64, seq_len = 70, input_size = 10]으로 변경한다. self.lstm(x)의 출력 output, (h_n, c_n)을 계산하고, LSTM의 마지막 출력(h_n[-1], output[:,-1])을 완전 연결 층에 입력하여 계산한 출력(out)을 반환한다. LSTM().to(DEVICE)로 rnn 객체를 생성한다.

5 #3의 모델 학습, #4의 모델 평가, #5의 그래프 그리기는 [예제 38-04]와 같다.

GRU

GRU $^{\text{gated recurrent unit}}$은 LSTM을 단순화한 구조를 갖는 RNN이다(http://cs231n.
stanford.edu/slides/2017/cs231n_2017_lecture10.pdf, Kyunghyun Cho et al. 2014,
https://arxiv.org/pdf/1406.1078.pdf).

[그림 39.1]은 LSTM과 GRU의 블록구조이다. LSTM은 현재(t) 입력 x_t , 이전(t-1)의
셀 상태 c_{t-1}, 은닉상태 h_{t-1}에 의해 현재(t)의 셀 상태 c_t, 은닉상태 h_t를 출력한다.
GRU는 현재 입력 x_t, t-1에서 셀의 은닉상태 h_{t-1}을 이용하여 t에서 은닉상태 h_t을 계산
한다. GRU는 LSTM보다 빠르게 학습된다.

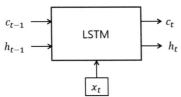
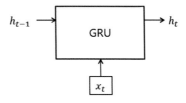

△ 그림 39.1 ▶ LSTM, GRU의 블록구조

nn.GRU(input_size, hidden_size, num_layers = 1, bias = True,
      batch_first = False, dropout = 0, bidirectional = False)

① 매개변수는 LSTM과 같다. bidirectional =True이면 양방향 RNN이고 D = 2이다.
   bidirectional = False이면 D = 1이다.

② Inputs: input, h_0

```
input:   [L, input_size]      if unbatched input
         [L, N, input_size]   if batch_first = False
         [N, L, input_size]   if batch_first = True

h_0:     0으로 초기화(default)
         [D * num_layers, hidden_size]      if unbatched input
         [D * num_layers, N, hidden_size]   if batched input
```

③ Outputs: output, h_n

```
output: [L, D*hidden_size]           if unbatched input
        [L, N, D * hidden_size]  if batch_first = False
        [N, L, D * hidden_size]  if batch_first = True

h_n:    [D * num_layers, hidden_size]      if unbatched input
        [D * num_layers, N, hidden_size]  if batched input
```

▷ 예제 39-01 ▶ GRU: unbatched input
                L = 2, input_size = 1, hidden_size = 2, num_layers = 1

```
01 import torch
02 import torch.nn as nn
03 torch.manual_seed(1)
04 #1
05 gru = nn.GRU(input_size = 1, hidden_size = 2)    # num_layers = 1
06
07 #2
08 x = torch.tensor([[0.], [1.]])                # [L = 2, input_size = 1]
09 #h_0= torch.tensor([[0.,  0.]])
10 with torch.no_grad():
11     output, h_n = gru(x)
12     #output, h_n = gru(x, h_0)
13
14 print('output.shape=', output.shape)        # [L = 2, hidden_size = 2]
15 print('output=', output)
16
17 print('h_n.shape=', h_n.shape)    # [num_layers = 1, hidden_size = 2]
18 print('h_n=', h_n)
19 print(torch.allclose(output[-1], h_n[0])) # h_n[0]: 1-layer
20
```

▷▷ 실행결과

```
output.shape= torch.Size([2, 2])
output= tensor([[-0.2239, -0.0297],
        [-0.5396,  0.1192]])
h_n.shape= torch.Size([1, 2])
h_n= tensor([[-0.5396,  0.1192]])
True
```

▷▷▷ 프로그램 설명

◁ #1은 nn.GRU(input_size = 1, hidden_size = 2)로 gru 객체를 생성한다.

2 #2는 배치를 사용하지 않은 L = 2, input_size = 1의 입력 x를 생성한다.

output, h_n = gru(x)로 입력 x의 출력(output)과 마지막 은닉상태(h_n)를 계산하고 출력한다. 디폴트로 h_0 = torch.tensor([[0., 0.]])이다.

3 [그림 39.2]는 GRU의 블록 구조이다. output[1] = h_n[0]과 같다.

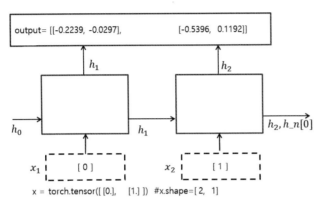

△ 그림 39.2 ▶ GRU 블록구조(unbatched input)

▷ 예제 39-02 ▶ GRU: batch_first = True, num_layers = 2

```
01 import torch
02 import torch.nn as nn
03 torch.manual_seed(1)
04
05 #1
06 input_size = 1
07 N= 3                    # batch_size
08 L= 2                    # sequence length
09 x = torch.arange(6, dtype = torch.float).view(N, L, input_size) # [3, 2, 1]
10
11 print('x=', x)
12
13 #2:
14 hidden_size = 2
15 gru = nn.GRU(input_size, hidden_size, num_layers = 2,
16              batch_first = True)
17 #3
18 #h_0.shape = [num_layers = 2, N = 3, hidden_size = 2]
19 # h_0= torch.tensor([[[0., 0.],
20 #                      [0., 0.],
21 #                      [0., 0.]],
```

```
22 #                        [[0., 0.],
23 #                         [0., 0.],
24 #                         [0., 0.]]])
25
26 with torch.no_grad():
27     output, h_n, = gru(x)              # input=x
28     #output, h_n = gru(x, h_0)
29
30 print('output.shape=', output.shape) # [N = 3, L = 2, hidden_size = 2]
31 print('output=', output)
32 print('output[:,-1]=', output[:, -1])    # output[:, -1, :]
33
34 print('h_n.shape=', h_n.shape)           # [num_layers = 2, N = 3, hidden_size = 2]
35 print('h_n=', h_n)
36 print(torch.allclose(output[:,-1], h_n[1])) # h_n[1]: 1-layer final state
```

▷▷ 실행결과

```
#1
x= tensor([[[0.], [1.]],
           [[2.], [3.]],
           [[4.], [5.]]])
#3
output.shape= torch.Size([3, 2, 2])
output= tensor([[[ 0.0565, -0.0053],
                 [ 0.0326, -0.1388]],
                [[-0.0072, -0.1464],
                 [-0.0496, -0.3352]],
                [[-0.0123, -0.1770],
                 [-0.0485, -0.3634]]])
output[:,-1]= tensor([[ 0.0326, -0.1388],
                      [-0.0496, -0.3352],
                      [-0.0485, -0.3634]])
h_n.shape= torch.Size([2, 3, 2])
h_n= tensor([[[-0.5396,  0.1192],
              [-0.7910,  0.4010],
              [-0.8595,  0.3456]],
             [[ 0.0326, -0.1388],
              [-0.0496, -0.3352],
              [-0.0485, -0.3634]]])
True
```

▷▷▷ 프로그램 설명

1 batch_first = True에서 배치입력 x에 대한 2층 GRU의 입출력을 설명한다.

2 #1은 (N, L, input_size) = [3, 2, 1] 모양의 배치입력 x를 생성한다.

3 #2는 nn.GRU()로 num_layers = 2의 gru 객체를 생성한다.

4 #3은 입력 x의 출력(output)과 마지막 은닉상태(h_n)를 계산하고 출력한다.

5 [그림 39.3]은 GRU의 블럭구조이다. output[:,-1] = h_n[1]과 같다.

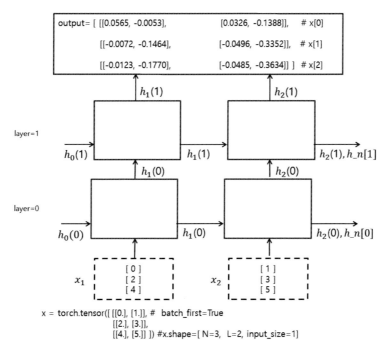

△ 그림 39.3 ▶ GRU 블록구조(배치입력, 2층)

▷ 예제 39-03   ▶ GRU: 회귀(regression): many-to-one

```
01  import torch
02  import torch.nn as nn
03  import torch.optim as optim
04  from torch.utils.data import Dataset, DataLoader
05  torch.manual_seed(1)
06  DEVICE = 'cuda' if torch.cuda.is_available() else 'cpu'
07  print("DEVICE= ", DEVICE)
08
09  #1: sequence data: (t, Xt)
10  t = torch.arange(start = 0, end = 10, step = 0.1)
11  #1-1
12  Xt = t + torch.randn(t.size())
13  #1-2
14  # Xt = 2 * torch.sin(t) + torch.randn(t.size())
```

```
15  print('Xt.shape=', Xt.shape)
16
17  #2: dataset and data loader
18  ...
19  data_loader = DataLoader(ds, batch_size = 2)    # shuffle = False
20
21  #3
22  class  GRU(nn.Module):
23      def __init__(self, hidden_size = 10, num_layers = 1):
24          super().__init__()
25          self.gru = nn.GRU(1,
26                           hidden_size,
27                           num_layers,
28                           batch_first = True) # (N, L, hidden_size)
29          self.fc = nn.Linear(hidden_size, 1)
30
31      def forward(self, x):
32          output, h_n = self.gru(x)
33          # out = self.fc(h_n[-1]) # the state of the last time step
34          out = self.fc(output[:, -1])
35          return out
36  rnn = GRU(num_layers = 1).to(DEVICE)
37
38  #4: train
39  #5: test using ds
40  #6: draw graph
```

▷▷ 실행결과

```
DEVICE=  cuda
Xt.shape= torch.Size([100])
#1-1: Xt = t + torch.randn(t.size())
epoch=999: loss=0.8041


#1-2: Xt = 2*torch.sin(t) + torch.randn(t.size())
epoch=999: loss=0.2650
```

▷▷▷ 프로그램 설명

1 [예제 38-4]를 GRU로 작성한다. #1, #2, #4, #5, #6은 [예제 38-04]와 같다. 실행결과는 [그림 38.4], [그림 38.5]와 유사하다.

2 #3은 GRU 클래스를 작성한다. nn.GRU로 self.gru 객체를 생성한다. hidden_size, num_layers는 변경 가능하다. forward() 메서드에서 입력(x)에 self.gru(x)를 적용하여 출력 output, h_n을 계산하고, GRU의 마지막 출력(h_n[-1], output[:,-1])을 완전 연결 층에 입력하여 출력(out)을 계산하고 반환한다. GRU()로 rnn 객체를 생성한다.

양방향 RNN·LSTM·GRU

양방향 bidirectional 순환 신경망 RNN, LSTM, GRU는 순방향 forward, 역방향 backward의 은닉층 hidden layer을 갖는 순환 신경망이다.

RNN, LSTM, GRU에서 bidirectional = True는 양방향 순환 신경망을 구성한다. 양방향 순환 신경망의 초기값(h_0)과 출력(output, h_n)에서 D = 2이다. 즉 은닉상태, 초기값, 출력이 각 방향에 대해 하나씩 2개가 있다.

[그림 40.1]은 간단한 1층 양방향 RNN 구조이다. 여기서는 순방향의 마지막 출력 또는 순방향 마지막 출력과 역방향 첫 출력을 하나로 연결하여 WISDM 데이터를 분류한다.

```
h_0:      0으로 초기화(default)
          [D * num_layers, hidden_size]         if unbatched input
          [D * num_layers, N, hidden_size]      if batched input
output:   [L, D * hidden_size]                  if unbatched input
          [L, N, D * hidden_size]               if batch_first = False
          [N, L, D * hidden_size]               if batch_first = True
h_n:      [D * num_layers, hidden_size]         if unbatched input
          [D * num_layers, N, hidden_size]      if batched input
```

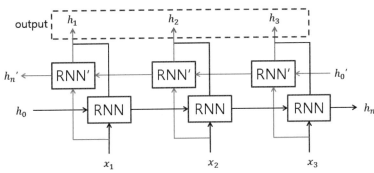

△ 그림 40.1 ▶ 양방향 RNN 구조(num_layers = 1)

▷ 예제 40-01 ▶ 1층 양방향 RNN: bidirectional = True

```
01  from unicodedata import bidirectional
02  import torch
03  import torch.nn as nn
04  torch.manual_seed(1)
05
06  #1:
07  input_size=1
08  N = 3                          # batch_size
09  L = 2                          # sequence length
10  x = torch.arange(6, dtype = torch.float).view(N, L, input_size) # [3, 2, 1]
11  print('x=', x)
12
13  #2: RNN, num_layers = 1
14  hidden_size=2
15  rnn = nn.RNN(input_size, hidden_size,
16               batch_first = True, bidirectional = True)
17  #3
18  with torch.no_grad():
19      output, h_n = rnn(x)          # input = x
20  # print('output=', output)
21  print('h_n.shape=', h_n.shape)  # [D * num_layers, N, hidden_size] = [2, 3, 2]
22  print('h_n=', h_n)
23  print('h_n[0]=', h_n[0])          # forward  last
24  print('h_n[1]=', h_n[1])          # backward first
25
26  print('output.shape=', output.shape)  # [N, L, D * hidden_size] = [3, 2, 4]
27  print('output[:-1, :hidden_size]=', output[:,-1, :hidden_size]) # forward last
28  print('output[:,0, hidden_size:]=', output[:, 0, hidden_size:]) # backward first
29
30  print(torch.allclose(h_n[0], output[:,-1, :hidden_size]))   # forward
31  print(torch.allclose(h_n[1], output[:,0, hidden_size:]))    # backward
```

▷▷ 실행결과

```
x= tensor([[[0.], [1.]],
           [[2.], [3.]],
           [[4.], [5.]]])
h_n.shape= torch.Size([2, 3, 2])  # [D*num_layers, N, hidden_size]
h_n= tensor([[[ 0.3903,  0.1051],
             [ 0.6925, -0.8338],
             [ 0.8861, -0.9756]],

            [[ 0.6856,  0.1627],
             [ 0.8484,  0.2190],
             [ 0.9280,  0.2773]]])
```

```
h_n[0]= tensor([[ 0.3903,  0.1051],
                [ 0.6925, -0.8338],
                [ 0.8861, -0.9756]])
h_n[1]= tensor([[0.6856, 0.1627],
                [0.8484, 0.2190],
                [0.9280, 0.2773]])
output.shape= torch.Size([3, 2, 4])
output[:-1, :hidden_size]= tensor([[ 0.3903,  0.1051],
                                   [ 0.6925, -0.8338],
                                   [ 0.8861, -0.9756]])
output[:,0, hidden_size:]= tensor([[0.6856, 0.1627],
                                   [0.8484, 0.2190],
                                   [0.9280, 0.2773]])
True
True
```

▷▷▷ 프로그램 설명

1 #1은 x,shape = (N, L, input_size) = [3, 2, 1]의 batch_first = True 입력 x를 생성한다.

2 #2는 nn.RNN(input_size = 1, hidden_size = 2, batch_first = True, bidirectional = True)로 1층 양방향 rnn 객체를 생성한다.

3 #3은 output, h_n = rnn(x)로 입력 x의 출력(output)과 마지막 은닉상태(h_n)를 계산한다. h_n.shape = [D * num_layers, N, hidden_size] = [2, 3, 2]이다.

h_n[0]과 output[:, -1, :hidden_size]는 순방향(forward) 마지막 은닉상태이다.

h_n[1]과 output[:, 0, hidden_size:]는 역방향(backward) 첫 은닉상태이다.

▷ 예제 40-02 ▶ 2층 양방향 RNN: bidirectional = True

```
01  from unicodedata import bidirectional
02  import torch
03  import torch.nn as nn
04  torch.manual_seed(1)
05
06  #1:
07  input_size = 1
08  N = 3                      # batch_size
09  L = 2                      # sequence length
10  x = torch.arange(6, dtype = torch.float).view(N, L, input_size)  # [3, 2, 1]
11  print('x=', x)
```

```
12
13  #2: RNN
14  hidden_size = 2
15  num_layers = 2
16  rnn = nn.RNN(input_size, hidden_size, num_layers,
17              batch_first = True, bidirectional = True)
18  #3
19  with torch.no_grad():
20      output, h_n = rnn(x)          # input = x
21  # print('output=', output)
22  print('h_n.shape=', h_n.shape)  # [D * num_layers, N, hidden_size] = [4, 3, 2]
23  # print('h_n=', h_n)
24  k = 2 * num_layers - 1
25  print(f'h_n[{k-1}]=', h_n[k - 1]) # forward last in the last layer
26  print(f'h_n[{k}]=', h_n[k])        # backward first in the last layer
27
28  print('output.shape=', output.shape)    # [N, L, D * hidden_size] = [3, 2, 4]
29  print('output[:-1, :hidden_size]=', output[:,-1, :hidden_size])  # forward last
30  print('output[:,0, hidden_size:]=', output[:, 0, hidden_size:])  # backward first
31
32  print(torch.allclose(h_n[k-1], output[:,-1, :hidden_size])) # forward
33  print(torch.allclose(h_n[k], output[:,0, hidden_size:]))          # backward
```

▷▷ 실행결과

```
x= tensor([[[0.], [1.]],
           [[2.], [3.]],
           [[4.], [5.]]])
h_n.shape= torch.Size([4, 3, 2])
h_n[2]= tensor([[-0.4377, -0.8070],
                [-0.2330, -0.8210],
                [-0.2968, -0.8187]])
h_n[3]= tensor([[-0.4917,  0.0591],
                [ 0.0171,  0.6394],
                [ 0.2378,  0.8004]])
output.shape= torch.Size([3, 2, 4])
output[:-1, :hidden_size]= tensor([[-0.4377, -0.8070],
                                   [-0.2330, -0.8210],
                                   [-0.2968, -0.8187]])
output[:,0, hidden_size:]= tensor([[-0.4917,  0.0591],
                                   [ 0.0171,  0.6394],
                                   [ 0.2378,  0.8004]])
True
True
```

▷▷▷ 프로그램 설명

1 #1은 x.shape = (N, L, input_size) = [3, 2, 1]의 batch_first = True 입력 x를 생성한다.

2 #2는 nn.RNN(input_size = 1, hidden_size = 2, num_layers = 2, batch_first = True, bidirectional = True)로 2층 양방향 rnn 객체를 생성한다.

3 #3은 output, h_n = rnn(x)로 입력 x의 출력(output)과 마지막 은닉상태(h_n)를 계산한다. h_n.shape = [D * num_layers, N, hidden_size] = [4, 3, 2]이다. k = 2 * num_layers - 1로 k를 계산하면, h_n[k-1]과 output[:, -1, :hidden_size]는 순방향(forward) 마지막 은닉상태이다. h_n[k]와 output[:, 0, hidden_size:]는 역방향(backward) 첫 은닉상태이다.

▷ 예제 40-03 ▶ 양방향 RNN: WISDM 사람 활동 분류

```
01 #[예제 37-06] RNN: WISDM 사람 활동 분류(3-채널): many-to-one
02 import torch
03 import torch.nn as nn
04 import torch.optim as optim
05 import torch.nn.functional as F
06 from torch.utils.data import TensorDataset, DataLoader
07 import matplotlib.pyplot as plt
08 import numpy as np
09 torch.manual_seed(1)
10 torch.cuda.manual_seed(1)
11 DEVICE = 'cuda' if torch.cuda.is_available() else 'cpu'
12 print("DEVICE= ", DEVICE)
13
14 #1:
15 # 1-1: load data
16 #1-2: normalize x, y, z
17 #1-3: segment data and reshape (-1, TIME_PERIODS, 3)
18 #1-4: device and data loader
19 #2
20 class RNN(nn.Module):
21     def __init__(self, hidden_size = 50,
22                  num_layers = 3, nClass = 6):
23         super().__init__()
24         self.hidden_size = hidden_size
25         self.rnn = nn.RNN(3,
26                           hidden_size,
27                           num_layers,
28                           batch_first = True, # (N, L, hidden_size)
```

```
29                            dropout = 0.5,
30                            bidirectional = True)
31         self.fc = nn.Linear(2 * hidden_size, nClass)
32
33     def forward(self, x):
34         output, h_n = self.rnn(x)
35         forward_out = output[:, -1, :self.hidden_size]
36         backward_out= output[:,  0, self.hidden_size:]
37
38         out = torch.cat((forward_out, backward_out), dim = 1)
39         out = self.fc(out)
40         return out
41 rnn = RNN().to(DEVICE)
42
43 #3: train
44 optimizer = optim.Adam(params = rnn.parameters(),
45                        lr = 0.0001)      #lr = 0.001
46 loss_fn = nn.CrossEntropyLoss()
47 loss_list = []
48
49 EPOCHS = 200        # 1000
50 ...
51
52 #4: evaluate model
53 #5: draw graph
```

▷▷ 실행결과

```
DEVICE=  cuda
x_train.shape: (20868, 80, 3)
y_train.shape: (20868,)
x_test.shape: (6584, 80, 3)
y_test.shape: (6584,)
epoch=0: loss=1.5621, accuracy=0.4124
epoch=50: loss=0.6688, accuracy=0.7816
epoch=100: loss=0.5842, accuracy=0.7969
epoch=150: loss=0.5505, accuracy=0.8075
epoch=199: loss=0.4856, accuracy=0.8181
test loss= 0.903884083308388
test accuracy= 0.7322296476306197
class[0]: accuracy=0.8612
class[1]: accuracy=0.9366
class[2]: accuracy=0.2383
class[3]: accuracy=0.8208
class[4]: accuracy=0.0678
class[5]: accuracy=0.8243
```

▷▷▷ 프로그램 설명

1 [예제 37-06]을 양방향 RNN으로 구현한다.

2 #1의 데이터셋, 데이터 로더 생성, #3의 모델 학습, #4의 모델 평가, #5의 그래프 그리기는 [예제 37-06]과 같다.

3 #2의 RNN 클래스 생성자에서 self.rnn에 양방향 nn.RNN() 객체를 생성한다. self.fc에 nn.Linear(2 * hidden_size, nClass)의 완전 연결 층의 분류기를 생성한다.

4 forward() 메서드에서 self.rnn(x)의 순방향 마지막 출력 forward_out과 역방향 첫 출력 backward_out을 torch.cat()으로 연결하여 반환한다.

▷ 예제 40-04 ▶ 양방향 LSTM, GRU: WISDM 사람 활동 분류

```
01  #[예제 38-04] RNN: WISDM 사람 활동 분류(3-채널): many-to-one
02  import torch
03  import torch.nn as nn
04  import torch.optim as optim
05  import torch.nn.functional as F
06  from torch.utils.data import TensorDataset, DataLoader
07  import matplotlib.pyplot as plt
08  import numpy as np
09  torch.manual_seed(1)
10  torch.cuda.manual_seed(1)
11  DEVICE = 'cuda' if torch.cuda.is_available() else 'cpu'
12  print("DEVICE= ", DEVICE)
13
14  #1: [예제 38-04] 참고
15  # 1-1: load data
16  #1-2: normalize x, y, z
17  #1-3: segment data and reshape (-1, TIME_PERIODS, 3)
18  #1-4: device and data loader
19  #2
20  class  RNN(nn.Module):
21      def __init__(self, hidden_size = 50,
22                   num_layers = 3, nClass = 6):
23          super().__init__()
24          self.hidden_size = hidden_size
25          self.lstm = nn.LSTM(3, hidden_size, num_layers,
26                         batch_first = True, # (N, L, hidden_size)
27                         dropout = 0.5, bidirectional = True)
28
29          self.gru = nn.GRU(3, hidden_size, num_layers,
30                         batch_first = True, # (N, L, hidden_size)
31                         dropout = 0.5, bidirectional = True)
```

```
32          self.fc = nn.Linear(2 * hidden_size, nClass)
33
34      def forward(self, x, mode = 'gru'):
35          if mode == 'lstm':
36              output, (h_n, c_n) = self.lstm(x)
37          elif mode == 'gru':
38              output, h_n = self.gru(x)
39          else:
40              raise ValueError("mode: 'rnn', 'lstm', 'gru'")
41          forward_out = output[:,-1, :self.hidden_size]
42          backward_out= output[:, 0, self.hidden_size:]
43          out = torch.cat((forward_out, backward_out), dim = 1)
44          out = self.fc(out)
45          return out
46 rnn = RNN().to(DEVICE)
46 #3: train
47 optimizer = optim.Adam(params = rnn.parameters(), lr = 0.001)
48 loss_fn = nn.CrossEntropyLoss()
49 loss_list = []
50
51 EPOCHS  = 200
52 ...
53
54 #4: evaluate model
55 #5: draw graph
```

▷▷ 실행결과

```
#mode='lstm'
test loss= 1.4796164118461967
test accuracy= 0.8414337788578372
class[0]: accuracy=0.8524
class[1]: accuracy=0.8410
class[2]: accuracy=0.8182
class[3]: accuracy=0.9004
class[4]: accuracy=0.8105
class[5]: accuracy=0.8000
#mode='gru'
test loss= 1.2966504650487947
test accuracy= 0.8514580801944107
class[0]: accuracy=0.8474
class[1]: accuracy=0.8798
class[2]: accuracy=0.7796
class[3]: accuracy=0.9558
class[4]: accuracy=0.8367
class[5]: accuracy=0.7649
```

▷▷▷ 프로그램 설명

1 [예제 38-04]를 양방향 LSTM, GRU로 구현한다.

2 #1의 데이터셋, 데이터 로더 생성, #3의 모델 학습, #4의 모델 평가, #5의 그래프 그리기는 [예제 38-04]와 같다.

3 #2은 RNN 클래스의 생성자에서 양방향(bidirectional = True)의 nn.LSTM(), nn.GRU() 객체 self.lstm, self.gru을 생성한다. self.fc에 nn.Linear(2 * hidden_size, nClass)의 완전 연결 층의 분류기를 생성한다.

4 forward() 메서드는 mode에 따라 self.lstm(x) 또는 self.gru(x)를 적용하고 순방향 마지막 출력 forward_out과 역방향 첫 출력 backward_out을 torch.cat()으로 연결하여 반환한다.

STEP 41 〈 가변길이 RNN· LSTM·GRU 〉

가변 길이 ^{variable length} 시퀀스 데이터는 torch.nn.utils.rnn.pad_sequence( )로 패딩하여 일정 길이로 순환 신경망 RNN, LSTM에 입력한다. 또는 패딩된 데이터를 패킹하여 입력할 수 있다.

pad_sequence( )는 시퀀스를 패딩하고, pack_padded_sequence( )는 패킹하고, pad_packed_sequence( )는 언패킹한다. batch_first = False이면 (T, B, *) 모양을 반환하고, batch_first = True이면 (B, T, *) 모양을 반환한다. B는 배치 크기, T는 가장 큰 시퀀스 길이이다.

> nn.utils.rnn.pad_sequence(sequences, batch_first = False, padding_value = 0.0)
> 가변 길이 시퀀스 리스트 sequences를 가장 큰 시퀀스 길이에 맞추어 패딩하여 반환한다.

> nn.utils.rnn.pack_padded_sequence(input, lengths, batch_first = False, enforce_sorted = True)
> 가변 길이 시퀀스의 패딩 배치입력 텐서 input과 각 배치의 시퀀스 길이 lengths를 이용하여 패킹해서 nn.PackedSequence 객체를 반환한다.

> nn.utils.rnn.pad_packed_sequence(sequence, batch_first = False, padding_value = 0.0, total_length = None)
> 패킹된 시퀀스를 풀어 패딩 텐서와 시퀀스 길이를 반환한다.
> pack_padded_sequence( )의 역연산이다.

▷ 예제 41-01 ▶ 가변 길이 시퀀스 패딩, 패킹, 언패킹

```
01  import torch
02  import torch.nn as nn
03  from torch.nn.utils.rnn import PackedSequence
04  from torch.nn.utils.rnn import pad_sequence
05  from torch.nn.utils.rnn import pack_padded_sequence
06  from torch.nn.utils.rnn import pad_packed_sequence
07
```

```
08 #1
09 a = torch.tensor([1, 2])
10 b = torch.tensor([3])
11 c = torch.tensor([4, 5, 6, 7])
12
13 print('#2: batch_first=False')
14 pad_seq = pad_sequence([a, b, c])          # batch_first = False
15 print('pad_seq=', pad_seq)                 # []
16 print('pad_seq.shape=', pad_seq.shape) # [T, B] = [4, 3]
17
18 print('#3: batch_first=True')
19 pad_seq = pad_sequence([a, b, c], batch_first = True)
20 print('pad_seq=', pad_seq)
21 print('pad_seq.shape=', pad_seq.shape) # [B, T] = [3, 4]
22
23 print('#4: enforce_sorted=False')
24 #4-1
25 lens = [x.size(0) for x in [a, b, c]]
26 print('lens=', lens)                       # [2, 1, 4]
27 packed = pack_padded_sequence(pad_seq, lens,
28                               enforce_sorted = False)
29 print(isinstance(packed, PackedSequence))
30 # print('type(packed)=', type(packed))
31 print('packed=', packed)
32 #4-2
33 seq_unpacked, lens_unpacked = pad_packed_sequence(packed,
34                                               batch_first = True)
35 print('lens_unpacked=', lens_unpacked)
36 print('seq_unpacked=', seq_unpacked)
37
38 print('#5: enforce_sorted=True')
39 #5-1
40 seq_lengths =  torch.tensor(lens)
41 seq_lengths, perm_idx = seq_lengths.sort(dim = 0,
42                                     descending = True)
43 print('seq_lengths=', seq_lengths)     # [4, 2, 1]
44 print('perm_idx=', perm_idx)
45 #5-2
46 pad_seq_sorted = pad_seq[perm_idx]      # sorted sequence
47 print('pad_seq_sorted=', pad_seq_sorted)
48
49 packed_sorted = pack_padded_sequence(pad_seq_sorted, seq_lengths,
50                                   batch_first = True)
51                                   # enforce_sorted = True
52 print(isinstance(packed_sorted, PackedSequence))
53 print('packed_sorted=', packed_sorted)
```

```
54
55 #5-3
56 seq_unpacked, lens_unpacked = pad_packed_sequence(packed_sorted,
57                                                   batch_first = True)
58 print('lens_unpacked=', lens_unpacked)
59 print('seq_unpacked=', seq_unpacked)
```

▷▷ 실행결과

```
#2: batch_first=False
pad_seq= tensor([[1, 3, 4],
                 [2, 0, 5],
                 [0, 0, 6],
                 [0, 0, 7]])
pad_seq.shape= torch.Size([4, 3])
#3: batch_first=True
pad_seq= tensor([[1, 2, 0, 0],
                 [3, 0, 0, 0],
                 [4, 5, 6, 7]])
pad_seq.shape= torch.Size([3, 4])
#4: enforce_sorted=False
lens= [2, 1, 4]
True
packed= PackedSequence(data=tensor([4, 1, 3, 5, 2, 6, 7]), batch_
sizes=tensor([3, 2, 1, 1]), sorted_indices=tensor([2, 0, 1]), unsorted_
indices=tensor([1, 2, 0]))
lens_unpacked= tensor([2, 1, 4])
seq_unpacked= tensor([[1, 2, 0, 0],
                      [3, 0, 0, 0],
                      [4, 5, 6, 7]])
#5: enforce_sorted=True
seq_lengths= tensor([4, 2, 1])
perm_idx= tensor([2, 0, 1])
pad_seq_sorted= tensor([[4, 5, 6, 7],
                        [1, 2, 0, 0],
                        [3, 0, 0, 0]])
True
packed_sorted= PackedSequence(data=tensor([4, 1, 3, 5, 2, 6, 7]), batch_
sizes=tensor([3, 2, 1, 1]), sorted_indices=None, unsorted_indices=None)
lens_unpacked= tensor([4, 2, 1])
seq_unpacked= tensor([[4, 5, 6, 7],
                      [1, 2, 0, 0],
                      [3, 0, 0, 0]])
```

▷▷▷ 프로그램 설명

1 #1의 [a, b, c]의 길이가 다른 시퀀스 데이터를 패딩하고, 패킹하고, 언패킹한다. 배치 크기 3, 가장 큰 길이는 T = 4이다.

2 #2는 batch_first = False로 패딩하여 pad_seq.shape = [4, 3]이다.

3 #3은 batch_first = True로 패딩하여 pad_seq.shape = [3, 4]이다.

4 #4는 batch_first = True, enforce_sorted = False로 패딩 텐서 pad_seq를 패킹하고, 언패킹한다. #4-1은 각 시퀀스의 길이 lens = [2, 1, 4]를 계산하고, pack_padded_sequence()로 pad_seq를 packed에 패킹한다.

isinstance(packed, PackedSequence) = True이다.

#4-2는 pad_packed_sequence()로 packed를 seq_unpacked, lens_unpacked로 언패킹한다. seq_unpacked와 #3의 pad_seq는 같다.

5 #5는 batch_first = True, enforce_sorted = True로 내림차순정렬패딩 텐서 pad_seq_sorted를 패킹하고, 언패킹한다.

▷ 예제 41-02 ▶ 가변 길이 시퀀스 RNN

```
01  import torch
02  import torch.nn as nn
03  from torch.nn.utils.rnn import PackedSequence
04  from torch.nn.utils.rnn import pad_sequence
05  from torch.nn.utils.rnn import pack_padded_sequence
06  from torch.nn.utils.rnn import pad_packed_sequence
07
08  #1
09  a = torch.tensor([1., 2.])
10  b = torch.tensor([3.])
11  c = torch.tensor([4., 5., 6., 7.])
12
13  #2
14  pad_seq = pad_sequence([a, b, c], batch_first = True)
15  print('pad_seq.shape=', pad_seq.shape)    # [B,T] = [3,4]
16  print('pad_seq=', pad_seq)
17
18  pad_seq = pad_seq.unsqueeze(dim = -1)      # [N = 3, L= 4 , Hin = 1]
19  print('pad_seq.shape=', pad_seq.shape)
20  print('pad_seq=', pad_seq)
21
22  rnn = nn.RNN(1, hidden_size = 2, num_layers = 1, batch_first = True)
23  with torch.no_grad():
24      pad_out, pad_hn = rnn(pad_seq)
```

```
25 print('pad_out.shape=', pad_out.shape)
26 print('pad_out=', pad_out)
27 print('pad_out[:, -1]=', pad_out[:, -1])
28 print('pad_hn=', pad_hn)
29
30 #3
31 lens = [x.size(0) for x in [a, b, c]]
32 print('lens=', lens)                       # [2, 1, 4]
33 pad_seq = pad_sequence([a, b, c], batch_first = True)
34 pad_seq = pad_seq.unsqueeze(dim = -1)   # [N = 3, L = 4, Hin = 1]
35 # print('pad_seq=', pad_seq)
36 print('pad_seq.shape=', pad_seq.shape)
37
38 packed = pack_padded_sequence(pad_seq,
39                               lens, batch_first = True,
40                               enforce_sorted = False)
41 with torch.no_grad():
42     packed_out, packed_hn = rnn(packed)
43 print(isinstance(packed_out, PackedSequence))
44 # print('packed_out=', packed_out)
45 print('packed_hn=', packed_hn)
46 # print('packed_hn[-1]=', packed_hn[-1])    # the last layer
47
48 seq_unpacked, lens_unpacked =
49             pad_packed_sequence(packed_out, batch_first = True)
50 print('lens_unpacked=', lens_unpacked)
51 print('seq_unpacked=', seq_unpacked)
52
53 #4: enforce_sorted=True
54 seq_lengths =  torch.tensor(lens)
55 seq_lengths, perm_idx =
56             seq_lengths.sort(dim = 0, descending = True)
57 pad_seq_sorted = pad_seq[perm_idx]        # sorted sequence
58 print('seq_lengths=', seq_lengths)        # [4, 2, 1]
59 print('pad_seq_sorted=', pad_seq_sorted)  # [3, 4, 1]
60
61 packed_sorted = pack_padded_sequence(
62                     pad_seq_sorted, seq_lengths,
63                     batch_first = True) # enforce_sorted = True
64 with torch.no_grad():
65     packed_sorted_out, packed_sorted_hn = rnn(packed_sorted)
66 # print('packed_sorted_out=', packed_sorted_out)
67 print('packed_sorted_hn=', packed_sorted_hn)
68
```

```
69  seq_unpacked, lens_unpacked = pad_packed_sequence(
70                                  packed_sorted_out,
71                                  batch_first = True)
72  print('lens_unpacked=', lens_unpacked)
73  print('seq_unpacked=', seq_unpacked)
```

▷▷ 실행결과

```
#2
pad_seq.shape= torch.Size([3, 4])
pad_seq= tensor([[1., 2., 0., 0.],
                 [3., 0., 0., 0.],
                 [4., 5., 6., 7.]])
pad_seq.shape= torch.Size([3, 4, 1])
pad_seq= tensor([[[1.], [2.], [0.], [0.]],
                 [[3.], [0.], [0.], [0.]],
                 [[4.], [5.], [6.], [7.]]])
pad_out.shape= torch.Size([3, 4, 2])     # hidden_size = 2
pad_out= tensor([[[ 0.2067,  0.8153],
                  [-0.1747,  0.9141],
                  [ 0.8584,  0.7180],
                  [ 0.7636,  0.4241]],

                 [[-0.8141,  0.9611],
                  [ 0.8921,  0.8258],
                  [ 0.7785,  0.4220],
                  [ 0.7168,  0.4255]],

                 [[-0.9482,  0.9826],
                  [-0.9567,  0.9972],
                  [-0.9884,  0.9988],
                  [-0.9969,  0.9995]]])
pad_out[:,-1]= tensor([[ 0.7636,  0.4241],
                       [ 0.7168,  0.4255],
                       [-0.9969,  0.9995]])
pad_hn= tensor([[[ 0.7636,  0.4241],
                 [ 0.7168,  0.4255],
                 [-0.9969,  0.9995]]])
#3
lens= [2, 1, 4]
pad_seq.shape= torch.Size([3, 4, 1])
True
packed_hn= tensor([[[-0.1747,  0.9141],
                    [-0.8141,  0.9611],
                    [-0.9969,  0.9995]]])
lens_unpacked= tensor([2, 1, 4])
```

```
seq_unpacked= tensor([[[ 0.2067,  0.8153],
                       [-0.1747,  0.9141],
                       [ 0.0000,  0.0000],
                       [ 0.0000,  0.0000]],

                      [[-0.8141,  0.9611],
                       [ 0.0000,  0.0000],
                       [ 0.0000,  0.0000],
                       [ 0.0000,  0.0000]],

                      [[-0.9482,  0.9826],
                       [-0.9567,  0.9972],
                       [-0.9884,  0.9988],
                       [-0.9969,  0.9995]]])
#4
seq_lengths= tensor([4, 2, 1])
pad_seq_sorted= tensor([[[4.],
                         [5.],
                         [6.],
                         [7.]],

                        [[1.],
                         [2.],
                         [0.],
                         [0.]],

                        [[3.],
                         [0.],
                         [0.],
                         [0.]]])
packed_sorted_hn= tensor([[[-0.9969,  0.9995],
                           [-0.1747,  0.9141],
                           [-0.8141,  0.9611]]])
lens_unpacked= tensor([4, 2, 1])
seq_unpacked= tensor([[[-0.9482,  0.9826],
                       [-0.9567,  0.9972],
                       [-0.9884,  0.9988],
                       [-0.9969,  0.9995]],

                      [[ 0.2067,  0.8153],
                       [-0.1747,  0.9141],
                       [ 0.0000,  0.0000],
                       [ 0.0000,  0.0000]],

                      [[-0.8141,  0.9611],
```

```
             [ 0.0000,  0.0000],
             [ 0.0000,  0.0000],
             [ 0.0000,  0.0000]]])
```

▷▷▷ 프로그램 설명

1 #1의 [a, b, c]의 길이가 다른 시퀀스 데이터를 batch_first = True로 패딩, 패킹하여 RNN에 입력한다. 배치 크기 N = 3, 가장 큰 길이는 T = 4이다.

2 #2는 pad_sequence()로 batch_first = True로 패딩하고, unsqueeze(dim = -1) 하여 pad_seq.shape = [3, 4, 1]이다. 각 시퀀스의 길이 lens = [2, 1, 4]를 계산하고, pack_padded_sequence()로 pad_seq를 packed에 패킹한다. packed의 rnn() 출력 packed_out, packed_hn을 계산한다. packed_hn[-1]은 가변 길이 시퀀스에 따른 마지막 층의 출력이다. pad_packed_sequence()로 packed_out을 seq_unpacked, lens_unpacked에 언팩한다. seq_unpacked에서 lens_unpacked 위치의 결과를 모아 놓은 것이 packed_hn이다.

3 #3은 시퀀스 길이를 내림차순으로 seq_lengths에 정렬하고, packed_sorted에 정렬된 순서로 시퀀스를 패킹한다.

packed_sorted를 rnn()에 입력하여 출력 packed_sorted_out, packed_sorted_hn을 계산한다. pad_packed_sequence()로 packed_sorted_out을 seq_unpacked, lens_unpacked에 언팩한다. seq_unpacked에서 lens_unpacked 위치의 결과를 모아 놓은 것이 packed_sorted_hn이다.

▷ 예제 41-03 ▶ 가변 길이 시퀀스 회귀 1: RNN, 패딩 데이터

```
01  import torch
02  import torch.nn as nn
03  import torch.optim as optim
04  from torch.utils.data import  Dataset, DataLoader
05  from torch.nn.utils.rnn import pad_sequence
06  # from torch.nn.utils.rnn import pack_padded_sequence
07  # from torch.nn.utils.rnn import pad_packed_sequence
08
09  torch.manual_seed(1)
10  DEVICE = 'cuda' if torch.cuda.is_available() else 'cpu'
11  print("DEVICE= ", DEVICE)
12
13  #1: sequence data: (t, Xt)
14  t = torch.arange(start = 0, end = 10, step = 0.1)
15
16  #1-1
17  # Xt = t + torch.randn(t.size())
18
```

```
19  #1-2
19  Xt = 2*torch.sin(t) + torch.randn(t.size())
20  print('Xt.shape=', Xt.shape)
21
22  #2: variable length dataset
23  #2-1
24  class SeqDataset(Dataset):
25      def __init__(self, input, seq_len_list):
26          self.input = input
27          self.seq_len_list = seq_len_list
28          self.seq_len_max = max(seq_len_list)
29          self.n = len(self.seq_len_list)
30
31      def __getitem__(self, item):
32          if self.n == 1:
33              k = 0                   # the first item in seq_len_list
34          else:
35              k = torch.randint(self.n, (1,))[0]   # random choice
36
37          x = self.input[item: item + self.seq_len_list[k]]
38          y = self.input[item + self.seq_len_list[k]]
39          return x, y
40      def __len__(self):
41          return len(self.input) - self.seq_len_max
42  #2-2
43  Xt = Xt.view(-1, 1)                              # input_size = 1
44  L = [3, 5, 7]
45  train_ds = SeqDataset(Xt, L)     # random choice sequence length
46  for i in range(5):
47      x, y = train_ds[i]
48      print(f'train_ds[{i}]= {x.shape}, {y.shape}')
49
50  #3: pad in data loader
51  def my_collate(batch):
52      label_list, data_list, lengths = [], [], []
53      for _data,_label in batch:
54          label_list.append(_label.item())
55          data_list.append(_data)
56          lengths.append(len(_data))
57
58      labels = torch.tensor(label_list).view(-1, 1)
59      pad_seq = pad_sequence(data_list, batch_first  =True)
60      return pad_seq, labels
61
62  data_loader = DataLoader(train_ds, batch_size = 10,
63                          collate_fn = my_collate)
```

```
64 data, labels = next(iter(data_loader))
65 print('data.shape=', data.shape)
66 print('labels.shape=', labels.shape)
67
68 #4
69 class RNN(nn.Module):
70     def __init__(self, hidden_size = 10, num_layers = 3):
71         super().__init__()
72
73         self.rnn = nn.RNN(1,
74                           hidden_size,
75                           num_layers,
76                           batch_first = True) # (N, L, hidden_size)
77         self.fc = nn.Linear(hidden_size, 1)
78
79     def forward(self, x):
80         out, h_n = self.rnn(x)
81         out = self.fc(out[:,-1])                # h_n[-1]
82         return out
83 rnn = RNN().to(DEVICE)
84
85 #5: train
86 optimizer = optim.Adam(params = rnn.parameters(), lr = 0.01)
87 loss_fn =   nn.MSELoss()
88 loss_list = []
89
90 EPOCHS = 200
91 K = len(data_loader)
92 for epoch in range(EPOCHS):
93     batch_loss = 0.0
94     for X, y in data_loader:               # update by mini-batch sample
95         X = X.to(DEVICE)
96         y = y.to(DEVICE)
97         out = rnn(X)
98         loss = loss_fn(out, y)
99
100         optimizer.zero_grad()
101         loss.backward()
102         optimizer.step()
103
104         batch_loss += loss.item()
105
106     batch_loss /= K
107     loss_list.append(batch_loss)
108
```

```
109    if not epoch % 100 or epoch == EPOCHS - 1:
110        print(f'epoch={epoch}: loss={batch_loss:.4f}')
111 #6: test
112 #6-1
113 L = [5]
114 test_ds = SeqDataset(Xt, L)
115 for i in range(5):
116    x, y = test_ds[i]
117    print(f'test_ds[{i}]= {x.shape}, {y.shape}')
118
119 #6-2
120 rnn.eval()                      # rnn.train(False)
121 pred_Xt = []
122 y_list  = []
123 batch_loss = 0.0
124 for X, y in test_ds:
125    X = X.unsqueeze(dim = 0)   # [N=1, L, input_size]
126    X = X.to(DEVICE)
127    y = y.unsqueeze(dim=0).to(DEVICE) # bathsize = 1
128    with torch.no_grad():
129        out = rnn(X)
130    loss = loss_fn(out, y)
131    batch_loss += loss.item()
132    out= out.flatten()
133    pred_Xt.append(out.item())          # out.detach().cpu().item()
134    y_list.append(y.item())
135
136 test_loss = batch_loss / len(test_ds)
137 print('test_loss=', test_loss)
138
139 #7: draw graph
140 import matplotlib.pyplot as plt
141 plt.xlabel('epoch')
142 plt.ylabel('loss')
143 plt.plot(loss_list)
144 plt.show()
145
146 K = L[0]                        # len(t) - len(pred_Xt)
147 plt.plot(t, Xt, label = 'Xt')
148 plt.plot(t[K:], pred_Xt, label = 'pred_Xt')
149 plt.scatter(t[K:], pred_Xt)
150 plt.legend()
151 plt.show()
```

▷▷ 실행결과

```
DEVICE=  cuda
Xt.shape= torch.Size([100])
train_ds[0]= torch.Size([3, 1]), torch.Size([1])
train_ds[1]= torch.Size([5, 1]), torch.Size([1])
train_ds[2]= torch.Size([7, 1]), torch.Size([1])
train_ds[3]= torch.Size([3, 1]), torch.Size([1])
train_ds[4]= torch.Size([5, 1]), torch.Size([1])
data.shape= torch.Size([10, 7, 1])
labels.shape= torch.Size([10, 1])
epoch=0: loss=2.7550
epoch=100: loss=0.9306
epoch=199: loss=0.7361
test_ds[0]= torch.Size([5, 1]), torch.Size([1])
test_ds[1]= torch.Size([5, 1]), torch.Size([1])
test_ds[2]= torch.Size([5, 1]), torch.Size([1])
test_ds[3]= torch.Size([5, 1]), torch.Size([1])
test_ds[4]= torch.Size([5, 1]), torch.Size([1])
test_loss= 0.9555879819202107
```

▷▷▷ 프로그램 설명

1 [예제 37-04]를 가변 길이 시퀀스 데이터를 패딩한 RNN 회귀로 변경한다. #1은 시간 t에 대해 Xt의 시퀀스 데이터를 생성한다.

2 #2의 SeqDataset은 input을 seq_len_list 리스트에서 랜덤으로 선택하여 가변 길이 시퀀스 데이터 (x, y)를 생성한다. x의 길이가 가변이다. len(seq_len_list) = 1이면 seq_len_list[0]의 고정 길이 데이터이다.

#2-2의 train_ds는 L = [3, 5, 7] 길이에서 랜덤으로 선택한 데이터셋이다.

3 #3의 data_loader는 가변 길이 데이터셋 train_ds에 collate_fn = my_collate를 적용하여 batch_size의 배치에서 가장 긴 시퀀스로 패딩한 데이터를 반환한다. data.shape = torch.Size([10, 7, 1])이다.

4 #4의 RNN 클래스, #5의 데이터로더를 이용한 모델 학습은 [예제 37-04]와 같다.

5 #6-1은 모델을 평가하기 위하여 시퀀스 데이터 Xt에서 L = [5]의 고정길이 테스트 데이터셋 test_ds를 생성하고, #6-2는 모델을 평가한다.

▷ 예제 41-04 ▶ 가변 길이 시퀀스 회귀 2: RNN, LSTM, GRU 패킹 데이터

```
01 '''
02 #https://stackoverflow.com/questions/51030782/why-do-we-pack-the-
03 sequences-in-pytorch
```

```
04 #https://stackoverflow.com/questions/44643137/how-do-you-use-
05 pytorch-packedsequence-in-code
06 '''
07 import torch
08 import torch.nn as nn
09 import torch.optim as optim
10 from torch.utils.data import  Dataset, DataLoader
11 from torch.nn.utils.rnn import PackedSequence
12 from torch.nn.utils.rnn import pad_sequence
13 from torch.nn.utils.rnn import pack_padded_sequence
14 from torch.nn.utils.rnn import pad_packed_sequence
15 torch.manual_seed(1)
16 DEVICE = 'cuda' if torch.cuda.is_available() else 'cpu'
17 print("DEVICE= ", DEVICE)
18
19 #1: sequence data: (t, Xt), [예제 41-03]과 같음
20 #2: dataset and data loader
21
22 #3: pad and pack in data loader
23 def my_collate(batch):
24     label_list, data_list, lengths = [], [], []
25     for _data,_label in batch:
26         label_list.append(_label.item())
27         data_list.append(_data)
28         lengths.append(len(_data))
29
30     labels = torch.tensor(label_list).view(-1, 1)
31     pad_seq = pad_sequence(data_list, batch_first = True)
32     packed_seq = pack_padded_sequence(pad_seq, lengths,
33                                         batch_first = True,
34                                         enforce_sorted = False)
35     return packed_seq, labels
36
37 data_loader = DataLoader(train_ds, batch_size = 10,
38                          collate_fn = my_collate)
39 # for X, y in data_loader:
40 #     if isinstance(X, PackedSequence):
41 #         print('X.batch_sizes=', X.batch_sizes)
42 #         print('X=',   X)
43 #     else:
44 #         print('X is not packed----------------')
45
46 #4
47 class  RNN(nn.Module):
48     def __init__(self, hidden_size = 10, num_layers = 3):
49
```

```
50          super().__init__()
51
52          self.rnn = nn.RNN(1,
53                          hidden_size,
54                          num_layers,
55                          batch_first = True) # (N, L, hidden_size)
56          self.lstm = nn.LSTM(1,
57                          hidden_size,
58                          num_layers,
59                          batch_first = True) # (N, L, hidden_size)
60          self.gru = nn.GRU(1,
61                          hidden_size,
62                          num_layers,
63                          batch_first = True) # (N, L, hidden_size)
64          self.fc = nn.Linear(hidden_size, 1)
65
66      def forward(self, x, mode='rnn'):
67          if mode == 'rnn':
68              output, h_n = self.rnn(x)          # out is packed.
69          elif mode == 'lstm':
70              output, (h_n, c_n) = self.lstm(x) # out is packed.
71          elif mode == 'gru':
72              output, h_n = self.gru(x)          # out is packed.
73          else:
74              raise ValueError("mode: 'rnn', 'lstm', 'gru'")
75          out = self.fc(h_n[-1])
76          return out
77 rnn = RNN().to(DEVICE)
78
79 #5: train
80 optimizer = optim.Adam(params = rnn.parameters(), lr = 0.01)
81 loss_fn =    nn.MSELoss()
82 loss_list = []
83
84 # mode= 'rnn'
85 # mode= 'lstm'
86 mode= 'gru'
87
88 EPOCHS = 300
89 K = len(data_loader)
90 for epoch in range(EPOCHS):
91     batch_loss = 0.0
92     for X, y in data_loader:          # update by mini-batch sample
93         X = X.to(DEVICE)
94         y = y.to(DEVICE)
95
```

```
96                out = rnn(X, mode)
97                loss = loss_fn(out, y)
98
99                optimizer.zero_grad()
100               loss.backward()
101               optimizer.step()
102
103               batch_loss += loss.item()
104
105          batch_loss /= K
106          loss_list.append(batch_loss)
107
108          if not epoch%100 or epoch == EPOCHS - 1:
109                print(f'epoch={epoch}: loss={batch_loss:.4f}')
110 #6: test
111 #6-1
112 L = [5]
113 test_ds = SeqDataset(Xt, L)
114
115 #6-2
116 rnn.eval() #rnn.train(False)
117 pred_Xt = []
118 y_list  = []
119 batch_loss = 0.0
120 for X, y in test_ds:
121     X = X.unsqueeze(dim = 0)              # [N = 1, L, input_size]
122     X = X.to(DEVICE)
123     y = y.unsqueeze(dim = 0).to(DEVICE) # bathsize = 1
124     with torch.no_grad():
125          out = rnn(X, mode)
126     loss = loss_fn(out, y)
127     batch_loss += loss.item()
128     out = out.flatten()
129     pred_Xt.append(out.item())            # out.detach().cpu().item()
130     y_list.append(y.item())
131
132 test_loss = batch_loss/len(test_ds)
133 print('test_loss=', test_loss)
134
135 #7: draw graph, [예제 41-03]과 같음
```

▷▷ 실행결과

```
DEVICE=  cuda
Xt.shape= torch.Size([100])
mode= 'rnn'
```

```
epoch=0: loss=2.5399
epoch=100: loss=0.5646
epoch=200: loss=0.3882
epoch=299: loss=0.2730
test_loss= 0.17086746515189205

mode= 'lstm'
test_loss= 0.07447536476274284
mode= 'gru'
test_loss= 0.19459461287794008
```

▷▷▷ 프로그램 설명

1 [예제 41-03]을 가변 길이 시퀀스 데이터를 패딩하고 패킹한 RNN 회귀로 변경한다. #1은 시간 t에 대해 Xt의 시퀀스 데이터를 생성한다.

2 #2의 SeqDataset은 [예제 41-03]과 같다. input을 seq_len_list 리스트에서 랜덤으로 선택하여 가변 길이 시퀀스 데이터 (x, y)를 생성한다.

3 #3의 data_loader는 가변 길이 데이터셋 train_ds에 collate_fn = my_collate를 적용하여, pad_sequence()로 패딩하고, pack_padded_sequence()로 패킹한 데이터 packed_seq, labels를 반환한다.

4 #4의 RNN 클래스 forward() 메서드에서 패킹된 x를 mode에 따라 self.rnn, self.lstm 또는 self.gru에 입력한다.

가변 길이 시퀀스에 따른 마지막 층의 출력 h_n[-1]을 완전 연결 층 self.fc()에 입력하여 out을 반환한다. output은 패킹출력으로 output[:, -1]과 h_n[-1]은 같지 않다. output는 pad_packed_sequence()로 언팩할 수 있다.

5 #5의 데이터로더를 이용한 모델 학습과 #6의 모델 평가에서 out = rnn(X, mode)로 mode에 따라 모델을 학습하고, 평가한다.

CHAPTER 11

사전 학습모델

torchvision.models 또는 torch.hub로부터 영상 분류, 화소 단위 시맨틱 분할, 물체 검출, 인스턴스 분할, 비디오 분류 등을 위한 다양한 사전 학습모델 pre-trained models이 있다.

사전 학습모델을 학습할 때 사용한 영상 입력 크기, 모양 (N, C, H, W), 평균, 표준 편차 등을 이용한 정규화 등의 전처리 preprocessing를 사용해야 한다. weights.transforms( )의 전처리를 이용하거나, torchvision.transforms를 이용하여 영상을 전처리할 수 있다.

영상 분류 classification는 ImageNet-1k(1000 클래스)로 훈련한 가중치를 제공한다. 영상 분할 semantic segmentation은 COCO 데이터셋의 부분집합(배경 + 20 종류), 물체 검출 object detection은 91(10개 N/A 포함) 종류 COCO 데이터셋으로 훈련한 가중치를 제공한다.

영상 분류

torchvision, torch.hub의 vgg16, resnet50 사전 학습모델을 로드하여 영상 분류한다. VGG 모델은 옥스퍼드 대학의 Visual Geometry Group이 제안한 합성신경망(CNN) 모델로 16, 19층으로 구성되어 있다. ResNet은 마이크로소프트의 Kaiming He가 제안한 합성곱 신경망으로 18, 34, 50, 101, 152층 등으로 구성되어 있다. 1000개의 클래스를 갖는 ImageNet으로 훈련한 다양한 가중치를 제공한다.

▷ 예제 42-01 ▶ VGG16 영상 분류

```
01 '''
02 https://pytorch.org/vision/stable/models.html
03 pip install --upgrade torch torchvision
04 '''
05 import torch
06 from torchvision import transforms
07 from torchvision.io import read_image
08 from torchvision.models import vgg16, VGG16_Weights
09 from PIL import Image
10
11 #1: pre-trained model
12 weights = VGG16_Weights.DEFAULT
13 # weights = VGG16_Weights.IMAGENET1K_V1
14
15 #1-1: torchvision.models
16 # vgg16(pretrained=True) is deprecated since 0.13
17 model = vgg16(weights = weights)        # weights = "IMAGENET1K_V1"
18
19 #1-2: torch.hub
20 # model = torch.hub.load("pytorch/vision",
21 #                         model = "vgg16", weights = weights)
22
23 #2: load image, preprocessing input
24 image_name = ['./data/elephant.jpg', './data/dog.jpg',
25               './data/eagle.jpg',    './data/giraffe.jpg']
26 # img = read_image(image_name[0])        # tensor
27 # preprocess = weights.transforms()
28 # batch = preprocess(img).unsqueeze(0) # [1, 3, 224, 224]
29
```

```
30  #3: load image, preprocessing input
31  transform = transforms.Compose([
32          transforms.Resize(226),     # transforms.InterpolationMode.BILINEAR
33          transforms.CenterCrop(224),
34          transforms.ToTensor(),      # [0, 1]
35          transforms.Normalize(mean = [0.485, 0.456, 0.406],
36                               std  = [0.229, 0.224, 0.225])
37      ])
38
39  # img = Image.open(image_name[0])  # mode = RGB, PIL Image
40
41  img = read_image(image_name[0])    # tensor, RGB
42  img = transforms.ToPILImage()(img) # PIL Image
43
44  batch = transform(img).unsqueeze(0)
45  print('batch.shape=', batch.shape) # [1, 3, 224, 224]
46
47  #4: feed batch into model
48  model.eval()
49  with torch.no_grad():
50      out = model(batch)
51  print('out.shape=', out.shape)     # [1, 1000]
52
53  out = out.squeeze(0).softmax(0)    # prob
54  print('out.shape=', out.shape)     #[1000]
55
56  #5: top_k = 1, prediction
57  class_id = out.argmax().item()
58  score = out[class_id].item()
59  class_name = weights.meta["categories"][class_id]
60  print(f'{class_name}: {100 * score:.1f}%')
61
62  #6:
63  print('top_k = 5, prediction')
64  values, indices = torch.topk(out, k = 5)
65  for score, k in zip(values, indices):
66      class_name = weights.meta["categories"][k]
67      print(f'score={100*score:.1f}, class_name = {class_name}')
```

▷▷ 실행결과

```
batch.shape= torch.Size([1, 3, 224, 224])
out.shape= torch.Size([1, 1000])
out.shape= torch.Size([1000])
Indian elephant: 91.2%
top_k = 5, prediction
```

```
score=91.2, class_name = Indian elephant
score=6.6, class_name = African elephant
score=2.2, class_name = tusker
score=0.0, class_name = triceratops
score=0.0, class_name = water buffalo
```

▷▷▷ 프로그램 설명

1 #1은 VGG16 사전 학습모델을 가중치와 함께 로드한다. #1-1은 torchvision.models의 vgg16 모델을 로드한다. #1-2는 torch.hub의 vgg16 모델을 로드한다.

2 #2는 read_image(image_name[0])로 영상을 텐서 img에 로드한다.

preprocess = weights.transforms()로 전처리하여 모델 입력을 위한 1, 3, 224, 224] 모양의 batch를 생성한다.

3 #3은 transforms.Compose()의 transform으로 영상을 직접 전처리한다. transform은 넘파이 또는 PIL 영상 입력을 정규화된 텐서로 변환한다.

4 #4는 out = model(batch)로 batch를 모델에 입력하여 out을 출력한다.

softmax(0)로 out을 확률로 변환한다. out.shape = [1000]로 ImageNet의 100개의 클래스의 출력이다.

5 #5는 out.argmax()로 가장 큰 인덱스 class_id로 분류한다. score, class_name를 출력한다.

6 #6은 torch.topk(out, k = 5)로 상위 5개의 values, indices를 찾아, score, class_name를 출력한다.

▷ 예제 42-02 ▶ resnet50 영상 분류

```
01  '''
02  https://pytorch.org/vision/stable/models.html
03  pip install --upgrade torch torchvision
04  '''
05  import torch
06  from torchvision.io import read_image
07  from torchvision.models import resnet50, ResNet50_Weights
08
09  #1:  pre-trained model
10  weights = ResNet50_Weights.DEFAULT
11  # weights = ResNet50_Weights.IMAGENET1K_V1
12  # weights = ResNet50_Weights.IMAGENET1K_V2
13  # model = resnet50(weights = weights)
14  model = torch.hub.load("pytorch/vision",
15                      model = "resnet50", weights = weights)
16
```

```
17  #2: load image, preprocessing input
18  image_name = ['./data/elephant.jpg', './data/dog.jpg',
19                './data/eagle.jpg',    './data/giraffe.jpg']
20  img = read_image(image_name[0])
21  preprocess = weights.transforms()
22  batch = preprocess(img).unsqueeze(0)      # [1, 3, 224, 224]
23  print('batch.shape=', batch.shape)
24
25  #3: feed batch into model
26  model.eval()
27  out = model(batch).squeeze(0).softmax(0) # prob
28  print('out.shape=', out.shape)            # [1000]
29
30  #4: top_k = 1, prediction
31  class_id = out.argmax().item()
32  score = out[class_id].item()
33  class_name = weights.meta["categories"][class_id]
34  print(f'{class_name}: {100 * score:.1f}%')
35
36  #5:
37  print('top_k = 5, prediction')
38  values, indices = torch.topk(out, k=5)
39  for score, k in zip(values, indices):
40      class_name = weights.meta["categories"][k]
41      print(f'score={100*score:.1f}, class_name = {class_name}')
```

▷▷ 실행결과

```
Using cache found in D:/hub\hub\pytorch_vision_main
batch.shape= torch.Size([1, 3, 224, 224])
out.shape= torch.Size([1000])
Indian elephant: 56.2%
top_k = 5, prediction
score=56.2, class_name = Indian elephant
score=2.1, class_name = African elephant
score=1.2, class_name = tusker
score=0.2, class_name = ostrich
score=0.2, class_name = crutch
```

▷▷▷ 프로그램 설명

1 #1은 ResNet50 사전 학습모델을 가중치와 함께 로드한다. resnet50(weights = weights) 또는 torch.hub.load()로 resnet50 모델과 가중치를 model에 로드한다.

2 #2는 read_image(image_name[0])로 영상을 텐서 img에 로드한다. preprocess = weights.transforms()로 전처리하여 모델 입력을 위한 [1, 3, 224, 224] 모양의 batch를 생성한다.

3 #3은 out = model(batch).squeeze(0).softmax(0)로 batch를 모델에 입력하여 확률로 out을 출력한다. out.shape = [1000]로 ImageNet의 100개의 클래스의 출력한다.

4 #4는 out.argmax()로 가장 큰 인덱스 class_id로 분류한다. score, class_name를 출력한다.

5 #5는 torch.topk(out, k = 5)로 상위 5개의 values, indices를 찾아, score, class_name를 출력한다.

영상 분할 및 물체 분할

영상 화소 단위 의미분할 semantic segmentation은 아직 안정되지 않은 베타 단계의 사전 학습모델을 제공한다. 여기서는 FCN, DEEPLABV3_RESNET50 모델을 사용한 예제를 설명한다. 영상 분할 모델은 Pascal VOC의 데이터셋에 있는 20종류만을 사용한 COCO 데이터셋의 부분집합으로 훈련한 가중치를 제공한다. 영상의 각 화소에 대해 배경 background을 포함하여 21개 출력을 갖는다. U-Net을 이용한 영상 분할은 14장을 참조한다.

물체 검출 object detection은 물체의 위치를 바운딩 박스로 검출한다. Faster R-CNN, SSD Single Shot multibox Detector를 설명한다.

물체 검출 모델은 COCO-val2017 데이터셋으로 훈련한 가중치를 제공한다. len(weights. meta['categories']) = 91이지만, 'N/A'를 제외하면 81개(배경 포함)의 종류로 분류한다. 모델은 바운딩 박스 boxes, 레이블 labels, 스코어 scores를 출력한다. MaskRCNN은 물체의 바운딩 박스와 마스크를 검출한다.

▷ 예제 43-01 ▶ 화소 의미분할 semantic segmentation

```
01  '''
02  https://pytorch.org/vision/stable/models.html
03  pip install --upgrade torch torchvision
04  '''
05  import torch
06  from torchvision.io.image import read_image
07  from torchvision.models.segmentation import fcn_resnet50
08  from torchvision.models.segmentation import FCN_ResNet50_Weights
09  from torchvision.models.segmentation import deeplabv3_resnet50
10  from torchvision.models.segmentation import DeepLabV3_ResNet50_Weights
11  from torchvision.transforms.functional import to_pil_image
12  import matplotlib.pyplot as plt
13
14  #1: pre-trained model
15  # weights = FCN_ResNet50_Weights.DEFAULT
16  # model = fcn_resnet50(weights = weights)
```

```
17 weights = DeepLabV3_ResNet50_Weights.DEFAULT
18 model = deeplabv3_resnet50(weights = weights)
19
20 #2: load image, preprocessing input
21 image_name = ['./data/dog.jpg', './data/elephant.jpg']
22 img = read_image(image_name[0])
23
24 preprocess = weights.transforms()
25 batch = preprocess(img).unsqueeze(0)          # [1, 3, H, W]
26 print('batch.shape=', batch.shape)
27 print(weights.meta['categories'])             # 21
28
29 #3: feed batch into model
30 model.eval()
31 with torch.no_grad():
32     out = model(batch)['out']
33 print('out.shape=', out.shape)                # [1, 21, H, W]
34
35 normalized_masks = out.softmax(dim = 1)    # [1, 21, H, W]
36 print('normalized_masks.shape=', normalized_masks.shape)
37
38 #4
39 # class_to_idx = {cls: idx for (idx, cls)
40 #                       in enumerate(weights.meta['categories'])}
41 # for class_name in ['dog', 'bicycle', 'car', 'person']:
42 #     mask = normalized_masks[0, class_to_idx[class_name]]
43 #     to_pil_image(mask).show()
44
45 #5
46 label_img = normalized_masks[0].argmax(dim = 0)     # [H, W]
47 print('label_img.shape=', label_img.shape)
48 #5-1
49 indices = torch.unique(label_img)
50 for k in indices:
51     class_name = weights.meta['categories'][k]
52     print('class_name=', class_name)
53
54 #5-2
55 cmap = torch.rand(256,3)
56 cmap[0] = torch.tensor([0.0, 0.0, 0.0])    # black: background
57 color_label = cmap[label_img]
58 plt.imshow(color_label)
59 plt.axis('off')
60 plt.show()
```

▷▷ 실행결과

```
batch.shape= torch.Size([1, 3, 520, 693])
['__background__', 'aeroplane', 'bicycle', 'bird', 'boat', 'bottle', 'bus',
'car', 'cat', 'chair', 'cow', 'diningtable', 'dog', 'horse', 'motorbike',
'person', 'pottedplant', 'sheep', 'sofa', 'train', 'tvmonitor']
out.shape= torch.Size([1, 21, 520, 693])
normalized_masks.shape= torch.Size([1, 21, 520, 693])
label_img.shape= torch.Size([520, 693])
class_name= __background__
class_name= bicycle
class_name= car
class_name= dog
```

▷▷▷ 프로그램 설명

1 #1은 fcn_resnet50, deeplabv3_resnet50 사전 학습모델을 가중치와 함께 로드한다.

2 #2는 read_image(image_name[0])로 영상을 텐서 img에 로드한다.

preprocess = weights.transforms()로 전처리하여 모델 입력을 위한 [1, 3, H, W] 모양의 batch를 생성한다. 분할은 입력 영상 크기를 변경하지 않는다.

3 #3은 out = model(batch)['out']로 batch를 모델에 입력하여 out을 출력한다. out.shape = [1, 21, H, W]이다. 영상 크기 [H, W]의 각 화소에 21개의 출력을 갖는다. 21은 배경을 포함한 분류종류이다.

out.softmax(dim = 1)로 normalized_masks에 확률로 변환한다.

4 #4는 normalized_masks에서 class_name의 분류 마스크를 생성하여 화면에 표시한다.

5 #5는 normalized_masks[0].argmax(dim = 0)로 각 화소에서 가장 큰 인덱스를 찾아 label_img를 생성한다. #5-1은 label_img의 유일한 레이블의 indices를 찾아 class_name을 출력한다. image_name[0] 영상은 '__background__', 'bicycle', 'car', 'dog'의 4종류를 검출한다.

#5-2는 랜덤 컬러 테이블 cmap을 생성하여, cmap[label_img]으로 color_label 영상을 생성하여 표시한다([그림 43.1]).

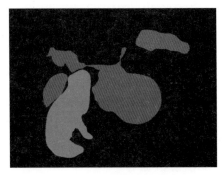

△ 그림 43.1 ▶ deeplabv3_resnet50: 영상 분할(image_name[0])

▷ 예제 43-02 ▶ 물체 검출 object detection

```
01  '''
02  https://pytorch.org/vision/stable/models.html
03  pip install --upgrade torch torchvision
04  '''
05  import torch
06  from torchvision.io.image import read_image
07  from torchvision.models.detection import fasterrcnn_resnet50_fpn_v2
08  from torchvision.models.detection import FasterRCNN_ResNet50_FPN_V2_Weights
09  from torchvision.models.detection import retinanet_resnet50_fpn
10  from torchvision.models.detection import RetinaNet_ResNet50_FPN_Weights
11  from torchvision.models.detection import ssd300_vgg16, SSD300_VGG16_Weights
12  from torchvision.utils import draw_bounding_boxes
13  from torchvision.transforms.functional import to_pil_image
14  import matplotlib.pyplot as plt
15  #1: pre-trained model
16  #1-1
17  # weights = FasterRCNN_ResNet50_FPN_V2_Weights.DEFAULT
18  # model = fasterrcnn_resnet50_fpn_v2(weights = weights) # box_score_thresh = 0.9
19  #1-2
20  # weights = RetinaNet_ResNet50_FPN_Weights.DEFAULT
21  # model = retinanet_resnet50_fpn(weights = weights)
22  #1-3
23  weights = SSD300_VGG16_Weights.DEFAULT
24  model = ssd300_vgg16(weights = weights)
25
26  #2: load image, preprocessing input
27  image_name = ['./data/dog.jpg', './data/elephant.jpg']
28  img = read_image(image_name[0])
29
30  preprocess = weights.transforms()
31  batch = preprocess(img).unsqueeze(0)        # [1, 3, H, W]
32  print('batch.shape=', batch.shape)
33  # print(weights.meta['categories'])        # 91, 81 without 'N/A'
34  print(len(weights.meta['categories']))      # 91
35  print(weights.meta['categories'].count('N/A'))   # 10
36
37  #3: feed batch into model
38  model.eval()
39  with torch.no_grad():
40      out = model(batch)[0]
41  # print('out=', out)
42
```

```
43 #4
44 #4-1: filtering by box_score_thresh
45 box_score_thresh = 0.7
46 for i, score in enumerate(out['scores']):
47     if score < box_score_thresh:
48         break
49 k = i
50 print('k=', k)
51 boxes  = out['boxes'][:k]
52 labels = out['labels'][:k]
53 scores = out['scores'][:k]
54
55 #4-2
56 class_names = [weights.meta['categories'][i] for i in labels ]
57 for i in range(len(labels)):
58     class_names[i] += ':' +str(round(scores[i].item(), 4))
59 print('class_names=', class_names)
60 box = draw_bounding_boxes(img, boxes = boxes,
61                            labels = class_names,
62                            colors = "red",
63                            width = 4,
64                            font = "arial.ttf", font_size = 20)
65 im = to_pil_image(box.detach())
66 # im.show()
67 plt.imshow(im)
68 plt.axis('off')
69 plt.show()
```

▷▷ 실행결과

```
batch.shape= torch.Size([1, 3, 576, 768])
91
10
k= 3
class_names= ['dog:0.9637', 'bicycle:0.9102', 'car:0.7332']
```

▷▷▷ 프로그램 설명

1 #1은 fasterrcnn_resnet50_fpn_v2, retinanet_resnet50_fpn, ssd300_vgg16 사전 학습모델을 가중치와 함께 로드한다.

2 #2는 read_image(image_name[0])로 영상을 텐서 img에 로드한다.

preprocess = weights.transforms()로 전처리하여 모델 입력을 위한 [1, 3, H, W] 모양의 batch를 생성한다. len(weights.meta['categories']) = 91이지만, 'N/A'를 10개 포함하고 있다. 즉, 배경 1개, 80개 물체 종류를 검출한다.

3 #3은 out = model(batch)[0]로 batch를 모델에 입력하여 배치 0의 출력 out을 계산한다. out['boxes'], out['labels'], out['scores']를 갖는 사전이다.

4 #4-1은 out['scores']에서 box_score_thresh = 0.7 보다 큰 스코어를 갖는 k개의 boxes, labels, scores를 검출한다.

5 #4-2는 draw_bounding_boxes()로 영상에 boxes, class_names를 표시한다 ([그림 43.2]).

△ 그림 43.2 ▶ ssd300_vgg16: 바운딩 박스(image_name[0])

▷ 예제 43-03 ▶ 물체 검출 object detection: MaskRCNN_ResNet50

```
01  '''
02  https://pytorch.org/vision/stable/models.html
03  pip install --upgrade torch torchvision
04  https://pytorch.org/vision/stable/auto_examples/plot_repurposing_
05  annotations.html#sphx-glr-auto-examples-plot-repurposing-
06  annotations-py
07  '''
08  import torch
09  from torchvision.io.image import read_image
10  from torchvision.models.detection import maskrcnn_resnet50_fpn_v2
11  from torchvision.models.detection import MaskRCNN_ResNet50_FPN_V2_Weights
12  from torchvision.utils import draw_bounding_boxes
13  from torchvision.utils import draw_segmentation_masks
14  from torchvision.transforms.functional import to_pil_image
15  import matplotlib.pyplot as plt
16  # import numpy as np
17
18  #1: pre-trained model
19  weights = MaskRCNN_ResNet50_FPN_V2_Weights.DEFAULT
20  model = maskrcnn_resnet50_fpn_v2(weights = weights)
```

```
21
22 #2: load image, preprocessing input
23 image_name = ['./data/dog.jpg', './data/elephant.jpg']
24 img = read_image(image_name[0])
25
26 preprocess = weights.transforms()
27 batch = preprocess(img).unsqueeze(0)    # [1, 3, H, W]
28 print('batch.shape=', batch.shape)
29 # print(weights.meta['categories'])     # 91, 81 without 'N/A'
30 print(len(weights.meta['categories'])) # 91
31 print(weights.meta['categories'].count('N/A'))   # 10
32
33 #3: feed batch into model
34 model.eval()
35 with torch.no_grad():
36     out = model(batch)[0]
37 # print('out=', out)
38
39 #4
40 #4-1: filtering by box_score_thresh
41 box_score_thresh = 0.8
42 for i, score in enumerate(out['scores']):
43     if score < box_score_thresh:
44         break
45 k = i
46 print('k=', k)
47 boxes  = out['boxes'][:k]
48 labels = out['labels'][:k]
49 scores = out['scores'][:k]
50 masks  = out['masks'][:k].squeeze()
51 print('masks.shape=', masks.shape)                # [k, H, W]
52
53 #4-2
54 class_names = [weights.meta['categories'][i] for i in labels ]
55 for i in range(len(labels)):
56     class_names[i] += ':' +str(round(scores[i].item(), 4))
57 print('class_names=', class_names)
58
59 box = draw_bounding_boxes(img, boxes = boxes,
60                           labels = class_names,
61                           colors = "red",
62                           width = 4,
63                           font = "arial.ttf", font_size = 20)
64 im = to_pil_image(box.detach())
```

```
65  plt.imshow(im)                    # np.asarray(im)
66  plt.axis('off')
67  plt.show()
68  #5:
69  def show(imgs):
70      if not isinstance(imgs, list):
71          imgs = [imgs]
72      fig, axes = plt.subplots(ncols = len(imgs), figsize = (10, 2))
73      for i, ax in enumerate(axes.flat):
74          img = imgs[i].detach()
75          img = to_pil_image(img)
76          ax.imshow(img)                # np.asarray(img)
77          ax.axis("off")
78      fig.tight_layout()
79      plt.show()
80  drawn_masks = []
81  for mask in masks:
82      mask = mask > 0.5
83      drawn_masks.append(
84          draw_segmentation_masks(img, mask, alpha = 0.8,
85                                  colors = "blue"))
86  show(drawn_masks)
```

▷▷ 실행결과

```
batch.shape= torch.Size([1, 3, 576, 768])
91
10
k= 4
masks.shape= torch.Size([4, 576, 768])
class_names= ['bicycle:0.997', 'dog:0.9904', 'car:0.9104', 'motorcycle:0.8979']
```

▷▷▷ 프로그램 설명

1 #1은 maskrcnn_resnet50_fpn_v2 사전 학습모델을 가중치와 함께 로드한다.

2 #2는 read_image(image_name[0])로 영상을 텐서 img에 로드한다.

preprocess = weights.transforms()로 전처리하여 모델 입력을 위한 [1, 3, H, W] 모양의 batch를 생성한다. len(weights.meta['categories']) = 91이지만, 'N/A'를 10개 포함하고 있다. 즉, 배경 1개, 80개 물체종류를 검출한다.

3 #3은 out = model(batch)[0]로 batch를 모델에 입력하여 배치 0의 출력 out을 계산한다. out['boxes'], out['labels'], out['scores'], out['masks']를 갖는 사전이다.

4 #4-1은 out['scores']에서 box_score_thresh = 0.8 이상의 스코어를 갖는 k개의 boxes, labels, scores, masks를 검출한다. mask.shape = [k, H, W]이다. #4-2는 draw_bounding_boxes()로 영상에 boxes, class_names를 표시한다([그림 42.3]).

5 #5는 mask = mask > 0.5로 이진마스크를 생성하여 draw_segmentation_masks()로 원본영상(img)과 이진마스크(mask)를 alpha = 0.8, colors = "blue"로 블랜딩한 영상을 생성하여 show() 함수로 표시한다([그림 43.4]).

△ 그림 43.3 ▶ maskrcnn_resnet50_fpn_v2:
바운딩 박스(image_name[0])

△ 그림 43.4 ▶ maskrcnn_resnet50_fpn_v2: 마스크 영상(image_name[0])

전이학습

전이학습 transfer learning은 사전 학습모델의 가중치를 이용하여, 유사한 문제를 학습할 때 사용하는 학습방법이다.

일반적으로 가중치를 초기화하여 처음부터 학습하는 것보다 전이학습 성능이 더 좋다. 사전 학습모델의 가중치 전체를 미세하게 조정 fine-tuning하는 방법과는 차이가 있다.

영상 분류에서 전이학습은 사전 학습모델의 특징 추출 부분은 학습하지 않고, 분류 classification 층을 분류하려는 클래스 개수에 맞게 새로 구성하여 학습한다.

여기서는 ImageNet-1k 훈련 데이터로 1,000개의 영상 종류를 분류하기 위한 사전 학습 모델을 이용하여, [예제 30-03]의 고양이 cat와 개 dog, 2종류의 분류를 위한 전이학습을 설명한다.

▷ 예제 44-01   ▶ VGG16: 전이학습

```
01  import torch
02  import torch.nn as nn
03  import torch.optim as optim
04  from torchvision import transforms
05  from torchvision.datasets import ImageFolder
06  from torch.utils.data import  DataLoader, random_split
07  from torchvision.models import vgg16, VGG16_Weights
08  import matplotlib.pyplot as plt
09  torch.manual_seed(1)
10  torch.cuda.manual_seed(1)
11  DEVICE = 'cuda' if torch.cuda.is_available() else 'cpu'
12  print("DEVICE= ", DEVICE)
13
14  #1:
15  #1-1
16  # data_transform = transforms.Compose([
17  #         transforms.Resize((224, 224)),
18  #         transforms.RandomHorizontalFlip(),
```

```python
19  #           transforms.ToTensor(),
20  #           transforms.Normalize(mean = (0.5, 0.5, 0.5),
21  #                                 std =(0.5, 0.5, 0.5))])
22
23  data_transform = transforms.Compose([
24      transforms.Resize(226), # transforms.InterpolationMode.BILINEAR
25      transforms.CenterCrop(224),
26      transforms.ToTensor(),  # [0, 1]
27      transforms.Normalize(mean =[0.485, 0.456, 0.406],
28                           std = [0.229, 0.224, 0.225])
29      ])
30
31  #1-2
32  #'https://storage.googleapis.com/mledu-datasets/cats_and_dogs_filtered.zip'
33
34  PATH = './data/cats_and_dogs_filtered/'
35  train_data = ImageFolder(root = PATH + 'train',
36                           transform = data_transform)
37  test_ds = ImageFolder(root = PATH + 'validation',
38                        transform = data_transform)
39  print('len(train_data)= ', len(train_data))      # 2000
40  print('len(test_ds)= ',    len(test_ds))         # 1000
41  print('train_data.classes=', train_data.classes) # ['cats', 'dogs']
42
43  valid_ratio = 0.2
44  train_size =  len(train_data.targets)
45  n_valid = int(train_size*valid_ratio)
46  n_train = train_size-n_valid
47  train_ds, valid_ds = random_split(train_data, [n_train, n_valid])
48  # print('len(train_ds)= ', len(train_ds))        # 1600
49  # print('len(valid_ds)= ', len(valid_ds))        # 400
50
51  #1-3
52  # if RuntimeError: CUDA out of memory, then reduce batch size
53  train_loader = DataLoader(train_ds, batch_size = 128, shuffle = True)
54  valid_loader = DataLoader(valid_ds, batch_size = 128, shuffle = False)
55  test_loader  = DataLoader(test_ds,  batch_size = 128, shuffle = False)
56  print('len(train_loader.dataset)=', len(train_loader.dataset)) #  1600
57  print('len(valid_loader.dataset)=', len(valid_loader.dataset)) #  400
58  print('len(test_loader.dataset)=', len(test_loader.dataset))   #  1000
59
60  #2:
61  #3
62  def train_epoch(train_loader, model, optimizer, loss_fn):
63      K = len(train_loader)
64      total = 0
```

```
65      correct = 0
66      batch_loss = 0.0
67      for X, y in train_loader:
68          X, y = X.to(DEVICE), y.to(DEVICE)
69          optimizer.zero_grad()
70          out = model(X)
71
72          loss = loss_fn(out, y)
73          loss.backward()
74          optimizer.step()
75
76          y_pred = out.argmax(dim = 1).float()
77          correct += y_pred.eq(y).sum().item()
78          batch_loss += loss.item()
79          total += y.size(0)
80      batch_loss /= K
81      accuracy = correct / total
82      return batch_loss, accuracy
83
84  #4:
85  def evaluate(loader, model, loss_fn,
86               correct_pred = None, counts = None):
87      K = len(loader)
88      classes = test_ds.classes
89      model.eval()                # model.train(False)
90      with torch.no_grad():
91          total = 0
92          correct = 0
93          batch_loss = 0.0
94          for X, y in loader:
95              X, y = X.to(DEVICE), y.to(DEVICE)
96
97              out = model(X)
98              y_pred = out.argmax(dim = 1).float()
99              correct += y_pred.eq(y).sum().item()
100
101             loss = loss_fn(out, y)
102             batch_loss += loss.item()
103             total += y.size(0)
104
105             # for each class accuracy
106             if correct_pred and counts:
107                 for label, pred in zip(y, y_pred):
108                     if label == pred:
109                         correct_pred[classes[label]] += 1
110                     counts[classes[label]] += 1
```

```python
111                batch_loss /= K
112                accuracy = correct / total
113            return batch_loss, accuracy
114
115    def main(EPOCHS = 10, num_class = 2):
116    #5
117        weights = VGG16_Weights.DEFAULT
118        model = vgg16(weights = weights)
119        # print('model.features=', model.features)
120        # print('model.classifier=', model.classifier)
121
122        # freeze the layers
123        for param in model.features.parameters():
124            param.requires_grad = False
125    #6
126    #6-1
127        # num_features = model.classifier[0].in_features    # 25088
128        # model.classifier = nn.Linear(num_features, num_class)
129        # print('model.classifier=', model.classifier)
130
131    #6-2
132        # model.classifier[6].out_features = num_class
133        # print('model.classifier=', model.classifier)
134    #6-3
135        number_features = model.classifier[6].in_features
136        layers = list(model.classifier.children())[:-1]    # remove the last layer
137        layers.extend([nn.Linear(number_features, num_class)])
138        model.classifier = nn.Sequential(*layers)
139        print('model.classifier=', model.classifier)
140    #7
141    #7-1
142        model = model.to(DEVICE)
143        optimizer = optim.Adam(params = model.parameters(), lr = 0.001)
144        loss_fn = nn.CrossEntropyLoss()
145        train_losses = []
146        valid_losses = []
147    #7-2
148        print('training.....')
149        model.train()
150        for epoch in range(EPOCHS):
151            loss, acc = train_epoch(train_loader, model,
152                                    optimizer, loss_fn)
153            train_losses.append(loss)
154
155            val_loss, val_acc = evaluate(valid_loader, model, loss_fn)
156            valid_losses.append(val_loss)
```

```
157
158            if not epoch % 2 or epoch == EPOCHS - 1:
159                msg  = f'epoch={epoch}: train_loss={loss:.4f}, '
160                msg += f'train_accuracy={acc:.4f}, '
161                msg += f'valid_loss={val_loss:.4f}, '
162                msg += f'valid_accuracy={val_acc:.4f}'
163                print(msg)
164        torch.save(model, './data/4401_cat_dog.pt')     # Step 18
165 #7-3
166        corrects={classname: 0 for classname in test_ds.classes}
167        counts = {classname: 0 for classname in test_ds.classes}
168
169        test_loss, test_acc = evaluate(test_loader, model,
170                                    loss_fn, corrects, counts)
171        print(f'test_loss={test_loss:.4f}, test_accuracy={test_acc:.4f}')
172
173        for classname, c in corrects.items():
174            n = counts[classname]
175            accuracy = c / n
176            msg  = f'classname={classname:10s}: correct={c}, '
177            msg += f'count={n}: accuracy={accuracy:.4f}'
178            print(msg)
179
180 #7-4: display loss, pred
181     plt.xlabel('epoch')
182     plt.ylabel('loss')
183     plt.plot(train_losses, label = 'train_losses')
184     plt.plot(valid_losses, label = 'valid_losses')
185     plt.legend()
186     plt.show()
187 #8
188 if __name__ == '__main__':
189     main()
```

▷▷ 실행결과

```
DEVICE=  cpu
len(train_data)=  2000
len(test_ds)=  1000
train_data.classes= ['cats', 'dogs']
len(train_loader.dataset)= 1600
len(valid_loader.dataset)= 400
len(test_loader.dataset)= 1000
model.classifier= Sequential(
  (0): Linear(in_features=25088, out_features=4096, bias=True)
  (1): ReLU(inplace=True)
```

```
    (2): Dropout(p=0.5, inplace=False)
    (3): Linear(in_features=4096, out_features=4096, bias=True)
    (4): ReLU(inplace=True)
    (5): Dropout(p=0.5, inplace=False)
    (6): Linear(in_features=4096, out_features=2, bias=True)
)
training.....
...
epoch=9: train_loss=0.0008, train_accuracy=1.0000, valid_loss=0.0882, valid_
accuracy=0.9775
test_loss=0.0479, test_accuracy=0.9840
classname=cats        : correct=492, count=500: accuracy=0.9840
classname=dogs        : correct=492, count=500: accuracy=0.9840
```

▷▷▷ 프로그램 설명

1 [예제 30-03]의 고양이 cat와 개 dog의2 종류 분류를 위한 VGG16 전이학습을 설명한다. #1의 데이터셋, 데이터로더를 생성하는 부분은 [예제 30-03]과 같다. [예제 30-03]에서 #2의 모델 클래스 정의가 필요 없다.

2 #3의 train_epoch(), #4의 evaluate() 함수는 [예제 30-03]과 같다.

3 #5는 main(EPOCHS = 10, num_class = 2) 함수에서 사전 학습모델 vgg16을 가중치와 함께 로드한다. model.features의 파라미터를 param.requires_grad = False로 설정하여 특징 추출 부분은 학습하지 않도록 한다.

4 #6은 사전 학습모델의 분류기 model.classifier를 변경한다. #6-1은 분류기를 nn.Linear(num_features, num_class)의 1층의 완전 연결 층으로 변경한다. num_class = 2개의 클래스 분류로 출력한다.

#6-2는 model.classifier[6].out_features = num_class로 마지막 층의 출력만 num_class = 2로 변경한다.

#6-3은 분류기의 마지막 층을 삭제하고, nn.Linear(num_features, num_class)의 완전 연결 층을 추가하여 nn.Sequential(*features)로 다시 생성한다. 결과는 #6-2와 같다.

5 #7은 DEVICE 모델을 변경하고, 최적화 optimizer, 손실함수 loss_fn를 생성한다. EPOCHS = 10회 반복하며 훈련 데이터(train_loader)로 모델을 학습하고 손실(loss)과 정확도(acc)를 계산한다. #7, #8은 [예제 30-03]과 같다.

6 #6-2, #6-3에 훈련 데이터의 정확도는 train_accuracy = 1.0이고, 테스트 데이터는 test_accuracy = 0.9840이다. 전이학습으로 EPOCHS = 10회 반복으로도 테스트 데이터의 정확도가 크게 향상된 것을 알 수 있다. [그림 43.1]은 손실그래프이다.

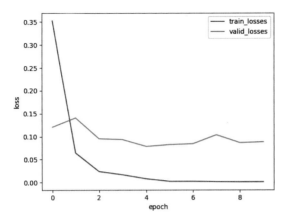

△ 그림 44.1 ▶ VGG16 전이학습 손실그래프

▷ 예제 44-02 ▶ ResNet50: 전이학습

```
01 #ref: VGG16: 전이학습(4401.py)
02 import torch
03 import torch.nn as nn
04 import torch.optim as optim
05 from torchvision import transforms
06 from torchvision.datasets import ImageFolder
07 from torch.utils.data import  DataLoader, random_split
08 from torchvision.models import resnet50, ResNet50_Weights
09 import matplotlib.pyplot as plt
10 torch.manual_seed(1)
11 torch.cuda.manual_seed(1)
12 DEVICE = 'cuda' if torch.cuda.is_available() else 'cpu'
13 print("DEVICE= ", DEVICE)
14
15 #1, #2, #3, #4: [예제 44-01]과 같음
16
17 def main(EPOCHS = 10, num_class = 2):
18 #5
19     weights = ResNet50_Weights.DEFAULT
20     model = resnet50(weights = weights)
21     # print('model=', model)
22     print('model.fc=', model.fc)
23
24     # freeze the layers
25     for param in model.parameters():
26         param.requires_grad = False
```

```
27  #6
28      num_features = model.fc.in_features       # 2048
29      # model.fc = nn.Linear(num_features, num_class)
30
31      layers = [ nn.Linear(num_features, 100),
32                 nn.BatchNorm1d(100),
33                 nn.ReLU(),
34                 nn.Linear(100, num_class) ]
35      model.fc = nn.Sequential(*layers)
36      print('model.fc=', model.fc)
37
38  #7: [예제 44-01]과 같음
39  #8
40  if __name__ == '__main__':
41      main()
```

▷▷ 실행결과

```
DEVICE=  cpu
len(train_data)=  2000
len(test_ds)=  1000
train_data.classes= ['cats', 'dogs']
len(train_loader.dataset)= 1600
len(valid_loader.dataset)= 400
len(test_loader.dataset)= 1000
model.fc= Linear(in_features=2048, out_features=1000, bias=True)
model.fc= Sequential(
  (0): Linear(in_features=2048, out_features=100, bias=True)
  (1): BatchNorm1d(100, eps=1e-05, momentum=0.1, affine=True, track_running_stats = True)
  (2): ReLU()
  (3): Linear(in_features=100, out_features=2, bias=True)
)
training.....
...
epoch=9: train_loss=0.0010, train_accuracy=1.0000, valid_loss=0.0090, valid_
accuracy=0.9975
test_loss=0.0212, test_accuracy=0.9950
classname=cats     : correct=498, count=500: accuracy=0.9960
classname=dogs     : correct=497, count=500: accuracy=0.9940
```

▷▷▷ 프로그램 설명

1 [예제 30-03]의 고양이 cat와 개 dog의 2종류 분류를 위한 ResNet50 전이학습을 설명한다.
   #1, #3, #4, #7, #8은 [예제 44-01]과 같다.

2 #5는 main(EPOCHS = 10, num_class = 2) 함수에서 사전 학습모델 resnet50을 가중치와 함께 로드한다. model 파라미터를 param.requires_grad = False로 설정하여 학습하지 않도록 한다.

3 #6은 model.fc는 resnet50의 분류를 위한 마지막 완전 연결 출력층이다. 출력층 model.fc를 변경한다.

4 훈련 데이터의 정확도는 train_accuracy = 1.0이고, 테스트 데이터는 test_accuracy = 0.9950이다. 전이학습으로 EPOCHS = 10회 반복으로 테스트 데이터의 정확도가 크게 향상된 것을 알 수 있다. [그림 44.2]는 손실그래프이다.

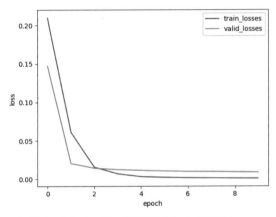

△ 그림 44.2 ▶ ResNet50 전이학습 손실그래프

CHAPTER 12

조기 종료 · 텐서 보드

STEP 45 조기 종료 · 학습률 스케줄링

STEP 46 텐서 보드

STEP 45 〈 조기 종료·
학습률 스케쥴링 〉

이 장에서는 조기 종료 EarlyStopping, 학습률 learning rate 스케쥴링, 텐서 보드 모니터링을 설명한다.

검증 데이터의 손실이 허용횟수 patience 이상으로 변화가 없으면 학습을 조기 종료한다. optim.lr_scheduler에 StepLR, CosineAnnealingLR, ExponentialLR, ReduceLROnPlateau 등의 다양한 학습률 스케쥴러가 있다.

▷ 예제 45-01 ▶ 조기 종료 Early Stopping

```
01  '''
02  https://debuggercafe.com/using-learning-rate-scheduler-and-early-
03  stopping-with-pytorch/
04  '''
05  import torch
06  import torch.nn as nn
07  import torch.optim as optim
08  from torchvision import transforms
09  from torchvision.datasets import MNIST
10  from torch.utils.data import  TensorDataset, DataLoader, random_split
11  from torchinfo import summary
12  import matplotlib.pyplot as plt
13  torch.manual_seed(1)
14  torch.cuda.manual_seed(1)
15  DEVICE = 'cuda' if torch.cuda.is_available() else 'cpu'
16  print("DEVICE= ", DEVICE)
17
18  #1: dataset, data loader
19  #1-1
20  data_transform = transforms.Compose([
21                  transforms.ToTensor(),
22                  transforms.Normalize(mean = 0.5, std = 0.5)])
23  #1-2
24  PATH = './data'
25  train_data = MNIST(root = PATH, train = True, download = True,
26              transform = data_transform)
27
```

```
28 test_ds = MNIST(root = PATH, train = False, download = True,
29                 transform = data_transform)
30 print('train_data.data.shape= ', train_data.data.shape)  # [60000, 28, 28]
31 print('test_set.data.shape= ', test_ds.data.shape)       # [10000, 28, 28]
32
33 valid_ratio = 0.2
34 train_size =  len(train_data)
35 n_valid = int(train_size * valid_ratio)
36 n_train = train_size - n_valid
37 seed = torch.Generator().manual_seed(1)
38 train_ds, valid_ds = random_split(train_data, [n_train, n_valid],
39                                   generator = seed)
40 print('len(train_ds)= ', len(train_ds))        # 48000
41 print('len(valid_ds)= ', len(valid_ds))        # 12000
42
43 #1-3
44 # if RuntimeError: CUDA out of memory, then reduce batch size
45 train_loader = DataLoader(train_ds, batch_size = 128,
46                           shuffle = True)
47 valid_loader = DataLoader(valid_ds, batch_size = 128,
48                           shuffle=False)
49 test_loader  = DataLoader(test_ds, batch_size = 128,
50                           shuffle=False)
51 print('len(train_loader.dataset)=', len(train_loader.dataset)) # 48000
52 print('len(valid_loader.dataset)=', len(valid_loader.dataset)) # 12000
53 print('len(test_loader.dataset)=',  len(test_loader.dataset))  # 10000
54
55 #2: define model class
56 class ConvNet(nn.Module):
57     def __init__(self, nChannel = 1, nClass = 10) :
58         super().__init__()       # super(ConvNet, self).__init__()
59
60         self.layer1 = nn.Sequential(
61             # (, 1, 28, 28) :   # NCHW
62             nn.Conv2d(in_channels = nChannel, out_channels = 16,
63                     kernel_size = 3, padding = 'same'),
64             nn.ReLU(),
65             nn.BatchNorm2d(16),
66             nn.MaxPool2d(kernel_size = 2, stride = 2))
67             #(, 16, 14, 14)
68
69         self.layer2 = nn.Sequential(
70             nn.Conv2d(16, 32, kernel_size = 3,
71                     stride = 1, padding = 1),
72             nn.ReLU(),
```

```
73                    nn.MaxPool2d(kernel_size = 2, stride = 2),
74                    #(, 32, 7, 7)
75                    nn.Dropout(0.5))
76
77            self.layer3 = nn.Sequential(
78                    nn.Flatten(),
79                    nn.Linear(32 * 7 * 7, nClass) )
80
81        def forward(self, x):
82            # print('1:x.shape=', x.shape)
83            x = self.layer1(x)
84            # print('2:x.shape=', x.shape)
85            x = self.layer2(x)
86            # print('3:x.shape=', x.shape)
87            x = self.layer3(x)
88            # print('4:x.shape=', x.shape)
89            return x
90  #3
91  def train_epoch(train_loader, model, optimizer, loss_fn):
92        K = len(train_loader)
93        total = 0
94        correct = 0
95        batch_loss = 0.0
96        for X, y in train_loader:
97            X, y = X.to(DEVICE), y.to(DEVICE)
98            optimizer.zero_grad()
99            out = model(X)
100
101            loss = loss_fn(out, y)
102            loss.backward()
103            optimizer.step()
104
105            y_pred = out.argmax(dim = 1).float()
106            correct += y_pred.eq(y).sum().item()
107            batch_loss += loss.item()
108            total += y.size(0)
109        batch_loss /= K
110        accuracy = correct / total
111        return batch_loss, accuracy
112
113  #4:
114  def evaluate(loader, model, loss_fn,
115                  correct_pred = None, counts = None):
116        K = len(loader)
117        model.eval()                        # model.train(False)
118
```

```
119    with torch.no_grad():
120        total = 0
121        correct = 0
122        batch_loss = 0.0
123        for X, y in loader:
124            X, y = X.to(DEVICE), y.to(DEVICE)
125            out = model(X)
126            y_pred = out.argmax(dim = 1).float()
127            correct += y_pred.eq(y).sum().item()
128
129            loss = loss_fn(out, y)
130            batch_loss += loss.item()
131            total += y.size(0)
132
133            # each class accuracy
134            if correct_pred and counts:
135                for label, pred in zip(y, y_pred):
136                    if label == pred:
137                        correct_pred[label] += 1
138                    counts[label] += 1
139        batch_loss /= K
140
141        accuracy = correct / total
142    return batch_loss, accuracy
143
144 #5:
145 class EarlyStopping():
146     def __init__(self, patience = 1, min_delta = 0.0):
147         self.patience = patience
148         self.min_delta = min_delta
149         self.counter = 0
150         self.best_loss = None
151         self.early_stop = False
152
153     def __call__(self, loss):
154         if self.best_loss == None:
155             self.best_loss = loss
156         elif self.best_loss - loss > self.min_delta: # improve
157             self.best_loss = loss
158             self.counter = 0
159         else:                          # no improve
160             self.counter +=1
161             if self.counter >= self.patience:
162                 self.early_stop = True
163
```

```python
164 #6:
165 def main(EPOCHS = 100):
166 #6-1
167     model = ConvNet().to(DEVICE)
168     optimizer = optim.Adam(params = model.parameters(), lr = 0.001)
169     loss_fn = nn.CrossEntropyLoss()
170     early_stopping = EarlyStopping(patience = 3)
171
172     train_losses = []
173     valid_losses = []
174 #6-2
175     print('training.....')
176     model.train()
177     for epoch in range(EPOCHS):
178         loss, acc = train_epoch(train_loader, model,
179                                 optimizer, loss_fn)
180         train_losses.append(loss)
181
182         val_loss, val_acc = evaluate(valid_loader, model, loss_fn)
183         valid_losses.append(val_loss)
184 #6-3
185         early_stopping(val_loss)
186         if early_stopping.early_stop:
187             print(f'early stop at epoch:{epoch}, \
188                     val_loss={val_loss}')
189             break
190         msg = f'epoch={epoch}: '
191         # msg += f'train_loss={loss:.4f}, train_accuracy={acc:.4f},'
192         msg += f'valid_loss={val_loss:.4f}, \
193                 valid_accuracy={val_acc:.4f}, '
194         msg += f'counter={early_stopping.counter}'
195         print(msg)
196     torch.save(model, f'./saved_model/4501_epoch{epoch}_mnist.pt') # STEP 18
197 #6-4
198     corrects= [ 0 for i in range(10)]
199     counts = [ 0 for i in range(10)]
200     test_loss, test_acc = evaluate(test_loader, model, loss_fn,
201                                    corrects, counts)
202     print(f'test_loss={test_loss:.4f}, \
203             test_accuracy={test_acc:.4f}')
204
205     # for i, (c, n) in enumerate(zip(corrects, counts)):
206     #   accuracy = c/n
207     #   print(f'i={i}:correct={c:4d},count={n:4d}: \
208             accuracy={accuracy:.4f}')
209
```

```
210
211  #6-5: display loss, pred
212      plt.xlabel('epoch')
213      plt.ylabel('loss')
214      plt.plot(train_losses, label = 'train_losses')
215      plt.plot(valid_losses, label = 'valid_losses')
216      plt.legend()
217      plt.show()
218  #7
219  if __name__ == '__main__':
220      main()
```

▷▷ 실행결과

```
DEVICE=  cuda
train_data.data.shape=  torch.Size([60000, 28, 28])
test_set.data.shape=  torch.Size([10000, 28, 28])
len(train_ds)=  48000
len(valid_ds)=  12000
len(train_loader.dataset)= 48000
len(valid_loader.dataset)= 12000
len(test_loader.dataset)= 10000
training.....
epoch=0: valid_loss=0.0793, valid_accuracy=0.9741, counter=0
epoch=1: valid_loss=0.0551, valid_accuracy=0.9827, counter=0
epoch=2: valid_loss=0.0438, valid_accuracy=0.9864, counter=0
epoch=3: valid_loss=0.0493, valid_accuracy=0.9838, counter=1
epoch=4: valid_loss=0.0416, valid_accuracy=0.9870, counter=0
epoch=5: valid_loss=0.0421, valid_accuracy=0.9870, counter=1
epoch=6: valid_loss=0.0438, valid_accuracy=0.9879, counter=2
early stop at epoch:7, val_loss=0.04350435671314815
test_loss=0.0362, test_accuracy=0.9896
```

▷▷▷ 프로그램 설명

1 [예제 30-01]에 조기 종료를 추가한다. #1, #2, #3, #4는 [예제 30-01]과 같다.

2 #5는 EarlyStopping 클래스를 정의한다. self.patience는 위반허용 횟수를 저장한다. self.counter는 위반횟수를 카운트한다.

__call__() 메서드에서 처음 손실(loss)은 self.best_loss = loss에 저장하고, self.best_loss - loss > self.min_delta 조건이 참이면 손실이 self.min_delta 이상 줄어들어 개선되었으면(improve) self.best_loss= loss로 갱신하고, self.counter = 0으로 초기화한다. 개선되지 않았으면 self.counter += 1로 카운트를 증가하고, self.counter >= self.patience 조건이 참이면 self.early_stop = True로 설정한다.

3 #6의 main() 함수에서 EarlyStopping(patience = 3)로 early_stopping 객체를 생성하고, #6-3에서 early_stopping(val_loss)로 __call__() 메서드를 호출하고, early_stopping.early_stop = True이면 조기 종료한다.

4 실행결과는 epoch = 7에서 조기 종료한다.

▷ 예제 45-02 ▶ 학습률 스케줄링: optim.lr_scheduler.StepLR

```
01  ‘‘‘
02  https://www.kaggle.com/code/isbhargav/guide-to-pytorch-learning-
03  rate-scheduling/notebook
04  ’’’
05  import torch
06  import torch.nn as nn
07  import torch.optim as optim
08  from torch.optim.lr_scheduler import StepLR, ReduceLROnPlateau
09  from torchvision import transforms
10  from torchvision.datasets import MNIST
11  from torch.utils.data import  DataLoader, random_split
12  import matplotlib.pyplot as plt
13  torch.manual_seed(1)
14  torch.cuda.manual_seed(1)
15  DEVICE = ‘cuda’ if torch.cuda.is_available() else ‘cpu’
16  print(“DEVICE= ”, DEVICE)
17  #1: dataset, data loader     # [예제 45-01] 참조
18  #2:
19  #3:
20  #4:
21  #5: EarlyStopping
22  #6:
23  def main(EPOCHS = 100):
24  #6-1
25     model = ConvNet().to(DEVICE)
26     optimizer = optim.Adam(params = model.parameters(),
27                     lr = 0.01)        ## 0.001
28     scheduler = ReduceLROnPlateau(optimizer, ‘min’, factor = 0.5,
29                        patience = 1, threshold = 0.01)
30     # scheduler = StepLR(optimizer, step_size = 5, gamma = 0.1)
31     # lmbda = lambda epoch: 0.95
32     # scheduler = MultiplicativeLR(optimizer, lr_lambda = lmbda)
33
34     loss_fn = nn.CrossEntropyLoss()
35     early_stopping = EarlyStopping(patience = 3)
36     lrs = []
37
```

```
38      train_losses = []
39      valid_losses = []
40 #6-2
41      print('training.....')
42      model.train()
43      for epoch in range(EPOCHS):
44          loss, acc = train_epoch(train_loader, model,
45                                   optimizer, loss_fn)
46          train_losses.append(loss)
47          lrs.append(optimizer.param_groups[0]["lr"])
48          val_loss, val_acc = evaluate(valid_loader, model, loss_fn)
49          valid_losses.append(val_loss)
50          scheduler.step(val_loss)                # ReduceLROnPlateau
51          # scheduler.step()
52 #6-3
53          early_stopping(val_loss)
54          if early_stopping.early_stop:
55              print(f'early stop at epoch:{epoch}, \
56                      val_loss={val_loss}')
57              break
58          msg  = f'epoch={epoch}: '
59          # msg += f'train_loss={loss:.4f}, \
60          #         train_accuracy={acc:.4f}, '
61          msg += f'valid_loss={val_loss:.4f}, \
62                  valid_accuracy={val_acc:.4f}, '
63          msg += f'counter={early_stopping.counter}, '
64          msg += f'lr={lrs[-1]}'   # optimizer.param_groups[0]["lr"]
65          print(msg)
66      torch.save(model, './data/4502_mnist.pt')      # Step 18
67 #6-4
68      corrects = [ 0 for i in range(10)]
69      counts  = [ 0 for i in range(10)]
70      test_loss, test_acc = evaluate(test_loader, model, loss_fn,
71                                   corrects, counts)
72      print(f'test_loss={test_loss:.4f}, \
73              test_accuracy={test_acc:.4f}')
74
75 #6-5: display lrs
76      plt.xlabel('epoch')
77      plt.ylabel('lr')
78      plt.plot(lrs)
79      plt.show()
80 #6-6: display loss, pred
81      plt.xlabel('epoch')
82      plt.ylabel('loss')
83      plt.plot(train_losses, label = 'train_losses')
```

```
84        plt.plot(valid_losses, label = 'valid_losses')
85        plt.legend()
86        plt.show()
87  #7
88  if __name__ == '__main__':
89        main()
```

▷▷ 실행결과

```
DEVICE=  cuda
train_data.data.shape=  torch.Size([60000, 28, 28])
test_set.data.shape=  torch.Size([10000, 28, 28])
len(train_ds)=  48000
len(valid_ds)=  12000
training.....
epoch=0: valid_loss=0.0761, valid_accuracy=0.9762, counter=0, lr=0.01
epoch=1: valid_loss=0.0591, valid_accuracy=0.9808, counter=0, lr=0.01
epoch=2: valid_loss=0.0557, valid_accuracy=0.9826, counter=0, lr=0.01
epoch=3: valid_loss=0.0634, valid_accuracy=0.9799, counter=1, lr=0.01
epoch=4: valid_loss=0.0466, valid_accuracy=0.9848, counter=0, lr=0.01
epoch=5: valid_loss=0.0471, valid_accuracy=0.9855, counter=1, lr=0.01
epoch=6: valid_loss=0.0519, valid_accuracy=0.9868, counter=2, lr=0.01
epoch=7: valid_loss=0.0348, valid_accuracy=0.9901, counter=0, lr=0.005
epoch=8: valid_loss=0.0397, valid_accuracy=0.9897, counter=1, lr=0.005
epoch=9: valid_loss=0.0523, valid_accuracy=0.9883, counter=2, lr=0.005
early stop at epoch:10, val_loss=0.04015615418834483
test_loss=0.0485, test_accuracy=0.9887
```

▷▷▷ 프로그램 설명

1 [예제 45-01]에 학습률 learning rate 스케줄링을 추가한다. #1, #2, #3, #4, #5는 [예제 45-01]과 같다.

2 #6의 main() 함수에서 lr = 0.01의 Adam 최적화 optimizer를 생성한다. scheduler를 생성한다. StepLR, ExponentialLR, MultiplicativeLR, ReduceLROnPlateau 등 다양한 스케줄러가 있다.

EarlyStopping(patience = 3)으로 early_stopping을 생성한다.

3 #6-3에서 early_stopping(val_loss)에 의해 val_loss 값이 early_stopping.patience = 3회 감소하지 않으면 조기 종료한다. scheduler.step(val_loss)로 ReduceLROnPlateau로 생성한 scheduler를 갱신한다. val_loss 값이 2번 연속 감소되지 않으면 학습률을 factor = 0.5배 감소한다. 예제에서는 epoch = 7에서 lr = 0.005으로 감소된다. 현재 lr은 optimizer. param_groups[0]["lr"]로 확인한다.

텐서 보드

텐서 보드 tensor board는 손실 loss, 정확도 accuracy 등 모델 학습을 웹브라우저에서 시각적으로 표시한다.

여기서는 MNIST 예제에 텐서 보드 출력을 추가한다. 프로그램 실행 후에 명령창에서 [그림 46.1]과 같이 텐서 보드를 실행한다. 주피터 노트북에서는 %load_ext tensorboard, %tensorboard --logdir logs 명령을 사용한다.

웹브라우저에서 "http://localhost:6006/" 주소를 입력하면 텐서 보드가 표시된다.

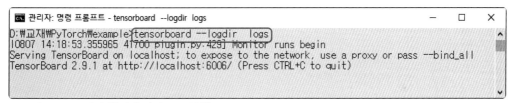

△ 그림 46.1 ▶ 명령 창에서 텐서 보드 실행

▷ 예제 46-01　▶ tensorboard 출력

```
01  '''
02  https://pytorch.org/docs/stable/tensorboard.html
03  https://tutorials.pytorch.kr/intermediate/tensorboard_tutorial.html
04  pip install tensorboard
05  '''
06  import torch
07  import torch.nn as nn
08  import torch.optim as optim
09  import torchvision
10  from torchvision import transforms
11  from torchvision.datasets import MNIST
12  from torch.utils.data import  DataLoader, random_split
13  from torch.utils.tensorboard import SummaryWriter
14  import matplotlib.pyplot as plt
15  torch.manual_seed(1)
```

```
16  torch.cuda.manual_seed(1)
17  DEVICE = 'cuda' if torch.cuda.is_available() else 'cpu'
18  print("DEVICE= ", DEVICE)
19
20  #1-1, #1-2, #1-3, #2, #3, #4: [예제 30-01] 참조
21  #1: dataset, data loader
22  #1-1
23  #1-2
24  #1-3
25  #2: define model class
26  class ConvNet(nn.Module):
27  ...
28  #3
29  def train_epoch(train_loader, model, optimizer, loss_fn):
30  ...
31  #4:
32  def evaluate(loader, model, loss_fn, correct_pred = None,
33                counts = None):
34  ...
35  #5:
36  def main(EPOCHS = 100):
37  #5-1
38      model = ConvNet()
39      # print('model=', model)
40  #5-2
41      writer = SummaryWriter('logs/mnist_4601')
42      dataiter = iter(train_loader)
43      images, labels = next(dataiter)      # dataiter.__next__()
44      print('images.shape=', images.shape) # [128, 1, 28, 28]
45      writer.add_graph(model, images)
46
47  #5-3
48      writer.add_image('my_image', images[0])    # [1, 28, 28]
49      grid = torchvision.utils.make_grid(images)
50      writer.add_image('grid_image', grid)
51      writer.add_images('MNIST10', images[:10])  # [10, 1, 28, 28]
52  #5-4
53      model = model.to(DEVICE)
54      optimizer = optim.Adam(params = model.parameters(),
55                              lr = 0.001)
56      loss_fn = nn.CrossEntropyLoss()
57      train_losses = []
58      valid_losses = []
59  #5-5
60      print('training.....')
61      model.train()
```

```
62    for epoch in range(EPOCHS):
63        loss, acc = train_epoch(train_loader, model,
64                                    optimizer, loss_fn)
65        train_losses.append(loss)
66
67        val_loss, val_acc = evaluate(valid_loader, model, loss_fn)
68        valid_losses.append(val_loss)
69  #5-6
70        # writer.add_scalar('loss/train', loss, epoch)
71        # writer.add_scalar('loss/valid', val_loss, epoch)
72        # writer.add_scalar('accuracy/train', acc, epoch)
73        # writer.add_scalar('accuracy/valid', val_acc, epoch)
74        writer.add_scalars('loss', {'train': loss,
75                                    'valid': val_loss}, epoch)
76        writer.add_scalars('accuracy', {'train': acc,
77                                    'valid': val_acc}, epoch)
78  #5-7
79        for name, weight in model.named_parameters():
80            writer.add_histogram(name, weight, epoch)
81        # writer.add_histogram('model.layer3[1].bias',
82        #                      model.layer3[1].bias, epoch)
83        # writer.add_histogram('model.layer3[1].weight',
84        #                      model.layer3[1].weight, epoch)
85  #5-8
86        msg  = f'epoch={epoch}: '
87        msg += f'train_loss={loss:.4f}, \
88                train_accuracy={acc:.4f}, '
89        msg += f'valid_loss={val_loss:.4f}, \
90                valid_accuracy={val_acc:.4f}, '
91        # print(msg)
92        writer.add_text('loss & accuracy', msg, epoch)
93        writer.flush()
94
95    torch.save(model, './saved_model/4601_mnist.pt')    # Step 18
96  #5-9
97    corrects = [ 0 for i in range(10)]
98    counts  = [ 0 for i in range(10)]
99    test_loss, test_acc = evaluate(test_loader, model,
100                                    loss_fn, corrects, counts)
101    print(f'test_loss={test_loss:.4f}, \
102            test_accuracy={test_acc:.4f}')
103
104    for i, (c, n) in enumerate(zip(corrects, counts)):
105        accuracy = c / n
106        msg = f'i={i}: correct={c:4d}, \
107                count={n:4d}: accuracy={accuracy:.4f}'
```

```
108         # print(msg)
109         writer.add_text('class accuracy', msg)
110
111 #5-10 display loss, pred
112     fig = plt.figure(figsize=(10, 4))
113     plt.xlabel('epoch')
114     plt.ylabel('loss')
115     plt.plot(train_losses, label='train_losses')
116     plt.plot(valid_losses, label='valid_losses')
117     plt.legend()
118     # plt.show()
119     writer.add_figure('matplotlib', fig)
120     writer.close()
121 #6
122 if __name__ == '__main__':
123     main()
```

▷▷ 실행결과

```
DEVICE= cuda
train_data.data.shape=  torch.Size([60000, 28, 28])
test_set.data.shape=  torch.Size([10000, 28, 28])
len(train_ds)=  48000
len(valid_ds)=  12000
images.shape= torch.Size([128, 1, 28, 28])
training.....
test_loss=0.1036, test_accuracy=0.9879
```

▷▷▷ 프로그램 설명

1 [예제 30-01]에 SummaryWriter의 텐서 보드 출력을 추가한다. #1, #2, #3, #4는 [예제 30-01]과 같다.

2 #5-1은 모델을 생성한다.

3 #5-2는 SummaryWriter('logs/mnist_4601')로 writer를 생성한다.

writer.add_graph(model, images)는 텐서 보드에 GRAPH를 추가한다([그림 46.2]). 마우스로 그래프를 클릭하면 자세한 구조를 확인할 수 있다.

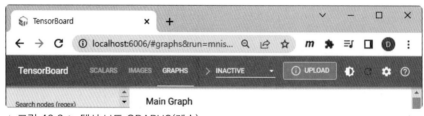

△ 그림 46.2 ▶ 텐서 보드 GRAPHS(계속)

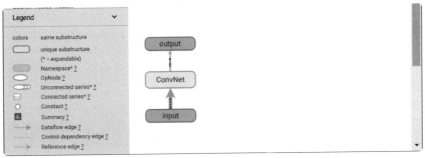

△ 그림 46.2 ▶ 텐서 보드 GRAPHS

4 #5-3의 writer.add_image()는 영상 한 장을 추가하고, writer.add_images()는 여러 장의 영상을 텐서 보드에 추가한다([그림 46.3]).

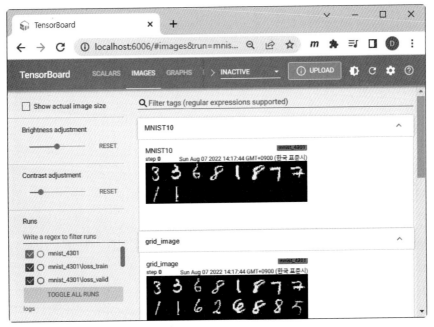

△ 그림 46.3 ▶ 텐서 보드 IMAGES

5 #5-6의 writer.add_scalar()는 하나의 그래프를 표시하고, writer.add_scalars()는 다중 그래프를 표시한다. [그림 46.4]는 텐서 보드 SCALARS에 훈련 데이터와 검증 데이터의 손실과 정확도를 표시한다.

6 #5-7의 writer.add_histogram()은 모델의 가중치를 히스토그램으로 표시한다. DISTRIBUTIONS, HISTOGRAMS에 표시한다([그림 46.5]).

7 #[5-8], #[5-9]의 writer.add_text()는 문자열을 출력한다.

8 #5-10의 writer.add_figure()는 IMAGES에 matplotlib의 fig를 추가한다.

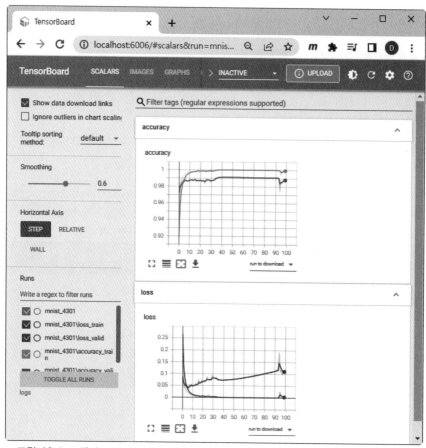

△ 그림 46.4 ▶ 텐서 보드 SCALARS

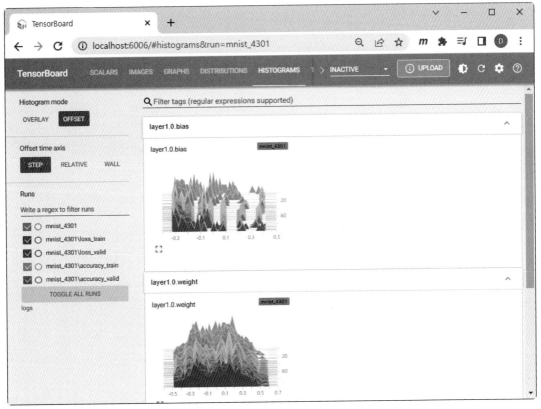

△ 그림 46.5 ▶ 텐서 보드 HISTOGRAMS